高等职业教育建筑工程专业
工学结合“十三五”规划教材

建筑结构

JIANZHU JIEGOU

主　编／袁芙蓉　程瑞芳
副主编／宁翠萍　李萍萍
主　审／赵毅力

电子科技大学出版社

图书在版编目（CIP）数据

建筑结构 / 袁芙蓉，程瑞芳主编. —成都：电子科技大学出版社，2016. 7

高等职业教育建筑工程专业 工学结合“十三五”规划教材

ISBN 978-7-5647-3574-6

Ⅰ. ①建 … Ⅱ. ①袁 … ②程 … Ⅲ. ①建筑结构－高等职业教育－教材 Ⅳ. ①TU3

中国版本图书馆 CIP 数据核字（2016）第 082483 号

内容简介

本书共 12 章，主要内容为混凝土结构、砌体结构、钢结构的设计方法和应用。每章有例题、习题和思考题及工程设计实例，并附有完成作业和课程设计所需的常用图表。

全书注重工学结合，突出职业能力培养，具有较强的通用性和实用性，既可作为高职高专建筑工程技术及相关专业的教材，也可作为土木工程技术人员的参考书和考取职业资格证书的学习用书。

高等职业教育建筑工程专业 工学结合“十三五”规划教材

建筑结构

主　编　袁芙蓉　程瑞芳
副主编　宁翠萍　李萍萍
主　审　赵毅力

出　　版：电子科技大学出版社（成都市一环路东一段 159 号电子信息产业大厦　邮编：610051）
策划编辑：郭蜀燕　罗　雅
责任编辑：罗　雅
主　　页：www.uestcp.com.cn
电子邮箱：uestcp@uestcp.com.cn
发　　行：新华书店经销
印　　刷：成都市火炬印务有限公司
成品尺寸：185mm×260mm　　印张 18.75　　字数 500 千字
版　　次：2016 年 7 月第一版
印　　次：2016 年 7 月第一次印刷
书　　号：ISBN 978-7-5647-3574-6
定　　价：45.00 元

前　言

《建筑结构》是土建类专业进行学生专业能力培养的一门重要的专业基础课。在建筑力学、建筑材料、建筑制图等课程学习的基础上，围绕建筑结构受力体系阐述结构构件受力性能、计算原理及构造要求；掌握其计算原理、方法，并将其应用于工程管理、工程监理、工程造价、结构设计等工作中。本课程是建筑工程技术专业的一门必修课。通过本课程的学习，对学生提高专业综合素质、拓宽专业知识体系有着重要的作用。依据我国现行的《混凝土结构设计规范》（GB50010—2010）、砌体结构设计规范（GB50003—2011）及相应的施工质量验收规范等现行国家标准编制而成。

本书由袁芙蓉、程瑞芳担任主编，宁翠萍、李萍萍担任副主编，赵毅力副教授担任主审。

参加本书编写工作的有：杨凌职业技术学院袁芙蓉（绪论、第 6 章、第 7 章、第 9 章第 1 节、第 9 章第 2 节）、程瑞芳（第 4 章、第 9 章第 3 节、第 9 章第 4 节）、宁翠萍（第 5 章、第 9 章第 5 节）、李萍萍（第 2 章、第 3 章）、乔丹（第 8 章）、杨磊（第 1 章）、淡凯（第 10 章）、李荣轶（第 11 章）、郭江涛（第 12 章）。

本书在编写过程中，受到杨凌职业技术学院建筑工程分院冯旭院长、刘洁副院长的大力支持，参考并引用了所列参考文献等有关资料，在此一并向相关人员表示衷心的感谢。

由于编者水平有限，不妥之处在所难免，恳请读者批评指正。

编　者

目 录

绪 论

建筑是供人们生产、生活和进行其他活动的房屋或场所。各类建筑都离不开梁、板、墙、柱、基础等构件，它们相互连接形成建筑的骨架。建筑中由若干构件连接而成的能承受作用的平面或空间体系称为建筑结构，在不致混淆时可简称结构。

1．建筑结构的概念

建筑结构由水平构件、竖向构件和基础组成。水平构件包括梁、板等，用以承受竖向荷载；竖向构件包括柱、墙等，其作用是支承水平构件或承受水平荷载；基础的作用是将建筑物承受的荷载传至地基。

建筑结构有多种分类方法。按照承重结构所用的材料不同，建筑结构可分为混凝土结构、砌体结构、钢结构、木结构和混合结构五种类型。

（1）混凝土结构

混凝土结构是钢筋混凝土结构、预应力混凝土结构和素混凝土结构的总称。

素混凝土结构是指由无筋或不配置受力钢筋的混凝土制成的结构，在建筑工程中一般只用作基础垫层或室外地坪。

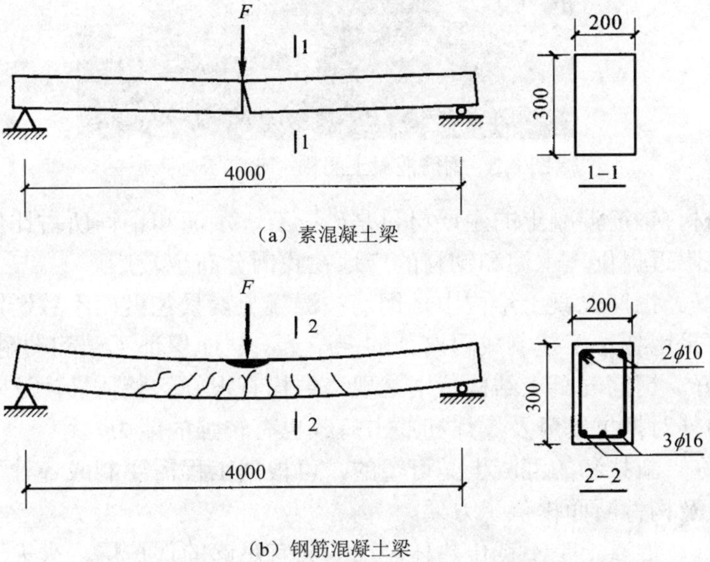

（a）素混凝土梁

（b）钢筋混凝土梁

图 0.1　钢筋混凝土梁与素混凝土梁的破坏情况比较

钢筋混凝土结构是指由配置受力的普通钢筋、钢筋网或钢筋骨架的混凝土制成的结构。在混凝土内配置受力钢筋，能明显提高结构或构件的承载能力和变形性能。图 0.1 所示素混凝土、钢筋混凝土简支梁，截面尺寸、跨度及荷载相同，混凝土强度等级均为 C20。试验结果表明，当 F=8kN 时素混凝土梁即发生断裂破坏，并且破坏是突然发生的，无明显预兆。而钢筋混凝土梁破坏前的变形和裂缝都发展得很充分，呈现出明显的破坏预兆，且破坏荷载提高到36kN。

由于混凝土的抗拉强度和抗拉极限应变很小，钢筋混凝土结构在正常使用荷载下一般是带裂缝工作的。这是钢筋混凝土结构最主要的缺点。为了克服这一缺点，可在结构承受荷载之前，在使用荷载作用下可能开裂的部位，预先人为地施加压应力，以抵消或减少外荷载产生的拉应力，从而达到使构件在正常的使用荷载下不开裂，或者延迟开裂、减小裂缝宽度的目的，这种结构称为预应力混凝土结构。

钢筋混凝土结构（如图 0.2 所示）是混凝土结构中应用最多的一种，也是应用最广泛的建筑结构形式之一。它不但被广泛应用于多层与高层住宅、宾馆、写字楼以及单层与多层工业厂房等工业与民用建筑中，而且水塔、烟囱、核反应堆等特种结构也多采用钢筋混凝土结构。钢筋混凝土结构之所以应用如此广泛，主要是因为它具有如下优点：

图 0.2　钢筋混凝土结构（北京国际大厦）

1）就地取材。钢筋混凝土的主要材料是砂、石，水泥和钢筋所占比例较小。砂和石一般都可由建筑工地附近提供，水泥和钢材的产地在我国分布也较广。

2）耐久性好。钢筋混凝土结构中，钢筋被混凝土紧紧包裹而不致锈蚀，即使在侵蚀性介质条件下，也可采用特殊工艺制成耐腐蚀的混凝土，从而保证了结构的耐久性。

3）整体性好。钢筋混凝土结构特别是现浇结构有很好的整体性，这对于地震区的建筑物有重要意义，另外对抵抗暴风及爆炸和冲击荷载也有较强的能力。

4）可模性好。新拌和的混凝土是可塑的，可根据工程需要制成各种形状的构件，这给合理选择结构形式及构件断面提供了方便。

5）耐火性好。混凝土是不良传热体，钢筋又有足够的保护层，火灾发生时钢筋不致很快达到软化温度而造成结构瞬间破坏。

钢筋混凝土也有一些缺点，主要是自重大，抗裂性能差，现浇结构模板用量大、工期长等等。但随着科学技术的不断发展，这些缺点可以逐渐克服。例如采用轻质、高强的混凝土，可克服自重大的缺点；采用预应力混凝土，可克服容易开裂的缺点；掺入纤维做成纤维混凝土可克服混凝土的脆性；采用预制构件，可减小模板用量，缩短工期。

应当注意的是，钢筋和混凝土是两种物理力学性质不同的材料，在钢筋混凝土结构中之所以能够共同工作，是因为：

1）钢筋表面与混凝土之间存在强大的黏结作用。这种黏结作用由三部分组成：一是混凝土结硬时体积收缩，将钢筋紧紧握住而产生的摩擦力；二是由于钢筋表面凹凸不平而产生的机械咬合力；三是混凝土与钢筋接触表面间的胶结力。其中机械咬合力约占50%。

2）钢筋和混凝土的温度线膨胀系数几乎相同（钢筋为 1.2×10^{-5}，混凝土为 1.0×10^{-5}～1.5×10^{-5}），在温度变化时，二者的变形基本相等，不致破坏钢筋混凝土结构的整体性。

3）钢筋被混凝土包裹着，从而使钢筋不会因大气的侵蚀而生锈变质。

上述三个原因中，钢筋表面与混凝土之间存在黏结作用是最主要的原因。因此，钢筋混凝土构件配筋的基本要求，就是要保证二者共同受力，共同变形。

（2）砌体结构

由块体（砖、石材、砌块）和砂浆砌筑而成的墙、柱作为建筑物主要受力构件的结构称为砌体结构，它是砖砌体结构、石砌体结构和砌块砌体结构的统称。如图0.3所示，西安大雁塔为砖砌单筒体结构，高60多米，1200多年来，历经数次地震，仍巍然屹立。

砌体结构主要有以下优点。

1）取材方便，造价低廉。砌体结构所需用的原材料如黏土、砂子、天然石材等几乎到处都有，因而比钢筋混凝土结构更为经济，并能节约水泥、钢材和木材。砌块砌体还可节约土地，使建筑向绿色建筑、环保建筑方向发展。

2）具有良好的耐火性及耐久性。一般情况下，砌体能耐受 400℃的高温。砌体耐腐蚀性能良好，完全能满足预期的耐久年限要求。

3）具有良好的保温、隔热、隔音性能，节能效果好。

4）施工简单，技术容易掌握和普及，也不需要特殊的设备。

砌体结构的主要缺点是自重大，强度低，整体性差，砌筑劳动强度大。

砌体结构在多层建筑中应用非常广泛，特别是在多层民用建筑中，砌体结构占绝大多数。目前高层砌体结构也开始应用，最大建筑高度已达10余层。

图0.3 砌体结构（西安大雁塔）

（3）钢结构

钢结构指以钢材为主制作的结构，如图0.4所示。

钢结构具有以下主要优点：

1）材料强度高，自重轻，塑性和韧性好，材质均匀；

2）便于工厂生产和机械化施工，便于拆卸，施工工期短；

3）具有优越的抗震性能；

4）无污染、可再生、节能、安全，符合建筑可持续发展的原则，可以说钢结构的发展是21世纪建筑文明的体现。

图 0.4　钢结构（鸟巢）

钢结构易腐蚀，需经常油漆维护，故维护费用较高。钢结构的耐火性差。当温度达到 250℃时，钢结构的材质将会发生较大变化；当温度达到 500℃时，结构会瞬间崩溃，完全丧失承载能力。

钢结构的应用正日益增多，尤其是在高层建筑及大跨度结构（如屋架、网架、悬索等结构）中。

（4）木结构

木结构是指全部或大部分用木材制作的结构，如图 0.5 所示。这种结构易于就地取材，制作简单，但易燃、易腐蚀、变形大，并且木材使用受到国家严格限制，因此已很少采用。

图 0.5　木结构房屋

（5）混合结构

由两种及两种以上材料作为主要承重结构的房屋称为混合结构，如图 0.6 所示。

混合结构包含的内容较多。多层混合结构一般以砌体结构为竖向承重构件（如墙、柱等），而水平承重构件（如梁、板等）多采用钢筋混凝土结构，有时采用钢木结构。其中以砖砌体为竖向承重构件，钢筋混凝土结构为水平承重构件的结构体系称为砖混结构。高层混合结构一般是钢—混凝土混合结构，即由钢框架或型钢混凝土框架与钢筋混凝土筒体所组成的共同承受竖向和水平作用的结构。

钢-混凝土混合结构体系是近年来在我国迅速发展的一种结构体系。它不仅具有钢结构建筑自重轻、截面尺寸小、施工进度快、抗震性能好的特点，还兼有钢筋混凝土结构刚度大、防火性能好、成本低的优点，因而被认为是一种符合我国国情的较好的高层建筑结构形式。

图 0.6　钢支撑框架+钢筋混凝土核心筒混合结构（广东兴业国际大楼）

2．建筑结构的发展与应用状况

建筑结构有着悠久的历史。我国黄河流域的仰韶文化遗址就发现了公元前 5000～公元前 3000 年的房屋结构痕迹。金字塔（建于公元前 2700～公元前 2600 年）、万里长城都是结构发展史上的辉煌之作。

砌体结构是最古老的结构形式。在我国，石结构已有 5000 多年历史，在 3000 多年前的西周时期已开始生产和使用烧结砖，在秦、汉时期，砖瓦已广泛应用于房屋结构。目前，高层砌体结构已开始应用，我国已建成 12 层的砌体结构房屋。

17 世纪开始使用生铁，19 世纪初开始使用熟铁建造桥梁和房屋。自 19 世纪中叶开始，钢结构得到了蓬勃发展。钢结构应用于高层建筑，始于美国芝加哥家庭保险大楼，铸铁框架，高 11 层，1883 年建成。目前，世界上最高的钢结构房屋马来西亚吉隆坡石油大厦的高度达 450m。

现代混凝土结构是随着水泥和钢铁工业的发展而发展起来的，至今仅有约 150 年的历史。1824 年，英国泥瓦工约瑟夫·阿斯普丁（Joseph. Aspadin）发明了波兰特水泥并获得专利，随后混凝土问世。1850 年，法国人郎波特（L. Lambot）制成了铁丝网水泥砂浆的小船。1861 年，法国人莫尼埃（Joseph. Monier）获得了制造钢筋混凝土构件的专利。20 世纪 30 年代预应力混凝土结构的出现，是混凝土结构发展的一次飞跃。它使混凝土结构的性能得以改善，应用范围大大扩展。目前，世界上最高的钢筋混凝土结构房屋为朝鲜平壤柳京饭店，高度达 305.4m。

建筑结构虽然已经历了漫长的发展过程，但至今仍生机勃勃，不断发展。特别是近年来，在设计理论、材料、结构等方面都得到了迅猛发展。

理论方面，目前有学者提出全过程可靠度理论，将可靠度理论应用到工程结构设计、施工与使用的全过程中，以保证结构的安全可靠。随着模糊数学的发展，模糊可靠度的概念正在建立。随着计算机的发展，工程结构计算正向精确化方向发展，结构的非线性分析是发展趋势。随着研究的不断深入、统计资料的不断积累，结构设计方法将会发展至全概率极限状态设计方法。

材料方面的发展趋势是：

1）混凝土结构的材料将向轻质、高强、新型、复合方向发展。目前美国已制成 C200 的混凝土，我国已制成 C100 的混凝土。不久的将来，混凝土强度将普遍达到 $100N/mm^2$，特殊工程可达 $400N/mm^2$。随着高强度钢筋、高强度高性能混凝土以及高性能外加剂和混合材料的研制使用，纤维混凝土和聚合物混凝土的研究和应用有了很大发展。此外，轻质混凝土、加气混凝土、陶粒混凝土以及利用工业废渣的“绿色混凝土”，不但改善了混凝土的性能，对节能和保护环境也有重要意义。轻质混凝土的强度目前一般只能达到 $5\sim20N/mm^2$，开发高强度的轻质混凝土是今后的方向。除此之外，防射线、耐磨、耐腐蚀、防渗透、保温等满足特殊需要的混凝土以及智能型混凝土及其结构也在研究中。

2）高强钢筋快速发展。现在强度达 $400\sim600N/mm^2$ 的高强钢筋已开始应用，今后将会出现强度超过 $1000N/mm^2$ 的钢筋。

3）砌体结构材料向轻质高强的方向发展。途径之一是发展空心砖。国外空心砖的抗压强度普遍可达 $30\sim60N/mm^2$，甚至高达 $100N/mm^2$ 以上，孔洞率也达 40%以上。途径之二是在黏土内掺入可燃性植物纤维或塑料珠，锻烧后形成气泡空心砖，它不仅自重轻，而且隔声、隔热性能好。砌体结构材料另一个发展趋势是高强砂浆。

4）钢结构材料向高性能方向发展。除提高材料强度外，还应大力发展型钢。如 H 型钢可直接作梁和柱，采用高强螺栓连接，施工非常方便。作为一种新产品，压型钢板可直接作屋盖，也可在上面浇上一层混凝土作楼盖，如图 0.7（a）所示。作楼盖时压型钢板既是楼板的抗拉钢筋，又是模板。

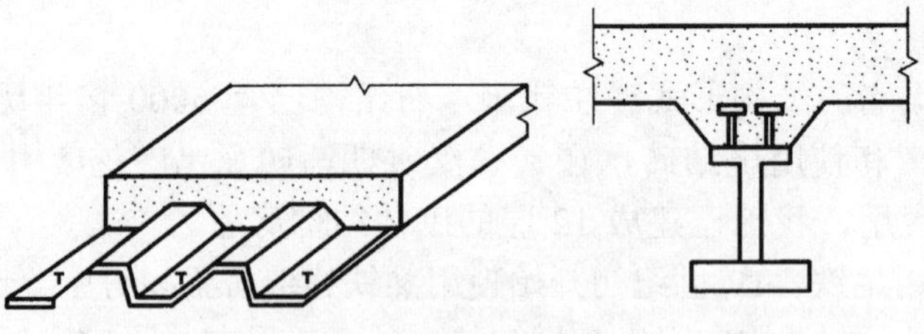

（a）　（b）

图 0.7　钢与混凝土组合结构

结构方面：一是大跨度结构向空间钢网架、悬索结构、薄壳结构方向发展。空间钢网架最大跨度已超过 100m。二是高层砌体结构开始应用。为克服传统体系砌体结构水平承载力低的缺点，一个途径是使墙体只受垂直荷载，将所有的水平荷载由钢筋混凝土内核芯筒承受，形成砖墙—筒体体系，另一个途径就是对墙体施加预应力，形成预应力砖墙。三是组合结构成为结构发展的方向，目前劲性钢筋混凝土、钢管混凝土、压型钢板叠合梁等组合结构已广泛应用，在超高层建筑结构中还采用钢框架与内核芯筒共同受力的组合体系，能充分利用材料优势。图 0.7（b）所示为钢与混凝土组合梁示意图。

3．建筑结构课程简介

根据受力与变形特点不同，结构基本构件可归纳为受弯构件、受拉构件、受压构件和受扭构件。本课程包括混凝土结构、砌体结构、钢结构基本知识等内容。通过学习，了解建筑结构的设计方法，掌握钢筋混凝土结构、砌体结构和钢结构基本构件的计算方法，理解结构构件的构造要求，能正确识读建筑结构施工图，并能处理建筑施工中的一般结构问题。

本课程是建筑工程技术等专业的主干专业课。学习本课程，应注意以下几方面。

一是要理论联系实际。本课程的理论本身就来源于生产实践，它是前人大量工程实践的经验总结。因此，学习本课程时，应通过实习、参观等各种渠道向工程实践学习，加强练习、课程设计等，真正做到理论联系实际。

二是要注意同力学课的联系和区别。本课程所研究的对象，除钢结构外都不符合匀质弹性材料的条件，因此力学公式多数不能直接应用，但从通过几何、物理和平衡关系来建立基本方程来说，二者是相同的。所以，在应用力学原理和方法时，必须考虑材料性能上的特点，切不可照搬照抄。

三是要注意培养自己综合分析问题的能力。结构问题的答案往往不是唯一的，即使是同一构件在给定荷载作用下，其截面形式、截面尺寸、配筋方式和数量都可以有多种答案。这时往往需要综合考虑适用、材料、造价、施工等多方面因素，才能做出合理选择。

四是要重视各种构造措施。现行结构实用计算方法一般只考虑了荷载作用，其他影响，如混凝土收缩、温度影响以及地基不均匀沉降等，难以用计算公式表达。规范根据长期工程实践经验，总结出了一些构造措施来考虑这些因素的影响。所谓构造措施，就是对结构计算中未能详细考虑或难以定量计算的因素所采取的技术措施，它与结构计算是结构设计中相辅相成的两个方面。因此，学习时不但要重视各种计算，还要重视构造措施，设计时必须满足各项构造要求。但除常识性构造规定外，不能死记硬背，而应该着眼于理解。

五是要注意学习有关标准、规范、规程。结构设计标准、规范、规程是国家颁布的关于结构设计计算和构造要求的技术规定和标准，设计、施工等工程技术人员都应遵循。我国标准、规范、规程有以下四种不同情况：一是强制性条文，虽是技术标准中的技术要求，但已具有某些法律性质（将来可能会演变成“建筑法规”），一旦违反，不论是否引起事故，都将被严厉惩罚，故必须严格执行。二是要严格遵守的条文。规范中正面词用“必须”，反面词用“严禁”，表示非这样做不可，但不具有强制性。三是应该遵守的条文。规范中正面词用“应”，反面词用“不应”或“不得”，表示在正常情况下均应这样做。四是允许稍有选择或允许有选择的条文。表示允许稍有选择，在条件许可时首先应这样做，正面词用“宜”，反面词用“不宜”；表示有选择，在一定条件可以这样做的，采用“可”表示。熟悉并学会应用有关标准、规范、规程是学习本课程的重要任务之一，因此，学习中应自觉结合课程内容学习，以达到逐步熟悉并正确应用之目的。

第1章　钢筋混凝土结构材料

钢筋混凝土结构由钢筋和混凝土两种完全不同的材料组成的。为了合理地进行混凝土结构设计，需要深入地了解混凝土和钢筋的受力性能。对混凝土和钢筋力学性能、相互作用和共同工作的了解，是掌握混凝土结构构件性能并对其进行分析与设计的基础。

第1节　混　凝　土

普通混凝土是由水泥、砂、石和水按一定配合比例拌和，经过凝固硬化后形成的人造石材，是一种复杂的多相复合材料。在混凝土中，砂、石起骨架作用，称为骨料。水泥与水形成水泥浆，包裹在骨料表面并填充其空隙。混凝土的强度和变形性能不仅与水泥的强度、骨料的性质、水胶比、级配和配合比等有直接关系，还与制作方法、硬化养护条件、龄期、试件的形状和尺寸、试验方法、加载速度等有密切关系。本节简单介绍混凝土在不同受荷方式下的强度和变形性能。

1．混凝土的强度

混凝土的强度指标主要有立方体抗压强度标准值、轴心抗压强度标准值和轴心抗拉强度标准值。

（1）立方体抗压强度标准值 $f_{cu,k}$

混凝土在结构中主要承受压力，抗压强度是混凝土的重要力学指标。由于混凝土受许多因素影响，因此必须有一个标准的强度测定方法和相应的强度评定标准。

《混凝土结构设计规范》（以下简称为《规范》）规定：用边长为 150mm 的立方体试件，在标准条件下（温度为（20±3）℃，相对湿度≥90%）养护 28d，用标准试验方法（加载速度为每秒 0.15～0.25 N/mm^2，试件表面不涂润滑剂、全截面受力）测得的具有 95%保证率的抗压强度称为立方体抗压强度标准值，用符号 $f_{cu,k}$ 表示。它是混凝土其他力学指标的基本代表值。

混凝土的强度等级按混凝土立方体抗压强度标准值 $f_{cu,k}$ 确定，用符号 C 表示，单位为 N/mm^2（或 MPa）。例如 C30 表示立方体强度标准值为 30 N/mm^2 的混凝土强度等级。《规范》根据立方体抗压强度标准值，按极差 5MPa，将混凝土从 C15 到 C80 共划分为 14 个强度等级。一般认为强度等级达到或超过 C50 的混凝土为高强混凝土。相对而言，C25 以下可称为低强混凝土，C30～C45 为中强度混凝土。目前在实验室已能配制出 C100 级以上的混凝土，且也有一定的工程应用。

立方体抗压强度也可采用边长 200mm 或边长 100mm 的立方体试块测定。但是，对同一种混凝土材料，采用不同尺寸的立方体试块，所测强度不同，即立方体边长越小，抗压强度越高。当采用边长 200mm 和边长 100mm 的立方体试块且混凝土强度等级不超过 C50 时，要换算为 150mm 的立方体试块强度，应分别乘以 1.05 和 0.95 的尺寸效应换算系数。

在钢筋混凝土结构构件中混凝土的强度等级不宜低于 C15；当采用 HRB335 级钢筋时，混凝土强度等级不得低于 C20；当采用 HRB400 和 RRB400 级钢筋或承受重复荷载时，混凝土强度等级不得低于 C20；预应力混凝土结构的混凝土强度等级不宜低于 C30；当采用钢绞线、钢丝做预应力钢筋时，强度等级不宜低于 C40。

（2）轴心抗压强度标准值 f_{ck}

在实际工程中，钢筋混凝土受压构件大多数是棱柱体而不是立方体，工作条件与立方体试块的工作条件有很大差别，采用棱柱体试件比立方体试件更能反映混凝土的实际抗压能力。

我国采用 $150\text{mm}\times150\text{mm}\times300\text{mm}$ 的棱柱体试件作为标准试件，测得的混凝土棱柱体抗压强度即为混凝土的轴心抗压强度。随着试件高宽比 h/b 增大，端部摩擦力对中间截面约束减弱，混凝土抗压强度降低。

根据试验结果对比得出，混凝土棱柱体试件的轴心抗压强度 f_{ck} 与立方体抗压强度 $f_{cu,k}$ 之间大致成线性关系，平均比值为 0.76。考虑到实际结构构件与试件在尺寸、制作、养护条件上的差异，加荷速度等因素的影响，偏安全地取用关系式：

$$f_{ck}=0.67\alpha_c f_{cu,k} \tag{1.1}$$

式中：α_c——高强混凝土脆性的折减系数，对于 C45 以下，取 $\alpha_c=1.0$；对于 C45，取 $\alpha_c=0.98$；对于 C60，取 $\alpha_c=0.96$；中间按线性规律变化。

（3）轴心抗拉强度标准值 f_{tk}

混凝土的轴心抗拉强度是确定混凝土抗裂度的重要指标。常用轴心抗拉试验或劈裂试验来测得混凝土的轴心抗拉强度，其值远小于混凝土的抗压强度，一般为其抗压强度的 1/9～1/18，且不与抗压强度成正比。

根据试验结果对比得知，混凝土试件的轴心抗拉强度 f_{tk} 与立方体抗压强度 $f_{cu,k}$ 之间存在一定关系。考虑实际构件与试件各种情况的差异，对试件强度进行修正，偏安全地取用关系式：

$$f_{tk}=0.23f_{cu,k}^{2/3}(1-1.645\delta_{f_{cu}}) \tag{1.2}$$

式中：$\delta_{f_{cu}}$——混凝土立方体抗压强度的变异系数，$\delta_{f_{cu}}$ 的取值见相关规定。

混凝土轴心抗压强度标准值和轴心抗拉强度标准值见附表 1-1。

2．混凝土的变形

混凝土的变形可以分为两类：一类是由外荷载作用引起的变形，另一类是由温度、湿度的变化引起的体积变形。由外荷载产生的变形与加载的方式及荷载作用持续时间有关。

（1）混凝土在一次短期荷载作用下的变形

混凝土在一次加载下的应力—应变关系是混凝土最基本的力学性能之一，是对混凝土结构进行理论分析的基本依据，可较全面地反映混凝土的强度和变形的特点。其应力—应变关系如图 1.1 所示。

1）上升段 oc 段：在 oa 段（σ_c 小于 0.3 f_c），应力较小时，混凝土处于弹性阶段，应力—应变曲线接近于直线；在 ab 段（一般 σ_c 为 0.3 f_c～0.8 f_c），当应力继续增大，其应变增长加快，混凝土塑性变形增大，应力—应变曲线越来越偏离直线；在 bc 段（一般 σ_c 为 0.8 f_c～1.0 f_c），随着应力的进一步增大，且接近 f_c 时，混凝土塑性变形急剧增大，c 点的应力达到峰值应力 f_c，试件开始破坏。c 点应力值为混凝土的轴心抗压强度 f_c，与其相应的压应变为 ε_0，ε_0 一般为 0.002。

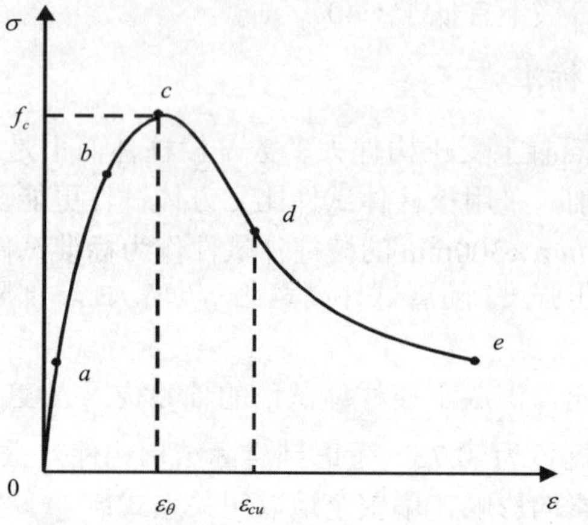

图 1.1　混凝土一次短期加载时的应力—应变曲线

2）下降段 ce 段：当应力超过 f_c 后，试件承载力下降，随着应变的增加，应力—应变曲线在 d 点出现反弯。试件在宏观上已破坏，此时，混凝土已达到极限压应变 ε_{cu}，ε_{cu} 值大多为 0.003～0.004，一般为 0.0033 左右。d 点以后，通过集料间的咬合力及摩擦力，块体还能承受一定的荷载。混凝土的极限压应变 ε_{cu} 越大，表示混凝土的塑性变形能力越大，即延性越好。

混凝土受拉时的应力—应变曲线与受压时相似，但其峰值时的应力、应变都比受压时小的多。计算时，一般混凝土的最大拉应变可取（1～1.5）$\times 10^{-4}$。

（2）混凝土在重复荷载作用下的变形

混凝土在多次重复荷载作用下的应力—应变曲线如图 1.2 所示。从图中可看出，它的变形性质有着显著变化。

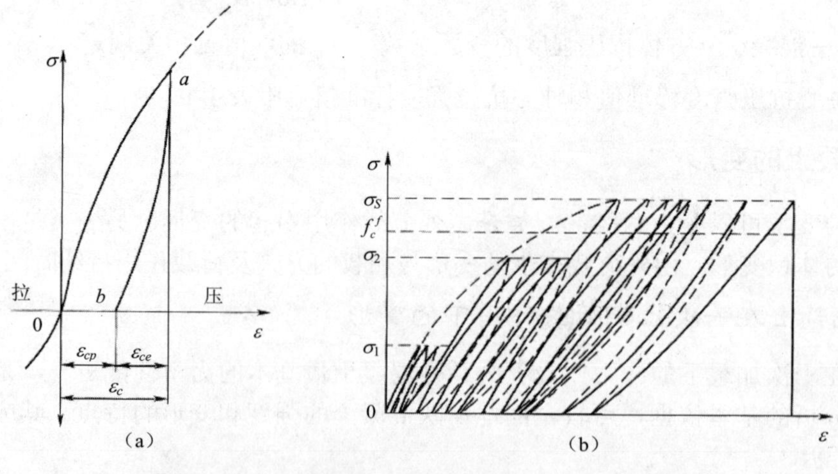

图 1.2　混凝土在重复荷载作用下的应力—应变曲线

图 1.2 为混凝土棱柱体试件在一次短期加载后的应力—应变曲线。因为混凝土是弹塑性材料，初次卸载至应力为零时，应变不能全部恢复。可恢复的那一部分称为弹性应变 ε_{ce}，不可恢复的残余部分称为塑性应变 ε_{cp}。因此，在一次加载卸载过程中，当每次加荷时的最大应力

小于某一限值时，混凝土的应力—应变曲线形成一个环状。随着加载卸载重复次数的增加，残余应变会逐渐减小，一般重复 5～10 次后，加载和卸载的应力—应变曲线越来越闭合并接近直线，如图 1.2（b）所示，此时，混凝土就像弹性体一样工作。试验表明，这条直线与一次短期加荷时的应力—应变曲线在原点的切线基本平行。

当应力超过某一限值时，则经过多次循环，应力—应变曲线成直线后，又能很快重新变弯且应变越来越大，试件很快就会破坏。这种破坏就称为混凝土的“疲劳破坏”。这个限值也就是材料能够抵抗周期重复荷载的疲劳强度 f_c^f 。混凝土的疲劳强度与混凝土的强度等级、荷载的重复次数及重复作用应力的变化幅度有关，其值大约为 0.5 f_c 。

（3）混凝土的弹性模量、变形模量

1）弹性模量。由建筑力学可知，材料的应力与应变关系是通过弹性模量反映的，弹性材料的弹性模量为常数。从图 1.3 可以看出，混凝土的应力与应变的比值随着应力的变化而变化，即应力与应变的比值不是常数，所以它的弹性模量取值要复杂一些。

试验结果表明，混凝土的弹性模量与立方体抗压强度有关。《规范》采用的弹性模量 E_c 的经验公式为

$$E_c = \frac{10^5}{2.2 + \dfrac{34.7}{f_{cu,k}}} \tag{1.3}$$

按式（1.3）计算的混凝土各种强度等级的弹性模量 E_c ，列于附表 1-3。

2）变形模量。当应力较大时，混凝土的塑性变形比较显著，就不能用 E_c 表达混凝土的应力应变之间的关系，可用变形模量 E_c' 表示。 E_c' 与弹性模量 E_c 关系可用弹性系数 ν 表示：

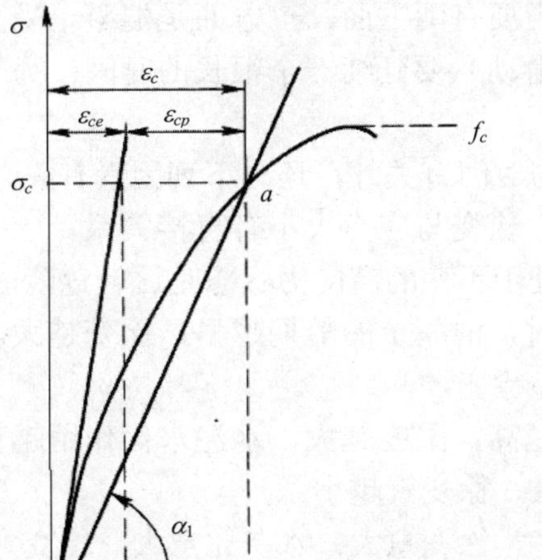

图 1.3　混凝土弹性模量、变形模量的表示方法

$$E_c' = \frac{\sigma_c}{\varepsilon_c} = \frac{\varepsilon_{ce}}{\varepsilon_c} \times \frac{\sigma_c}{\varepsilon_{ce}} = \nu E_c \tag{1.4}$$

弹性系数是不超过 1.0 的变数，与应力值有关，随应力增大而减小。通常，当 $\sigma \leqslant 0.3 f_c$ 时，混凝土基本处于弹性阶段，$\nu = 1.0$ ；当 $\sigma = 0.5 f_c$ 时，$\nu = 0.8 \sim 0.9$；当 $\sigma = 0.8 f_c$ 时，$\nu = 0.4 \sim 0.7$。

（4）混凝土在长期荷载作用下的变形——徐变

混凝土在长期荷载作用下，应力不变，应变随时间的增加而增长的现象，称为混凝土的徐变。

混凝土在持续荷载作用下，应变与时间的关系曲线如图 1.4 所示。徐变在前期增长较快，随后逐渐减慢，经过较长时间而趋于稳定。一般 6 个月可达最终徐变的 70%～80%，2 年以后，徐变基本完成。

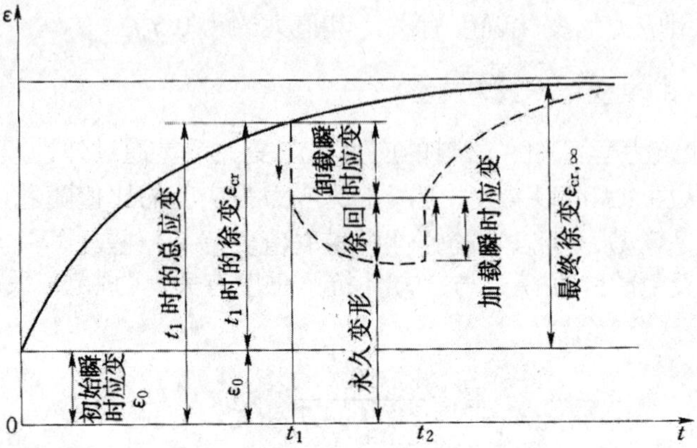

图 1.4　混凝土的徐变与时间的关系

徐变与塑性变形的不同之处在于：徐变在较小应力下就可产生，当卸掉荷载后可部分恢复；塑性变形只有在应力超过其弹性极限后才会产生，当卸掉荷载后不可恢复。

混凝土产生徐变的原因主要有两方面，一方面是混凝土受力后，水泥石中的胶凝体产生的黏性流动（颗粒间的相对滑动）要延续一个很长的时间；另一方面是集料和水泥石结合面裂缝的持续发展。

影响徐变的因素除主要与时间有关外，还与下列因素有关。

①应力条件。试验表明，徐变与应力大小有直接关系。应力越大，徐变也越大。实际工程中，如果混凝土构件长期处于不变的高应力状态是比较危险的，对结构安全是不利的。

②加荷龄期。初始加荷时，混凝土的龄期越早，徐变越大。若加强养护，使混凝土尽早结硬或采用蒸汽养护，可减小徐变。

③周围环境。养护温度越高，湿度越大，水泥水化作用越充分，徐变就越小；试件受荷后，环境温度越低，湿度越大，徐变就越小。

④混凝土中水泥用量愈多，徐变愈大；水灰比愈大，徐变愈大。

⑤材料质量和级配好，弹性模量高，徐变小。

混凝土的徐变会显著影响结构或构件的受力性能。如局部应力集中可因徐变得到缓和，支座沉陷引起的应力及温度湿度应力，也可由于徐变得到松弛，这对水工混凝土结构是有利的。但徐变使结构变形增大对结构不利的方面也不可忽视，如徐变可使受弯构件的挠度增大 2～3 倍，使细长柱的附加偏心距增大，还会导致预应力构件的预应力损失。

（5）混凝土的非荷载作用变形

1）温度变形。混凝土和其他材料一样，也会随着温度的变化产生热胀冷缩变形。尤其是对大体积混凝土结构，当变形受到约束时，常常因温度应力就可能形成贯穿性裂缝而影响正常使用，使结构承载力和混凝土的耐久性大大降低。混凝土的温度线膨胀系数随集料的性质和配合比的不同而变化，一般计算时可取为1×10^{-5}/℃。

2）干湿变形。混凝土在空气中结硬时体积减小的现象，称为干缩变形或收缩。引起混凝土干缩的主要原因：一是干燥失水；二是因为结硬初期水泥和水的水化作用，形成水泥结晶体，而水泥结晶体化合物比原材料的体积小。已经干燥的混凝土再置于水中，混凝土就会重新发生膨胀（或湿胀）。当外界湿度变化时，混凝土就会产生干缩和湿胀。湿胀系数比干缩系数小得多，而且湿胀往往是有利的，故一般不予考虑。但干缩对结构有着不利影响，必须引起足够重视。如果构件是能够自由伸缩的，则混凝土的干缩只会引起构件的缩短，而不会导致混凝土的干缩裂缝；当构件受到边界的约束时，混凝土因收缩产生拉应力，会导致结构产生干缩裂缝，造成有害影响。在预应力混凝土结构中，干缩变形会导致预应力的损失。因此在实际工程中可采取如下几方面措施，减小混凝土的收缩：

①减少水泥用量；

②选用弹性模量大的骨料；

③减小水灰比；

④增加混凝土的密实度；

⑤加强对混凝土的早期养护；

⑥设置施工缝，配置构造钢筋等。

3. 混凝土的耐久性

混凝土的耐久性在一般环境条件下是较好的。但如果混凝土抵抗渗透能力差，或受冻融循环的作用、侵蚀介质的作用，就会使混凝土遭受碳化、冻害、腐蚀等，耐久性受到严重影响。

水工混凝土的耐久性，与其抗渗、抗冻、抗冲刷、抗碳化和抗腐蚀等性能有密切关系。为了保证混凝土的耐久性，根据水工建筑物所处环境条件的类别，应满足不同的控制要求。环境条件划分为五个类别，详见表1.1所示。

结构的耐久性与结构所处环境条件、结构使用条件、结构形式和细部构造、结构表层保护措施以及施工质量等均有关系，在一般情况下，可按结构所处的环境条件提出相应的耐久性要求。

表1.1 水工混凝土结构所处的环境类别

环境类别	条 件
一	室内正常环境
二	室内潮湿环境；露天环境；长期处于水下或地下的环境
三	淡水水位变动区；有轻度侵蚀性地下水的地下环境；海水水下区
四	海上大气区；轻度盐雾作用区；海水水位变动区；中度侵蚀性环境
五	使用除冰盐的环境；海水浪溅区；重度盐雾作用区；有严重侵蚀性介质的环境

第 2 节　钢　　筋

1．钢筋的分类

（1）钢筋的成分

我国建筑工程中所用钢筋按其化学成分的不同，分为碳素钢和普通低合金钢两大类。根据含碳量的多少，碳素钢分为低碳钢（含碳量小于 0.25%）、中碳钢（含碳量为 0.25%～0.6%）和高碳钢（含碳量为 0.6%～1.4%）。含碳量越高，强度越高，但塑性和可焊性越差，反之则强度降低，塑性和可焊性越好。普通低合金钢是在碳素钢的基础上，加入了少量的合金元素，如锰、硅、钒、钛等，可使钢材的强度、塑性等综合性能提高，从而使低合金钢钢筋具有强度高、塑性及可焊性好的特点。普通低合金钢一般按主要合金元素命名，名称前面的数字代表平均含碳量的万分数，合金元素后的尾标数字表明该元素含量取整的百分数，当其含量小于 1.5%时，不加尾标；当其含量为 1.5%～2.5%时，取尾标数为 2。如 40 硅 2 锰钒（40Si2MnV）表示平均含碳量为 0.4%，硅元素的平均含量为 2%，锰、钒的含量均小于 1.5%。

（2）钢筋的外形

工程中所用的钢筋，按外形分为光面钢筋和带肋钢筋两类，如图 1.5 所示。光面钢筋表面是光圆的。带肋钢筋表面有两条纵向凸缘（纵肋），在纵肋凸缘两侧有许多等距离和等高度的斜向凸缘（斜肋），凸缘斜向相同的表面形成螺旋纹，斜向不同的表面形成人字纹。螺旋纹和人字纹钢筋又称为等高肋钢筋。斜向凸缘和纵向凸缘不相交，剖面几何形状呈月牙形的钢筋称为月牙肋钢筋，与同样公称直径的等高肋钢筋相比，强度稍有提高，凸缘处应力集中也得到改善，但与混凝土之间的黏结强度略低于等高肋钢筋。

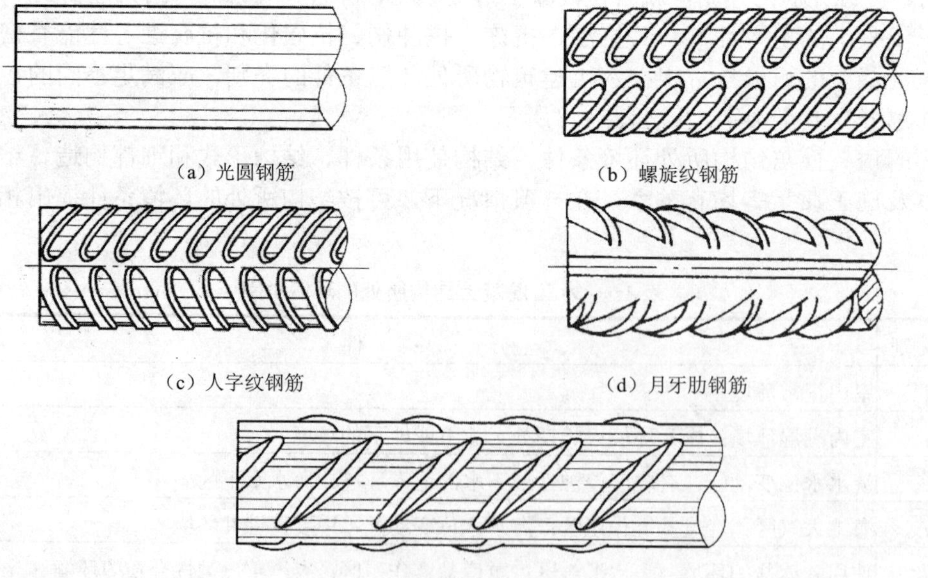

（a）光圆钢筋　（b）螺旋纹钢筋

（c）人字纹钢筋　（d）月牙肋钢筋

（e）带肋钢筋

图 1.5　各种钢筋的形式

（3）钢筋的品种和等级

在建筑结构中，将用于混凝土结构构件中的各种非预应力筋总称为普通钢筋，而将用于混凝土结构构件中施加预应力的钢丝、钢绞线和预应力螺纹钢筋总称为预应力筋。普通钢筋是指由低碳钢、普通低合金钢或细晶粒钢在高温下直接轧制而成的热轧钢筋；其中的细晶粒钢筋是为节约低合金资源，采用控温轧制工艺生产的。普通钢筋的牌号、强度等级及表示符合按性能分为 HPB300 级—ϕ、HRB335 级—Φ、HRB400 级—Φ、RRB400 级—Φ^{R}、HRB500 级—Φ以及 HRBF335 级—Φ^{F}、HRBF400 级—Φ^{F}、HRBF500 级—Φ^{F}。普通钢筋的外形除 HPB300 级钢筋为光圆外，其余均为月牙纹变形钢筋。预应力筋包括中强度预应力钢丝、消除应力钢丝、钢绞线和预应力螺纹钢筋（又称精轧螺纹粗钢筋）。中强度预应力钢丝的极限抗拉强度标准值为 800～1270MPa，当外形为光圆时用符号ϕ^{PM}表示，外形为螺旋肋时用符号ϕ^{HM}表示，可用中、小跨度的预应力混凝土构件。消除应力钢丝的极限抗拉强度标准值为 1470～1860MPa，当外形为光圆时用符号ϕ^{P}表示，外形为螺旋肋时用符号ϕ^{H}表示。钢绞线是由多股高强钢丝绞织而成的，其极限抗拉强度标准值为 1570～1960MPa，用符号ϕ^{S}表示。预应力螺纹钢筋的极限抗拉强度标准值为 980～1230MPa，用符号ϕ^{S}表示，可用螺丝套筒连接和螺帽锚固。

2．钢筋的力学性能

（1）钢筋的强度

钢筋混凝土中所用的钢筋，按其应力—应变曲线特性的不同分为两类：一类是有明显屈服点的钢筋，另一类是无明显屈服点的钢筋。有明显屈服点的钢筋习惯上称为软钢，如热轧钢筋；无明显屈服点的钢筋习惯上称为硬钢，如热处理钢筋、钢丝及钢绞线等。

1）有明显屈服点的钢筋。有明显屈服点的钢筋在单向拉伸时的应力-应变曲线如图 1.6 所示。*a* 点以前应力与应变成直线关系，符合虎克定律，*a* 点对应的应力称为比例极限，*oa* 段属于弹性阶段；*a* 点以后应变比应力增加要快，应力与应变不成正比；到达 *b* 点后，钢筋进入屈服阶段，产生很大的塑性变形，在应力—应变曲线中呈现一水平段 *bc*，称为屈服阶段或流幅，*b* 点的应力称为屈服强度；过 *c* 点后，应力与应变继续增加，应力—应变曲线为上升的曲线，进入强化阶段，曲线到达最高点 *d*，对应于 *d* 点的应力称为抗拉极限强度。过了 *d* 点以后，试件内部某一薄弱部位应变急剧增加，应力下降，应力—应变曲线为下降曲线，产生“颈缩”现象，到达 *e* 点钢筋被拉断，此阶段称为破坏阶段。由图 1.6 可知，有明显屈服点的钢筋的应力—应变曲线可分为四个阶段：弹性阶段、屈服阶段、强化阶段和破坏阶段。

有明显屈服点的钢筋有两个强度指标：一是 *b* 点的屈服强度，它是钢筋混凝土构件设计时钢筋强度取值的依据。因为钢筋屈服后要产生较大的塑性变形，这将使构件的变形和裂缝宽度大大增加，以致影响构件的正常使用，故设计中采用屈服强度作为钢筋的强度限值。另一个强度指标是 *d* 点的极限强度，一般用做钢筋的实际破坏强度。钢材中含碳量越高，屈服强度和抗拉强度就越高，延伸率就越小，流幅也相应缩短。

2）无明显屈服点的钢筋。无明显屈服点的钢筋的应力-应变曲线如图 1.7 所示。由图可看出，从加载到拉断无明显的屈服点，没有屈服阶段，钢筋的抗拉强度较高，但变形很小。通常取相应于残余应变为 0.2%的应力 $\sigma_{0.2}$ 作为假定屈服点，称为条件屈服强度，其值约为 0.85

倍的抗拉极限强度。

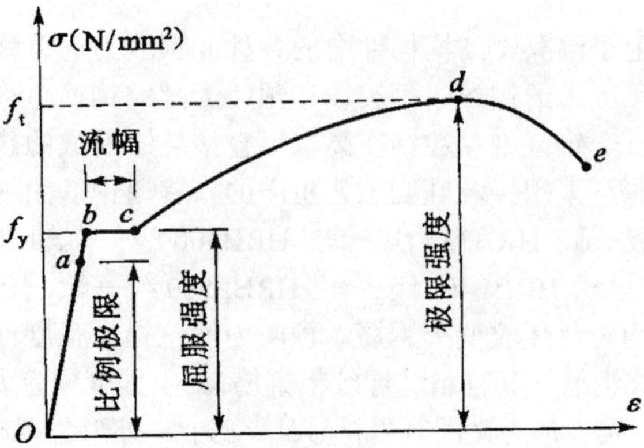

图 1.6　有明显屈服点钢筋的应力—应变曲线

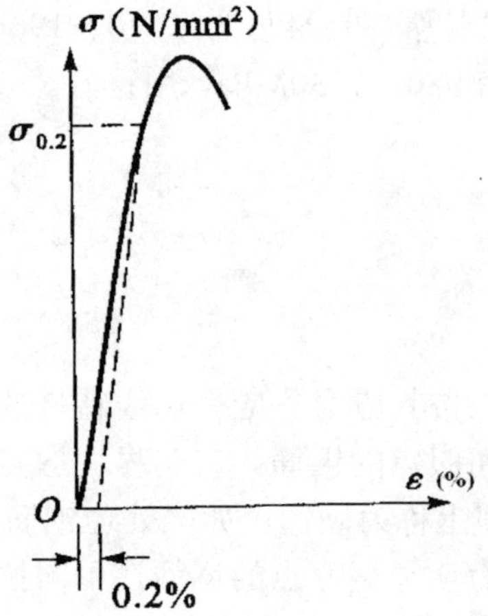

图 1.7　无明显屈服点钢筋的应力—应变曲线

无明显屈服点的钢筋塑性差，伸长率小，采用其配筋的钢筋混凝土构件，受拉破坏时，往往突然断裂，不像用软钢的配筋构件在破坏前有明显的预兆。各种钢筋的强度值见附表 1-4～附表 1-7。

3）钢筋的弹性模量。钢筋弹性阶段的应力与应变的比值称为钢筋的弹性模量，用符号 E_s 表示。由于钢筋在弹性阶段的受压性能与受拉性能类同，所以同一种钢筋的受拉和受压弹性模量相同，各类钢筋的弹性模量见附表 1-8。

（2）钢筋的塑性

钢筋除需要足够的强度外，还应具有一定的塑性变形能力。伸长率和冷弯性能是反映钢筋塑性的基本指标。

伸长率是钢筋拉断后的伸长值与原长的比率，即

$$\delta = \frac{l_2 - l_1}{l_1} \times 100\% \tag{1.5}$$

式中：δ——伸长率（%）；

l_1——试件拉伸前的标距长度，短试件 $l_1 = 5d$ ，长试件 $l_1 = 10d$ ， d 为试件的直径；

l_2——试件拉断后的标距长度。

钢筋伸长率越大的钢筋塑性越好，拉断前有足够的伸长，使构件的破坏有明显预兆；反之，伸长率越小的钢筋塑性越差，其破坏具有突发性，呈脆性特征。

冷弯是在常温下将钢筋绕某一规定直径的辊轴进行弯曲，如图 1.8 所示。在达到规定的冷弯角度时，钢筋不发生裂纹、分层或断裂，则钢筋的冷弯性能符合要求。常用冷弯角度 α 和弯心直径 D 反映冷弯性能。弯心直径越小，冷弯角度越大，钢筋的冷弯性能越好。

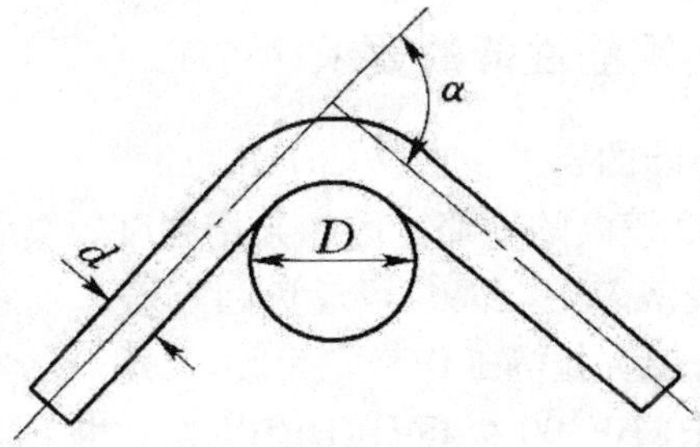

图 1.8　钢筋的冷弯

3．钢筋的冷加工

在实际工程中，为了提高钢筋的强度，节约钢材，在常温下通过拉伸等方法对热轧钢筋进行机械加工，制成的钢筋称为冷加工钢筋。冷加工钢筋包括冷拉、冷拔、冷轧和冷轧扭钢筋。

冷拉钢筋是将热轧钢筋拉伸超过其屈服阶段进入强化阶段，然后卸载至零所得到的钢筋。冷拉钢筋的抗拉强度有所提高，但抗压强度维持不变，伸长率减少，塑性降低。

冷拔钢丝是将热轧钢筋用强力从比其直径小的硬质合金拔丝模拔出而成的钢筋，如图 1.9 所示。经多次冷拔后，钢丝的抗拉强度和抗压强度都有大幅度的提高，但其伸长率显著的减小。

冷轧钢筋是指以热轧圆盘条为母材，经冷拉或冷拔减径后，在其表面轧制具有两面或三面月牙纹横肋的冷轧带肋钢筋。冷轧带肋钢筋与冷拔钢丝的强度基本接近，但塑性较好。由于冷轧带肋钢筋表面具有横肋，与混凝土的黏结较好，故成为冷拔钢丝的换代产品。

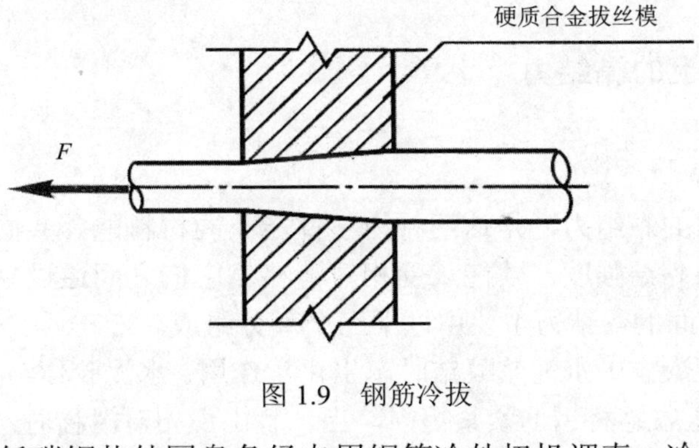

图 1.9　钢筋冷拔

冷轧扭钢筋是将低碳钢热轧圆盘条经专用钢筋冷轧扭机调直，冷轧、冷扭一次成型，形成具有规定截面形状和节距的连续螺旋状钢筋。冷轧扭钢筋的抗拉强度比轧制前母材的强度有很大的提高，但伸长率也减少较多。

对钢筋进行冷加工，钢筋的强度虽然得到了提高，但塑性降得较低，不利于提高结构的整体性能，故《规范》未列入各类冷加工钢筋。当在实际工程中应用时，应符合专门的技术规程。

近年来我国已生产出较多的钢筋新品种。例如环氧树脂涂层钢筋，这种钢筋主要用于海洋工程、有地下水作用的工程以及易受侵蚀性介质作用的工程，其设计和使用同一般受力钢筋。但是由于表面状态改变影响黏结锚固性能，锚固长度需增加 25%。

4．钢筋混凝土结构对钢筋性能的要求

钢筋混凝土结构对钢筋性能的要求主要有如下几方面。

1）强度。一般应选用强度较高的钢筋。因为采用强度较高的钢筋，构件的配筋量减少，不仅节约钢材，有利于提高经济效益，而且可避免因配筋密集而造成设计、施工困难，并且可减少钢筋的运输、加工、现场绑扎等工作量。为此，《规范》规定：纵向受力普通钢筋宜采用 HRB400 级、HRB500 级、HRBF400 级和 HRBF500 级，也可采用 HPB300 级、HRB335 级、HRBF335 级和 RRB400 级；梁、柱的纵向受力普通钢筋应采用 HRB400 级、HRB500 级、HRBF400 级和 HRBF500 级；箍筋宜采用 HRB400 级、HRBF400 级、HPB300 级、HRB500 级和 HRBF500 级，也可采用 HRB335 级和 HRBF335 级。

2）塑性。要求钢筋应具有足够大的塑性变形能力。钢筋的塑性性能好，不仅便于施工制作，更重要的是有利于提高结构构件的延性，增强结构的抗震性能。

3）与混凝土的黏结。为保证钢筋和混凝土能有效地共同工作，二者之间必须具有足够大的黏结力。为此，对于强度较高的钢筋，一般均在其表面轧制月牙纹横肋、螺旋肋或者螺纹等，以提高黏结强度。

4）可焊性。为保证钢筋焊接后的质量，要求钢筋具有良好的可焊性能。目前使用的 HRB400 级、HRB500 级、HRBF400 级和 HRBF500 级主导钢筋均具有较好的焊接性能，而 RRB400 级钢筋焊接受热回火后强度可能降低。

此外，在严寒地区还应考虑对钢筋低温性能方面的要求。

第 3 节　钢筋与混凝土之间的黏结力

1．钢筋与混凝土的黏结力

（1）黏结力的组成

钢筋与混凝土之间的黏结力，是这两种力学性能不同材料能够共同工作的基础。在钢筋与混凝土之间有足够的黏结强度，才能承受相对滑移。它们之间通过黏结力，使得内力得以传递。钢筋与混凝土之间的黏结力主要由以下三个部分组成。

1）化学胶着力。混凝土中水泥浆凝结时产生化学作用，水泥胶体与钢筋之间产生胶着力。

2）摩阻力。混凝土收缩将钢筋紧紧握固，当二者出现相对滑移时，在接触面上产生摩擦阻力。

3）机械咬合力。是钢筋表面凹凸不平与混凝土之间产生的机械咬合作用。其中机械咬合力作用最大，占总黏结力的 50%以上，带肋钢筋比光面钢筋的机械咬合作用更大。

(2)黏结力的测定

钢筋与混凝土之间的黏结力，是通过钢筋的拔出试验来测定的，如图 1.10 所示。黏结力是分布在钢筋和混凝土接触面上的抵抗两者相对滑移的剪应力，即黏结应力。将钢筋一端埋入混凝土内，在另一端加荷拉拔钢筋，沿钢筋长度上的黏结应力不是均匀分布，而是曲线分布，最大黏结应力产生在离端头某一距离处。若其平均黏结应力用 τ 表示，则在钢筋拉拔力达到极限时的平均黏结应力可由下式确定：

$$\tau = \frac{N}{\pi l d} \tag{1.6}$$

式中：N——极限拉拔力；

l——钢筋埋入混凝土的长度；

d——钢筋直径。

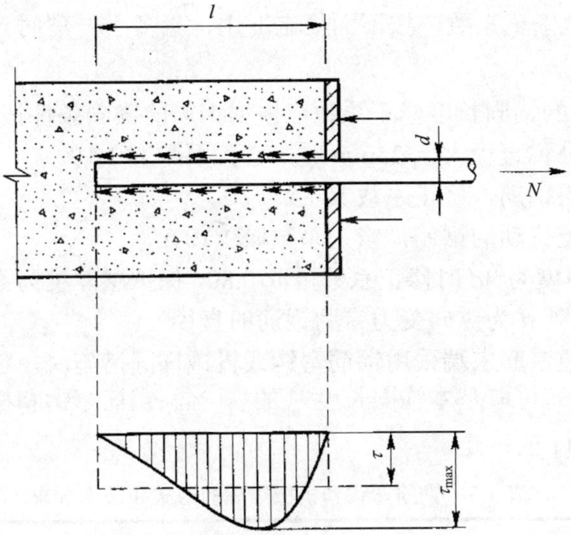

图 1.10　钢筋拔出试验的黏结应力图

2. 钢筋的锚固长度

为了保证钢筋与混凝土之间的可靠黏结，钢筋必须有一定的锚固长度。《规范》规定，纵向受拉钢筋的锚固长度作为钢筋的基本锚固长度 l_{ab}，它与钢筋强度、混凝土强度、钢筋直径及外形有关，按下列公式计算

钢筋
$$l_{ab} = \alpha \frac{f_y}{f_t} d \tag{1.7}$$

预应力钢筋
$$l_{ab} = \alpha \frac{f_{py}}{f_t} d \tag{1.8}$$

式中：l_{ab}——纵向受拉钢筋的基本锚固长度；

f_y、f_{py}——普通钢筋、预应力钢筋的抗拉强度设计值；

f_t——混凝土轴心抗拉强度设计值，当混凝土强度等级高于 C60 时，按 C60 取值；

d——锚固钢筋的公称直径；

α——锚固钢筋的外形系数，按表 1.2 取用。

表 1.2 锚固钢筋的外形系数 α

钢筋类型	光面钢筋	带肋钢筋	螺旋肋钢丝	3 股钢绞线	7 股钢绞线
α	0.16	0.14	0.13	0.16	0.17

注：光面钢筋末端应做 180°标准弯钩，弯后平直段长度不应小于 $3d$，但作受压钢筋时可不做弯钩。

一般情况下，受拉钢筋的锚固长度可取基本锚固长度。考虑各种影响钢筋与混凝土黏结锚固强度的因素，当采取不同的埋置方式和构造措施时，锚固长度应按下式计算

$$l_a = \zeta_a l_{ab} \tag{1.9}$$

式中：l_a——受拉钢筋的锚固长度，经修正的锚固长度不应小于基本锚固长度的 60%且不小于 200mm；

ζ_a——锚固长度修正系数，按下面规定取用，当多于一项时，锚固长度修正系数可以连乘计算。

纵向受拉带肋钢筋的锚固长度修正系数应根据钢筋的锚固条件按下列规定取用。

1）当带肋钢筋的公称直径大于 25mm 时，修正系数取 1.10。

2）对环氧树脂涂层钢筋，修正系数取 1.25。

3）施工过程中易受扰动的钢筋，修正系数取 1.10。

4）锚固区保护层厚度为 $3d$ 时修正系数可取 0.80，保护层厚度为 $5d$ 时修正系数可取 0.70，中间按内插法取值（此处 d 为纵向受力带肋钢筋的直径）。

5）当纵向受拉普通钢筋末端采用钢筋弯钩或机械锚固措施时，包括弯钩或锚固端头在内的锚固长度（投影长度）可取基本锚固长度 l_{a1} 的 60%。钢筋弯钩和机械锚固的形式和技术要求应符合表 1.3 及图 1.11 的规定。

表 1.3 钢筋弯钩和机械锚固的形式和技术要求

锚固形式	技术要求
90° 弯钩	末端 90° 弯钩，弯后直段长度 $12d$
135° 弯钩	末端 135° 弯钩，弯后直段长度 $5d$
一侧贴焊锚筋	末端一侧贴焊长 $5d$ 同直径钢筋，焊缝满足强度要求
两侧贴焊锚筋	末端两侧贴焊长 $3d$ 同直径钢筋，焊缝满足强度要求
焊端锚板	末端与厚度 d 的锚板穿孔塞焊，焊缝满足强度要求
螺栓锚头	末端旋入螺栓锚头，螺纹长度满足强度要求

注：①锚板或锚头的承压净面积应不小于锚固钢筋计算截面面积的 4 倍；
②螺栓锚头产品的规格、尺寸应满足螺纹连接的要求，并应符合相关标准的要求；
③螺栓锚头和焊接锚板的间距不大于 $3d$ 时，宜考虑群锚效应对锚固的不利影响；
④截面角部的弯钩和一侧贴焊锚筋的布筋方向宜向内偏置。

当纵向受拉钢筋锚固区的混凝土保护层厚度不大于 $5d$ 时在钢筋的锚固长度范围内应配置构造钢筋（箍筋或横向钢筋），其直径不应小于 $0.25d$，间距不应大于 $5d$，且不大于 100mm（d 为锚固钢筋的直径）。

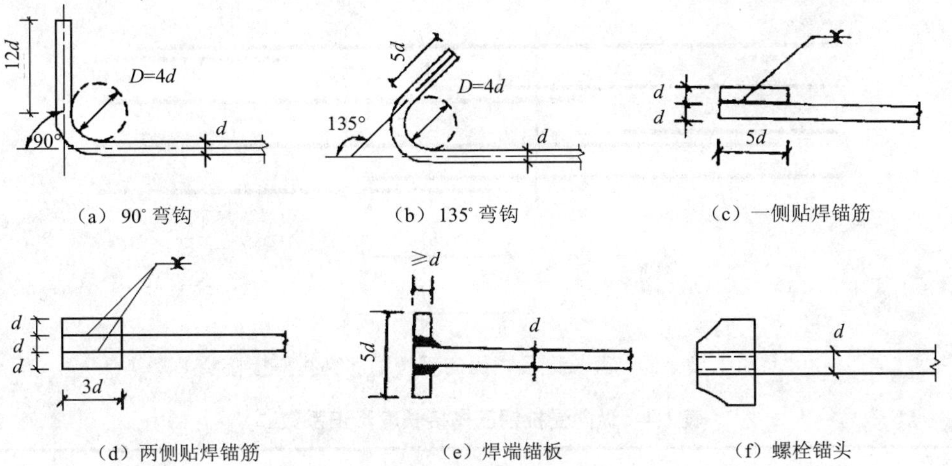

图 1.11　钢筋机械锚固的形式及构造要求

混凝土结构中的纵向受压钢筋，当计算中充分利用钢筋的抗压强度时，受压钢筋的锚固长度应不小于相应受拉锚固长度的 70%。

3．钢筋的连接

在实际工程中，当构件中由于钢筋长度不够或设置施工缝的要求时，就需要采用连接接头将钢筋接长。连接接头的类型有绑扎搭接接头、机械连接接头或焊接接头。

由于在钢筋的连接区段内，钢筋及构件的受力和变形性能比采用非连接的整筋总有所削弱，尤其是绑扎搭接接头的受力更为不利，故必须采用相应的构造措施予以加强。为此，《规范》对钢筋的连接作出了明确的规定，主要内容如下。

1）受力钢筋的接头宜设置在构件受力较小的部位，同一根钢筋上宜少设接头。

2）轴心受拉构件及小偏心受拉构件（如桁架或拱的拉杆）的纵向受力钢筋不得采用绑扎搭接接头。其他构件中的钢筋采用绑扎搭接时，受拉钢筋的直径不宜大于 25mm，受压钢筋的直径不宜大于 28mm。

3）在同一构件中，相邻纵向受力钢筋的绑扎搭接接头宜相互错开，如图 1.12 所示。钢筋绑扎搭接接头的连接区段长度取 1.3 倍的搭接长度 l_l，凡搭接接头中点位于该连接区段长度内的搭接接头，均属于同一连接区段。同一连接区段内纵向钢筋搭接接头的面积百分率，等于该区段内有搭接接头的纵向受力钢筋的截面面积与全部纵向受力钢筋的截面面积之比；当直径不同的钢筋搭接时，按直径较小的钢筋计算。位于同一连接区段内的受拉钢筋搭接接头的面积百分率，对梁、板及墙类构件，不宜大于 25%；对柱类构件，不宜大于 50%。当工程中确实需要增大受拉钢筋搭接接头的面积百分率时，可根据实际情况适当放宽。如对梁类构件不宜大于 50%。在任何情况下，纵向受力钢筋绑扎搭接接头的搭接长度 l_l 均不应小于 300mm。

纵向受拉钢筋绑扎搭接接头的搭接长度 l_l 按下式计算：

$$l_l = \zeta l_a \tag{1.10}$$

式中：l_a——纵向受拉钢筋的锚固长度；

ζ——纵向受拉钢筋搭接长度修正系数，根据位于同一连接区段内的钢筋搭接接头的面积百分率可按表 1.4 取用。当纵向搭接钢筋接头面积百分率为表的中间值时，修正系数可按内插取值。

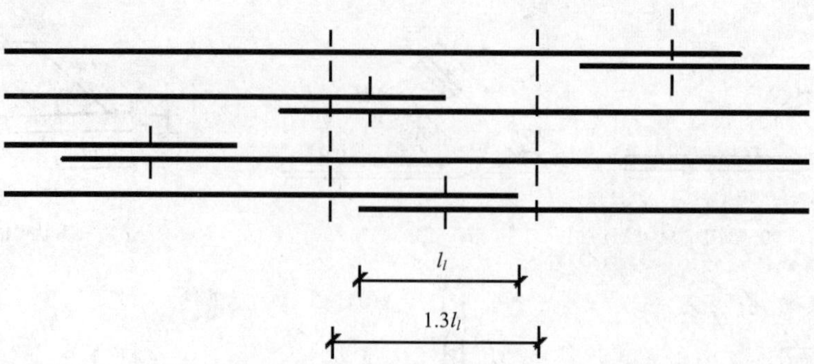

图 1.12　同一连接区段内纵向受拉钢筋绑扎搭接接头

表 1.4　纵向受拉钢筋搭接长度修正系数 ζ

纵向钢筋搭接接头面积百分率（%）	≤25	50	100
ζ	1.2	1.4	1.6

4）当构件中的纵向受拉钢筋采用搭接接头时，其受压搭接长度不应小于纵向受拉钢筋搭接长度 l_l 的 0.7 倍，且任何情况下不应小于 200mm。

5）对梁、柱类构件，在纵向受力钢筋搭接长度范围内应配置横向构造钢筋，其直径不应小于 $d/4$，间距不应大于 5d，且不大于 100mm（d 为纵向钢筋的直径）。

6）纵向受力钢筋采用机械连接接头时，接头应相互错开。其连接区段的长度取 35 倍的纵向受力钢筋的较小直径，凡接头中点位于该连接区段长度内的机械连接接头，均属于同一连接区段。位于同一连接区段内的纵向受拉钢筋接头面积百分率不宜大于 50%；纵向受压钢筋的接头面积百分率可不受限制。

7）当纵向受力钢筋采用焊接接头时，接头位置也应相互错开。其连接区段的长度、接头面积百分率等规定基本同机械连接接头。

8）细晶粒热轧带肋钢筋以及大于 28mm 的带肋钢筋，其焊接应经试验确定，余热处理钢筋不宜焊接。

此外，考虑到光面钢筋的黏结强度较低，因此，除直径 12mm 以下的受压钢筋及焊接网或焊接骨架中的光面钢筋外，其余光面钢筋末端均应设置如图 1.13 所示的弯钩。

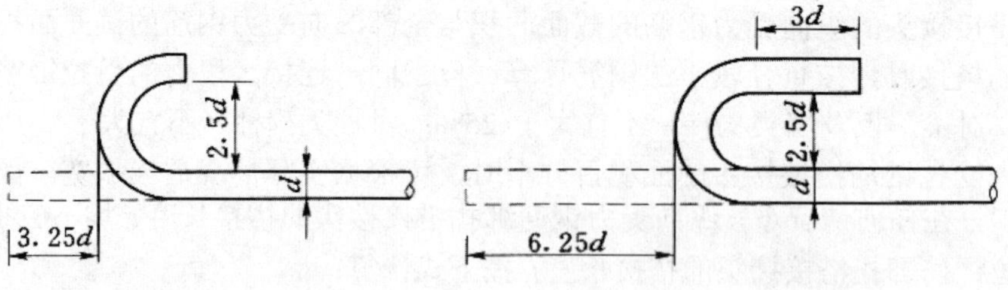

（a）机械弯钩　　（b）人工弯钩

图 1.13　光面钢筋的末端弯钩

本章小结

1．混凝土的强度指标包括立方体抗压强度、轴心抗压强度和抗拉强度。其中的立方体抗压强度是最基本的强度指标，轴心抗拉强度是确定混凝土构件的抗裂度和变形的重要力学指标。在实际工程中，混凝土的强度等级应根据规范规定的最低限值要求选用。

2．混凝土在短期荷载作用下的应力—应变关系是研究混凝土构件截面应力分析、建立强度和变形计算理论的重要依据。

3．混凝土在荷载长期作用下产生的徐变变形，将引起构件截面应力重分布，使构件的变形增大，并将在预应力混凝土构件中产生较大的预应力损失。

4．当混凝土收缩和温度变形受到约束时，将产生收缩、温度应力，导致混凝土结构开裂，工程中应采取相应的措施。

5．混凝土结构中使用的钢筋分为普通钢筋和预应力筋。普通钢筋是指由低碳钢、普通低合金钢、细晶粒钢轧制而成的热轧钢筋，属于有明显屈服点的钢筋，常用于钢筋混凝土结构。预应力筋包括中强度预应力钢丝、预应力螺纹钢筋、消除应力钢丝及钢绞线，一般高强钢丝无明显的屈服点，常用于预应力混凝土结构。

6．对有明显屈服点的钢筋，其力学性能指标有屈服强度、极限抗拉强度、伸长率和冷弯性能，此类钢筋以屈服强度作为强度设计指标；对无明显屈服点的钢筋，其力学性能指标有极限抗拉强度、伸长率和冷弯性能，此类钢筋取条件屈服强度作为强度设计指标。

7．混凝土结构要求钢筋具有较高的强度、良好的塑性、可焊性以及与混凝土的黏结力。

8．为保证钢筋和混凝土能够共同工作，规范对钢筋的锚固和连接做了较详细的规定，在实际工程应用时，应严格按规定执行。

思考题

1-1　混凝土的强度指标有哪些？

1-2　画出混凝土在一次加载下的应力—应变曲线。

1-3　什么是混凝土的变形模量？弹性模量与变形模量之间有什么关系？

1-4　何谓混凝土的徐变？影响徐变的因素有哪些？

1-5　什么是混凝土的温度变形和干缩变形？如何减小混凝土构件中的收缩裂缝？

1-6　普通钢筋的强度等级有哪些？分别用什么符号表示？在实际工程中如何选用？

1-7　为什么有明显屈服点钢筋以屈服强度作为钢筋强度设计取值的依据？

1-8　钢筋的塑性性能用什么反映？

1-9　有明显屈服点钢筋和无明显屈服点钢筋的力学性能有何差异？

1-10　何谓条件屈服强度？

1-11　冷加工钢筋的力学性能有何特点？

1-12　钢筋混凝土结构对钢筋的性能有哪些要求？

1-13　混凝土构件中钢筋的实际锚固长度如何计算？

1-14　为什么钢筋在混凝土施工过程中易受扰动时，其锚固长度要增长？

1-15　为什么当钢筋在锚固区的混凝土保护层较厚且配有箍筋时，其锚固长度可适当减小？

1-16　为什么受压钢筋的锚固长度可比受拉钢筋的短？

1-17　钢筋的连接接头有哪几种形式？《规范》对连接接头的设置主要有哪些要求？

1-18　同一连接区段内连接接头钢筋的数量如何确定？

第 2 章　钢筋混凝土结构设计原理

工程结构设计应贯彻执行国家的技术经济政策，做到安全适用、技术先进、经济合理、确保质量。《规范》采用极限状态设计法，在规定的材料强度和荷载取值条件下，在多系数分析基础上以安全系数表达式的形式进行设计。

第 1 节　结构的功能要求和极限状态

1．结构的功能要求

建筑结构设计的目的是使结构在正常施工和正常使用的条件下，满足各项预定的功能要求，并取得最佳的经济效果。

建筑结构功能要求主要包括以下三个方面。

（1）安全性

在正常施工和正常使用的条件下，结构应能承受可能出现的各种荷载作用和变形而不发生破坏；在偶然事件发生后，结构仍能保持必要的整体稳定性。例如，厂房结构平时受自重、吊车、风和积雪等荷载作用时，均应坚固不坏，而在遇到强烈地震、爆炸等偶然事件时，容许有局部的损伤，但应保持结构的整体稳定而不发生倒塌。

（2）适用性

在正常使用时，结构应具有良好的工作性能。如吊车梁变形过大会使吊车无法正常运行，水池出现裂缝便不能蓄水等，都影响正常使用，需要对变形、裂缝等进行必要的控制。

（3）耐久性

在正常维护的条件下，结构应能在预计的使用年限内满足各项功能要求，即应具有足够的耐久性。例如，不致因混凝土的老化、腐蚀或钢筋的锈蚀等而影响结构的使用寿命。

安全性、适用性和耐久性又概括称为结构的可靠性。

2．结构的极限状态

整个结构或结构的一部分超过某一特定的状态就不能满足设计规定的某一功能要求，此特定的状态称为结构的极限状态。结构的极限状态可分为承载能力极限状态和正常使用极限状态两大类。

（1）承载能力极限状态

结构或结构构件达到最大承载能力或达到不适于继续承载的过大变形的极限状态，称为承载能力极限状态。当结构或构件出现下列状态之一时，即认为超过了承载能力极限状态：

1）整个结构或结构的一部分作为刚体失去平衡（如倾覆等）；

2）结构构件或连接因材料强度被超过而破坏（包括疲劳破坏），或因过度的塑性变形而不适于继续承载；

3）整个结构或结构的一部分转变为机动体系；

4）结构或结构构件丧失稳定（如压屈等）。

承载能力极限状态主要控制结构的安全性功能，结构一旦超过这种极限状态，会造成人身伤亡及重大经济损失，因此设计中应把出现这种情况的概率控制得非常小。规范规定：所有的结构和构件都应按承载能力极限状态进行设计计算。

（2）正常使用极限状态

结构或结构构件达到使用功能上允许的某一限值的极限状态，称为正常使用极限状态。当结构或构件出现下列状态之一时，即认为超过了正常使用极限状态：

1）影响正常使用或外观的变形；

2）影响正常使用或耐久性能的局部损坏（包括裂缝）；

3）影响正常使用的振动；

4）影响正常使用的其他特定状态。

正常使用极限状态主要考虑结构的适用性和耐久性功能，当结构或构件超过这种极限状态时一般不会造成人身伤亡及重大经济损失，因此设计中出现这种情况的概率控制得略宽一些。《规范》规定：正常使用极限状态的验算根据具体使用要求进行。

第 2 节　作用与抗力

1. 结构上的作用及作用效应

（1）作用

使结构产生内力或变形的原因称为作用，一般用 Q 表示。根据其性质不同，作用可分为以下两类。

1）直接作用。施加在结构上的集中力或分布力。如结构自重、楼（屋）面活荷载、风荷载等。

2）间接作用。能够引起结构外加变形或约束变形的原因。如温度变化、混凝土收缩与徐变、地基变形、地震等原因引起的作用。

结构上的作用一般按随时间的变异分为如下三类。

1）永久作用（永久荷载或恒荷载）。在设计使用年限内始终存在且其量值变化与平均值相比可以忽略不计的作用，或其变化是单调的并趋于某个限值的作用。例如，结构自重、土压力等。

2）可变作用（可变荷载或活荷载）。在设计使用年限内其量值随时间变化，且其变化与平均值相比不可忽略不计的作用。例如，楼（屋）活荷载、吊车荷载、风荷载等。

3）偶然作用。在设计使用年限内不一定出现，而一旦出现，则其量值很大，且持续时间很短的作用。例如，地震作用、爆炸力、撞击力等。

设计使用年限：指设计规定的结构或构件不需进行大修即可按预定目的使用的年限。

（2）作用效应

由各种作用引起的结构或构件的反应，称为作用效应，用S表示。例如，内力、变形和裂缝等。由于作用Q为随机变量，因此作用效应S也为随机变量，其变异性应采用统计分析进行处理。一般情况下，结构上的作用为荷载，荷载效应S与荷载Q之间可近似按线性关系考虑，即

$$S = CQ \tag{2.1}$$

式中：C——荷载效应系数，通常由结构力学分析确定，例如承受均布荷载作用的简支梁$C=\frac{1}{8}l_0^2$。

2．作用的代表值

在结构设计中采用的作用值称为作用代表值。作用代表值包括标准值、组合值和准永久值等。

（1）作用标准值

作用标准值为设计基准期（指为确定可变作用等的取值而选用的时间参数；房屋建筑结构的设计基准期为 50 年。）内最大作用概率分布的某个分位值。它是作用的基本代表值，其他代表值可在标准值的基础上乘以相应的系数后得到。

我国《荷载规范》给出常用材料和构件的自重以及各种可变荷载标准值，设计时可以直接查用。

（2）作用组合值

当两种或两种以上可变作用同时作用在结构上时，考虑到它们同时达到其标准值的可能性较小，故除产生最大作用效应的主导作用外，其他可变作用标准值均乘以小于 1.0 的组合值系数ϕ_c作为代表值，称为组合值。ϕ_c可查《荷载规范》。

（3）作用准永久值

对可变作用，在设计基准期内，其被超越的总时间为设计基准期一半的作用值。它对结构的影响相当于永久作用。可变荷载准永久值由可变荷载标准值乘以准永久值系数ϕ_q得到。ϕ_q可查《荷载规范》。

3．结构的抗力

结构或构件承受作用效应的能力，称为结构抗力，用R表示。例如，构件的承载力、刚度、抗裂度等。结构抗力与结构的材料性能、几何尺寸、配筋情况和抗力的计算假定、计算公式等有关。通常，结构抗力主要取决于材料性能。材料性能的基本代表值是材料强度标准值。一般取符合规定质量的具有不小于 95%保证率的材料强度下分位值作为材料强度标准值，即

$$f_k = f_m(1-0.645\delta_f) \tag{2.2}$$

式中：f_k——材料强度标准值；

f_m——材料强度平均值；

δ_f——材料强度变异系数，$\delta_f = \sigma_f / f_m$；

σ_f——材料强度标准差。

普通钢筋强度标准值见附表 1-4，预应力筋强度标准值见附表 1-6，混凝土立方体抗压强度标准值见附表 1-1。

第 3 节　结构的可靠度

结构的可靠性是指结构在规定的时间内、规定的条件下，完成预定功能的能力。结构的可靠度是指结构在规定的时间内、规定的条件下，完成预定功能的概率。可靠度是对结构可靠性的定量描述，结构可靠度的评价指标有可靠概率、失效概率、可靠指标。

1．结构的可靠概率和失效概率

结构完成预定功能的工作状态用结构的功能函数 Z 来描述，即

$$Z = R - S \tag{2.3}$$

1）当 $Z > 0$ 时，即结构抗力 R 大于作用效应 S 时，则结构能完成预定的功能，处于可靠状态；

2）当 $Z < 0$ 时，即结构抗力 R 小于作用效应 S 时，结构不能完成预定的功能，处于失效状态；

3）当 $Z = 0$ 时，即结构抗力 R 等于作用效应 S 时，则结构处于极限状态。

因此，结构可靠工作的基本条件为

$$Z \geqslant 0 \tag{2.4}$$

或

$$R \geqslant S \tag{2.5}$$

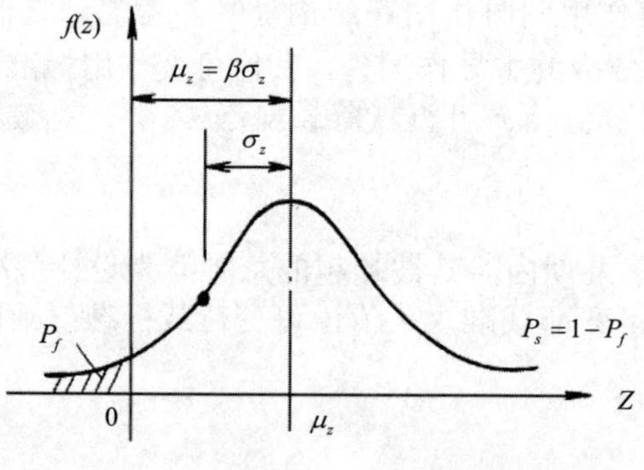

图 2.1　功能函数 Z 的概率分布曲线

结构的功能函数 Z 的分布曲线如图 2.1 所示。图中，纵坐标轴以左（$Z < 0$）的阴影面积即为结构的失效概率 P_f，纵坐标轴以右（$Z > 0$）的分布曲线与横坐标 Z 轴所围成的面积即为结构的可靠概率 P_s，则结构的失效概率 P_f 为

$$P_f = \int_{-\infty}^{0} f(Z)\mathrm{d}z \tag{2.6}$$

结构的可靠概率 P_s 为

$$P_s = \int_{0}^{+\infty} f(Z)\mathrm{d}z \tag{2.7}$$

结构的失效概率 P_f 与可靠概率 P_s 的关系为

$$P_s + P_f = 1 \tag{2.8}$$

或

$$P_s = 1 - P_f \tag{2.9}$$

因此，可采用结构的失效概率 P_f 或者结构的可靠概率 P_s 来度量结构的可靠性。一般采用失效概率 P_f 来度量结构的可靠性，只要失效概率 P_f 足够小，则结构的可靠性必然高。

2．结构的可靠指标

计算失效概率 P_f 需要进行积分运算，求解过程复杂，而且失效概率 P_f 数值极小，表达不便，因此引入可靠指标 β 代替失效概率 P_f 来度量结构的可靠性。可靠指标 β 为结构的功能函数 Z 的平均值 μ_z 与其标准差 σ_z 之比，即

$$\beta = \mu_z / \sigma_z \tag{2.10}$$

可靠指标 β 和失效概率 P_f 对应的数值见表 2.1。 可见，可靠指标 β 值越大，失效概率 P_f 值就越小，即结构就越可靠。故将 β 称为可靠指标。

表 2.1　可靠指标 β 与失效概率 P_f 的对应值

β	2.7	3.2	3.7	4.2
P_f	3.5×10^{-3}	6.9×10^{-4}	1.1×10^{-4}	1.3×10^{-5}

第 4 节　钢筋混凝土结构极限状态设计表达式

1．承载能力极限状态设计表达式

（1）计算内容

1）结构构件应进行承载力（包括失稳）计算。

2）直接承受重复荷载的构件应进行疲劳验算。

3）有抗震设防要求时，应进行抗震承载力计算。

4）必要时尚应进行结构的倾覆、滑移、漂浮验算。

5）对于可能遭受偶然作用，且倒塌可能引起严重后果的重要结构，宜进行防连续倒塌设计。

（2）设计表达式

对持久设计状况、短暂设计状况和地震设计状况，当用内力的形式表达时，结构构件的承载能力极限状态设计表达式为

$$\gamma_0 S = R \tag{2.11}$$

式中：γ_0——结构重要性系数；

S——承载能力极限状态下作用组合的效应设计值；

R——结构构件的抗力设计值。

（3）结构重要性系数 γ_0

结构重要性系数 γ_0 取决于设计状况和结构的安全等级。在持久设计状况和短暂设计状况下，对安全等级为一级的结构构件不应小于 1.1；对安全等级为二级的结构构件不应小于 1.0；对安全等级为三级的结构构件不应小于 0.9；对偶然设计状况和地震设计状况下应取 1.0。

（4）作用组合的效应设计值 S

作用组合的效应设计值 S 是指由可能同时出现的各种荷载的设计值所产生的轴力组合设计值 N、弯矩组合设计值 M、剪力组合设计值 V 或扭矩组合设计值 T 等。

荷载设计值是荷载标准值与其相应的荷载分项系数的乘积。当两种或两种以上可变荷载同时作用在结构上时，除主导可变荷载外，其他可变荷载采用荷载组合值。荷载分项系数及组合值系数由可靠度分析，并结合工程经验确定。

对持久设计状况和短暂设计状况，承载能力极限状态下作用组合的效应设计值 S 应从下列基本组合中取最不利值确定：

1）由可变荷载效应控制的效应设计值 S

$$S=\sum_{j=1}^{m}\gamma_{Gj}S_{Gjk}+\gamma_{Q1}\gamma_{L1}S_{Q1k}+\sum_{i=2}^{n}\gamma_{Qi}\gamma_{Li}\phi_{ci}S_{Qik} \tag{2.12}$$

式中：γ_{Gj}——第 j 个永久荷载的分项系数；当永久荷载效应对结构不利时，对由可变荷载效应控制的组合，其值取 1.2；对由永久荷载效应控制的组合应取 1.35；当永久荷载效应对结构有利时，不应大于 1.0。

γ_{Qi}——第 i 个可变荷载的分项系数，其中 γ_{Q1} 为主导可变荷载 Q_1 的分项系数；一般情况下，其值取 1.4；对标准值大于 4kN/m^2 的工业房屋楼面结构的活荷载应取 1.3。

γ_{Li}——第 i 个可变荷载考虑设计使用年限的调整系数，其中 γ_{L1} 为主导可变荷载 Q_1 考虑设计使用年限的调整系数；对楼面和屋面活荷载，当设计使用年限为 50 年时取 1.0，当设计使用年限为 100 年时取 1.1。

S_{Gjk}——第 j 个永久荷载标准值 G_{jk} 计算的荷载效应值。

S_{Qik}——第 i 个可变荷载标准值 Q_{ik} 计算的荷载效应值，其中 S_{Q1k} 为各可变荷载效应中起主导作用者。

ϕ_{ci}——第 i 个可变荷载 Q_i 的组合系数，按《荷载规范》的规定采用。

m——参与组合的永久荷载数。

n——参与组合的可变荷载数。

当对 S_{Q1k} 无法明显判断时，可轮次以各可变荷载效应为 S_{Q1k}，选其中最不利的荷载效应组合。

2）由永久荷载效应控制的效应设计值 S

$$S=\sum_{j=1}^{m}\gamma_{Gj}S_{Gjk}+\sum_{i=1}^{n}\gamma_{Qi}\gamma_{Li}\phi_{ci}S_{Qik} \tag{2.13}$$

对一般的排架结构、框架结构，可采用简化规则，并按下列组合值中取最不利值确定：

①由可变荷载效应控制的效应设计值

$$S=\gamma_G S_{Gk}+\gamma_{Q1}S_{Q1k} \tag{2.14}$$

$$S = \gamma_G S_{Gk} + 0.9\sum_{i=1}^{n}\gamma_{Qi}S_{Qik} \tag{2.15}$$

②由永久荷载效应控制的效应设计值

$$S = 1.35S_{Gk} + \sum_{i=1}^{n}\gamma_{Qi}\phi_{ci}S_{Qik} \tag{2.16}$$

(5)结构构件抗力设计值 R

结构构件抗力设计值 R 是指按材料强度设计值和构件几何参数标准值等计算的截面所能抵抗的轴力、弯矩、剪力或扭矩设计值等。

材料强度设计值为材料强度标准值除以对应的材料分项系数，即 $f_c = f_{ck}/\gamma_c$、$f_y = f_{yk}/\gamma_s$，γ_c、γ_s 分别是混凝土和钢筋的强度分项系数，按材料强度的有关规定取值。

混凝土强度设计值见附表 1-2，普通钢筋的强度设计值见附表 1-5，预应力筋强度设计值见附表 1-7。

2. 正常使用极限状态设计表达式

(1)验算内容

1）对需要控制变形的构件，应进行变形验算。

2）对不允许出现裂缝的构件，应进行混凝土拉应力验算。

3）对允许出现裂缝的构件，应进行受力裂缝宽度验算。

4）对舒适度有要求的楼盖结构，应进行竖向自振频率验算。

对一般的建筑结构，正常使用极限状态验算主要为裂缝控制验算和变形验算。

(2)设计表达式

由于结构构件达到或超过正常使用极限状态，对人们生命财产的影响程度比承载能力极限状态小得多，其目标可靠指标可定的低一些。因此，对钢筋混凝土构件和预应力混凝土构件进行正常使用极限验算时，应分别按荷载的准永久值组合并考虑长期作用的影响或标准组合并考虑长期作用的影响，采用如下设计表达式进行验算：

$$S \leqslant C \tag{2.17}$$

式中：S——正常使用极限状态荷载组合的效应设计值；

C——结构构件达到正常使用要求所规定的变形、应力、裂缝宽度和自振频率等的限值。

对于标准组合，其荷载组合的效应设计值 S 的表达式为

$$S = S_{Gk} + S_{Q1k} + \sum_{i=2}^{n}\phi_{ci}S_{Qik} \tag{2.18}$$

对于准永久组合，其荷载组合的效应设计值 S 的表达式为

$$S = S_{Gk} + \sum_{i=1}^{n}\phi_{qi}S_{Qik} \tag{2.19}$$

式中：ϕ_{qi}——可变荷载 Q_i 的准永久值系数。

本章小结

1．结构设计的目的就是要保证所建造的结构满足安全性、适用性和耐久性的功能要求。

2．结构的极限状态是指整个结构或结构的一部分超过某一特定状态就不能满足设计规定的某一功能要求，此特定状态称为该功能的极限状态。极限状态分为承载能力极限状态和正常使用极限状态，其分别具有明显的标志状态。

3．结构上的作用可概括为施加在结构上的集中力或分布力和引起结构外加变形或约束变形的原因。一般按时间变化分为永久作用、可变作用和偶然作用。

4．作用效应是指由作用引起的结构或构件的反应；结构抗力是结构或构件承受作用效应的能力。二者都是具有不确定性的随机变量。

5．结构设计中采用的作用代表值有作用标准值、作用组合值和作用准永久值等，作用标准值是作用的基本代表值。

6．钢筋和混凝土的材料强度标准值都是在对其强度进行统计分析的基础上，取其有不小于95%保证率的强度值。

7．结构在规定的时间内、规定的条件下完成预定功能的能力称为可靠性。可靠性用概率度量时称为可靠度。结构的可靠概率、失效概率及可靠指标都可度量结构的可靠性，它们之间存在相互对应的关系。对一般的结构，在设计时不直接计算可靠指标，而是按规范给定的相关系数进行计算，即可满足不小于目标可靠指标的要求。

8．设计状况是代表一定时间内实际情况的一组设计条件，分为持久设计状况、短暂设计状况、偶然设计状况及地震设计状况；对每种设计状况均应进行承载能力极限状态设计，但对正常使用极限状态则可根据需要进行设计。

9．钢筋和混凝土材料强度设计值均为其强度标准值除以对应的材料分项系数所得。

10．结构构件的承载能力应按《规范》要求的计算内容和极限状态设计表达式进行设计；对于一般的工程结构构件，正常使用极限状态验算主要为裂缝控制验算和挠度验算。

思考题

2-1　建筑结构功能要求主要包括哪几个方面?

2-2　何谓结构极限状态?其分类及相应的标志是什么?

2-3　何谓结构上的作用？举例说明荷载与作用有何不同。

2-4　何谓作用效应和结构抗力？

2-5　何谓作用代表值?分别如何确定?

2-6　影响结构抗力的因素有哪些？

2-7　材料的强度标准值如何确定?

2-8　何谓结构的可靠性和可靠度?

2-9　结构的失效概率和可靠概率的关系是什么?

2-10　结构的可靠指标与失效概率的关系是什么？

2-11　工程结构的设计状况有哪几种?各适用于什么情况?

2-12　荷载设计值和材料强度设计值各如何确定?

2-13　作用组合的效应设计值 S 的表达式中各符号的意义是什么?

第 3 章　钢筋混凝土受弯构件正截面受弯承载力计算

受弯构件指在建筑结构中，同时承受弯矩（M）和剪力（V）作用的构件。典型的受弯构件有梁和板。受弯构件只在弯矩作用下，可能发生与构件轴线垂直相交的正截面破坏，如图 3.1（a）所示；受弯构件在弯矩和剪力共同作用下，可能发生与构件轴线斜向相交的斜截面受剪或受弯破坏，如图 3.1（b）所示。

（a）正截面破坏　　（b）斜截面破坏

图 3.1　受弯构件破坏情况

仅在受弯构件截面受拉区配置纵向受力钢筋的称为单筋截面，如图 3.2（a）所示。在受弯构件截面受拉区和受压区同时配置受力钢筋的称为双筋截面，如图 3.2（b）所示。

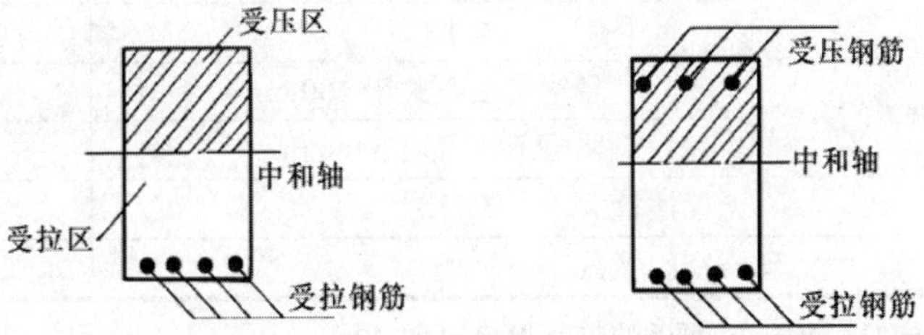

（a）单筋截面　　（b）双筋截面

图 3.2　梁的正截面受力钢筋配置

钢筋混凝土受弯构件的设计通常包括以下内容。

1）正截面受弯承载力计算

为保证受弯构件不因弯矩作用而破坏，根据控制截面（跨中或支座截面）的弯矩设计值，确定材料等级、截面尺寸和纵向受力钢筋的数量。

2）斜截面受剪承载力计算

为保证斜截面不因弯矩、剪力作用而破坏，根据计算截面的剪力设计值复核截面尺寸，确定受剪所需的箍筋及弯起钢筋的数量，并保证斜截面受弯承载力。

3）裂缝控制和挠度验算

根据受弯构件的使用要求，进行正常使用极限状态的裂缝控制和挠度验算。

4）构造设计

为保证构件的各个部位都具有足够的抗力，并具有必要的适用性和耐久性，对受弯构件，除进行上述计算外，还需采取一系列构造措施。

第 1 节　受弯构件的构造规定

1．板的构造要求

（1）板的最小厚度

板的厚度应满足承载力、刚度和裂缝控制、施工等方面的要求，同时还应考虑经济性。现浇板厚度一般以 10mm 为模数，工程中常用厚度为 60mm、70mm、80mm、100mm 和 120mm。现浇钢筋混凝土板的最小厚度应符合表 3.1 的规定。

表 3.1　现浇钢筋混凝土板的最小厚度

板 的 类 别		最小厚度（mm）
单向板	屋面板	60
	民用建筑楼板	60
	工业建筑楼板	70
	行车道下的楼板	80
双向板		80
密肋楼盖	面板	50
	肋高	250
悬臂板（固定端）	悬臂长度不大于 500 mm	60
	悬臂长度 1200 mm	100
无梁楼板		150
现浇空心楼盖		200

注：当采取有效措施时，预制板面板的最小厚度可取 40mm。

（2）板的配筋

板中一般配置有受力钢筋和分布钢筋，如图 3.3 和 3.4 所示。

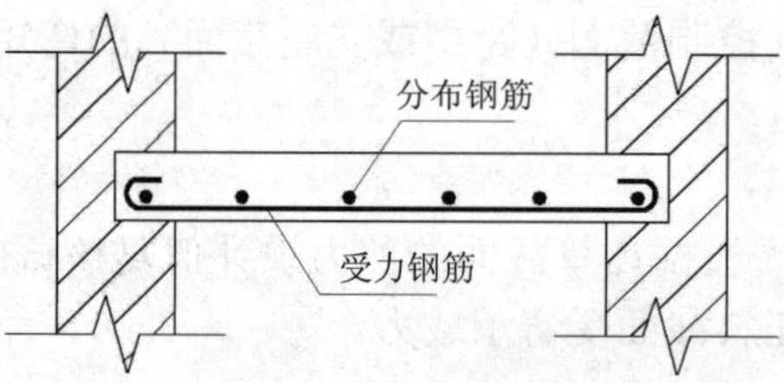

图 3.3 简支板的钢筋布置

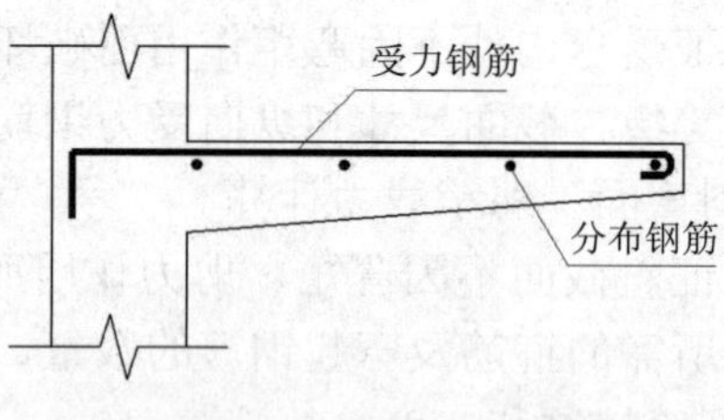

图 3.4 悬臂板的钢筋布置

1）受力钢筋。沿板跨方向设置在受拉区，承担由弯矩作用而产生的拉应力。

①直径。板中的受力钢筋直径通常为 6～12mm；板厚度较大时，直径可为 14～18mm。其中现浇板的受力钢筋直径不宜小于 8mm。

②间距。板中受力钢筋间距一般为 70～200mm；当板厚 $h>150$mm 时，钢筋间距不宜大于 250mm，且不宜大于 $1.5h$。

2）分布钢筋。分布钢筋与受力钢筋垂直，设置在受力钢筋的内侧（如图 3.3 和 3.4 所示）。

分布钢筋的作用是将荷载均匀地传递给受力钢筋，并在施工中固定受力钢筋的设计位置，同时也可抵抗混凝土收缩及温度变化在垂直受力钢筋方向产生的拉应力。

分布钢筋可按构造配置。《规范》规定：分布钢筋单位宽度上的配筋不宜小于单位宽度上的受力钢筋的 15%，且配筋率不宜小于 0.15%；其直径不宜小于 6mm，间距不宜大于 250mm。当有较大的集中荷载作用于板面时，间距不宜大于 200mm。

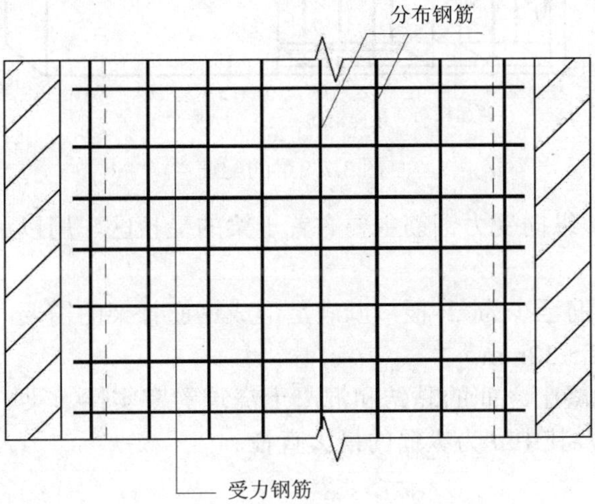

图 3.5　板的钢筋布置

2．梁的构造要求

（1）梁的截面形式及尺寸

1）梁的截面形式。梁的截面形式有矩形、T 形、I 形、花篮形、倒 L 形、十字形等，如图 3.6 所示。

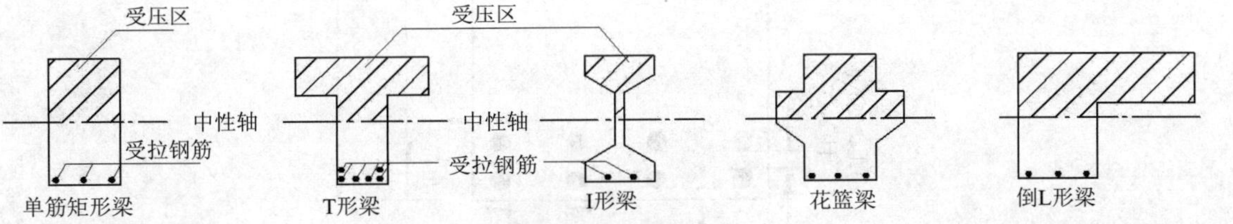

图 3.6　梁的截面形式

2）梁的截面尺寸。梁的截面高度与跨度及荷载大小有关，从刚度要求出发，根据高跨比确定梁的高度。对于一般荷载作用下的简支梁，其截面高度 h 可按高跨比 h/l=1/10～1/16 取用。为统一模板尺寸便于施工，常用梁高 250、300、350、…、750、800、900、1000mm 等，不大于 800 时，以 50mm 为模数增加，大于 800 时，以 100mm 为模数增加。梁的截面宽度可由高宽比来确定，对矩形截面 h/b=2.0～2.5；对 T 形截面 h/b=2.5～4.0（此处 b 为梁肋宽）。常用梁宽为 150、180、200、…，如 b>200mm，应取 50mm 的倍数。

（2）梁的配筋

梁通常配置纵向受力钢筋、弯起钢筋、箍筋、架立钢筋等（如图 3.7 所示），构成梁的钢筋骨架。当梁的截面高度较大时，还应配置纵向构造钢筋及拉筋等。

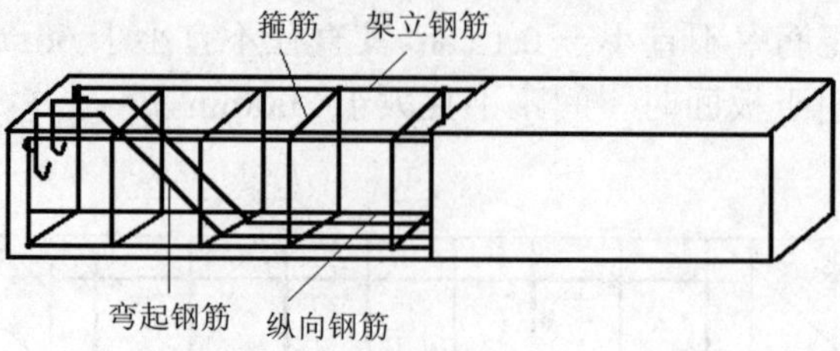

图 3.7　梁的配筋

1）纵向受力钢筋。纵向受力钢筋主要布置于梁的受拉区，用以承受由弯矩产生的拉力，其数量由计算确定。

①梁内纵向受力钢筋至少为 2 根，以满足形成钢筋骨架的需要，钢筋总数根据承载力计算确定，常用直径为 12～32mm。

②为保证钢筋与混凝土之间的黏结和混凝土浇筑的密实性，梁中纵向钢筋之间的净距 e 不应小于图 3.8 的规定，其中 d 为纵筋的最大直径。

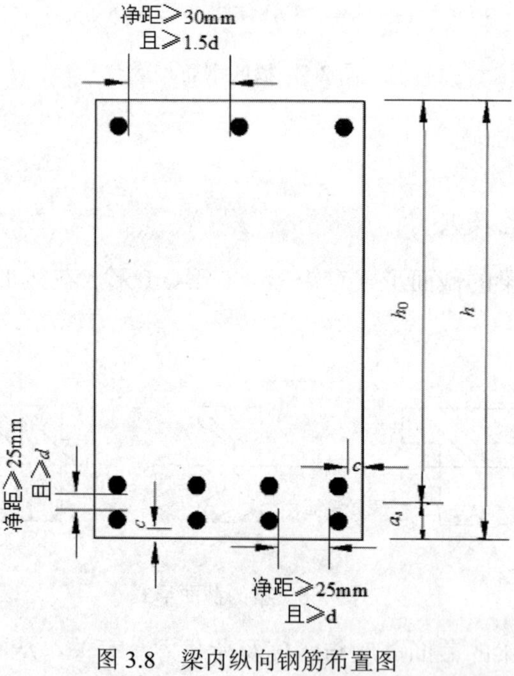

图 3.8　梁内纵向钢筋布置图

③在梁的配筋密集区域，当受力钢筋单根配置导致混凝土难以浇筑密实时，可采用两根或三根一起配置的并筋形式。《规范》规定：直径 28mm 及以下的钢筋并筋数量不应超过 3 根；直径 32mm 的钢筋并筋数量宜为 2 根；直径 36mm 及以上的钢筋不应采用并筋。并筋应按单根等效钢筋进行计算，等效钢筋的等效直径 d_e 应按截面面积相等的原则换算确定。对等直径双并筋，$d_e=1.41d$；对等直径三并筋，$d_e=1.73d$，d 为单根钢筋的直径。

2）弯起钢筋。（详见第 4 章）弯起钢筋通过计算确定，弯起段主要作用是抗剪，水平段主要作用是抗拉，承受正负弯矩，当采用弯起钢筋时，弯起角宜取 45°或 60°。梁底层钢筋中的角部钢筋不应弯起，顶层钢筋中的角部钢筋不应弯下。

3）箍筋。（详见第 4 章）箍筋通过计算确定，并应满足构造要求。箍筋的主要作用是承受剪力和弯矩引起的主拉应力；固定纵向受力钢筋及架立筋成为整体的的钢筋骨架。

4）架立钢筋。梁上部无受压钢筋时，需按构造要求配置 2 根架立钢筋，以便与箍筋和梁底纵向受力钢筋形成钢筋骨架，并承受由混凝土收缩及温度变化而产生的拉力。当梁的跨度 l_0<4m 时，直径不宜小于 8mm；当 l_0=4～6m 时，直径不应小于 10mm；当 l_0>6m 时，直径不宜小于 12mm。

5）纵向构造筋及拉筋。（详见第 4 章）当梁的腹板高度 $h_w \geqslant$450mm 时，在梁的两侧应沿高度配置纵向构造钢筋（简称腰筋），两腰筋之间采用拉筋联系，拉筋间距一般为箍筋间距的 2 倍。设置腰筋目的是防止混凝土梁由于收缩和温度变化而产生竖向裂缝，同时也是为了提高钢筋骨架的刚度。

3．混凝土保护层厚度和截面有效高度

（1）混凝土保护层厚度 c

为防止构件中普通钢筋和预应力钢筋的锈蚀，保证握裹层混凝土对受力钢筋的锚固，构件最外层钢筋（包括箍筋、分布筋等构造筋）的外边缘至混凝土表面的最小距离 c 为钢筋的混凝土保护层厚度，如图 3.8 所示。

《规范》规定：构件中受力筋的保护层厚度不应小于钢筋的直径 d 或并筋的等效直径 d_e；对设计使用年限为 50 年的混凝土结构，其钢筋的混凝土保护层厚度还应符合附表 3.1 的规定；对设计使用年限为 100 年的混凝土结构，考虑混凝土碳化速度的影响，其钢筋的混凝土保护层厚度不应小于附表 3.1 中数值的 1.4 倍。

（2）截面有效高度 h_0

截面有效高度 h_0 是指受拉钢筋的重心至截面受压混凝土边缘的垂直距离，其值与受拉钢筋的直径、层数及混凝土保护层厚度有关，如图 3.8 所示。截面有效高度的计算公式为

$$h_0 = h - a_s \tag{3.1}$$

式中：h——截面高度；

a_s——受拉钢筋的重心至截面受拉混凝土边缘的垂直距离。

第 2 节　梁的正截面试验分析

1．受弯构件正截面的破坏形式

（1）受弯构件截面配筋率

钢筋混凝土受弯构件中钢筋用量的变化，将影响构件的受力性能和破坏形态。钢筋用量采用受拉钢筋面积 A_s 与混凝土有效面积 bh_0 的比值来反映，称为配筋率 ρ，即

$$\rho = \frac{A_s}{bh_0} \tag{3.2}$$

（2）受弯构件正截面的破坏形态

同样的截面尺寸、跨度和同材料强度的梁，由于配筋率 ρ 的不同，会发生少筋梁、适筋梁、超筋梁三种本质不同的破坏形态。

1）少筋梁。当梁的配筋太少时，梁不但承载力很低，而且受拉边一旦开裂，裂缝就急速向上扩展，裂缝截面处的拉力全部转给钢筋，钢筋数量较少，此时钢筋由于突然增大的应力而屈服，梁随即发生破坏，称为少筋梁。其破坏形态如图 3.9（a）所示。少筋梁的承载力取决于混凝土的抗拉强度，混凝土的抗压强度未得到充分利用，破坏属于受拉脆性破坏，在实际工程中应避免采用。

2）适筋梁。当梁的配筋适量时，首先由于受拉区纵向受拉钢筋屈服，然后受压区混凝土被压碎，梁随即破坏，称为适筋梁。其破坏形态如图 3.9（b）所示。钢筋和混凝土的强度都得到充分利用，破坏前有明显的塑性变形和裂缝预兆，属于塑性破坏。适筋梁是受弯构件设计计算的基础。

3）超筋梁。当梁的配筋太多时，截面受压边缘的混凝十在受拉钢筋尚未达到屈服强度前就被压碎，梁破坏，称为超筋梁。其破坏形态如图 3.9（c）所示。这种破坏在破坏前虽然有一定的变形和裂缝预兆，但不明显，而且当混凝土压碎时，破坏突然发生，钢筋的强度得不到充分利用，破坏具有脆性性质,在实际工程中应避免采用。

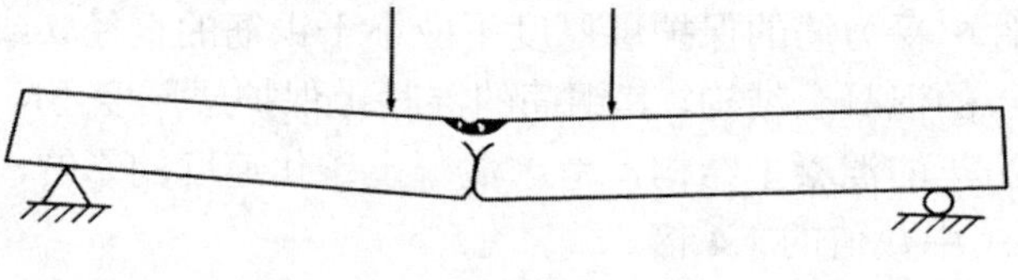

（a）少筋梁

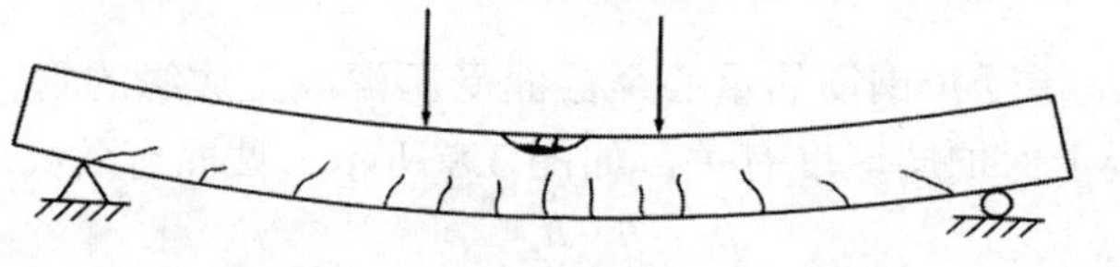

（b）适筋梁

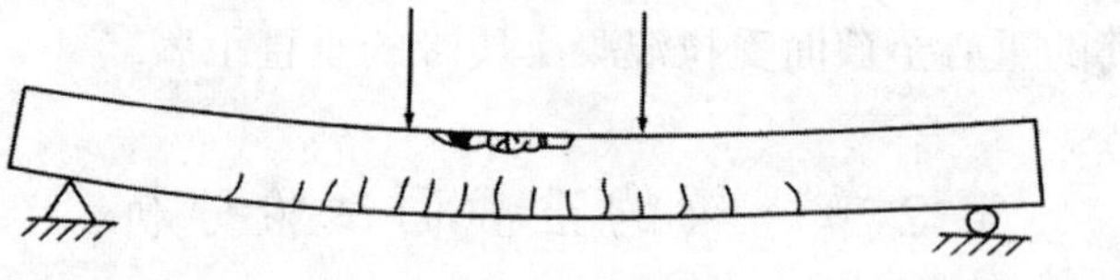

（c）超筋梁

图 3.9　梁的破坏形态

2．适筋梁正截面工作的三个阶段

适筋梁如图 3.10 所示。采用两点对称加载方式，借助百分表的测量，充分了解适筋梁在纯弯段从开始加载直到破坏为止的正截面应力、应变的变化规律。

根据试验结果分析，梁正截面上的受力过程可分为三个阶段。

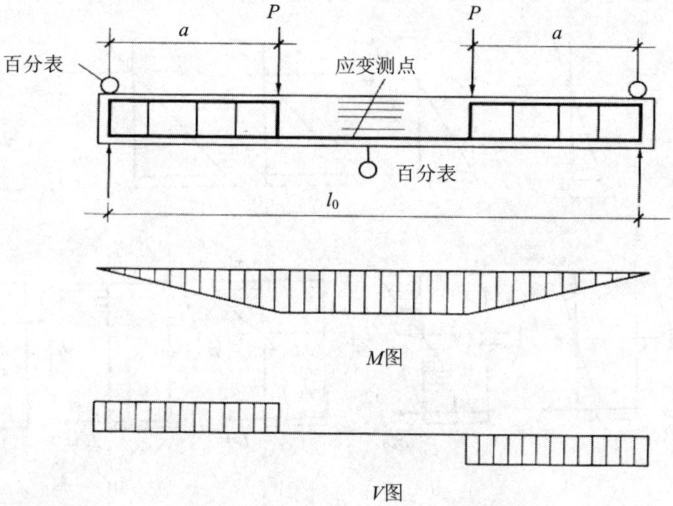

图 3.10　适筋梁正截面试验

1）第Ⅰ阶段——截面开裂前的阶段。当荷载很小时，截面上的弯矩很小，应力与应变成正比，截面的应力分布呈直线，称为第Ⅰ阶段，即弹性阶段，如图 3.11（a）所示。

随荷载增加，当受拉区边缘混凝土应力接近其抗拉强度时，受拉区混凝土出现塑性变形，而使受拉区的应力图形呈曲线。

当荷载增大到某一数值时，受拉区边缘的混凝土达到其实际的抗拉强度 f_t 和抗拉极限应变值 ε_{tu}，截面处在要开裂而又未开裂的临界状态，这种受力状态，称为第 I_a 阶段，如图 3.11（b）所示。

对于不允许出现裂缝的构件，第 I_a 阶段将作为其抗裂度计算的依据。

2）第Ⅱ阶段——从截面开裂到受拉区纵向受力钢筋刚达到屈服强度的阶段。荷载稍有增加，超过 I_a 阶段后，受拉区混凝土开裂，截面上应力发生重分布，裂缝处混凝土不再承担拉应力，退出工作，钢筋的拉应力突然增大，受压区混凝土出现明显的塑性变形，应力图形呈曲线，称为第Ⅱ阶段，如图 3.11（c）所示。

荷载继续增加，裂缝进一步开展上移，钢筋和混凝土的应力不断增大。当荷载增加到某一特定数值时，受拉区纵向受力钢筋开始屈服，钢筋应力刚达到其屈服强度 f_y，称为 II_a 阶段，如图 3.11（d）所示。

在正常使用情况下，钢筋混凝土受弯构件一般处于第Ⅱ阶段，因此，将 II_a 阶段的受力状态作为受弯构件的裂缝控制和挠度验算的依据。

3）第Ⅲ阶段——破坏阶段。当受拉纵向受力钢筋屈服后，截面的承载能力无明显的提高，但塑性变形急速发展，裂缝迅速开展并且向受压区延伸，受压区面积减小，受压区混凝土压应力迅速增大，称为第Ⅲ阶段，如图 3.11（e）所示。

在荷载几乎不再增加的情况下，裂缝进一步急剧开展，受压区混凝土出现极明显的塑性性质，当受压区边缘的混凝土达到极限压应变 ε_{cu} 时，出现一些纵向裂缝，混凝土被压碎，截面发生破坏，称为第 III_a 阶段，如图 3.11（f）所示。

第 III_a 阶段是构件正截面破坏的极限状态，该状态将作为构件正截面承载力计算的依据。

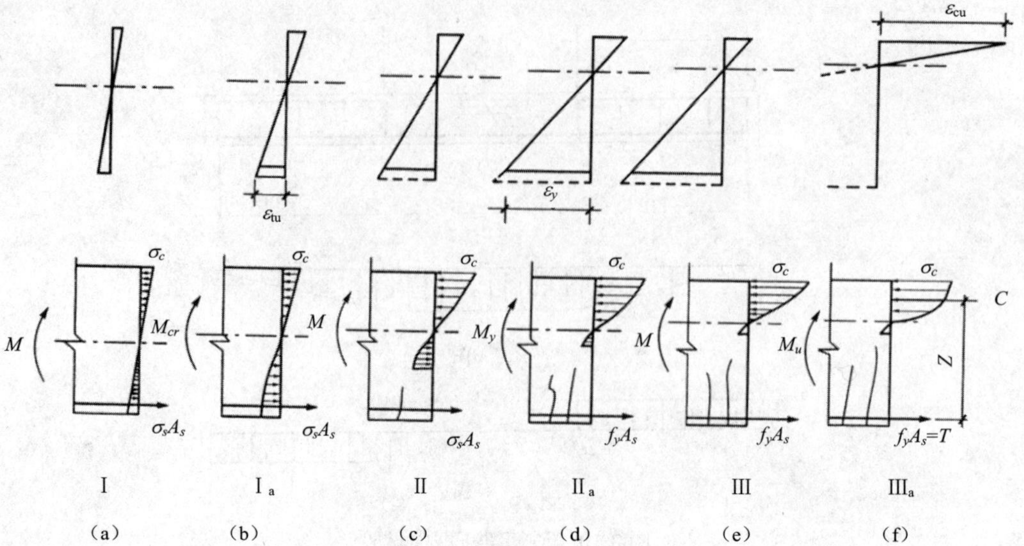

图 3.11　适筋梁在各阶段的应力、应变图

第 3 节　单筋矩形截面受弯构件正截面承载力计算

1．基本假定

根据钢筋混凝土梁的受弯性能分析，正截面承载力计算可采用以下基本假定。

1）截面应变保持平面，即截面上各点的平均应变与该点到中和轴的距离成正比。

2）不考虑混凝土的抗拉强度，构件受拉区开裂后的拉力全部由受拉钢筋承担。

3）纵向受力钢筋采用如图 3.12 所示的受拉应力—应变关系，即当$\varepsilon_s \leqslant \varepsilon_y$时，$\sigma_s = E_s\varepsilon_s$；当$\varepsilon_s > \varepsilon_y$时，$\sigma_s = f_y$；受拉钢筋的极限拉应变取 0.01。

4）混凝土采用如图 3.13 所示的受压应力—应变关系，其中ε_0为混凝土压应力达到f_c时的压应变，取 0.002；ε_{cu}为正截面的混凝土极限压应变，取 0.0033。

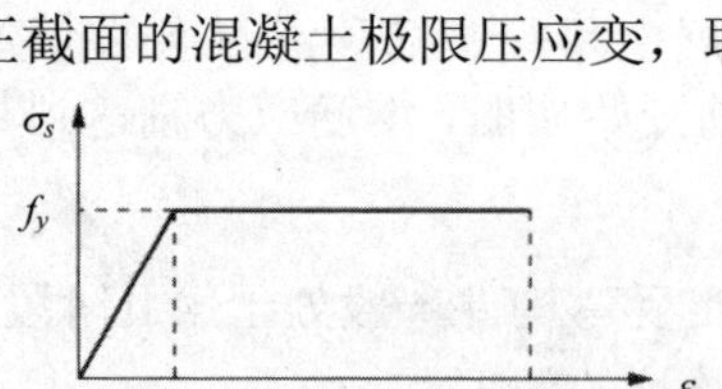

图 3.12　钢筋的应力—应变关系

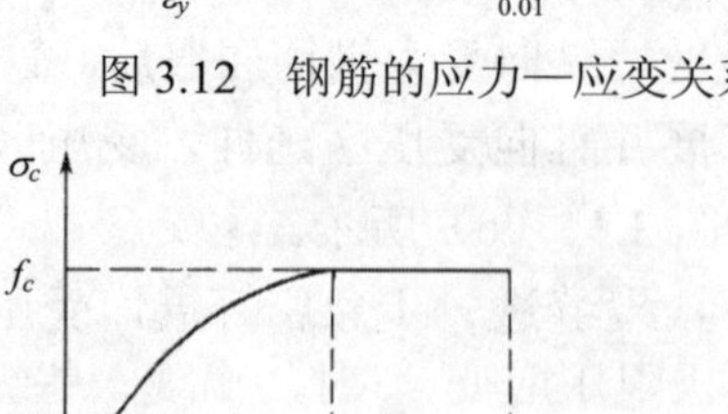

图 3.13　混凝土的应力—应变关系

2．受压区混凝土的等效矩形应力图形

根据平截面假定和混凝土应力—应变关系曲线，截面达到极限弯矩 M_u 时，可绘制出受压区混凝土的应力—应变图形，如图 3.14（c）所示，由于得到的应力图形为二次抛物线，不便于计算。为简化计算，可采用等效矩形应力图形代换曲线应力图形，如图 3.14（d）所示。

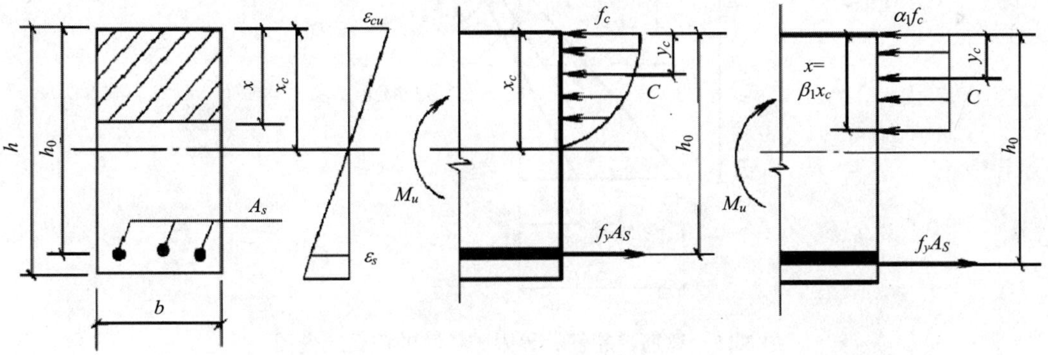

图 3.14 等效矩形应力图形的换算

等效代换的原则：

1）压应力的合力大小相等，即等效矩形应力图形的面积与理论曲线应力图形的面积相等。

2）压应力的合力作用点位置不变，即等效矩形应力图形的形心位置与理论曲线应力图形的形心位置相同。

等效矩形应力图形的应力值取 $\alpha_1 f_c$，相应的受压区高度为 x，实际受压区高度为 x_c，为满足等效原则，令 $x=\beta_1 x_c$。《规范》规定：当混凝土强度等级≤C50 时，取 $\alpha_1=1.0$，$\beta_1=0.8$；当混凝土强度等级为 C80 时，取 $\alpha_1=0.94$，$\beta_1=0.74$；对介于 C50～C80 的混凝土强度等级，α_1、β_1 值按线性内插法确定。

3．适筋截面的界限条件

（1）相对界限受压区高度 ξ_b

相对受压区高度是等效矩形混凝土受压区高度 x 与截面有效高度 h_0 的比值，用 $\xi=x/h_0$ 表示。当纵向受拉钢筋屈服时，受压区混凝土边缘纤维也同时达到极限压应变破坏的状态，称为“界限破坏”，这时混凝土受压区高度 x_b 与截面有效高度 h_0 的比值，称为相对界限受压区高度 ξ_b，$\xi_b=x_b/h_0$，这种临界破坏状态，就是适筋梁与超筋梁的界限。

如图 3.15 所示，若实际混凝土相对受压区高度 $\xi<\xi_b$，即 $x<x_b$（或 $x_c<x_{cb}$）、$\varepsilon_s>\varepsilon_y$，受拉钢筋可以达到屈服强度，则为适筋破坏；若 $\xi>\xi_b$，即 $x>x_b$（或 $x_c>x_{cb}$）、$\varepsilon_s<\varepsilon_y$，受拉钢筋达不到屈服强度，则为超筋破坏。常见相对界限受压区高度 ξ_b 值见表 3.2 所示。

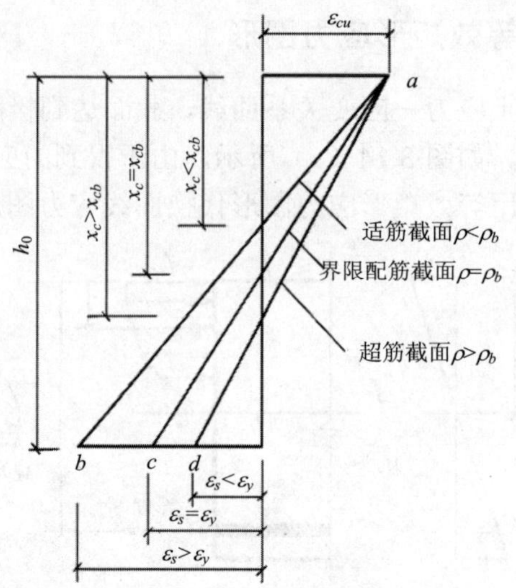

图 3.15　适筋、超筋、界限破坏时的截面应变图

表 3.2　相对界限受压区高度 ξ_b 和 $\alpha_{s,\max}$

钢筋牌号	系数	≤C50	C60	C70	C80
HPB300	ξ_b	0.576	0.556	0.537	0.518
	$\alpha_{s,\max}$	0.410	0.402	0.393	0.384
HRB335 HRBF335	ξ_b	0.550	0.531	0.512	0.493
	$\alpha_{s,\max}$	0.399	0.390	0.381	0.372
HRB400 HRBF400 RRB400	ξ_b	0.518	0.499	0.481	0.463
	$\alpha_{s,\max}$	0.384	0.375	0.365	0.356
HRB500 HRBF500	ξ_b	0.482	0.464	0.447	0.429
	$\alpha_{s,\max}$	0.366	0.357	0.347	0.337

注：表中系数 $\alpha_{s,\max}=\xi_b(1-0.5\xi_b)$。

（2）最小配筋率 $\rho_{\min}$

最小配筋率是适筋梁破坏与少筋梁破坏的界限。确定 $\rho_{\min}$ 的原则是配置最少钢筋的钢筋混凝土梁在破坏时所承担的弯矩 M_u 等于相同截面的素混凝土梁所能承担的弯矩 M_{cr} 。经计算可得

$$\rho_{\min}=\frac{A_s}{bh} \tag{3.3}$$

根据上述原则，考虑混凝土温、湿度变化等影响及实际工程经验，《规范》规定：受弯构件的最小配筋百分率取 0.20%和 $45f_t/f_y$（%）中的较大值；对板类受弯构件的受拉钢筋，当采用强度级别为 400MPa 和 500MPa 的钢筋时，其最小配筋百分率允许采用 0.15%和 $45f_t/f_y$（%）中的较大值。注意，验算最小配筋时应采用全截面面积 bh。除受弯构件外，其他构件的纵向受力钢筋的最小配筋率百分率 $\rho_{\min}$ 参考附表 3-2。

4．基本公式及适用条件

（1）基本公式

根据适筋梁破坏时的应力状态及基本假定，并用等效矩形应力图形代替混凝土曲线应力图形，则单筋矩形截面受弯构件正截面承载力计算应力图形如图3.16所示。

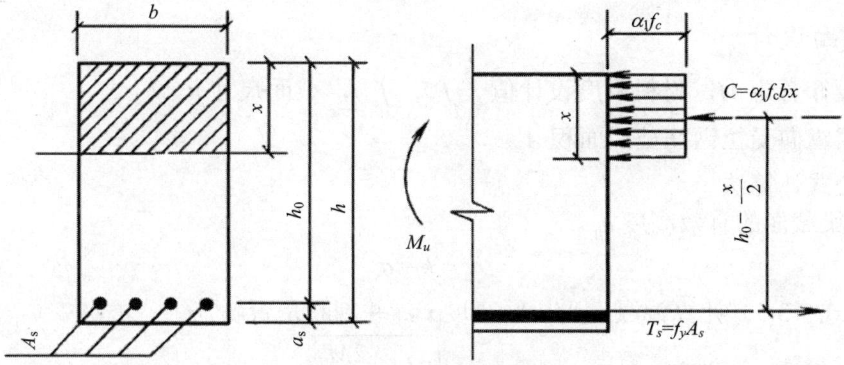

图3.16　单筋矩形截面受弯构件正截面承载力计算简图

根据图3.16所示的计算应力图形，建立平衡条件，并满足承载能力极限状态计算表达式的要求，可得单筋矩形截面受弯构件正截面承载力计算公式如下：

$$\alpha_1 f_c bx = f_y A_s \tag{3.4}$$

$$M \leqslant M_u = \alpha_1 f_c bx(h_0 - \frac{x}{2}) \tag{3.5}$$

或

$$M \leqslant M_u = f_y A_s(h_0 - \frac{x}{2}) \tag{3.6}$$

式中：f_c——混凝土轴心抗压强度设计值；

b——截面宽度；

x——混凝土受压区高度；

α_1——系数，当混凝土强度等级≤C50时取1.0，当混凝土等级为C80时取0.94，其间按线性内插法取用；

f_y——钢筋抗拉强度设计值；

A_s——纵向受拉钢筋截面面积；

h_0——截面有效高度；

M_u——正截面极限抵抗弯矩设计值；

M——截面上的弯矩设计值。

（2）适用条件

1）为防止发生超筋梁的脆性破坏，应满足

$$\rho \leqslant \rho_{\max} \tag{3.7}$$

或

$$\xi \leqslant \xi_b \quad (\text{即 } x \leqslant x_b = \xi_b h_0) \tag{3.8}$$

或

$$M \leqslant M_{u,\max} = \alpha_1 f_c b h_0^{\ 2} \xi_b (1-0.5\xi_b) = \alpha_{s,\max}\alpha_1 f_c b h_0^{\ 2} \tag{3.9}$$

2）为防止发生少筋梁的脆性破坏，应满足：

$$\rho \geqslant \rho_{\min} \tag{3.10}$$

或

$$A_s \geqslant \rho_{\min} bh \tag{3.11}$$

5．公式应用

钢筋混凝土受弯构件的正截面承载力计算包括截面设计和承载力复核两类问题。

（1）截面设计

已知：设计弯矩 M，材料强度设计值（f_y、f_c），截面尺寸 b、h。

求：所需纵向受拉钢筋截面面积 A_s。

①基本公式计算法

1）确定梁截面的有效高度 h_0。

$$h_0 = h - a_s$$

2）由公式（3.5）计算混凝土受压区高度 x，并判断是否超筋。

$$x = h_0 - \sqrt{{h_0}^2 - \frac{2M}{\alpha_1 f_c b}}$$

若 $x \leqslant \xi_b h_0$，说明不超筋，则 A_s 按下一步进行计算；

若 $x > \xi_b h_0$，属于超筋，说明截面尺寸过小，应加大截面尺寸或提高混凝土强度等级，重新设计。

3）由公式（3.4）计算纵向受拉钢筋截面面积 A_s。

$$A_s = \frac{\alpha_1 f_c bx}{f_y}$$

4）根据计算的 A_s。在附表 2-1 或附表 2-2 中选配钢筋的直径和根数，并复核钢筋净距及保护层能否满足要求。如果纵向受力钢筋需要按两排放置，则应改变截面有效高度 h_0，重新计算 A_s，并再次选择钢筋。

5）验算最小配筋率。

$$\rho = \frac{A_s}{bh} \geqslant \rho_{\min}$$

说明不少筋。

若 $\rho = A_s / bh < \rho_{\min}$，说明截面尺寸过大，应适当减小截面尺寸。当截面尺寸不能减小时，则按最小配筋率配筋，即

$$A_s = \rho_{\min} bh$$

6）绘制配筋图。

【例 3.1】 已知某钢筋混凝土矩形截面简支梁，一类环境，截面尺寸为 $b \times h = 250\text{mm} \times 500\text{mm}$，由荷载设计值所产生的最大弯矩设计值 $M = 120\text{kN} \cdot \text{m}$，混凝土选用 C25，钢筋选用 HRB335 级。试求所需的受拉钢筋截面面积 A_s 并绘制梁配筋图。

解：由附表 1-2 查得 C25 混凝土，$f_c = 11.9\text{N/mm}^2$，$f_t = 1.27\text{N/mm}^2$，$\alpha_1 = 1.0$；

由附表 1-5 查得 HRB335 级钢筋，$f_y = 300\text{N/mm}^2$；

由表 3.2 查得，$\xi_b = 0.550$。

1）确定梁截面的有效高度 h_0。

假定梁中受拉钢筋单层布置，设计时常假定梁中受拉钢筋的直径 $d = 20\text{mm}$，梁中箍筋选用 $\phi 8$ 的 HPB300 级钢筋，混凝土保护层厚度查附表 3-1 得 $c = 25\text{mm}$，则

$$a_s = c + d_v + \frac{d}{2} = 25 + 8 + 10 = 43\text{mm}，\quad h_0 = h - a_s = 500 - 43 = 457\text{mm}$$

2）计算混凝土受压区高度 x，并判断是否超筋。

$$x = h_0 - \sqrt{{h_0}^2 - \frac{2M}{\alpha_1 f_c b}} = 457 - \sqrt{457^2 - \frac{2\times 120\times 10^6}{1.0\times 11.9\times 250}}$$

$$= 98.98\text{mm} < \xi_b h_0 = 0.550\times 457 = 251.35\text{mm}$$

说明不超筋。

3）计算纵向受拉钢筋截面面积 A_s。

$$A_s = \frac{\alpha_1 f_c bx}{f_y} = \frac{1.0\times 11.9\times 250\times 98.98}{300} = 981.55\text{mm}^2$$

4）选配钢筋，选用 3Φ22 钢筋（$A_s = 1140\text{mm}^2$），放置 3Φ22 钢筋所需最小截面面宽为

$$b_{\min} = 2c + 2d_v + 3d + 2e = 2\times 25 + 2\times 8 + 3\times 22 + 2\times 25$$

$$= 182\text{mm} < b = 250\text{mm}$$

符合构造要求。

5）验算最小配筋率。

$$0.45\frac{f_t}{f_y}\times 100\% = 0.45\times\frac{1.27}{300}\times 100\% = 0.19\% < 0.2\%$$

取 $\rho_{\min}$=0.2%

$$\rho = \frac{A_s}{bh} = \frac{1140}{250\times 500}\times 100\% = 0.912\% > \rho_{\min} = 0.2\%$$

说明不少筋。

6）绘制梁配筋图（图 3.17 所示）。

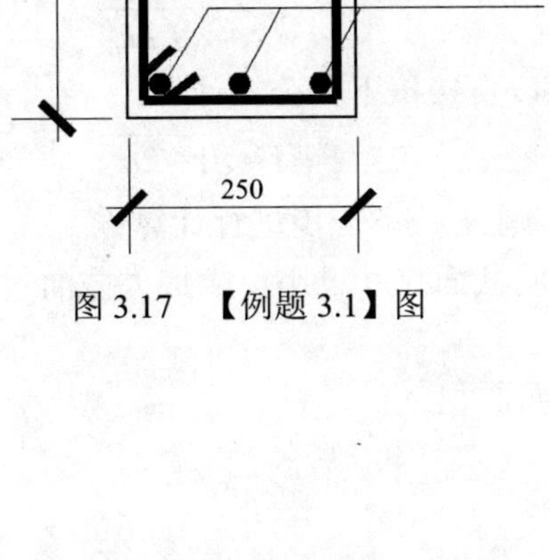

图 3.17　【例题 3.1】图

②查表计算法

表 3.3 钢筋混凝土矩形和 T 形截面受弯构件正截面承载力计算系数表

ξ	α_s	ξ	α_s	ξ	α_s
0.01	0.010	0.21	0.188	0.41	0.326
0.02	0.020	0.22	0.196	0.42	0.332
0.03	0.030	0.23	0.203	0.43	0.337
0.04	0.039	0.24	0.211	0.44	0.343
0.05	0.048	0.25	0.219	0.45	0.349
0.06	0.058	0.26	0.226	0.46	0.354
0.07	0.067	0.27	0.234	0.47	0.359
0.08	0.077	0.28	0.241	0.48	0.365
0.09	0.085	0.29	0.248	0.482	0.366
0.10	0.095	0.30	0.255	0.49	0.370
0.11	0.104	0.31	0.262	0.50	0.375
0.12	0.113	0.32	0.269	0.51	0.380
0.13	0.121	0.33	0.275	0.518	0.384
0.14	0.130	0.34	0.282	0.52	0.385
0.15	0.139	0.35	0.289	0.53	0.390
0.16	0.147	0.36	0.295	0.54	0.394
0.17	0.155	0.37	0.301	0.550	0.400
0.18	0.164	0.38	0.309	0.56	0.403
0.19	0.172	0.39	0.314	0.57	0.408
0.20	0.180	0.40	0.320	0.576	0.410

注：表中数据适用于混凝土强度等级不超过 C50 的受弯构件。

为简化计算，将 $x=\xi h_0$ 及 $\alpha_s=\xi(1-0.5\xi)$ 代入式（3.4）、式（3.5）得

$$\alpha_1 f_c b\xi h_0 = f_y A_s$$

$$M \leqslant M_u = \alpha_1 f_c b h_0^2 \alpha_s$$

式中：α_s——截面抵抗矩系数，反映截面抵抗矩的相对大小，在适筋梁范围内，ρ 越大，则 α_s 值也越大，M_u 值也越高。

1）确定截面有效高度 h_0。 $h_0 = h - a_s$

2）计算截面抵抗矩系数 α_s，并判断是否超筋。

$$\alpha_s = \frac{M}{\alpha_1 f_c b h_0^2} \tag{3.12}$$

利用表 3.3 查取 ξ，也可以直接按下列公式计算

$$\xi = 1-\sqrt{1-2\alpha_s} \tag{3.13}$$

若 $\xi \leqslant \xi_b$，说明不超筋，则 A_s 按下一步进行计算；

若 $\xi > \xi_b$，属于超筋，说明截面尺寸过小，应加大截面尺寸或提高混凝土强度等级，重新设计。

3）计算纵向受拉钢筋截面面积 A_s。

$$A_s = \frac{\alpha_1 f_c b \xi h_0}{f_y}$$

4）选配钢筋，验算最小配筋率。

$$\rho = \frac{A_s}{bh} \geqslant \rho_{\min}$$

说明不少筋。

若 $\rho = A_s/bh < \rho_{\min}$，说明截面尺寸过大，应适当减小截面尺寸。当截面尺寸不能减小时，则按最小配筋率配筋，即

$$A_s = \rho_{\min} bh$$

5）绘制配筋图。

【例 3.2】 已知某现浇钢筋混凝土简支板，一类环境，其计算简图如 3.18 所示，板厚 h=80mm，计算跨度值 $l_0 = 2.6\text{m}$，承受均布荷载设计值为 6kN/m^2（包括板自重），混凝土强度等级选用 C20，钢筋选用 HPB300 级。试设计该简支板。

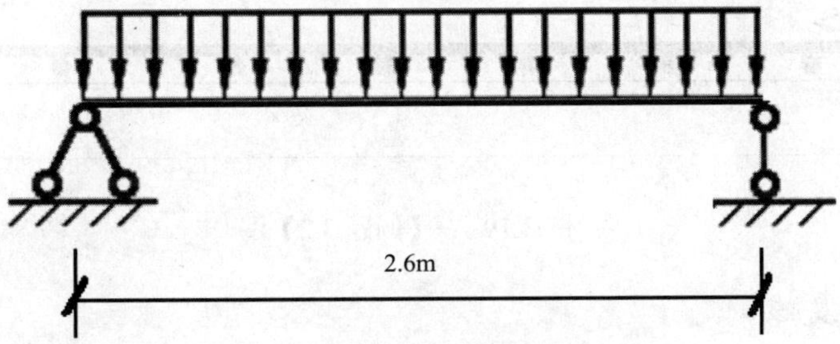

图 3.18　板的计算简图

解： 由附表 1-2 查得 C20 混凝土，$f_c = 9.6\text{N/mm}^2$，$f_t = 1.1\text{N/mm}^2$，$\alpha_1 = 1.0$；

由附表 1-5 查得 HPB300 级钢筋，$f_y = 270\text{N/mm}^2$；

由表 3.2 查得，$\xi_b = 0.576$；

取宽度 $b = 1\text{m}$ 的板带为计算单元。

1）计算跨中弯矩设计值。

$$M = \frac{ql_0^2}{8} = \frac{1}{8} \times 6 \times 2.6^2 = 5.07\text{kN} \cdot \text{m}$$

2）确定截面有效高度 h_0。

对一般厚度的板，设计时常假定板中受拉钢筋的直径 $d = 10\text{mm}$，混凝土保护层厚度查附表 3-1 得，$c = 20\text{mm}$，则

$$a_s = c + \frac{d}{2} = 20 + 5 = 25\text{mm}，\quad h_0 = h - a_s = 80 - 25 = 55\text{mm}。$$

3）计算截面抵抗矩系数 α_s，并判断是否超筋。

$$\alpha_s = \frac{M}{\alpha_1 f_c b h_0^2} = \frac{5.07 \times 10^6}{1.0 \times 9.6 \times 1000 \times 55^2} = 0.175$$

$$\xi = 1 - \sqrt{1 - 2\alpha_s} = 1 - \sqrt{1 - 2 \times 0.175} = 0.194 < \xi_b = 0.576$$

说明不超筋。

4）计算纵向受拉钢筋截面面积 A_s 。

$$A_s=\frac{\alpha_1 f_c b\xi h_0}{f_y}=\frac{1.0\times9.6\times1000\times0.194\times55}{270}=379\text{mm}^2$$

5）选配钢筋。选用 $\phi8@130$，实用 $A_s=387\text{mm}^2$ 。分布钢筋根据构造要求选取 $\phi8@200$ 。

6）验算最小配筋率。

$$0.45\frac{f_t}{f_y}\times100\%=0.45\times\frac{1.1}{270}\times100\%=0.18\%<0.2\%$$

取 $\rho_{\min}$=0.2%

$$\rho=\frac{A_s}{bh}=\frac{387}{1000\times80}\times100\%=0.48\%>\rho_{\min}=0.2\%$$

说明不少筋。

7）绘制板配筋图（图 3.19 所示）。

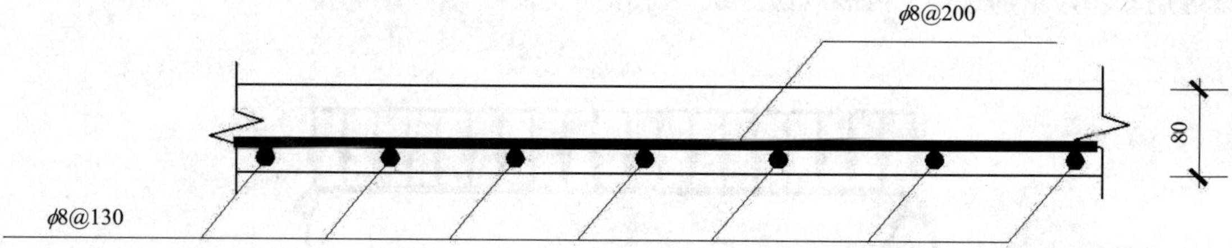

图 3.19　【例题 3.2】图

（2）承载力复核

已知：材料强度设计值（f_y、f_c），截面尺寸 b、h，截面配筋 A_s 。

求：截面所能承受的最大弯矩设计值 M_u，或已知弯矩设计值 M，复核截面是否安全。

计算步骤如下：

1）确定梁截面的有效高度 h_0 。

$$h_0=h-a_s$$

2）计算混凝土受压区高度 x，并判断受弯构件类型。

$$x=\frac{f_y A_s}{\alpha_1 f_c b}$$

若 $x\leqslant\xi_b h_0$，且 $\rho=\frac{A_s}{bh}\geqslant\rho_{\min}$，说明适筋；

若 $x>\xi_b h_0$，说明超筋；

若 $\rho=\frac{A_s}{bh}<\rho_{\min}$，属于少筋。

3）计算截面受弯承载力 M_u 。

适筋梁：　$$M_u=\alpha_1 f_c bx(h_0-\frac{x}{2})$$

超筋梁：取 $x=\xi_b h_0$，即　$M_u=\alpha_1 f_c bh_0{}^2\xi_b(1-0.5\xi_b)$

少筋梁：应修改设计。

4）判断截面受弯承载力是否安全。

若 $M \leqslant M_u$，则截面安全；否则，截面不安全。

【例 3.3】 某学校教室梁截面尺寸及配筋如图 3.20 所示，处于一类环境，该梁承受最大弯矩设计值 $M=80\text{kN}\cdot\text{m}$，混凝土强度等级为 C30，钢筋级别为 HRB400 级。复核此梁是否安全。

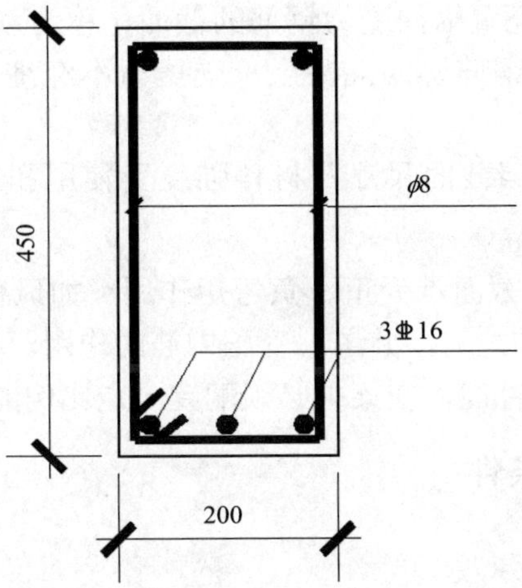

图 3.20 梁配筋图

解：由附表 1-2 查得 C30 混凝土，$f_c=14.3\text{N/mm}^2$，$f_t=1.43\text{N/mm}^2$，$\alpha_1=1.0$；

由附表 1-5 查得 HRB400 级钢筋，$f_y=360\text{N/mm}^2$；

由表 3.2 查得，$\xi_b=0.518$；

钢筋 3⏀16，$A_s=603\text{mm}^2$。

1）确定梁截面的有效高度 h_0。

$$a_s=c+d_v+\frac{d}{2}=20+8+\frac{16}{2}=36\text{mm}$$

$$h_0=h-a_s=450-36=414\text{mm}$$

2）计算混凝土受压区高度 x，并判断受弯构件类型。

$$x=\frac{f_yA_s}{\alpha_1 f_c b}=\frac{360\times 603}{1.0\times 14.3\times 200}=75.9\text{mm}<\xi_b h_0=0.518\times 414=214.45\text{mm}$$

且 $\rho=\dfrac{A_s}{bh}=\dfrac{603}{200\times 450}\times 100\%=0.67\%>\rho_{\min}=0.2\%$

故该梁属于适筋梁。

3）计算截面受弯承载力 M_u。

$$M_u=\alpha_1 f_c bx(h_0-\frac{x}{2})=1.0\times 14.3\times 200\times 75.9\times(414-\frac{75.9}{2})\times 10^{-6}=81.6\text{kN}\cdot\text{m}$$

4）判断该梁是否安全。

$M=80\text{kN}\cdot\text{m}<M_u=81.6\text{kN}\cdot\text{m}$

显然，该梁正截面设计是安全和经济的。

第 4 节　双筋矩形截面受弯构件正截面承载力计算

1．双筋截面及其应用条件

在受拉区和受压区同时配置纵向受力钢筋的截面，称为双筋截面。由于混凝土抗压性能好，价格比钢筋低，所以用钢筋协助混凝土承受压力不经济。双筋截面通常在下列情况下采用：

1）$M > \alpha_1 f_c b h_0^2 \alpha_{s,\max}$，但截面尺寸及材料强度受使用和施工条件等限制不能再增大和提高。

2）在不同荷载作用下，截面承受正、负弯矩作用（如风荷载作用下的框架梁），为承受变号弯矩分别作用于截面上的拉力，并考虑受压钢筋的作用。

3）为提高框架梁的抗震性能，在梁中必须配置一定比例的受压钢筋。

2．基本公式及适用条件

（1）受压钢筋的设计强度

试验表明，双筋截面受弯构件的受力阶段和破坏形态基本上与单筋截面相似，适筋梁仍然是受拉钢筋的应力先达到屈服强度，然后受压区混凝土压碎而破坏。当采用中、低强度钢筋作为纵向受压钢筋，同时混凝土受压高度 $x \geqslant 2a_s'$，且配置符合要求的封闭箍筋约束受压钢筋的侧向压曲，则构件破坏时纵向受压钢筋的应力能达到屈服强度 f_y'，按《规范》规定的设计强度值取值。

（2）基本公式

根据图 3.21 所示的计算应力图形，建立平衡条件，并满足承载能力极限状态计算表达式的要求，可得双筋矩形截面受弯构件正截面承载力计算公式如下：

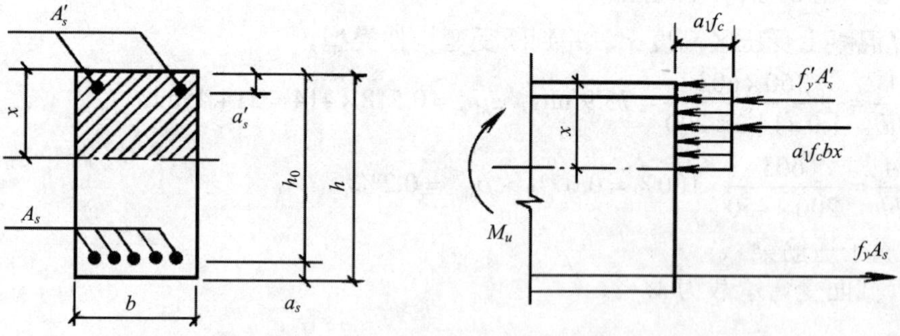

图 3.21　双筋矩形截面受弯构件正截面承载力计算简图

$$\alpha_1 f_c bx + f_y' A_s' = f_y A_s \tag{3.14}$$

$$M \leqslant M_u = \alpha_1 f_c bx\left(h_0 - \frac{x}{2}\right) + f_y' A_s'(h_0 - a_s') \tag{3.15}$$

为简化计算，将 $x = \xi h_0$ 及 $\alpha_s = \xi(1 - 0.5\xi)$ 代入式（3.14）、式（3.15）得

$$\alpha_1 f_c b\xi h_0 + f_y' A_s' = f_y A_s \tag{3.16}$$

$$M \leqslant M_u = \alpha_1 f_c b h_0^2 \alpha_s + f_y' A_s'(h_0 - a_s') \tag{3.17}$$

式中：f_y'——受压钢筋抗拉强度设计值，按附表 1-5 取用；

A_s'——纵向受压钢筋截面面积；

a_s'——纵向受压钢筋合力点至截面受压边缘的距离。

（3）适用条件

1）为防止发生超筋梁的脆性破坏，应满足

$$\rho \leqslant \rho_{\max} \tag{3.18}$$

或

$$\xi \leqslant \xi_b \quad （即 x \leqslant x_b = \xi_b h_0） \tag{3.19}$$

或

$$\alpha_s \leqslant \alpha_{s,\max} \tag{3.20}$$

2）为保证受压钢筋的强度充分利用，应满足：

$$x \geqslant 2a_s' \tag{3.21}$$

若 $x < 2a_s'$，纵向受压钢筋应力尚未达到 f_y'。截面设计时，可偏安全地取受压纵筋合力点与受压混凝土合力点重合，即 $x = 2a_s'$，如图 3.22 所示。以受压钢筋合力点为力矩中心，可得

$$M \leqslant f_y A_s (h_0 - a_s') \tag{3.22}$$

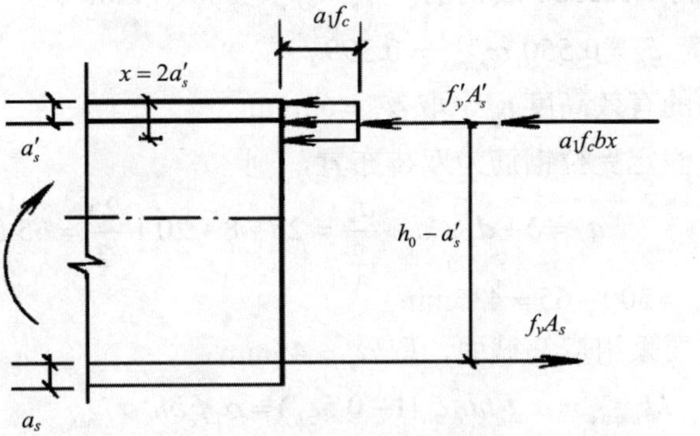

图 3.22　$x < 2a_s'$ 时双筋截面计算简图

双筋截面承受的弯矩较大，相应的受拉钢筋配置较多，一般不会出现少筋破坏情况，故一般可不必验算最小配筋率。

3. 公式应用

（1）截面设计

截面设计时，一般已知弯矩设计值、截面尺寸和材料强度设计值。计算时有下列两种情况：

1）已知：设计弯矩 M，材料强度设计值（f_y、f_y'、f_c），截面尺寸 b、h。

求：所需纵向受拉钢筋截面面积 A_s 和纵向受压钢筋截面面积 A_s'。

计算步骤如下：

①确定梁截面的有效高度 h_0。

$$h_0 = h - a_s$$

②判别是否需要采用双筋截面：

若$M > M_{u,\max} = \alpha_1 f_c b h_0^2 \xi_b (1-0.5\xi_b) = \alpha_1 f_c b h_0^2 \alpha_{s,\max}$，则按双筋截面设计，否则按单筋截面设计。

③配筋计算。

为节约钢筋，充分利用混凝土抗压，取$x = \xi_b h_0 > 2a_s'$，由式（3.17）得

$$A_s' = \frac{M - \alpha_1 f_c b h_0^2 \alpha_{s,\max}}{f_y'(h_0 - a_s')} \tag{3.23}$$

由式（3.16）得

$$A_s = \frac{\alpha_1 f_c b \xi_b h_0 + f_y' A_s'}{f_y} \tag{3.24}$$

④选配钢筋，绘制配筋图。

【例 3.4】 某钢筋混凝土矩形截面梁，处于一类环境，截面尺寸为$b \times h = 200\text{mm} \times 500\text{mm}$，混凝土强度等级 C20，采用 HRB335 级钢筋配筋，承受最大弯矩设计值$M = 205\text{kN} \cdot \text{m}$，当箍筋采用$\phi 8$钢筋时。求所需钢筋截面面积。

解：由附表 1-2 查得 C20 混凝土，$f_c = 9.6\text{N/mm}^2$，$\alpha_1 = 1.0$；

由附表 1-5 查得 HRB335 级钢筋，$f_y{}' = f_y = 300\text{N/mm}^2$；

由表 3.2 查得，$\xi_b = 0.550, \alpha_{s,\max} = 0.399$。

①确定梁截面的有效高度h_0，取$\alpha_s = 65\text{mm}$

因弯矩较大，假定受拉钢筋为双排布置，则

$$a_s = c + d_v + d + \frac{d_n}{2} = 25 + 8 + 20 + \frac{25}{2} = 65.5\text{mm}$$

即，$h_0 = h - a_s = 500 - 65 = 435\text{mm}$

②判别是否需要采用双筋截面，取$\alpha_s = 45\text{mm}$

$$\begin{aligned} M_{u,\max} &= \alpha_1 f_c b h_0^2 \xi_b (1-0.5\xi_b) = \alpha_1 f_c b h_0^2 \alpha_{s,\max} \\ &= 1.0 \times 9.6 \times 200 \times 435^2 \times 0.55 \times (1 - 0.5 \times 0.55) \times 10^{-6} \\ &= 145\text{kN} \cdot \text{m} < M = 205\text{kN} \cdot \text{m} \end{aligned}$$

故需按双筋截面设计，配受压钢筋，$a_s' = c + d_v + \dfrac{d}{2} = 25 + 8 + \dfrac{20}{2} = 43\text{mm}$

③配筋计算。

为节约钢筋，充分利用混凝土抗压，取

$x = \xi_b h_0 = 0.55 \times 435 = 239\text{mm} > 2a_s' = 86\text{mm}$

则$\alpha_s = \alpha_{s,\max} = 0.399$，由式（3.23）得

$$A_s' = \frac{M - \alpha_1 f_c b h_0^2 \alpha_{s,\max}}{f_y'(h_0 - a_s')} = \frac{205 \times 10^6 - 1.0 \times 9.6 \times 200 \times 435^2 \times 0.399}{300 \times (435 - 43)} = 510\text{mm}^2$$

由式（3.24）得

$$A_s = \frac{\alpha_1 f_c b \xi_b h_0 + f_y' A_s'}{f_y}$$

$$=\frac{1.0\times9.6\times200\times0.55\times435+300\times510}{300}=2041\text{mm}^2$$

④选配钢筋，绘制配筋图。

受压钢筋选用 2Φ18， $A_S'=509\text{mm}^2$

受拉钢筋选用 3Φ20+3Φ22， $A_s=2082\text{mm}^2$

截面配筋图详见图 3.23 所示。

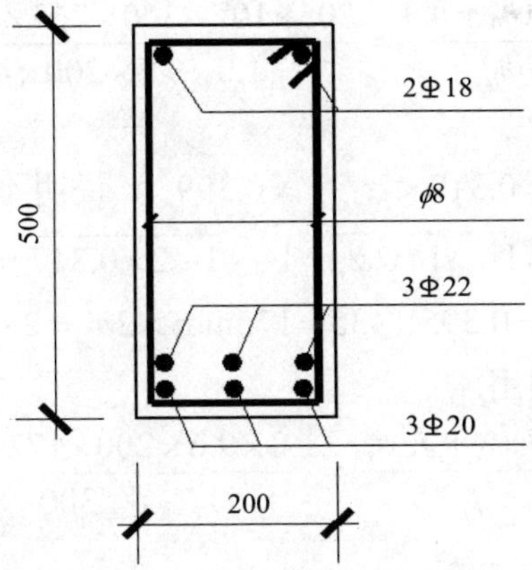

图 3.23　【例题 3.4】图

2）已知：设计弯矩 M，材料强度设计值（f_y、f_y'、f_c），截面尺寸 b、h，及受压钢筋截面面积 A_s'。

求：所需纵向受拉钢筋截面面积 A_s。

计算步骤如下：

①确定梁截面的有效高度 h_0。

$$h_0=h-a_s$$

②计算截面抵抗矩系数 α_s，由公式（3.17）得

$$\alpha_s=\frac{M-f_y'A_s'(h_0-a_s')}{\alpha_1 f_c b h_0^2} \tag{3.25}$$

③求受拉钢筋截面面积 A_s。

若 $\alpha_s\leqslant\alpha_{s,\max}$（即 $x\leqslant x_b=\xi_b h_0$），且 $x\geqslant 2a_s'$，则查表 3.3 或用式（3.16）计算 ξ。

由式（3.14）或式（3.16）得

$$A_s=\frac{\alpha_1 f_c bx+f_y'A_s'}{f_y}=\frac{\alpha_1 f_c b\xi h_0+f_y'A_s'}{f_y}$$

若 $\alpha_s>\alpha_{s,\max}$（即 $x>x_b=\xi_b h_0$），说明已知 A_s' 数量不足，应增加 A_s' 的数量或按 A_s' 未知的情况求 A_s' 和 A_s 的数量。

若 $x<2a_s'$，说明纵向受压钢筋 A_s' 的应力达不到抗压强度 f_y'，这时应取 $x=2a_s'$，

按式（3.22）计算 A_s。

$$A_s=\frac{M}{f_y(h_0-a_s')}$$

④选配钢筋，绘制配筋图。

【例 3.5】 已知条件同例 3.4，若受压已配置了 3Φ18 的受压钢筋（$A_S'=763\text{mm}^2$）。求受拉钢筋截面面积 A_s。

解：

①确定梁截面的有效高度 h_0。

$$h_0=h-a_s=500-65=435\text{mm}$$

②计算截面抵抗矩系数 α_s，由公式（3.25）得

$$\alpha_s=\frac{M-f_y'A_s'(h_0-a_s')}{\alpha_1 f_c b h_0}=\frac{205\times10^6-300\times763\times(435-43)}{1.0\times9.6\times200\times435^2}=0.317$$

③求受拉钢筋截面面积 A_s。

$$\alpha_s=0.317<\alpha_{s,\max}=0.399 \quad 说明不超筋。$$

$$\xi=1-\sqrt{1-2\alpha_s}=1-\sqrt{1-2\times0.317}=0.395$$

$$x=\xi h_0=0.395\times435=172\text{mm}>2a_s'=2\times43=86\text{mm}$$

说明受压钢筋强度充分利用。

$$A_s=\frac{\alpha_1 f_c bx+f_y'A_s'}{f_y}=\frac{1.0\times9.6\times200\times172+300\times763}{300}$$

$$=1864\text{mm}^2$$

4）选配钢筋，绘制配筋图。

受拉钢筋选用 6Φ20，$A_s=1884\text{mm}^2$，截面配筋如图 3.24 所示。

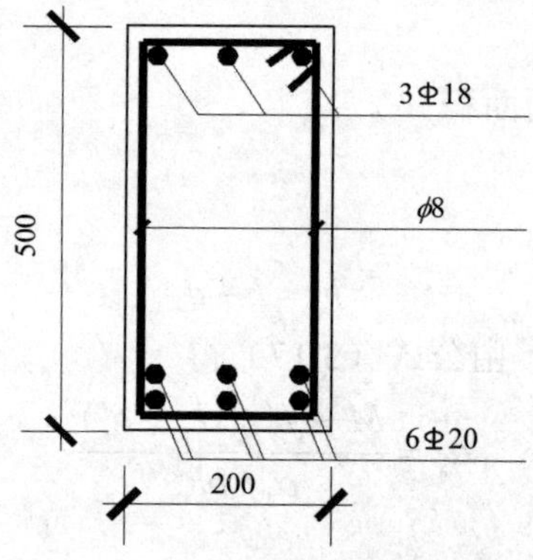

图 3.24 【例题 3.5】图

（2）承载力复核

已知：材料强度设计值（f_y、f_y'、f_c），截面尺寸 b、h，截面配筋 A_s 和 A_S'。

求：截面所能承受的最大弯矩设计值 M_u，或已知弯矩设计值 M，复核截面是否安全。

计算步骤如下：

1）确定梁截面的有效高度。 $h_0=h-a_s$

2）计算混凝土受压区高度 x，由式（3.14）得

$$x=\frac{f_yA_s-f_y'A_s'}{\alpha_1 f_c b}$$

3）计算截面受弯承载力 M_u。

若$x \leqslant \xi_b h_0$，且$x \geqslant 2a_s'$，则由式（3.15）直接求M_u；

若$x > \xi_b h_0$，说明超筋，此时应取$x=\xi_b h_0$代入式（3.15）求M_u；

若$x<2a_s'$，则由式（3.22）求M_u。

4）判断截面是否安全。

若$M_u \geqslant M$，则截面安全；若$M_u < M$，则截面不安全。

【例 3.6】 某钢筋混凝土梁，截面尺寸为$b \times h = 250\text{mm} \times 500\text{mm}$，混凝土选用 C25，钢筋采用 HRB400 级钢筋，受拉钢筋为 3⊈22（$A_s = 1140\text{mm}^2$），受压钢筋为 2⊈18（$A_s' = 509\text{mm}^2$），该梁承受的最大弯矩设计值$M = 110\text{kN}\cdot\text{m}$。当该梁处于一类环境，采用$\phi 8$的箍筋时，验算其截面是否安全。

解：由附表 1-2 查得 C25 混凝土，$f_c = 11.9\text{N}/\text{mm}^2$，$\alpha_1 = 1.0$；

由附表 1-5 查得 HRB400 级钢筋，$f_y' = f_y = 360\text{N}/\text{mm}^2$；

由表 3.2 查得，$\xi_b = 0.518$，$\alpha_{s,\max} = 0.384$。

1）确定梁截面的有效高度。

$$a_s' = c + d_v + \frac{d}{2} = 25 + 8 + \frac{18}{2} = 42\text{mm}$$

$$a_s = c + d_v + \frac{d}{2} = 25 + 8 + \frac{22}{2} = 44\text{mm}$$

即，$h_0 = h - a_s = 500 - 44 = 456\text{mm}$

2）计算混凝土受压区高度x。

$$x = \frac{f_y A_s - f_y' A_s'}{\alpha_1 f_c b} = \frac{360 \times 1140 - 360 \times 509}{1.0 \times 11.9 \times 250} = 76.4\text{mm}$$

3）计算截面受弯承载力M_u。

$$x = 76.4\text{mm} < \xi_b h_0 = 0.518 \times 456 = 236.2\text{mm}$$

说明不超筋。

$$x = 76.4\text{mm} < 2a_s' = 84\text{mm}$$

说明受压钢筋得不到充分利用。

由公式（3.22）得

$$M_u = f_y A_s (h_0 - a_s') = 360 \times 1140 \times (456 - 42) \times 10^{-6} = 169.9\text{kN}\cdot\text{m}$$

4）判断截面是否安全。

$$M_u = 169.9\text{kN}\cdot\text{m} > M = 110\text{kN}\cdot\text{m}$$

故该截面承载力满足要求。

第 5 节　T 形截面受弯构件正截面承载力计算

钢筋混凝土矩形截面受弯构件产生裂缝后，受拉混凝土开裂退出工作，拉力认为全部由受拉钢筋承担，故可将受拉区混凝土的一部分挖去，并把原有的纵向受拉钢筋集中布置，形成如图 3.25 所示的 T 形截面。该 T 形截面的正截面承载力不但与矩形截面相同，而且有利于节约混凝土减轻结构自重。

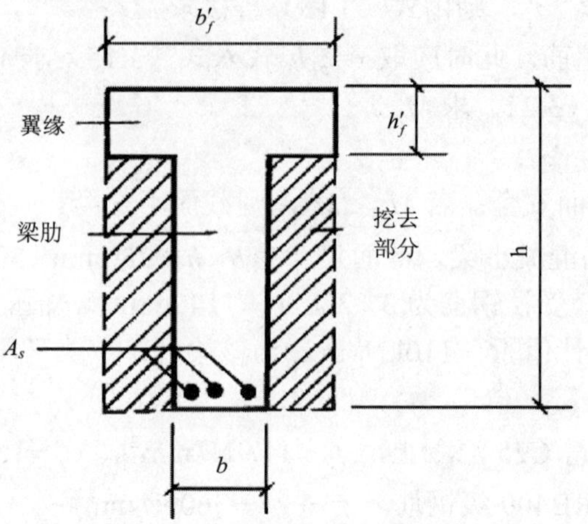

图 3.25　T 形截面的形成

由于 T 形截面受力比矩形截面合理，所以在工程中应用十分广泛。一般用于：①独立的 T 形截面梁、工字形截面梁，如吊车梁、屋面梁及桥梁等；②整体现浇肋形楼盖中的主、次梁等；③槽形板、预制空心板等受弯构件。

1．T 形截面受弯构件受压区有效翼缘计算宽度

试验和理论分析均表明，T 形截面受压翼缘内混凝土的纵向压应力实际分布不均匀，距梁肋越远翼缘的压应力越小，如图 3.26（a）、（b）所示。为简化计算，在设计中把翼缘宽度限制在一定范围内，称为有效翼缘计算宽度 b'_f，并认为在 b'_f 范围内压应力是均匀分布的，如图 3.26（c）、（d）所示。

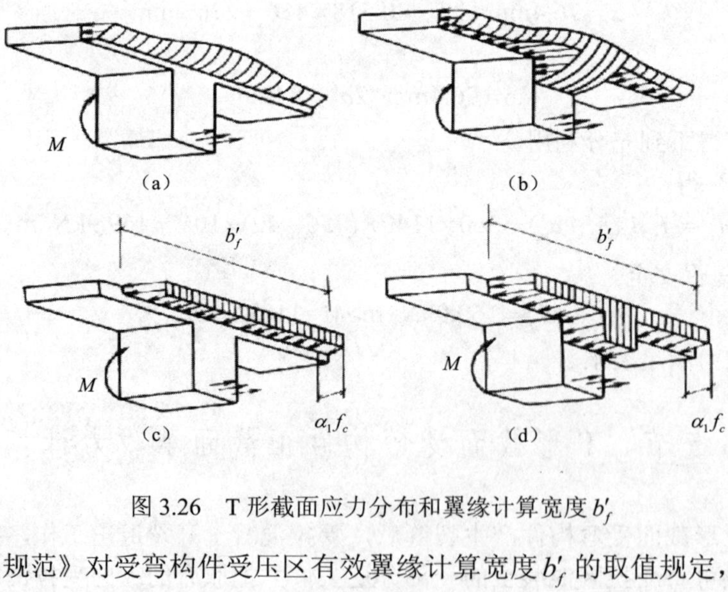

图 3.26　T 形截面应力分布和翼缘计算宽度 b'_f

表 3.4 为《规范》对受弯构件受压区有效翼缘计算宽度 b'_f 的取值规定，计算 b'_f 时应取表 3.4 有关各项中的最小值。

表 3.4　受弯构件受压区有效翼缘计算宽度 b'_f

序号	情　　况	T 形、I 形截面		倒 L 形截面
		肋形梁（板）	独立梁	肋形梁（板）
1	按计算跨度 l_0 考虑	$l_0/3$	$l_0/3$	$l_0/6$
2	按梁（肋）净距 s_n 考虑	$b+s_n$	—	$b+s_n/2$
3	按翼缘高度 h'_f 考虑	$b+12h'_f$	b	$b+5h'_f$

注：1．表中 b 为梁的腹板厚度；

2．肋形梁在梁跨内设有间距小于纵肋间距的横肋时，可不考虑表中情况 3 的规定；

3．独立梁受压区的翼缘板在荷载作用下经验算沿纵肋方向可能产生裂缝时，其计算宽度应取腹板宽度 b。

2．T 形截面分类及其判别

（1）T 形截面分类

根据中和轴位置的不同，T 形截面梁可分为两种类型。

1）第一类 T 形截面。中和轴位于翼缘内，即 $x \leqslant h'_f$，受压区面积为矩形，如图 3.27（a）所示。

2）第二类 T 形截面。中和轴位于梁肋内，即 $x > h'_f$，受压区面积为 T 形，如图 3.27（b）所示。

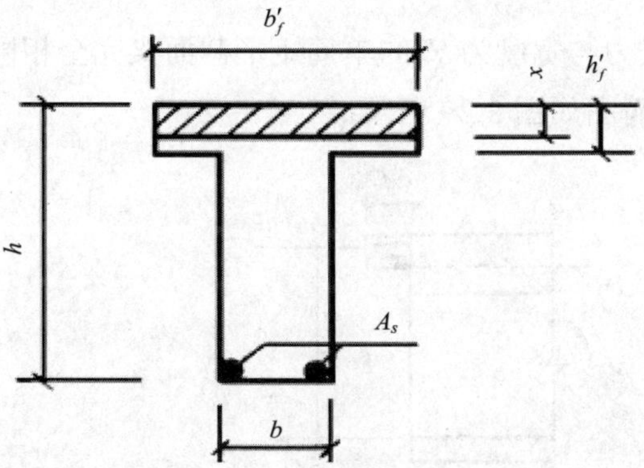

（a）第一类 T 形截面

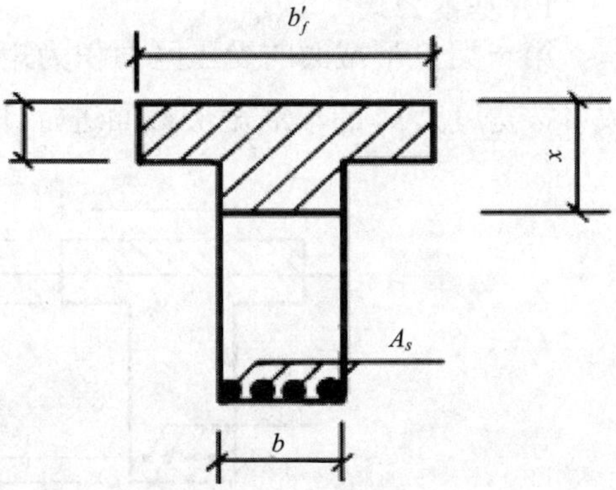

（b）第二类 T 形截面

图 3.27　两类 T 形截面

（2）T 形截面判别

两类 T 形截面的界限情况为 $x = h'_f$，根据图 3.28 所示的计算简图，由平衡条件可得

$$\alpha_1 f_c b'_f h'_f = f_y A_s \tag{3.26}$$

$$M_{uf} = \alpha_1 f_c b'_f h'_f (h_0 - \frac{h'_f}{2}) \tag{3.27}$$

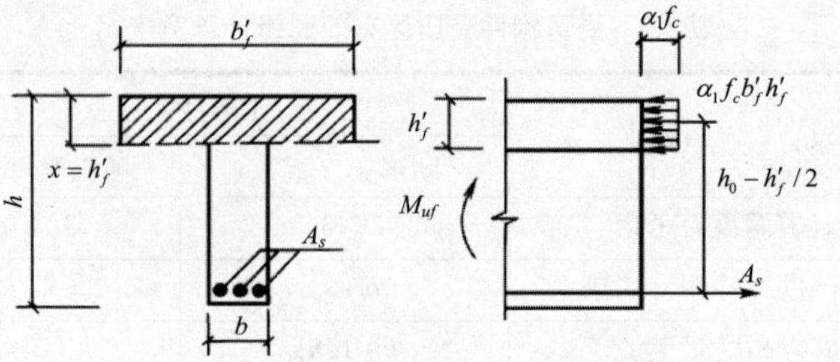

图 3.28　$x = h'_f$ 时 T 形截面的的计算简图

根据式（3.26）和式（3.27），两类 T 形截面的判别可按下述方法进行。

截面设计时，若满足公式

$$M \leqslant M_{uf} = \alpha_1 f_c b'_f h'_f (h_0 - \frac{h'_f}{2}) \tag{3.28}$$

则属于第一类 T 形截面，否则属于第二类 T 形截面。

承载力复核时，若满足公式

$$f_y A_s \leqslant \alpha_1 f_c b'_f h'_f \tag{3.29}$$

则属于第一类 T 形截面，否则属于第二类 T 形截面。

3．基本公式及适用条件

（1）第一类 T 形截面

1）基本公式

第一类 T 形截面的受压区面积为矩形，其承载力与宽度为 b'_f 的单筋矩形截面梁完全相同，故可按宽度为 b'_f 的单筋矩形截面进行计算，计算简图如图 3.29 所示。

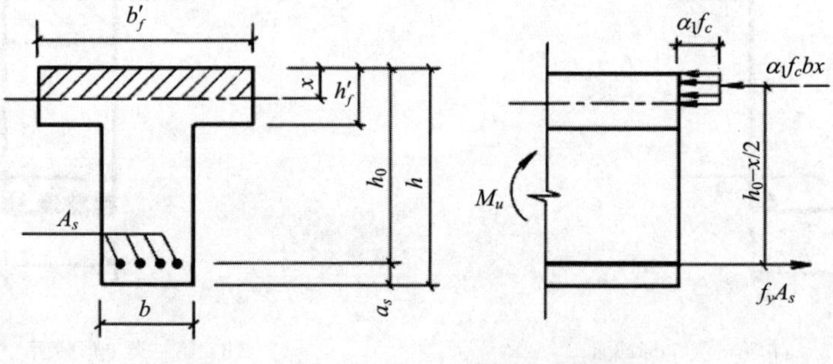

图 3.29　第一类 T 形截面计算简图

根据平衡条件，可得基本计算公式：

$$\alpha_1 f_c b'_f x = f_y A_s \tag{3.30}$$

$$M \leqslant M_u = \alpha_1 f_c b'_f x (h_0 - \frac{x}{2}) \tag{3.31}$$

为简化计算，将 $x = \xi h_0$ 及 $\alpha_s = \xi(1 - 0.5\xi)$ 代入式（3.30）、式（3.31）得

$$\alpha_1 f_c b'_f \xi h_0 = f_y A_s \tag{3.32}$$

$$M \leqslant M_u = \alpha_1 f_c b'_f h_0^2 \alpha_s \tag{3.33}$$

2）适用条件

（a）为防止发生超筋梁的脆性破坏，应满足

$$\xi \leqslant \xi_b \tag{3.34}$$

或

$$M \leqslant M_u = \alpha_1 f_c b'_f h_0^2 \alpha_s \tag{3.35}$$

对于第一类 T 形截面，由于受压区高度较小，相应的受拉钢筋不会太多，所以这个条件一般可满足，不必验算。

（b）为防止发生少筋梁的脆性破坏，应满足：

$$\rho \geqslant \rho_{\min} \tag{3.36}$$

$$A_s \geqslant \rho_{\min} bh \tag{3.37}$$

对于第一类 T 形截面，此项需要验算。

（2）第二类 T 形截面

1）基本公式

第二类 T 形截面的受压区面积为 T 形，其计算简图如图 3.30 所示。

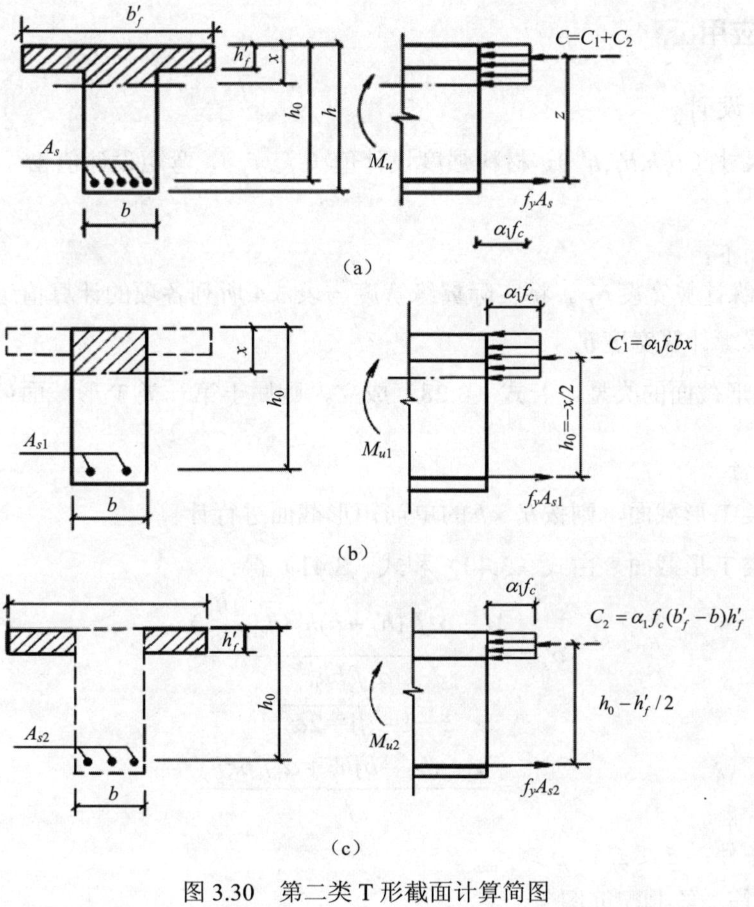

图 3.30　第二类 T 形截面计算简图

根据平衡条件，可得基本计算公式：

$$\alpha_1 f_c (b'_f - b) h'_f + \alpha_1 f_c bx = f_y A_s \tag{3.38}$$

$$M \leqslant M_u = \alpha_1 f_c (b'_f - b)h'_f (h_0 - \frac{h'_f}{2}) + \alpha_1 f_c bx(h_0 - \frac{x}{2}) \tag{3.39}$$

为简化计算，将 $x = \xi h_0$ 及 $\alpha_s = \xi(1-0.5\xi)$ 代入式（3.38）、式（3.39）得

$$\alpha_1 f_c (b'_f - b)h'_f + \alpha_1 f_c b\xi h_0 = f_y A_s \tag{3.40}$$

$$M \leqslant M_u = \alpha_1 f_c (b'_f - b)h'_f (h_0 - \frac{h'_f}{2}) + \alpha_1 f_c b h_0^2 \alpha_s \tag{3.41}$$

2）适用条件

（a）为防止发生超筋梁的脆性破坏，应满足

$$\xi \leqslant \xi_b \tag{3.42}$$

对于第二类 T 形截面，此项需要验算。

（b）为防止发生少筋梁的脆性破坏，应满足

$$\rho \geqslant \rho_{\min} \tag{3.43}$$

对于第二类 T 形截面，由于受压区高度较大，相应的受拉钢筋配筋率较高，故此条件一般可满足，不必验算。

4．公式应用

（1）截面设计

已知截面尺寸（b,h,b'_f,h'_f），材料强度设计值（f_c,f_y），弯矩设计值 M，求纵向受拉钢筋截面面积 A_s。

计算步骤如下：

1）确定翼缘计算宽度 b'_f。将实际翼缘宽度与表 3.4 所列各项的计算值进行比较后，取其中最小者作为翼缘计算宽度 b'_f。

2）判别 T 形截面的类型。若式（3.28）成立，则属于第一类 T 形截面；否则属于第二类 T 形截面。

3）配筋计算。

若为第一类 T 形截面，则按 $b'_f \times h$ 的单筋矩形截面进行计算。

若为第二类 T 形截面，由式（3.40）和式（3.41）得

$$\alpha_s = \frac{M - \alpha_1 f_c (b'_f - b)h'_f (h_0 - \frac{h'_f}{2})}{\alpha_1 f_c b h_0^2} \tag{3.44}$$

$$\xi = 1 - \sqrt{1 - 2\alpha_s}$$

则

$$A_s = \frac{\alpha_1 f_c (b'_f - b)h'_f + \alpha_1 f_c b\xi h_0}{f_y} \tag{3.45}$$

验算适用条件：$\xi \leqslant \xi_b$，$\rho \geqslant \rho_{\min}$。

4）选配钢筋，绘制配筋图

（2）承载力复核

已知截面尺寸（b,h,b'_f,h'_f），材料强度设计值（f_c,f_y），纵向受拉钢筋截面面积 A_s。求截

面所能承受的最大弯矩设计值 M_u ，或已知弯矩设计值 M ，复核截面是否安全。

计算步骤如下：

1）确定翼缘计算宽度 b_f' 。

2）判别 T 形截面的类型，若式（3.29）成立，则属于第一类 T 形截面；否则属于第二类 T 形截面。

3）确定构件的承载能力 M_u 。

若为第一类 T 形截面，M_u 则按式（3.31）或式（3.33）进行计算。

若为第二类 T 形截面，M_u 则按式（3.39）或式（3.41）进行计算。

4）判断截面是否安全。

若 $M_u \geqslant M$ ，则截面安全；若 $M_u < M$ ，则截面不安全。

【例 3.7】 某现浇肋形楼盖的次梁，一类环境，计算跨度 $l_0 = 6.0\text{m}$ ，间距为 2.0m，截面尺寸如图 3.31 所示。在正常使用阶段，梁跨中承受弯矩设计值 $M = 115\text{kN}\cdot\text{m}$ ，混凝土强度等级 C25，HRB335 级钢筋，箍筋采用 $\phi 8$ 钢筋，试计算次梁跨中截面需要的受拉钢筋面积 A_s 。

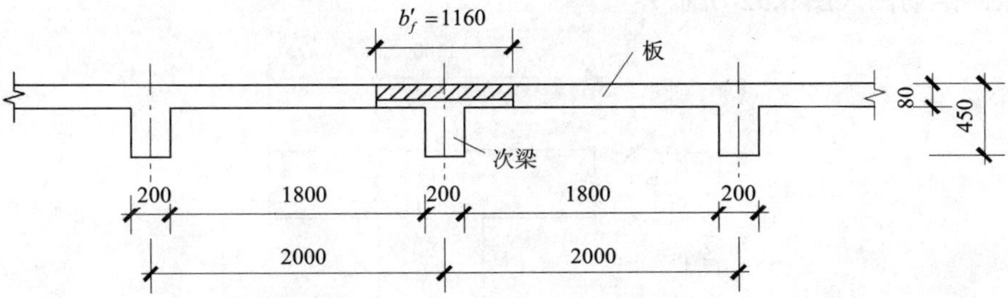

图 3.31　现浇肋形楼盖的次梁截面尺寸

解：由附表 1-2 查得 C25 混凝土，$f_c = 11.9\text{N/mm}^2$ ，$\alpha_1 = 1.0$ ；

由附表 1-5 查得 HRB335 级钢筋，$f_y = 300\text{N/mm}^2$ ；

由表 3.2 查得，$\xi_b = 0.550$ 。

1）确定翼缘计算宽度 b_f' 。

假设受拉钢筋需要布置为一层，$a_s = c + d_v + \dfrac{d}{2} = 25 + 8 + \dfrac{20}{2} = 43\text{mm}$ ，

则　$$h_0 = h - a_s = 450 - 43 = 407\text{mm} ，$$

按计算跨度 l_0 考虑　$$b_f' = \frac{l_0}{3} = \frac{6000}{3} = 2000\text{mm}$$

按梁净距 s_n 考虑　$$b_f' = b + s_n = 200 + 1800 = 2000\text{mm}$$

按翼缘高度 h_f' 考虑　$$b_f' = b + 12h_f' = 200 + 12 \times 80 = 1160\text{mm}$$

翼缘计算宽度 b_f' 取三者中的较小者，即 $b_f' = 1160\text{mm}$ 。

2）判别 T 形截面的类型。由公式（3.28）得

$$\alpha_1 f_c b_f' h_f' (h_0 - \frac{h_f'}{2}) = 1.0 \times 11.9 \times 1160 \times 80 \times (407 - \frac{80}{2}) \times 10^{-6}$$

$$= 405\text{kN}\cdot\text{m} > M = 115\text{kN}\cdot\text{m}$$

属于一类 T 形截面，按 $1160\text{mm} \times 450\text{mm}$ 的单筋矩形截面梁进行计算。

3）配筋计算。

由式（3.33）得

$$\alpha_s=\frac{M}{\alpha_1 f_c b'_f h_0^2}=\frac{115\times10^6}{1.0\times11.9\times1160\times407^2}=0.05$$

由 $\xi=1-\sqrt{1-2\alpha_s}=1-\sqrt{1-2\times0.05}=0.051$

由式（3.32）得

$$A_s=\frac{\alpha_1 f_c b'_f \xi h_0}{f_y}=\frac{1.0\times11.9\times1160\times0.051\times407}{300}=955\text{mm}^2$$

4）选配钢筋，选受拉钢筋为 3Φ20（$A_s=942\text{mm}^2$）。

5）验算适用条件。

$$\rho=\frac{A_s}{bh}=\frac{942}{200\times450}\times100\%=1.05\%>\rho_{\min}=0.2\%$$

符合要求，不少筋。

6）绘制配筋图（图 3.32 所示）。

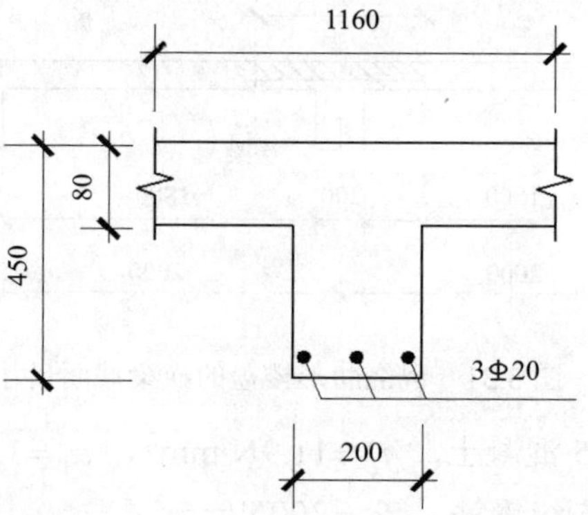

图 3.32 【例题 3.7】图

【例 3.8】 某 T 形截面梁的截面尺寸如图 3.33 所示，一类环境，承受弯矩设计值 $M=600\text{kN}\cdot\text{m}$，混凝土强度等级为 C25，HRB400 级钢筋，试计算所需的受拉钢筋截面面积 A_s。

解：由附表 1-2 查得 C25 混凝土，$f_c=11.9\text{N/mm}^2$，$\alpha_1=1.0$；

由附表 1-5 查得 HRB400 级钢筋，$f_y=360\text{N/mm}^2$。

由表 3.2 查得，$\xi_b=0.518$。

1）判别 T 形截面的类型，由于弯矩较大，假设受拉钢筋需要布置两层。

取 $a_s=70\text{mm}$，则 $h_0=h-a_s=800-70=730\text{mm}$

$$\alpha_1 f_c b'_f h'_f(h_0-\frac{h'_f}{2})=1.0\times11.9\times650\times100\times(730-\frac{100}{2})\times10^{-6}$$
$$=525.98\text{kN}\cdot\text{m}<M=600\text{kN}\cdot\text{m}$$

属于第二类 T 形截面。

2）配筋计算。

由式（3.44）得

$$\alpha_s = \frac{M - \alpha_1 f_c (b'_f - b) h'_f (h_0 - \frac{h'_f}{2})}{\alpha_1 f_c b h_0^2}$$

$$= \frac{600 \times 10^6 - 1.0 \times 11.9 \times (650 - 300) \times 100 \times (730 - 0.5 \times 100)}{1.0 \times 11.9 \times 300 \times 730^2} = 0.167$$

$\xi = 1 - \sqrt{1 - 2\alpha_s} = 1 - \sqrt{1 - 2 \times 0.167} = 0.184 < \xi_b = 0.518$，不超筋。

由式（3.45）得

$$A_s = \frac{\alpha_1 f_c (b'_f - b) h'_f + \alpha_1 f_c b \xi h_0}{f_y}$$

$$= \frac{1.0 \times 9.6 \times (650 - 300) \times 100 + 1.0 \times 11.9 \times 300 \times 0.184 \times 730}{360} = 2489\text{mm}^2$$

3）选配钢筋，绘制配筋图（如图 3.33 所示）

选受拉钢筋为 5Φ25（$A_s = 2463\text{mm}^2$）。

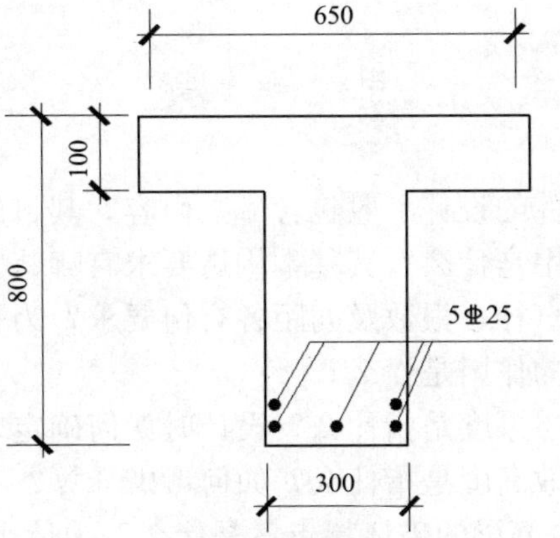

图 3.33 【例题 3.8】图

本 章 小 结

1．在混凝土结构中，常用的梁和板是典型的受弯构件，其设计内容包括正截面承载力计算、斜截面承载力计算、正常使用极限状态验算及构造设计。

2．对钢筋混凝土梁和板除了进行必需的设计计算之外，为确保其可靠性，并方便施工，还需在截面尺寸、材料选用、钢筋的直径、钢筋间距、钢筋根数及混凝土保护层等方面符合相应的构造要求。

3．钢筋混凝土受弯构件正截面的破坏形态有适筋梁破坏、超筋梁破坏及少筋梁破坏。适筋梁破坏时具有明显的破坏征兆，属于延性破坏。超筋梁破坏和少筋梁破坏时无明显的预兆，具有脆性破坏的特征。在工程设计中，应避免超筋梁和少筋梁。

4．适筋梁正截面的受力和变形过程可分为未开裂阶段、带裂缝工作阶段及破坏阶段；其各阶段末的应力状态分别是抗裂度验算、裂缝控制与变形验算及承载力计算的依据。

5．为简化正截面承载力的计算，根据试验分析和四项基本假定，将混凝土受压区的曲线应力图形用等效矩形应力图形代换。

6．正截面上纵向受拉钢筋屈服与受压区混凝土破坏同时发生时的破坏状态，称为界限破坏。界限破坏是适筋破坏与超筋破坏的分界。

7．最小配筋率是适筋梁与少筋梁的界限。

8．单筋矩形截面受弯构件正截面承载力的基本公式是根据其正截面的计算应力图形，由受压混凝土的合压力与受拉钢筋的合拉力平衡及力矩平衡的原则建立的。适用条件是 $\xi \leqslant \xi_b$ 且 $\rho \geqslant \rho_{\min}$。

9．在梁中配置受压钢筋帮助混凝土承受压力是不经济，但当弯矩设计值较大而截面尺寸和材料强度不能增大，或者截面承受变号弯矩以及为提高截面延性时，可采用双筋截面。当梁内配置的箍筋符合构造要求，且 $x \geqslant 2a_s'$ 时，配置在截面受压区的纵向受压钢筋的应力可取抗压强度设计值 f_y'。

10．T 形截面受弯构件正截面承载力计算时，首先需要判别截面类型，然后根据其所属类型进行计算。当为第一类 T 形截面时，按宽度为 b_f' 的矩形截面计算；当为第二类 T 形截面时，则按受压区为 T 形面积考虑。

思　考　题

3-1　钢筋混凝土受弯构件的设计一般包含哪些内容？其目的各是什么？分别如何实现？

3-2　板中分布钢筋的作用是什么？其基本构造要求有哪些？

3-3　梁纵向受力钢筋的直径、根数及间距各有何要求？为什么？

3-4　梁中设置架立钢筋的作用是什么？

3-5　钢筋的混凝土保护层厚度是指什么？设计时如何确定？在工程施工时如何保证的？

3-6　受弯构件的截面有效高度是指什么？如何考虑计算？

3-7　适筋梁、超筋梁及少筋梁的破坏特点各是什么？为什么在实际工程中应避免超筋梁、少筋梁？

3-8　适筋梁各阶段的受力状态分别是设计计算或验算什么的依据？

3-9　受弯构件正截面承载力计算的基本假定有哪些？如何体现在设计计算中？

3-10　确定等效矩形应力图形的原则是什么？

3-11　什么是界限破坏？其受压区高度与适筋梁、超筋梁破坏时的受压区高度有何关系？

3-12　确定最小配筋率的原则是什么？

3-13　单筋矩形截面受弯构件正截面承载力计算基本公式的适用条件有几个？分别是什么？

3-14　当计算出纵向受力钢筋的面积后，如何选用钢筋的根数和直径？

3-15　什么情况下采用双筋截面？双筋矩形截面受弯构件正截面承载力计算基本公式的适用条件有几个？分别是什么？

3-16　对 T 形截面梁进行截面设计和截面复核时如何判别其计算类型？

习　题

1．已知某钢筋混凝土矩形截面简支梁，一类环境，截面尺寸为 $b \times h = 250\text{mm} \times 500\text{mm}$，

由荷载设计值所产生的最大弯矩设计值 $M = 135\text{kN}\cdot\text{m}$，混凝土选用 C25，钢筋选用 HRB400 级。试求所需的受拉钢筋截面面积 A_s 并绘制梁配筋图。

2．某学校教室梁截面尺寸 $b \times h = 250\text{mm} \times 500\text{mm}$，处于一类环境，混凝土强度等级为 C25，钢筋级别为 HRB400 级，受拉钢筋为 4⌀20，该梁承受最大弯矩设计值 $M = 120\text{kN}\cdot\text{m}$。复核此梁是否安全。

3．某钢筋混凝土矩形截面梁，处于一类环境，截面尺寸为 $b \times h = 250\text{mm} \times 500\text{mm}$，混凝土强度等级 C30，采用 HRB400 级钢筋配筋，承受最大弯矩设计值 $M = 300\text{kN}\cdot\text{m}$。求所需钢筋截面面积。

4．已知某矩形截面梁的截面尺寸 $b \times h = 250\text{mm} \times 500\text{mm}$，一类环境，混凝土选用 C30，钢筋选用 HRB400 级。当配置受压钢筋为 2⌀20，弯矩设计值 $M = 130\text{kN}\cdot\text{m}$ 时，求受拉钢筋截面面积 A_s。

5．某 T 形截面梁，一类环境，$b = 200\text{mm}$，$h = 600\text{mm}$，$b'_f = 400mm$，$h'_f = 100\text{mm}$，混凝土强度等级为 C25，HRB400 级钢筋，试计算该梁的配筋。

1）当承受弯矩设计值 $M = 150\text{kN}\cdot\text{m}$；

2）当承受弯矩设计值 $M = 292\text{kN}\cdot\text{m}$。

第 4 章　钢筋混凝土受弯构件斜截面承载力计算

钢筋混凝土受弯构件除承受弯矩 M 外，还同时承受剪力 V。在弯矩和剪力共同作用的剪弯区段内，构件常会出现斜裂缝（见图 4.1），甚至沿斜裂缝发生斜截面破坏，因此，受弯构件除保证弯矩作用下的正截面承载力外，还必须保征构件的斜截面承载力。为了防止发生斜截面破坏，设计时应保证梁有足够的截面尺寸，并配置适量的箍筋和弯起钢筋，箍筋和弯起钢筋通常称为腹筋。腹筋与纵向钢筋连接组成了构件的钢筋骨架（见图 4.2）与混凝土共同承受截面的弯矩和剪力，防止截面发生正截面和斜截面破坏。

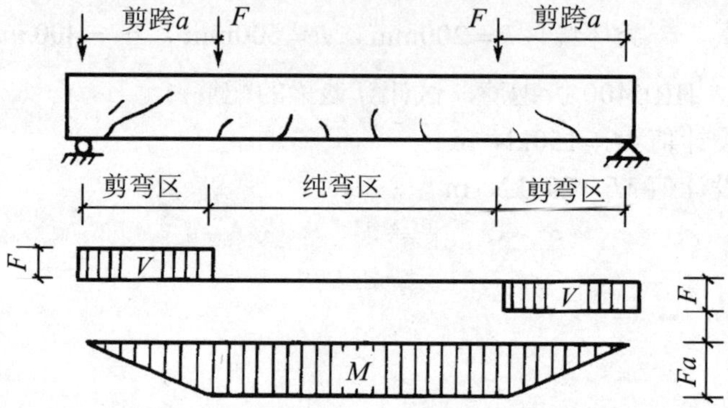

图 4.1　剪弯区及其斜裂缝

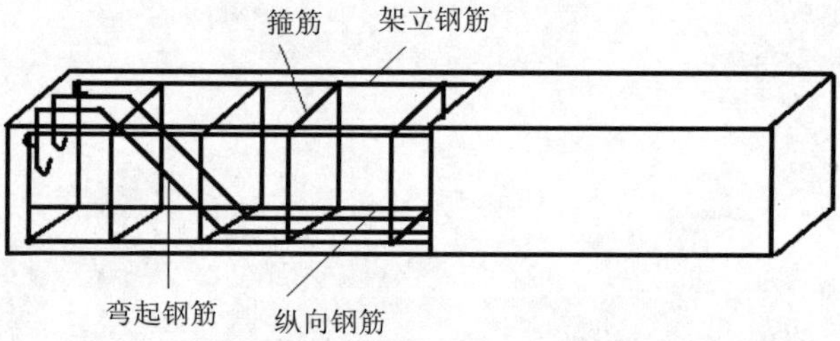

图 4.2　梁钢筋骨架示意图

第 1 节　钢筋骨架的构造规定

1．纵向钢筋构造

（1）架立钢筋

为了使纵向受力钢筋和箍筋能绑扎成骨架，在箍筋的四角必须沿梁全长配置纵向钢筋，在没有纵向受力筋的区段，则应补设架立钢筋（见图 4.3）。

当梁跨 l<4 m 时，架立钢筋直径 d 不宜小于 8 mm；当 l =4～6 m 时，d 不宜小于 10 mm；

当 l>6 m 时，d 不宜小于 12 mm。

（2）腰筋及拉筋

当梁的截面高度较大时，为防止由于温度变形及混凝土收缩等原因使梁中部产生竖向裂缝，同时也为了增强钢筋骨架的刚度，增强梁的抗扭作用，当梁的腹板高度 h_w≥450 mm 时，应在梁的两侧沿高度设置纵向构造钢筋，称为腰筋，并用拉筋（见图 4.3）连系固定。每侧腰筋的截面面积不应小于腹板截面面积 bh_w 的 0.1%倍，且间距不宜大于 200 mm。拉筋直径一般与箍筋相同，拉筋间距常取为箍筋间距的 2 倍。

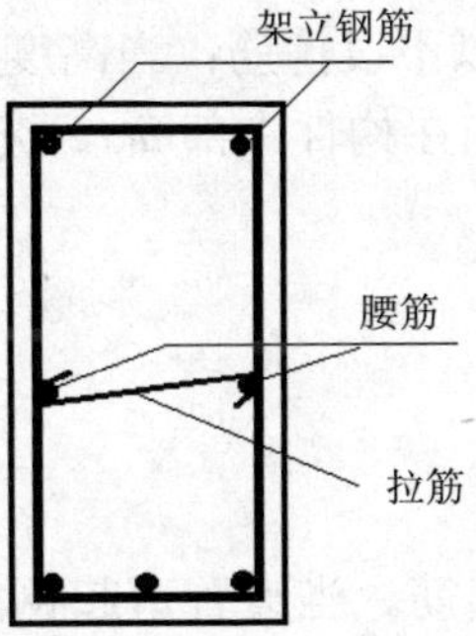

图 4.3　纵向构造钢筋图

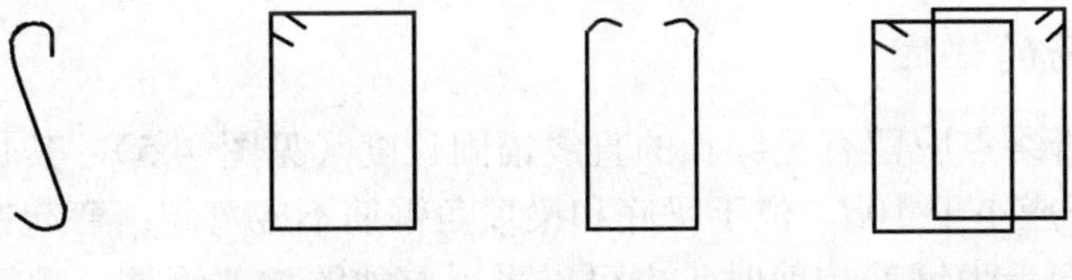

图 4.4　箍筋的形式

2. 箍筋构造要求

（1）形状和肢数

箍筋的形状有封闭式和开口式两种（见图 4.4）。封闭式箍筋可以提高梁的抗扭能力，因此，箍筋常采用封闭式箍筋。只有在 T 形截面当翼缘顶面另有横向钢筋时，可采用开口箍筋。配有受压钢筋的梁，箍筋必须用封闭式，且弯钩直段长度不应小于 5d（d 为箍筋直径）。箍筋可按需要采用单肢、双肢或四肢箍（见图 4.4），在绑扎骨架中，双肢箍筋最多能扎结 4 根排在一排的纵向受压钢筋，否则应采用四肢箍筋（即复合箍筋）；或当梁宽大于 400 mm，一排纵向受压钢筋多于 3 根时，或梁的宽度不大于 400mm 但一层内纵向受压钢筋多于 4 根时，也应采用复合箍筋。

（2）直径

对高度 h > 800 mm 的梁，箍筋直径不宜小于 8mm；对高度 h≤800 mm 的梁，直径不宜小于 6 mm。当梁内配有计算需要的纵向受压钢筋时，箍筋的直径不应小于 d/4。（d 为受压钢筋中的最大直径）。为了方便箍筋加工成型，常用直径为 6、8、10、12 mm。考虑到高强度的钢筋延性较差，施工时成型困难，箍筋一般采用 HPB235 和 HRB335 钢筋。

（3）间距

箍筋的最大间距不得大于表 4.2 所列的数值。当梁中配有计算需要的受压钢筋时，箍筋的间距在绑扎骨架中不应大于 15*d*（*d* 为受压钢筋中的最小直径），同时在任何情况下均不应大于 400mm；当一排内纵向受压钢筋多于 5 根且直径大于 18 mm 时，箍筋间距不应大于 10*d*。

（4）布置

当按计算需要配置箍筋时，一般可在梁的全长均匀布置箍筋，也可以在梁两端剪力较大的部位布置得密一些。当按计算不需配置箍筋时，对高度 $h > 300$ mm 的梁，仍应沿全梁布置箍筋；对高度 $h < 150$ mm 的梁，可以不设箍筋；当高度 $h = 150 \sim 300$ mm 的梁可仅在构件端部各 $l_0/4$ 跨度范围内设置箍筋，但当在构件中部 $l_0/2$ 跨度范围内有集中荷载作用时，仍应沿梁全长布置。

3．弯起钢筋构造

（1）弯起角度和间距

梁中的抗剪钢筋，宜优先采用箍筋。当设置弯起钢筋时，梁中弯起钢筋的弯起角度宜取 45°或 60°，当梁宽较大时为使弯起钢筋在整个宽度范围内受力均匀，宜在同一截面内同时弯起两根钢筋。弯起钢筋的最大间距同箍筋一样，不得大于表 4.2 所列的数值。

（2）弯起钢筋的锚固

弯起钢筋的弯折终点应留有足够长的直线锚固长度（见图 4.5），其长度在受拉区不应小于 20*d*，在受压区不应小于 10*d*，位于梁底和梁顶角钢筋不应弯起；弯起钢筋不得采用浮筋；当不能采用弯起纵向受力钢筋抗剪时，也可以采用单独的抗剪钢筋（鸭筋）来承担剪力，鸭筋和浮筋见图 4.6 所示。

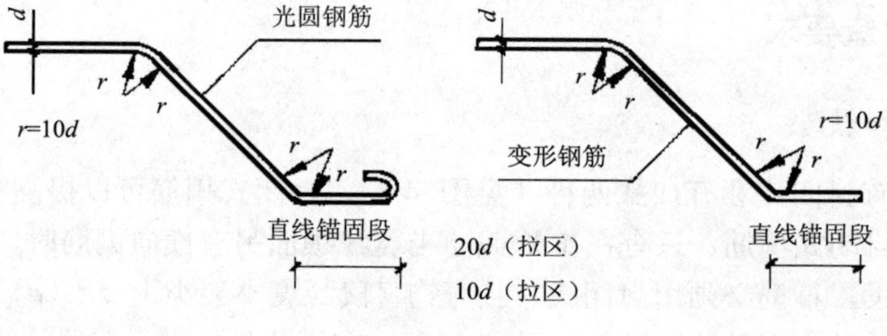

图 4.5　弯起钢筋端部构造

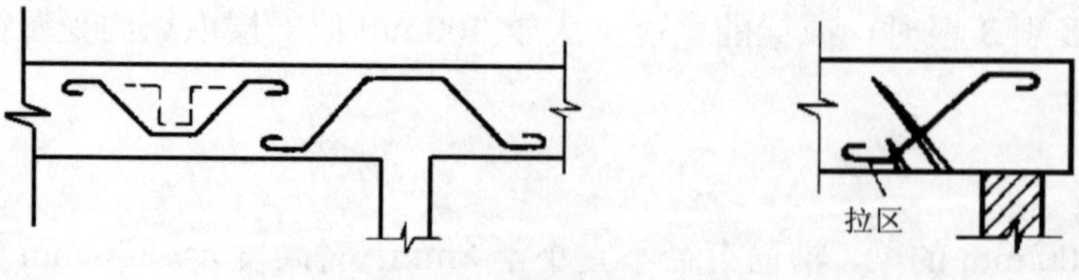

（a）鸭筋　　（b）浮筋

图 4.6　鸭筋和浮筋

第2节 斜截面受剪破坏分析

1. 剪跨比和配箍率

（1）剪跨比

当梁受到集中荷载作用时，为了更好地反映梁截面上所承受弯矩和剪力的相对关系，剪跨比λ表达式为式（4.1），a为集中荷载到支座的距离如图4.1所示。

$$\lambda = \frac{M}{Vh_0} = \frac{pa}{ph_0} = \frac{a}{h_0} \tag{4.1}$$

它实质上反映了截面上正应力和剪应力的数值关系，由于σ和τ决定了主应力的大小和方向，因此也就间接影响了梁斜截面破坏形态和承载力。

（2）配箍率

配箍率反映梁中箍筋的数量，是箍筋截面面积与相邻箍筋之间腹板水平截面面积的比值用ρ_{sv}表示图4.7所示：

$$\rho_{sv} = \frac{A_{sv}}{bs} = \frac{nA_{sv1}}{bs} \tag{4.2}$$

式中：A_{sv}—配置在同一截面内箍筋各肢的全部截面面积；

n—在同一截面内箍筋的肢数；

A_{sv1}—单肢箍筋的面积；

s—沿梁的长度方向箍筋的间距。

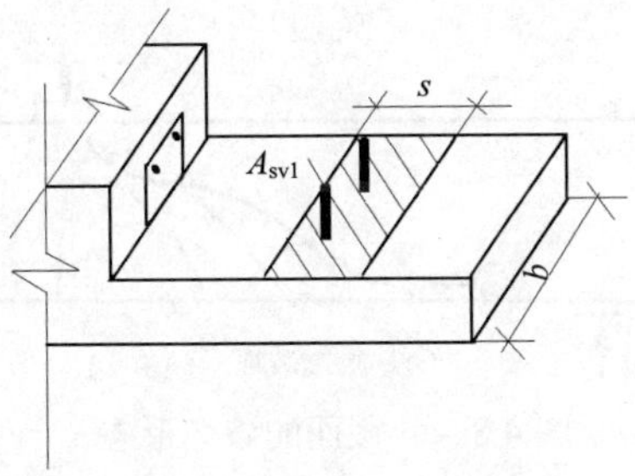

图4.7 配箍率的计算

2. 梁斜截面的破坏形态

试验表明，梁斜截面破坏形态及承载力主要因素是剪跨比，根据剪跨比的不同，梁有以下三种破坏形式。

（1）斜压破坏

发生在$\lambda<1$，即当集中荷载作用距支座较近时或剪跨比虽较大，但配箍率过大时。混凝土被斜裂缝分割成若干个斜向短柱，随着荷载的增大，混凝土短柱沿斜向最终被压碎破坏。如图4.8（a）所示，受剪承载力取决于混凝土的抗压强度及截面尺寸。设计中，一般通过限制最

小截面尺寸来防止发生这种破坏。

（2）剪压破坏

发生在 $1\leqslant\lambda\leqslant3$ 时或配箍率适当时。梁腹随荷载增加，陆续出现斜裂缝，其中一条形成主裂缝，向集中力作用点处发展，导致集中荷载作用处的混凝土被压碎而破坏。如图 4.8（b）所示，受剪承载力主要取决于混凝土在复合应力下的抗压强度及截面尺寸和配箍率。设计中，通过建立斜截面计算公式来复核验算其承载力。

（3）斜拉破坏

发生在$\lambda>3$ 或配箍率过小时。斜裂缝一出现，很快形成主裂缝，并迅速向集中荷载作用点处延伸，将梁斜拉成两部分而破坏。如图 4.8（c）所示，受剪承载力取决于混凝土的抗拉强度。设计中，一般通过满足腹筋间距和限制箍筋的配箍率来防止发生这种破坏。

上述三种破坏特征，就承载力而言，斜压破坏承载力较高，剪压破坏次之，斜拉破坏最低。破坏均属于脆性破坏。

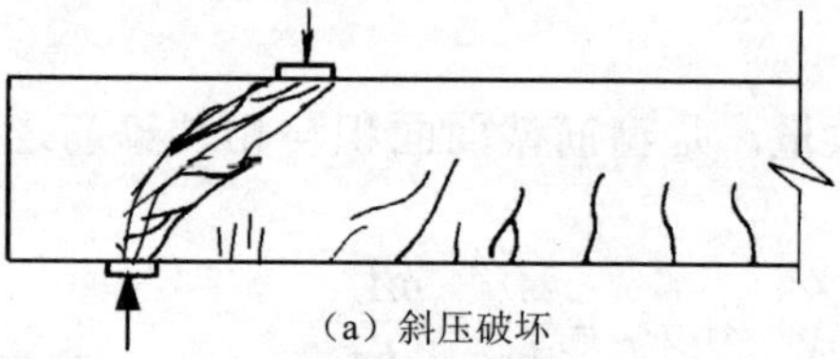

（a）斜压破坏

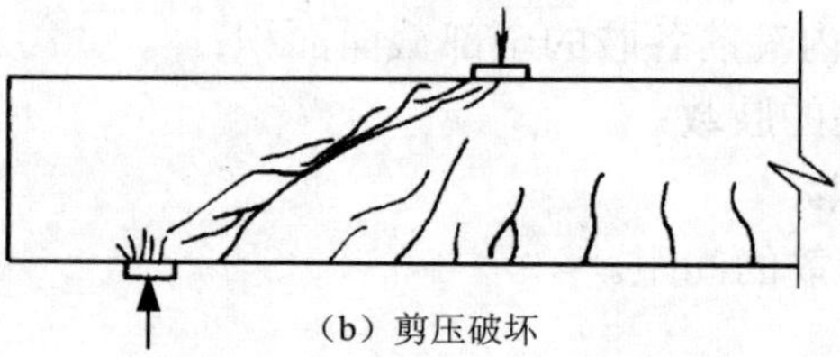

（b）剪压破坏

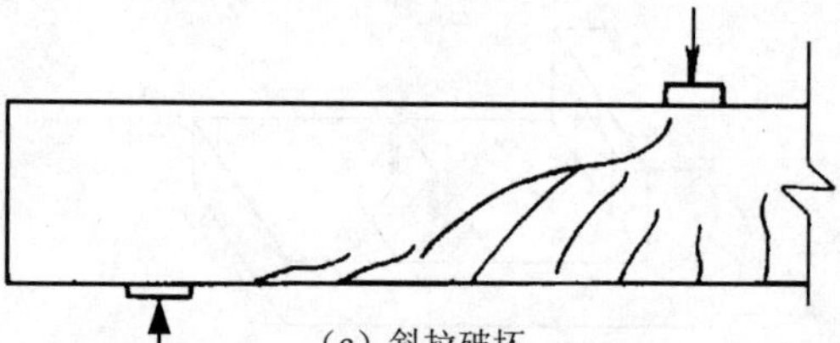

（c）斜拉破坏

图 4.8　斜截面的破坏形态

3．影响梁斜截面抗剪承载力的主要因素

（1）剪跨比

随λ增大，梁斜截面的破坏形态发生了显著变化，受剪承载力减小。

（2）混凝土强度等级

试验结果表明，斜截面受剪承载力随混凝土强度等级的提高而提高。斜压破坏随混凝土强度等级提高，受剪承载力显著提高；斜拉破坏时，混凝土强度等级的影响较少；剪压破坏时，混凝土强度等级的影响介于上述两者之间。

（3）纵向钢筋的配筋率

斜裂缝出现以后，纵向钢筋能抑制斜裂缝的扩展，增加剪压区混凝土的面积，使骨料咬合力和纵筋的销栓作用有所提高，因而间接的提高了梁的受剪承载力。ρ较小时，对梁受剪承载力的影响不明显；$\rho>1.5\%$时，影响较为明显。梁中纵向钢筋配筋率一般$\rho\leqslant1.5\%$，故《规范》未考虑纵向钢筋配筋率对斜截面受剪承载力的影响。

（4）截面尺寸效应

1）截面尺寸的影响

试验表明，在混凝土强度、纵筋配筋率、剪跨比保持不变时，加大截面尺寸对梁的受剪承载力有影响。当加大截面尺寸会降低受剪承载力，当梁的有效高度 $h_0\leqslant800$mm 时，对截面受剪承载力影响不大；当梁的有效高度 $h_0>800$mm 时，对截面受剪承载力将有所降低。

2）截面形状的影响

构件截面有受压翼缘，其斜拉破坏和剪压破坏受剪承载力较矩形截面有一定的提高。

（5）配箍率和箍筋强度对受剪承载力的影响

配箍率适当时，受剪承载力随配箍率和箍筋强度提高而提高。

4．无腹筋受弯构件斜截面受剪承载力计算

《规范》给出无腹筋一般板类受弯构件的受剪承载力计算公式：

$$V\leqslant0.7\beta_h f_t b h_0 \tag{4.3}$$

$$\beta_h=\left(\frac{800}{h_0}\right)^{1/4}$$

式中：β_h——截面高度影响系数。当 $h_0<800$mm 时，取 h_0=800mm；$h_0>2000$mm 时，取 h_0=2000mm。

当符合上式要求时，通常不会发生斜截面受剪破坏，故无须在板内配置受力腹筋。

第 3 节　钢筋混凝土梁斜截面受剪承载力计算

1．斜截面受剪承载力计算公式

斜截面抗剪承载力计算是以剪压破坏特征建立的计算公式。图 4.8（b）为配置适量腹筋的简支梁，在主裂缝 AB 出现时，取 AB 到支座的一段梁作为脱离体，与斜裂缝相交的箍筋和弯起钢筋均可屈服，该截面上混凝土的应力也达到抗压极限强度，斜截面的内力如图 4.9 所示。梁的斜截面受剪承载力 V_u 主要由三部分组成：剪压区混凝土承受的剪力 V_c，与斜裂缝相交的箍筋承受的剪力 V_{sv} 和与斜裂缝相交的弯起钢筋承受的剪力 V_{sb}。

根据受力体的竖向力平衡条件和承载力极限状态计算原则，可列出有腹筋梁的受剪承载力计算公式为

$$V\leqslant V_u=V_c+V_{sv}+V_{sb} \tag{4.4}$$

一般在配置腹筋时，总是先配置一定数量的箍筋，然后根据需要再将一定数量的纵向钢

筋弯起，即配置适当的弯起钢筋。当梁不配弯起钢筋时，仅配箍筋时的受剪承载力由混凝土的受剪承载力 V_c 和箍筋的受剪承载力 V_{sv} 两部分组成，用 V_{cs} 表示，即

$$V_{cs}=V_c+V_{sv} \tag{4.5}$$

当梁配箍筋又配弯起钢筋时，受剪承载力计算公式也可写为

$$V\leqslant V_u=V_{cs}+V_{sb} \tag{4.6}$$

由于影响斜截面受剪承载力的因素很多，目前《规范》采用的受弯构件斜截面承载力计算公式仍为半理论半经验公式。

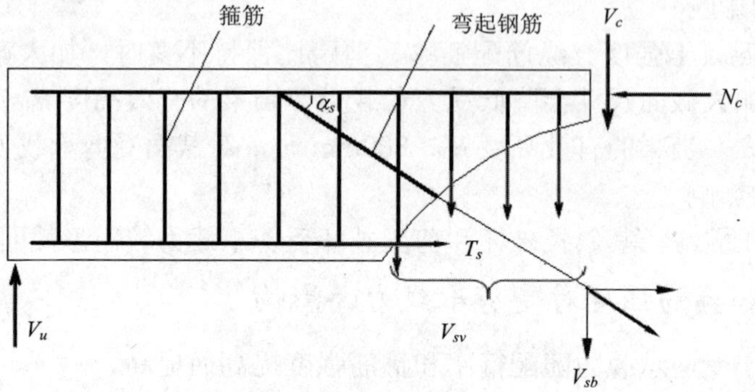

图 4.9　斜截面的计算简图

（1）混凝土与箍筋 V_{cs} 受剪承载力的计算

对于承受一般荷载的矩形、T 形和 I 型截面一般受弯构件，其受剪承载力的基本计算公式为

$$V_{cs}=0.7f_tbh_0+f_{yv}\frac{A_{sv}}{s}h_0 \tag{4.7}$$

式中：f_{yv}——箍筋抗拉强度设计值，f_{yv} 取值同 f_y，当 $f_y>360\text{N/mm}^2$ 时，应取 $f_y=360\text{N/mm}^2$。

对集中荷载作用下的矩形、T 形和工字形截面独立梁（包括作用有多种荷载，其中集中荷载对支座截面或节点边缘所产生的剪力值占总剪力值的 75%以上的情况），其受剪承载力的基本计算公式为

$$V_{cs}=\frac{1.75}{\lambda+1.0}f_tbh_0+f_{yv}\frac{A_{sv}}{s}h_0 \tag{4.8}$$

式中：λ——计算截面的剪跨比，可取 $\lambda=a/h_0$，当 $\lambda<1.5$ 时，取 $\lambda=1.5$；当 $\lambda>3$ 时，取 $\lambda=3$。

注意：集中荷载作用点至支座之间的箍筋，应均匀布置。

（2）弯起钢筋受剪承载力 V_{sb} 的计算

弯起钢筋的受剪承载力是指通过破坏斜裂缝的斜筋所能承担的最大剪力，其值等于弯起钢筋所承受的拉力在垂直于梁轴线方向的分力（见图 4.9），即

$$V_{sb}=0.8f_yA_{sb}\sin\alpha_s \tag{4.9}$$

式中：A_{sb}—同一弯起平面内弯起钢筋的截面面积。

f_y—弯起钢筋的抗拉强度设计值，其取值同纵筋的抗拉强度。

α_s—斜截面上弯起钢筋与梁纵轴之间的夹角，当 $h\leqslant 800\text{mm}$ 时，$\alpha_s=45°$；当梁高

$h>800\text{mm}$ 时，$\alpha_s=60°$。

0.8—考虑弯起钢筋与破坏截面相交位置的不定性，其应力可能达不到 f_y 的不均匀系数。

(3) 同时配有箍筋和弯起钢筋的斜截面受剪承载力计算表达式

①矩形、T 形和 I 字形截面的一般受弯构件可按下式计算：

$$V \leqslant V_{cs}+V_{sb}=0.7f_t bh_0+f_{yv}\frac{A_{sv}}{s}h_0+0.8f_y A_{sb}\sin\alpha_s \tag{4.10}$$

②集中荷载作用下的独立梁

$$V \leqslant V_{cs}+V_{sb}=\frac{1.75}{\lambda+1.0}f_t bh_0+f_{yv}\frac{A_{sv}}{s}h_0+0.8f_y A_{sb}\sin\alpha_s \tag{4.11}$$

2. 计算公式的适用条件

斜截面受剪承载力计算公式，是根据有腹筋梁的剪压破坏建立的，因此公式的适用条件必须防止斜压破坏和斜拉破坏。

(1) 防止斜压破坏的条件

当梁截面尺寸过小、配置的腹筋过多、剪力较大时，梁可能发生斜压破坏，这时腹筋的应力达不到屈服强度而不能充分发挥作用，这种破坏形态的构件受剪承载力主要取决于混凝土的抗压强度及构件的截面尺寸，为了避免发生斜压破坏，构件受剪截面必须符合下列条件

当 $\frac{h_w}{b}\leqslant 4$ 时， $$V \leqslant 0.25\beta_c f_c bh_0 \tag{4.12}$$

当 $\frac{h_w}{b}\geqslant 6$ 时， $$V \leqslant 0.2\beta_c f_c bh_0 \tag{4.13}$$

当 $4<\frac{h_w}{b}<6$ 时，按线性插值计算。

式中：β_c——混凝土强度影响系数，当混凝土强度等级不超过 C50 时，取 β_c=1.0；当混凝土强度等级为 C80 时，取 β_c=0.8，其间按线性内插法确定。

h_w——截面的腹板高度，对矩形截面，取 $h_w=h_0$；T 形取 $h_w=h_0-h'_f$；I 形取 $h_w=h_0-h'_f-h_f$。

当不满足式（4.12）或式（4.13）时，在工程设计中，应加大截面尺寸或提高混凝土强度等级。

(2) 防止斜拉破坏的条件

试验表明：若腹筋配置得过少过稀，一旦斜裂缝出现，由于腹筋的抗剪作用不足以替代斜裂缝发生前混凝土原有的作用，就会发生突然性的斜拉破坏。为了防止发生斜拉破坏，腹筋的间距和箍筋的直径应满足表 4.1 和表 4.2 的限制，当 $V>0.7f_t bh_0$ 箍筋的配箍率还应满足最小配箍率的要求，即

$$\rho_{sv}=\frac{A_{sv}}{bs}\geqslant\rho_{sv,\min}=0.24\frac{f_t}{f_{yv}} \tag{4.14}$$

表 4.1 梁中箍筋最小直径表

梁高 h（mm）	箍筋直径 d（mm）
$h \leqslant 800$	6
$h > 800$	8

表 4.2 梁中箍筋最大间距 S_{max}

梁高 h（mm）	$V > 0.7f_tbh_0$	$V \leqslant 0.7f_tbh_0$
$150 < h \leqslant 300$	150	200
$300 < h \leqslant 500$	200	300
$500 < h \leqslant 800$	250	350
$h > 800$	300	400

3. 受剪承载力计算截面的位置

受剪计算截面的位置应为斜截面受剪承载力较为薄弱的截面，按下列规定采用：

1）支座边缘处截面，见图 4.10 中 1-1 截面；

2）受拉区弯起钢筋弯起点处的截面，见图 4.10 中 2-2 截面，3-3 截面；

3）箍筋截面面积或间距改变处截面，见图 4.10 中 4-4 截面；

4）截面尺寸改变处的截面，见图 4.10 中 5-5 截面。

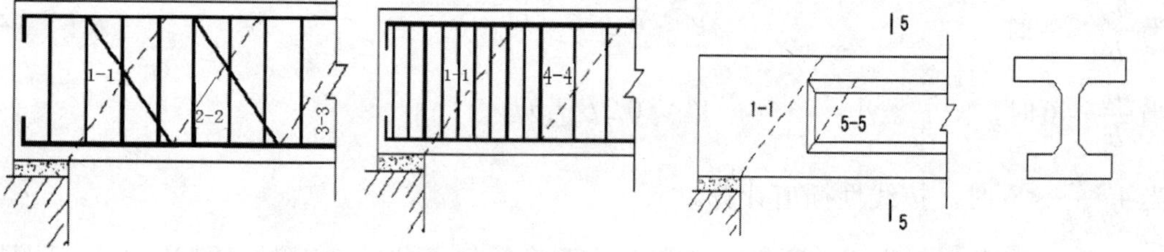

（a） 弯起钢筋起弯点处　（b）箍筋间距改变处　（c）腹板截面改变处

图 4.10 斜截面受剪承载力的计算位置

按《规范》规定，计算截面的剪力设计值应取其相应截面上的最大剪力值。其剪力设计值可按下列规定采用：

当计算第一排（对支座而言）弯起钢筋时，采用支座边缘处的剪力值；当计算以后的每一排弯起钢筋时，采用前一排弯起钢筋弯起点处的剪力值。同时，箍筋间距以及弯起钢筋前一排（对支座而言）的弯起点至后一排弯起终点的距离应符合箍筋最大间距的要求。

4. 斜截面受剪承载力计算步骤

斜截面受剪承载力计算，包括截面设计和承载力复核两个方面。截面设计是在正截面承载力计算完成之后，即在截面尺寸、材料强度、纵向受力钢筋已知的条件下，计算梁内腹筋。承载力复核是在已知截面尺寸和梁内腹筋的条件下，验算梁的抗剪承载力是否满要求。

（1）截面设计计算步骤

1）确定受剪承载力的计算位置，并计算相应截面的剪力设计值，计算剪力设计值时的计算跨度取构件的净跨度，即 $l_0=l_n$。

2）复核截面尺寸。按式（4.12）和式（4.13）对截面尺寸进行复核，如不满足应加大截面尺寸或提高混凝土强度等级。

3）验算是否需要按计算配置腹筋。当梁满足下列条件时，可不必进行抗剪计算，腹筋只需满足构造要求。

①一般荷载作用下的矩形、T 形及 I 形截面的受弯构件

$$V \leqslant 0.7 f_t b h_0 \tag{4.15}$$

②集中荷载作用下的独立梁

$$V \leqslant \frac{1.75}{\lambda + 1.0} f_t b h_0 \tag{4.16}$$

4）腹筋的计算。当不满足上式（4.15）和（4.16）时，说明需要按承载力计算配置腹筋。

梁内腹筋通常有两类配置方法：一是仅配箍筋，二是既配箍筋又配弯起钢筋。当纵向钢筋多于两根且靠近支座又不需要的纵向钢筋，可以弯起承担一部分剪力，但是梁两侧的下部纵筋不得弯起，在设计中，应综合考虑构件具体情况、剪力的大小及纵向钢筋的数量，来选择腹筋配置方案。

1）仅配箍筋

对一般荷载作用下的矩形、T 形及 I 形截面的受弯构件，箍筋按下式计算：

$$\frac{A_{sv}}{s} = \frac{nA_{sv1}}{s} \geqslant \frac{V - 0.7 f_t b h_0}{f_{yv} h_0} \tag{4.17}$$

集中荷载作用下的独立梁，箍筋按下式计算

$$\frac{A_{sv}}{s} = \frac{nA_{sv1}}{s} \geqslant \frac{V - \dfrac{1.75}{\lambda + 1} f_t b h_0}{f_{yv} h_0} \tag{4.18}$$

设计时可根据构造要求先选出箍筋肢数 n，单肢箍筋截面积 A_{sv1}，求出箍筋面积 A_{sv}，再通过式（4.17）或式（4.18）计算的比值求出箍筋间距 s。选取的箍筋间距和直径必须满足构造要求，并同时满足 $\rho_{sv} = \dfrac{A_{sv}}{bs} \geqslant \rho_{sv,\min} = 0.24\dfrac{f_t}{f_{yv}}$。

2）既配箍筋又配弯起钢筋

计算中一般先选定箍筋的直径、间距和肢数，然后按式（4.7）和式（4.8）计算出 V_{cs}，如果 $V > V_{cs}$，则按下式计算弯起钢筋面积 A_{sb}

$$A_{sb} = \frac{V - V_{cs}}{0.8 f_y \sin\alpha_s} \tag{4.19}$$

从支座算起第一排弯起钢筋上弯点距支座边缘的距离 s_1 应满足 50 mm$\leqslant s_1 \leqslant s_{\max}$，习惯上一般取 s_1=50mm 或者 s_1=100mm。一般需根据正截面承载力确定的纵向钢筋情况，确定可弯起钢筋数量。当纵向钢筋弯起不能满足正截面和斜截面受弯承载力要求时，可设置“鸭筋”或“吊筋”来承担剪力。

（2）承载力复核计算步骤

1）验算配箍率，检查腹筋间距是否满足构造要求。

若 $\rho_{sv} \geqslant \rho_{sv,\min}$，$s \leqslant s_{\max}$，则满足构造要求，否则，按式（4.15）和式（4.16）验算。

2）验算构件截面尺寸。

若满足式（4.12）和（4.13）则说明截面尺寸满足要求。

3）复核受剪承载力。

若满足$V \leqslant V_u = V_{cs} + V_{sb}$，则斜截面承载力满足要求。

【例 4.1】 某两端支撑在 240mm 的砖墙上钢筋混凝土简支梁，如图 4.11，该梁处于室内正常环境，梁跨净 l_n=3660mm，梁截面尺寸 $b \times h = 200\text{mm} \times 500\text{mm}$，承受永久荷载标准值 $g_k = 25\text{kN/m}$，可变均布荷载标准值 $q_k = 45\text{kN/m}$，采用 C30 的混凝土，箍筋采用 HPB300 级，按正截面承载力已选配 3Φ25 纵向受力钢筋，试对该梁进行斜截面承载力计算。

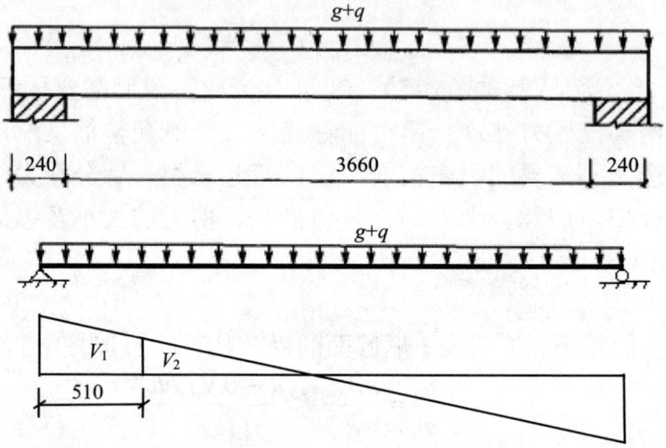

图 4.11　梁的剪力图

解：1）已知条件：

查表可得

$$f_c = 14.3\text{N/mm}^2,\quad f_t = 1.43\text{N/mm}^2,\quad f_y = 300\text{N/mm}^2,\quad f_{yv} = 270\text{N/mm}^2$$

$$l_n=3660\text{mm},\quad h_0 = h - a_s = 500 - 45 = 455\text{mm}\ 。$$

2）计算剪力设计值：

最危险的截面在支座边缘处，该处的剪力设计值

$$V = \frac{1}{2}(\gamma_G g_k + \gamma_Q q_k) l_n = \frac{1}{2} \times (1.2 \times 25 + 1.4 \times 45) \times 3.66 = 170.19\text{kN}$$

3）截面尺寸验算：

$$h_w = h_0 = 455\text{mm},\quad \frac{h_w}{b} = \frac{455}{200} = 2.275 < 4$$

$$0.25\beta_c f_c b h_0 = 0.25 \times 1.0 \times 14.3 \times 200 \times 455 = 32\ 5325\text{N} > V = 170\ 190\text{N}$$

截面尺寸满足要求。

4）验算是否需按计算配置箍筋：

$$0.7 f_t b h_0 = 0.7 \times 1.43 \times 200 \times 455 = 91091\text{N} < V = 170\,190\text{N}$$

故需按计算配置箍筋。

5）方案一：仅配箍筋。

$$D = \frac{A_{sv}}{s} = \frac{nA_{sv1}}{s} = \frac{V - 0.7 f_t b h_0}{f_{yv} h_0} = \frac{170\ 190 - 0.7 \times 1.43 \times 200 \times 455}{270 \times 455} = 0.64(\text{mm}^2/\text{mm})$$

选用$\phi 8$ 的双肢箍筋（$A_{sv1}=50.3\text{mm}^2$）。

则箍筋间距为

$$s \leqslant \frac{nA_{sv1}}{D}=\frac{2\times 50.3}{0.64}=157.19\text{mm}$$

取$s=150\text{mm}$，$s<s_{max}=200\text{mm}$，满足箍筋间距要求，即箍筋采用$\phi 8@150$，沿梁全长布置。

配箍率：$\rho_{sv}=\frac{A_{sv}}{bs}=\frac{2\times 50.3}{200\times 150}=0.335\% \geqslant \rho_{sv,\min}=0.24\frac{f_t}{f_{yv}}=0.24\times\frac{1.43}{270}=0.13\%$，满足要求。

6）方案二：既配箍筋又配弯起钢筋。

按构造要求箍筋选用双肢$\phi 6@200$。

$\rho_{sv}=\frac{A_{sv}}{bs}=\frac{2\times 28.3}{200\times 200}=0.14\% \geqslant \rho_{sv,\min}=0.24\frac{f_t}{f_{yv}}=0.24\times\frac{1.43}{270}=0.13\%$，满足要求。

弯起钢筋与梁轴线的夹角α_s=45°

由式

$$V_{cs}=0.7f_tbh_0+f_{yv}\frac{A_{sv}}{s}h_0=0.7\times 1.43\times 200\times 455+270\times\frac{2\times 28.3}{200}\times 455=125\ 857.55\text{N}$$

$$A_{sb}=\frac{V-V_{cs}}{0.8f_y\sin\alpha_s}=\frac{170\ 190-125\ 857.55}{0.8\times 300\times 0.707}=261.27\text{mm}^2$$

弯起纵筋中的 1Φ25，$A_{sb}=490.9\text{mm}^2$，满足要求。

验算弯起钢筋弯起点处截面的剪力设计值。支座边缘到第一根斜筋的距离为 S_1, $50\text{mm}\leqslant s_1\leqslant 200\text{mm}$，一般取$s_1=50\text{mm}$或$s_1=100\text{mm}$，本例题中$s_1=100\text{mm}<s_{max}=200\text{mm}$，则弯起点距支座边缘的水平距离为$L_1=s_1+(h-2a_s)=100+(500-2\times 45)=510\text{mm}$，如图 4.14 所示：

弯起点处截面的剪力设计值为

$$V_2=170\ 190\times\frac{1.83-0.51}{1.83}=122\ 760\text{N}<V_{cs}=125\ 857.55\text{N}$$

该截面处混凝土和箍筋的受剪承载力满足要求，不需要再弯起第二排钢筋。配筋图见下图 4.12 所示。

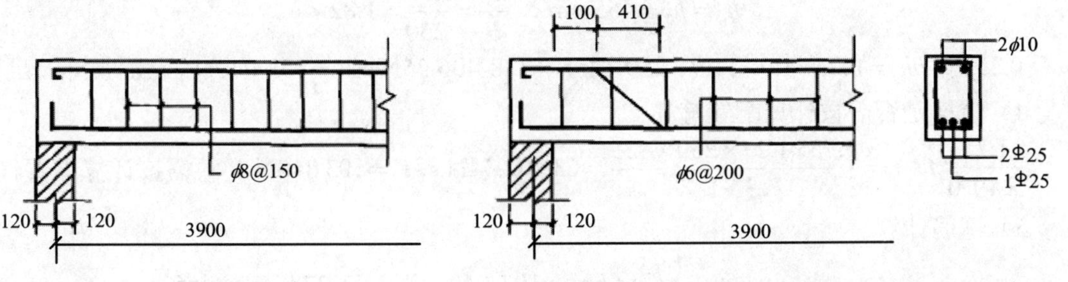

（a）仅配箍筋　　（b）配箍筋和弯起钢筋

图 4.12　梁的配筋图

【例 4.2】　某钢筋混凝土矩形截面简支梁，计算简图见图 4.13，截面尺寸$b\times h=250\text{mm}\times 500\text{mm}$，采用 C25 的混凝土，箍筋采用 HPB300 级，选配 4Φ22 纵向受力钢筋，试按$a_s=45\text{mm}$对该梁配置箍筋。

解：1）已知条件：

查表可得 $f_c = 11.9\text{N/mm}^2$，$f_t = 1.27\text{N/mm}^2$，$f_{yv} = 270\text{N/mm}^2$，$f_y = 300\text{N/mm}^2$，$\beta_c = 1.0$，$h_0 = h - a_s = 500 - 45 = 455\text{mm}$。

2）计算剪力设计值，剪力图如图 4.13。

支座边缘处：

均布荷载作用下 $V = \frac{1}{2}(g+q)l_n = \frac{1}{2} \times 8 \times 5.76 = 23.04\text{kN}$

集中荷载下 $V = F = 80\text{kN}$

总剪力 $V = \frac{1}{2}(g+q)l_n + F = 23.04 + 80 = 103.04\text{kN}$

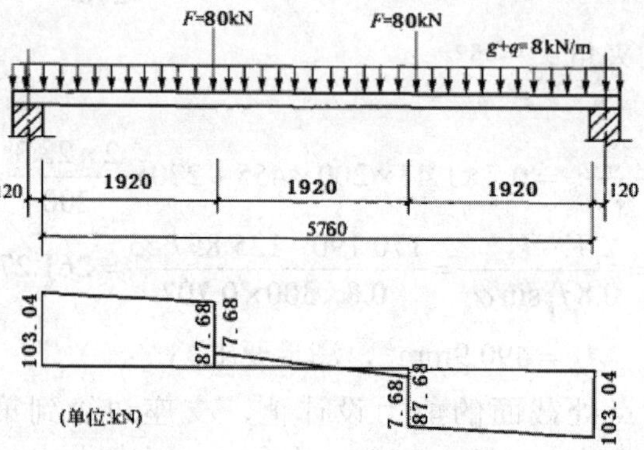

图 4.13　梁的剪力图

则有 $V_F / V_{总} = 80/103.04 = 77.6\% > 75\%$，因此，需要考虑剪跨比对受剪承载力的影响，剪跨比 $a = 1920 + 120 = 2040\text{mm}$

$$\lambda = \frac{a}{h_0} = \frac{2040}{455} = 4.48 > 3\text{，取 } \lambda = 3$$

3）验算截面尺寸：

$$h_w = h_0 = 455\text{mm}\text{，}\quad \frac{h_w}{b} = \frac{455}{250} = 1.82 < 4$$

$0.25\beta_c f_c b h_0 = 0.25 \times 1.0 \times 11.9 \times 250 \times 455 = 338\ 406.25\text{N} > V = 103\ 040\text{N}$，截面尺寸满足要求。

4）验算是否需按计算配置箍筋：

$\frac{1.75}{\lambda + 1.0} f_t b h_0 = \frac{1.75 \times 1.27 \times 250 \times 455}{3+1} = 63\ 202.34\text{N} \leqslant V = 103\ 040\text{N}$，故需按计算配置箍筋。

5）箍筋计算：

$$D = \frac{A_{sv}}{s} = \frac{nA_{sv1}}{s} = \frac{V - \frac{1.75}{\lambda+1} f_t b h_0}{f_{yv} h_0} = \frac{103\ 040 - \frac{1.75}{4} \times 1.27 \times 250 \times 455}{270 \times 455} = 0.32$$

选用 $\phi 8$ 的双肢箍筋（$A_{sv1} = 50.3\text{mm}^2$）

$s \leqslant \frac{nA_{sv1}}{D} = \frac{2 \times 50.3}{0.32} = 314.38\text{mm}$

$s = 200\text{mm} \leqslant s_{\max} = 200\text{mm}$ 且配箍率：

$\rho_{sv}=\frac{A_{sv}}{bs}=\frac{2\times50.3}{250\times200}=0.2\%\geqslant\rho_{sv,\min}=0.24\frac{f_t}{f_{yv}}=0.24\times\frac{1.27}{270}=0.11\%$，满足要求。

配筋示意图见图 4.14 所示。

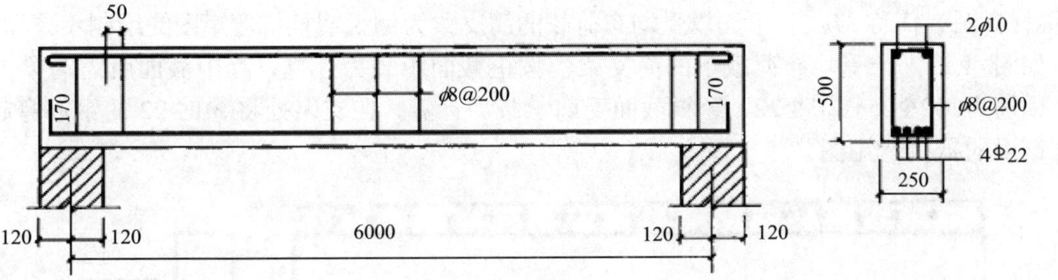

图 4.14　梁的配筋图

【例 4.3】　一承受均布荷载的矩形截面简支梁，截面尺寸 $b\times h=200\text{mm}\times400\text{mm}$，采用 C25 的混凝土，箍筋采用 HPB300 级，梁内配有双肢 $\phi8@200$ 的箍筋，求该梁所能承受的最大剪力设计值；若给定梁净跨 l_n=4560mm，计算该梁可承担的均布荷载设计值。（$a_s=45\text{mm}$）

解：1）已知条件：

查表可得 $f_c=11.9\text{N/mm}^2$，$f_t=1.27\text{N/mm}^2$，$f_{yv}=270\text{N/mm}^2$，$\beta_c=1.0$，$h_0=h-a_s=400-45=355\text{mm}$。

2）验算配箍率是否满足要求：

$\rho_{sv}=\frac{A_{sv}}{bs}=\frac{2\times50.3}{200\times200}=0.25\%\geqslant\rho_{sv,\min}=0.24\frac{f_t}{f_{yv}}=0.24\times\frac{1.27}{270}=0.11\%$，配筋率符合要求。

3）计算剪力设计值：

$$V_{cs}=0.7f_tbh_0+f_{yv}\frac{A_{sv}}{s}h_0=0.7\times1.27\times200\times355+270\times\frac{100.6}{200}\times355=111\,331.55\text{N}$$

4）复核截面尺寸：

$$h_w=h_0=355\text{mm}，\quad \frac{h_w}{b}=\frac{355}{200}=1.78<4$$

$0.25\beta_cf_cbh_0=0.25\times1.0\times11.9\times200\times355=211\,225\text{N}>V_{cs}=111\,331.55\text{N}$，截面尺寸满足要求。

梁所能承担的最大剪力设计值 $V=V_{cs}=111\,331.55\text{N}$

5）计算均布荷载设计值 q：

$$q=\frac{2V}{l_n}=\frac{2\times111\,331.55}{4560}=48.83\text{kN/m}$$

第 4 节　钢筋混凝土梁斜截面受弯承载力计算

钢筋混凝土的斜截面破坏主要是在剪力和弯矩共同作用下产生的斜裂缝，裂缝的出现还会导致与其相交的纵向钢筋的拉力增加，可能会引起梁因斜截面的受弯承载力不足及锚固不足的而破坏。因此，在设计中除了保证梁的正截面受弯承载力和斜截面受剪承载力外，在考虑纵向钢筋弯起、截断及钢筋锚固时，还需要在构造上采取措施。为了保证梁的斜截面受弯承载力不低于正截面受弯承载力，一般通过绘制抵抗弯矩图的方法来确定弯起和截断的。

1．抵抗弯矩图

抵抗弯矩图是指按实际配置的纵向受拉钢筋所确定的梁上各正截面所能抵抗的弯矩图形（也称材料图），简称 M_R 图。下面以受均布荷载的简支梁为例说明抵抗弯矩图的绘制步骤和方法。

如图 4.15，一受均布荷载下的简支梁，按正截面承载力计算，跨中截面所需的梁内纵向受拉钢筋为①2Φ25+②1Φ22，经斜截面受剪承载力计算，在支座处将②1Φ22 的钢筋弯起，试绘制该梁的抵抗弯矩图。

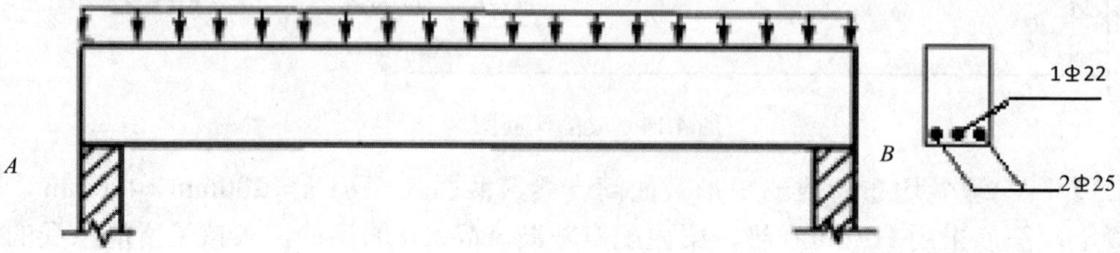

图 4.15　简支梁计算简图

（1）确定最大弯矩所在截面，计算该截面上实配纵筋的抵抗弯矩，并布置各纵筋

1）按比例绘出该梁在荷载作用下的弯矩图（M 图）。由图可知，最大弯矩截面为下图跨中截面。

2）计算实配钢筋的抵抗弯矩图，并按同一比例绘制在弯矩图上，如图 4.16 所示。

若截面承载力计算所需的钢筋面积与该截面实配的钢筋面积接近，可近似地认为该截面的抵抗弯矩与该截面的弯矩相等。若实配的钢筋面积与计算所需的钢筋面积相差较大，可根据实配的钢筋面积按式（4.21）计算该截面的抵抗弯矩 M_R。不同类型的钢筋按式（4.22）分别计算其抵抗弯矩 M_{R1} 和 M_{R2}。

$$M_R = A_{s实} f_y (h_0 - \frac{x}{2}) \tag{4.20}$$

将 $x = \dfrac{f_y A_{s实}}{\alpha_1 f_c b}$ 代入式（4.20）得

$$M_R = f_y A_{s实} (h_0 - \frac{f_y A_{s实}}{2\alpha_1 f_c b}) \tag{4.21}$$

$$M_{Ri} = \frac{A_{s实}}{A_s} M_R \tag{4.22}$$

3）排列并布置各纵筋。按纵筋切断或弯起的先后顺序在弯矩图的控制截面上自外至内排列各根纵筋，其中既无切断又无弯起的纵筋要排在最内侧，反映在 M_R 图上的是一条直线；将弯起钢筋排在最外侧，在 M_R 图上可按斜直线表示；有截断的钢筋排在中间，反映在 M_R 图上是截面抵抗能力的突变。所以将②号钢筋在外，①号钢筋在内排列在弯矩图上，且①号钢筋的 M_{R1} 图是条直线，②号钢筋 M_{R2} 图的斜直线始于弯起点终于弯起钢筋和梁中线的交点，弯起点之前，因为抵抗弯矩没有变化，也用直线表示，M_R 图如图 4.17 所示。

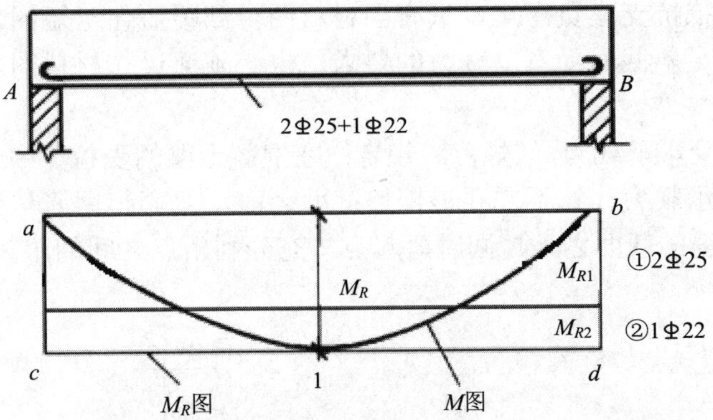

图 4.16 简支梁若既无弯起又无截断的 M_R 图

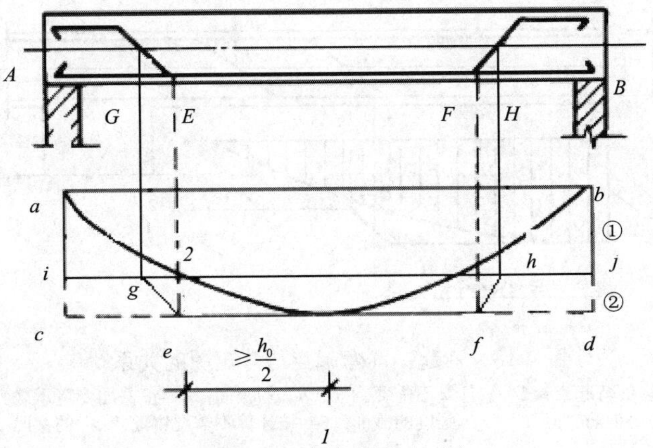

图 4.17 简支梁 M_R 图

(2) 纵筋的理论切断点与充分利用点

在图 4.17 中，1 点是①、②号钢筋的充分利用点，2 点是①号钢筋的充分利用点：一根钢筋的不需要点也称为该钢筋的"理论切断点"。因为对正截面抗弯来说，这根钢筋既然是多余的，在理论上便可以予以切断，但实际切断点还将延伸一段长度。所以，2 点是②号钢筋的不需要点，a 点是①、②号钢筋的不需要点。通常把 1 点叫做②号钢筋的充分利用点；2 点是①号钢筋的充分利用点，②号钢筋的不需要点；a 点是①号钢筋的不需要点。

(3) M_R 图与 M 图的关系

M_R 图上各纵坐标代表正截面实际能抵抗的弯矩值，因此在各个截面上都要求 M_R 不小于 M，所以 M_R 与 M 图是同一比例的，而且 M_R 图必须将 M 图包括在内。它们的关系反映材料利用的程度，材料图越贴近弯矩图，表示材料利用程度越高，设计中力求做到尽量接近，但也要考虑施工的便利。

2. 纵向钢筋的弯起

设计中，将纵向钢筋弯起的目的有两个：一是用于斜截面抗剪，其数量和位置由受剪承载力计算确定；二是抵抗支座负弯矩，只有当材料图全部覆盖住弯矩图，各正截面受弯承载力才有保证；而要满足斜截面受弯承载力的要求，也必须通过作材料图才能确定弯起钢筋的数量和位置。

为保证斜截面的受弯承载力，《规范》规定：在混凝土梁的受拉区中，弯起钢筋的弯起点可设在按正截面受弯承载力计算不需要该钢筋截面之前，但弯起钢筋与梁纵轴线的交点应位于按计算不需要该钢筋的截面之外，同时弯起点与充分利用点之间的距离不得小于 $0.5h_0$，如图 4.18 所示。

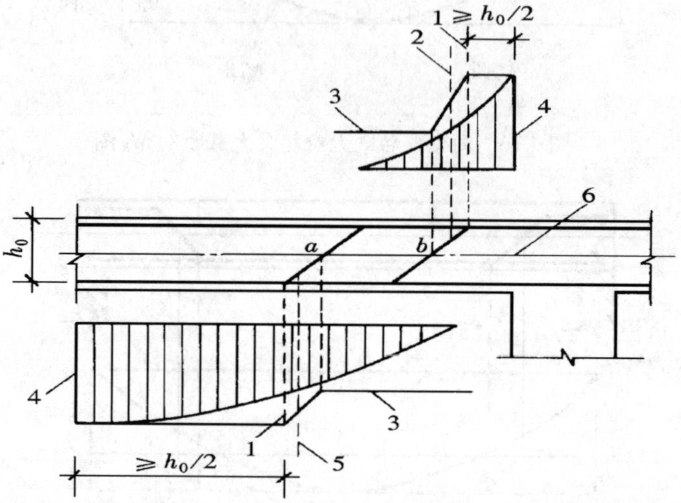

图 4.18　弯起钢筋弯起点与弯矩图的关系

1—受拉区的弯起点；2—按计算不需要钢筋“b”的截面；3—正截面受弯承载力图；4—按计算充分利用钢筋“a”或“b”强度的截面；5—按计算不需要钢筋“a”的截面；6—梁中心线

3．纵向钢筋的截断

承受正弯矩的梁下部受力钢筋一般不在跨内截断，而是全部伸入支座或部分伸入支座、部分在支座附近弯起。因为在截断处钢筋的截面面积突然减小，导致混凝土的拉应力突然增大，在纵向钢筋截断处容易出现裂缝。

梁支座截面承受负弯矩的纵向受拉钢筋不宜在受拉区截断。当必须截断时，可根据抵抗弯矩图，将不需要的纵向受拉钢筋分批截断，并符合以下规定。

（1）当 $V \leqslant 0.7 f_t b h_0$ 时

钢筋应延伸至按正截面受弯承载力计算不需要该钢筋的截面以外不小于 $20d$ 处截断，且从该钢筋强度充分利用截面伸出的长度不应小于 $1.2l_a$。

（2）当 $V > 0.7 f_t b h_0$ 时

钢筋应延伸至按正截面受弯承载力计算不需要该钢筋的截面以外不小于 h_0 且不小于 $20d$ 处截断，且从该钢筋强度充分利用截面伸出的长度不应小于 $1.2l_a + h_0$。

（3）按（1）和（2）确定的截断点仍位于负弯矩受拉区内

钢筋应延伸至按正截面受弯承载力计算不需要该钢筋的截面以外不小于$1.3h_0$且不小于$20d$ 处截断，且从该钢筋强度充分利用截面伸出的长度不应小于$1.2l_a+1.7h_0$，如图 4.19，表 4.3 所示。

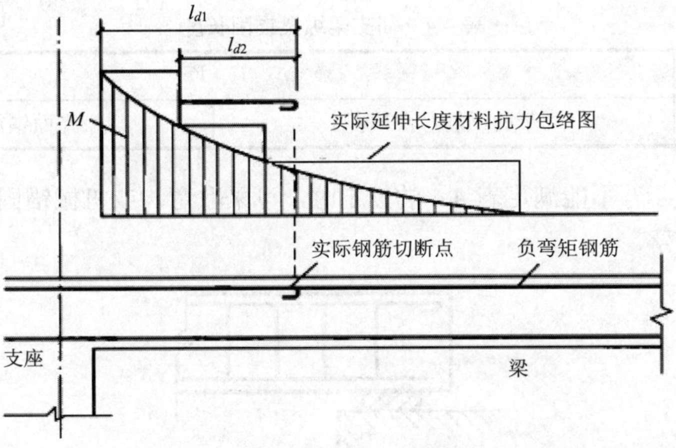

图 4.19　钢筋的延伸长度和截断点

l_{d1}是从“充分利用该钢筋强度的截面”延伸出的长度，而 l_{d2}是按“正截面承载力计算计算不需要该钢筋截面”延伸出的长度。

表 4.3　负弯矩钢筋的延伸长度 l_d（mm）

截面条件	l_{d1}	l_{d2}
$V \leqslant 0.7f_tbh_0$	$\geqslant 1.2l_a$	$\geqslant 20d$
$V > 0.7f_tbh_0$	$\geqslant 1.2l_a+h_0$	$\geqslant 20d$且$\geqslant h_0$
按（1）和（2）确定的截断点仍位于负弯矩受拉区内	$\geqslant 1.2l_a+1.7h_0$	$\geqslant 20d$且$\geqslant 1.3h_0$

（4）钢筋混凝土悬臂梁

钢筋混凝土悬臂梁中，应有不少于 2 根的上部钢筋伸至悬臂梁端部，并下弯不小于$12d$；其余钢筋不应在梁的上部截断，如图 4.20 所示。

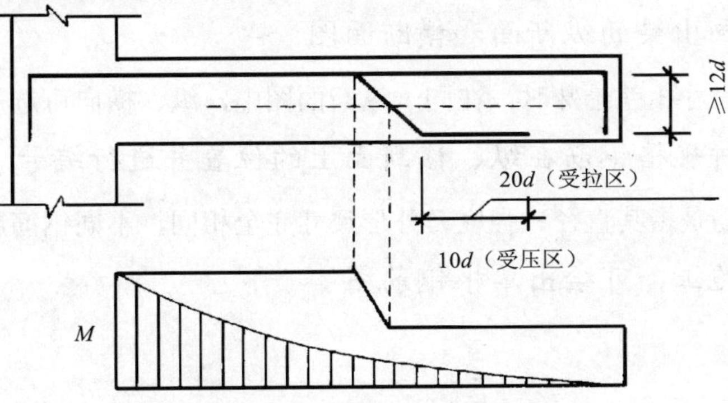

图 4.20　悬臂梁钢筋的弯折

4．纵向钢筋的锚固

当支座附近的剪力较大时，在出现斜裂缝后由于与斜裂缝相交的纵筋应力会突然增大，若纵筋伸入支座的锚固长度不够，将使纵筋滑移，甚至被从混凝土中拔出引起锚固破坏。为了防止这种破坏下部纵向受力钢筋伸入支座的长度 l_a（如图 4.21）应该满足表 4.4 的要求。

表 4.4　简支梁纵梁锚固长度

$V \leqslant V_c$	$V > V_c$	
$l_a \geqslant 5d$	带肋钢筋 $l_a \geqslant 12d$	光面钢筋 $l_a \geqslant 15d$

当图 4.21 中所示 l_a 不能满足表 4.4 的规定时，可采取弯钩或机械锚固措施，其锚固构造要求见第一节第三章。

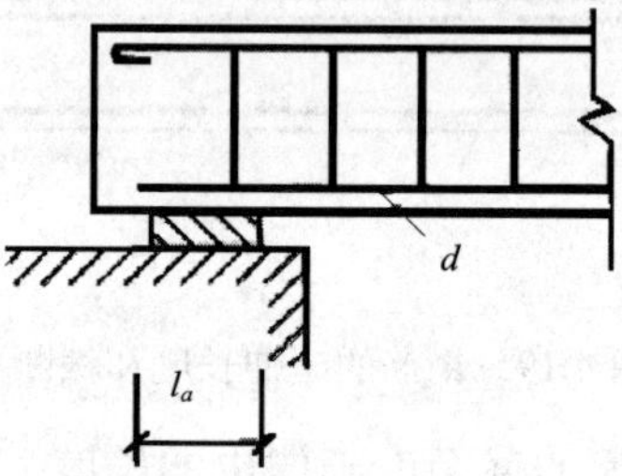

图 4.21　纵筋锚固长度 l_a

支承在砌体结构上的钢筋混凝土独立梁，在纵向受力钢筋的锚固长度 l_a 范围内应配置不少于 2 根箍筋，其直径不宜小于纵向受力钢筋的 0.25 倍，间距不宜大于纵向受力钢筋最小直径的 10 倍；当采用机械锚固措施时，箍筋间距尚不宜大于纵向受力钢筋最小直径的 5 倍。

第 5 节　钢筋混凝土结构施工图

1．配筋图

梁的配筋图包括纵断面图、横断面图及单根钢筋图（对简单配筋，可只画纵断面图或横断面图），纵断面图表示各钢筋沿梁长方向的布置情形，横断面图表示钢筋在同一截面内的位置。

（1）按比例画出梁的纵断面和横断面图

当梁的纵横向尺寸相差悬殊时，在同一纵断面图中，纵、横向可选用不同比例。

（2）画出每种规格钢筋在纵、横断面上的位置并进行编号

同一编号的钢筋是指其直径、强度、外形尺寸完全相同，不同钢筋用不同编号。

（3）为方便施工，可绘出单根钢筋图

2．钢筋表

钢筋表表示构件中所有钢筋的规格、形状、长度、根数、重量等，主要用来计算钢筋用

量。首先是根据钢筋的细部尺寸来计算钢筋的长度，长度和根数确定之后由附录表 2-1 中的每米的质量数据计算钢筋的用量。

（1）直钢筋

其直段上所注长度=l（构件长度）$-2c$（混凝保护层），对光圆钢筋，应在此长度加上两端弯钩弯钩长即为弯钩全长。一般每个弯钩长度为 6.25d，如图 4.22 所示。

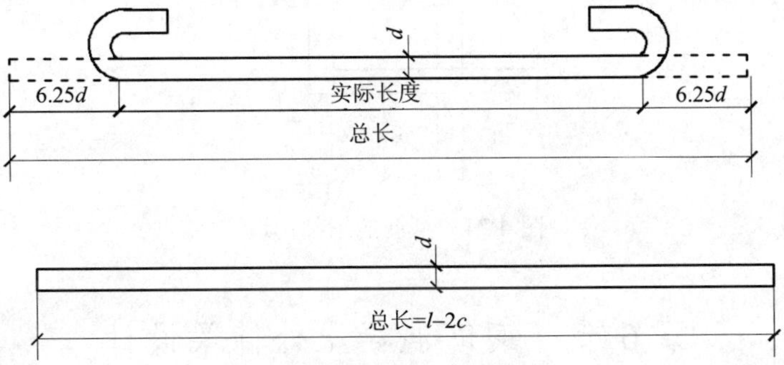

图 4.22　直钢筋的长度

（2）弯起钢筋

弯起钢筋的高度以钢筋外皮至外皮的距离作为控制尺寸，弯折段的斜长以弯起点钢筋中心中弯终点钢筋中心计算，如图 4.23 所示。

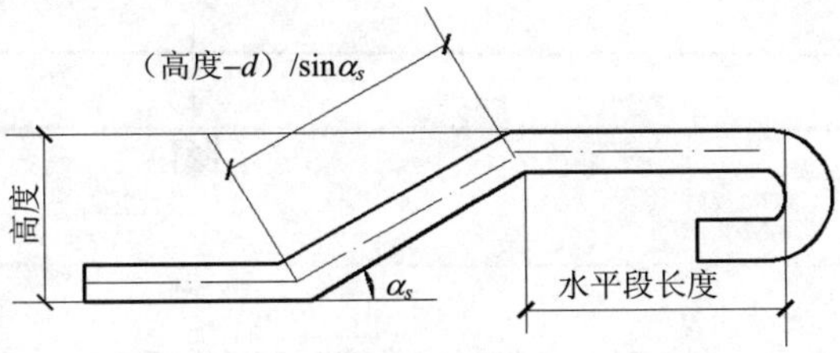

图 4.23　弯起钢筋的长度

（3）箍筋和拉筋

箍筋的宽度和高度均以箍筋的内皮至内皮的距离作为控制尺寸。计算时用构件的截面尺寸减去混凝土保护层厚度。箍筋末端应做成 135º的弯钩，不能采用 90º的弯钩，弯钩端部水平直线长度 a 不应小于 50mm 或 5d（d 为箍筋直径），见图 4.24 所示。

值的注意的是，钢筋表内的钢筋长度不是钢筋加工时的断料长度。由于钢筋在弯折及弯钩时要伸长一些，因此断料长度应等于计算长度扣除钢筋的伸长值。伸长值和弯折角度大小等有关数据可参阅施工手册。

3．图纸说明或附注

作为可用于实际施工的图纸，应简单说明梁所采用的混凝土强度等级、钢筋规格、混凝土保护层厚度、图中比例和尺寸单位等。

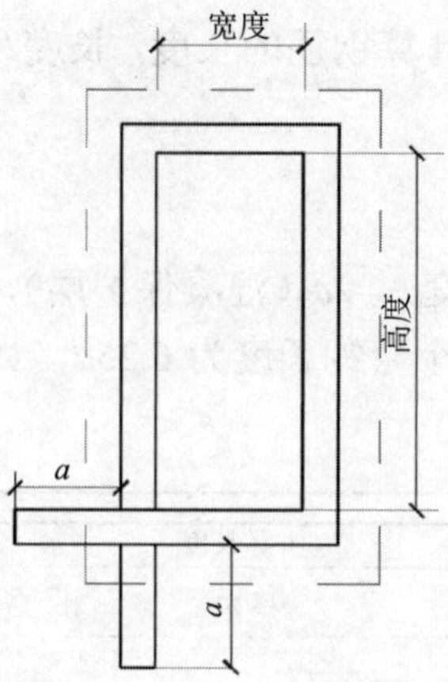

图 4.24　箍筋的细部构造

第 6 节　钢筋混凝土外伸梁设计

某教学楼中砖墙上支承一承受均布荷载作用的外伸梁，一类环境，其跨长和截面尺寸见图 4.25 所示。经计算，作用于梁上的均布荷载（包括梁的自重）标准值 $g_k = 20\text{kN/m}$，可变荷载标准值 $q_{k1} = 8\text{kN/m}$，$q_{k2} = 10\text{kN/m}$；采用 C20 的混凝土，梁内纵向受力钢筋采用 HRB335 级钢筋，箍筋采用 HPB300；试设计此梁，并绘制施工图。

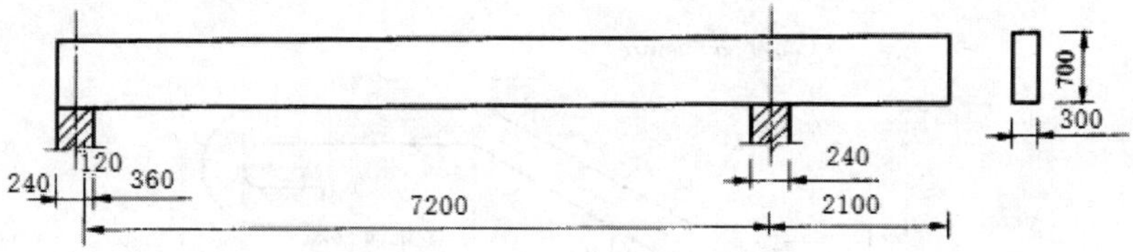

图 4.25　外伸梁支承情况和受力图

1．基本资料

截面尺寸：

$$b=300\text{mm}，h=700\text{mm}$$

计算参数：

$$f_c = 9.6\text{N/mm}^2，\ f_t = 1.1\text{N/mm}^2，\ f_{yv} = 270\text{N/mm}^2，\ f_y = 300\text{N/mm}^2，\ \beta_c = 1.0，\ \xi_b = 0.550$$

2．内力计算

（1）确定计算简图

AB 段：

计算跨度 $l_{01} = l_c = 7260\text{mm}$；

荷载设计值 $g = \gamma_G g_k = 1.35 \times 20 = 27\text{kN/m}$；$q_1 = \gamma_Q q_{k1} = 1.4 \times 8 = 11.2\text{kN/m}$

$$g+q_1=27+11.2=38.2\text{kN/m}$$

BC 段：

计算跨度 $l_{02}=2100\text{mm}$；

荷载设计值 $g=\gamma_G g_k=1.35\times20=27\text{kN/m}$； $q_2=\gamma_Q q_{k2}=1.4\times10=14\text{kN/m}$

$$g+q_2=27+14=41\text{kN/m}$$

所以计算简图如图 4.26 所示。

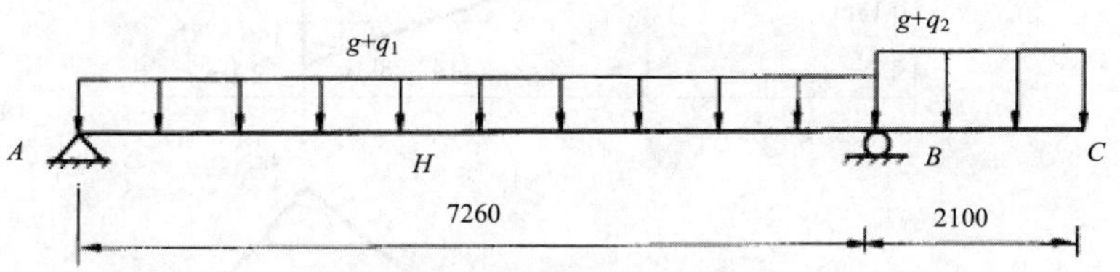

图 4.26　外伸梁的计算简图

（2）最不利内力计算

考虑活荷载的最不利布置，内力计算分为下列两种情况：

①情况一：*AB* 段有活荷载，*BC* 段无活荷载。

这时 *AB* 段跨内弯矩最大，内力图如图 4.27 所示。

1）求支反力。

$$R_B=\frac{\frac{1}{2}(g+q_1)l^2{}_{01}+gl_{02}(l_{01}+\frac{l_{02}}{2})}{l_{01}}=\frac{\frac{1}{2}\times38.2\times7.26^2+27\times2.1\times(7.26+\frac{2.1}{2})}{7.26}=203.57\text{kN}$$

$$R_A=(g+q_1)l_{01}+gl_{02}-R_B=38.2\times7.26+27\times2.1-203.57=130.46\text{kN}$$

2）求支座边缘的剪力。

$$V_A=R_A-(g+q_1)\frac{a}{2}=130.46-38.2\times0.18=123.59\text{kN}$$

$$V_B^l=V_A-6.96(g+q_1)=123.59-38.2\times6.96=-142.28\text{kN}$$

$$V_B^r=g(l_{02}-0.12)=27\times1.98=53.46\text{kN}\qquad V_c=0\text{kN}$$

3）弯矩计算。*AB* 段跨中最大弯矩应在剪力为零处。

AB 段：

$$R_A-(g+q_1)x=0\text{，则 }x=\frac{R_A}{g+q_1}=\frac{130.46}{38.2}=3.41\text{m}$$

$$M=R_Ax-\frac{1}{2}(g+q_1)x^2=130.46\times3.41-\frac{38.2\times3.41^2}{2}=222.77\text{kN}\cdot\text{m}$$

BC 段：

$$M_B=\frac{1}{2}gl_{02}^2=\frac{1}{2}\times27\times2.1^2=59.54\text{kN}\cdot\text{m}$$

4）内力图。弯矩图和剪力图如图 4.27 所示。

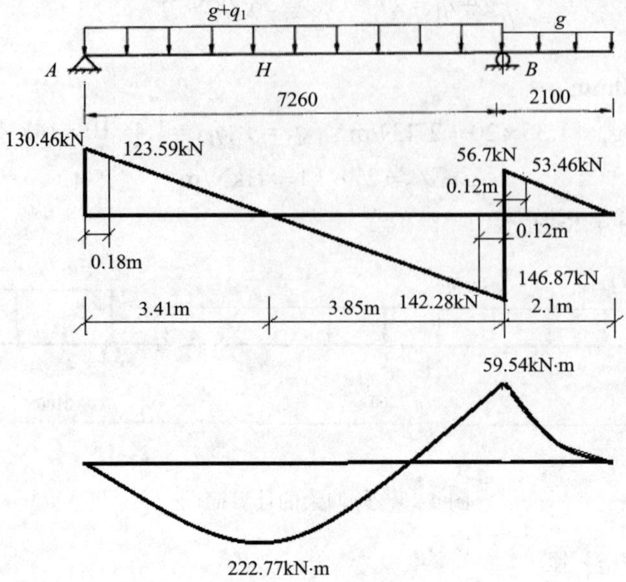

图 4.27　情况一内力图

②情况二：梁全长布置活荷载。

这时 B 支座的弯矩和剪力最大，内力图如图 4.28 所示。

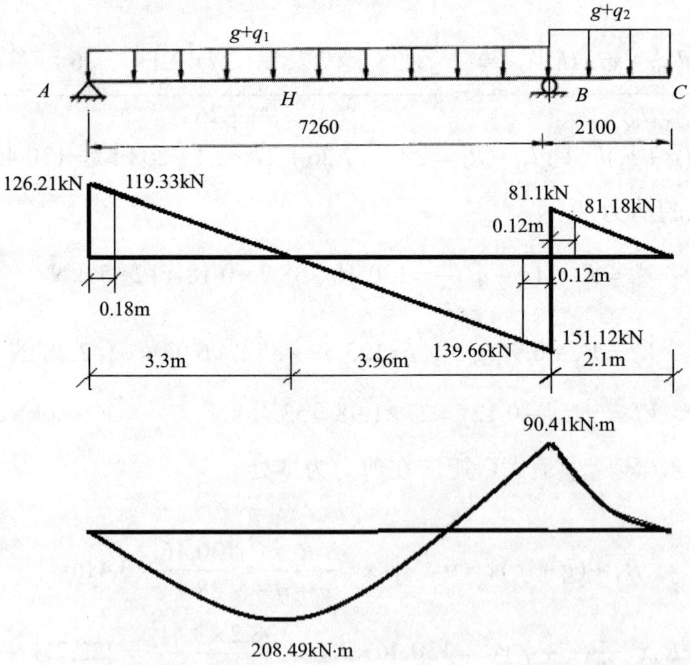

图 4.28　情况二内力图

1）求支反力。

$$R_B=\frac{\frac{1}{2}(g+q_1)l^2{}_{01}+(g+q_2)l_{02}(l_{01}+\frac{l_{02}}{2})}{l_{01}}=\frac{\frac{1}{2}\times38.2\times7.26^2\ +41\times2.1\times(7.26+\frac{2.1}{2})}{7.26}=237.22\text{kN}$$

$$R_A=(g+q_1)l_{01}+(g+q_2)l_{02}-R_B=38.2\times7.26+41\times2.1-237.22=126.21\text{kN}$$

2）求支座边缘的剪力。

$$V_A=R_A-(g+q_1)\frac{a}{2}=126.21-38.2\times0.18=119.33\text{kN}$$

$$V_B^l=V_A-6.96(g+q_1)=126.21-38.2\times6.96=-139.662\text{kN}$$

$$V_B^r=(g+q_2)(l_{02}-0.12)=41\times1.98=81.18\text{kN}\qquad V_c=0\text{kN}$$

3）弯矩计算。AB 段跨中最大弯矩应在剪力为零处。

AB 段：

$$R_A-(g+q_1)x=0\text{，则 }x=\frac{R_A}{g+q_1}=\frac{126.21}{38.2}=3.3\text{m}$$

$$M=R_Ax-\frac{1}{2}(g+q_1)x^2=126.21\times3.3-\frac{38.2\times3.3^2}{2}=208.49\text{kN}\cdot\text{m}$$

BC 段：

$$M_B=\frac{1}{2}(g+q_2)l_{02}^2=\frac{1}{2}\times41\times2.1^2=90.41\text{kN}\cdot\text{m}$$

4）内力图。弯矩图和剪力图如图 4.28 所示。

3．验算截面尺寸

估计纵筋排一排，$a_s=45\text{mm}$， $h_w=h_0=h-a_s=655\text{mm}$， $\frac{h_w}{b}=\frac{655}{200}=2.18<4$

$0.25\beta_c f_c bh_0=0.25\times1.0\times9.6\times300\times655=471.6\text{kN}>V_{\max}=V_B^l=142.28\text{kN}$，截面尺寸满足抗剪要求。

4．纵向受力钢筋计算

计算过程及结果见表 4.5，配筋如图 4.29 所示。

表 4.5　纵向受拉钢筋计算表

计算内容	跨中 H 截面	支座 B 截面
M（kN·m）	222.77	90.41
$\alpha_s=\frac{M}{\alpha_1 f_c bh_0^2}$	0.18	0.07
$\xi=1-\sqrt{1-2\alpha_s}\leqslant\xi_b=0.55$	0.2	0.07
$A_s=\frac{\alpha_1 f_c b\xi h_0}{f_y}$（mm²）	1257.6	440.16
选配钢筋	5Φ18	1Φ18+2Φ14
实配钢筋面积（mm²）	1272	562.5
$\rho=\frac{A_{s实}}{bh_0}\geqslant\rho_{\min}=\max\left\{0.2,45\frac{f_t}{f_y}\right\}\%=0.2\%$	0.65%	0.29%

注：选支座钢筋筋和跨中钢筋时，应考虑钢筋规格的协调，即跨中纵向钢筋的弯起问题。

5．计算抗剪钢筋

计算过程及结果见表 4.6，配筋如图 4.29。

表 4.6　纵向受拉钢筋计算表

截面位置	*A* 支座	*B* 支座左	*B* 支座右
剪力设计值 *V*（kN）	123.59	142.28	81.18
$0.7 f_t b h_0$（kN）>*V*	151.31 按构造选箍筋	151.31 按构造选箍筋	151.31 按构造选箍筋
选用双肢箍筋	$\phi 8@200$ $s=200\text{mm} \leqslant s_{\max}=350\text{mm}$ 满足要求	$\phi 8@200$ s=200mm$\leqslant s_{\max}$=350mm 满足要求	$\phi 8@200$ $s=200\text{mm} \leqslant s_{\max}=350\text{mm}$ 满足要求
箍筋面积 *Asv*	101	101	101
$\rho_{sv,\min}=0.24\dfrac{f_t}{f_{yv}}$（%）	0.09	0.09	0.09
配箍率 $\rho_{sv}=\dfrac{A_{sv}}{bs}$（%）	0.16 $\rho_{sv} > \rho_{sv,\min}$ 满足要求	0.16 $\rho_{sv} > \rho_{sv,\min}$ 满足要求	0.16 $\rho_{sv} > \rho_{sv,\min}$ 满足要求
弯起钢筋选择	1Φ18　（纵筋弯上）	1Φ18（纵筋弯下）	—

6．钢筋布置设计和绘制材料图

纵向受力钢筋的弯起和截断位置由材料图确定，故需按比例设计绘制弯矩图和抵抗弯矩图。所以，先按比例绘出钢筋弯矩图和梁的纵剖面图，再做出 M_R 图。

（1）绘制弯矩图

AB 段的最大弯矩是在情况一下产生的，而 B 支座的最大弯矩是在情况二下产生的，故梁的弯矩包络图如图 4.29 所示。

（2）绘制梁的纵截面图和横断面图

根据表 4.5 和表 4.6，绘出梁的纵截面图和横断面图如图 4.29 所示。

（3）确定纵筋承担的弯矩并绘制抵抗弯矩 M_R 图

1）跨中正弯矩的 M_R 图。

跨中最大弯矩所在截面 *H* 处纵筋为 5Φ18，由抗剪计算可知①1Φ18 的在 *A* 支座右侧弯起，②2Φ18 锚固于 *AB* 支座，③2Φ18 钢筋通长设置，①、②、③的抵抗弯矩值应按式（4.22）计算，计算过程如下：

$$
\begin{aligned}
M_R &= f_y A_{s实}\left(h_0 - \frac{f_y A_{s实}}{2 f_c b}\right) \\
&= 300 \times 1272 \times \left(655 - \frac{300 \times 1272}{2 \times 9.6 \times 300}\right) \\
&= 224.66\text{kN} \cdot \text{m}
\end{aligned}
$$

$$M_{R1}=\frac{1}{5}M_R=44.93\text{kN}\cdot\text{m}$$

$$M_{R2}=\frac{2}{5}M_R=89.87\text{kN}\cdot\text{m}$$

$$M_{R3}=\frac{2}{5}M_R=89.87\text{kN}\cdot\text{m}$$

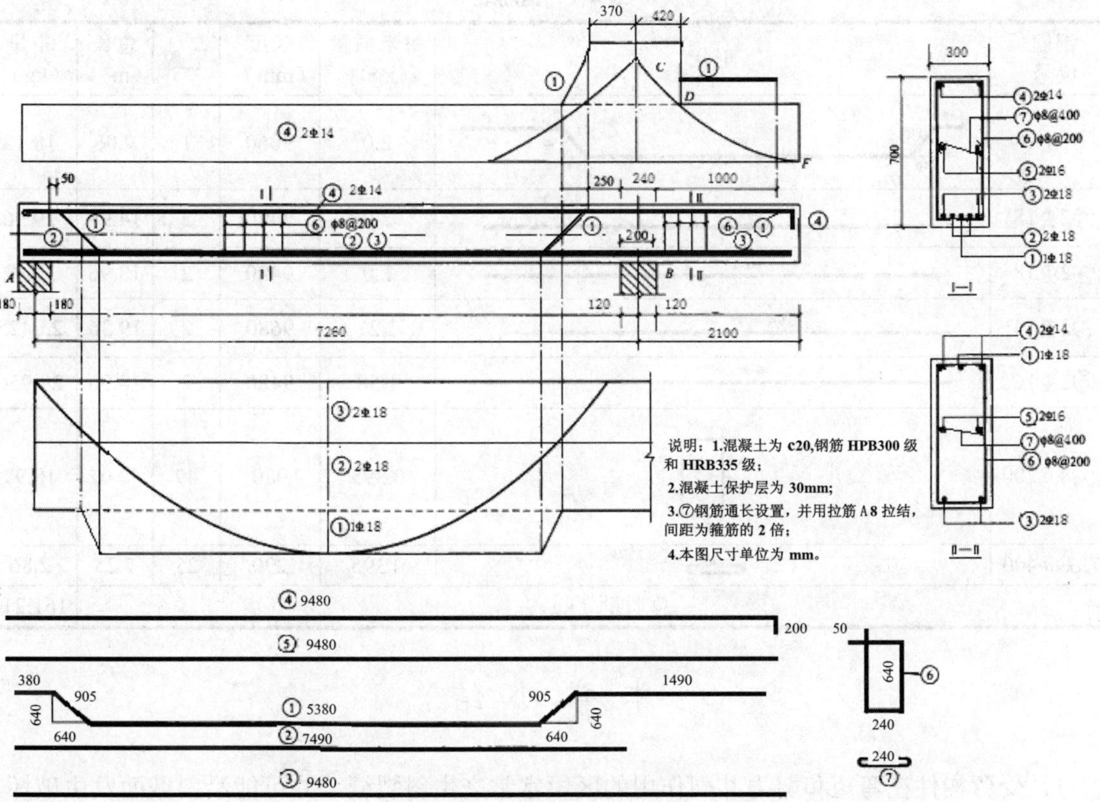

图 4.29　梁的抵抗弯矩图和配筋图

按比例将 M_{R1}、M_{R2}、M_{R3} 绘制在弯矩图中，确定出①号钢筋的充分利用点。由图 4.29 可知，弯起点到充分利用点的距离 a 满足大于 $0.5h_0$=328mm 的条件。

2）支座 B 负弯矩的 M_R 图。

支座 B 处的支座负筋为 1Φ18+2Φ14，其中①1Φ18 在 B 支座左弯下右端截断，④2Φ14 通长布置。

$$M_R=f_yA_{s实}(h_0-\frac{f_yA_{s实}}{2f_cb})$$

$$=300\times562.5\times(655-\frac{300\times562.5}{2\times9.6\times300})$$

$$=105.59\text{kN}\cdot\text{m}$$

$$M_{R1}=\frac{254.5}{562.5}M_R=47.77\text{kN}\cdot\text{m}$$

$$M_{R4}=\frac{308}{562.5}M_R=57.81\text{kN}\cdot\text{m}$$

按比例将①④钢筋的抵抗弯矩到弯矩图中，由图 4.29 可知，弯起点到充分利用点的距离 a 满足大于 $0.5h_0$=328mm 的条件，钢筋截断点到充分利用点和到不需要点的距离都满足满足构造要求。

在梁的两侧应沿高度设置 2Φ16 的纵向构造钢筋，并设置ϕ8@400 的连系拉筋。

7．列钢筋表（如表 4.7 所示）

表 4.7　钢筋表

钢筋编号	形状	每米质量（kg）	长度（mm）	根数	总长（m）	重量（kg）
①1Φ18	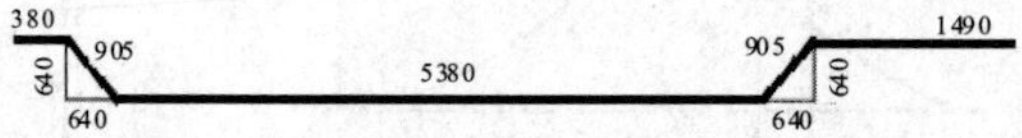	2.0	9060	1	9.06	18.12
②2Φ18		2.0	7490	2	14.98	29.96
③2Φ18		2.0	9480	2	18.96	37.92
④2Φ14		1.21	9680	2	19.36	23.425
⑤2Φ16		1.58	9480	2	18.96	29.956
⑥ϕ8@200	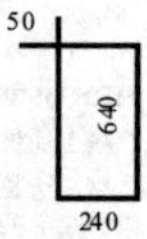	0.395	980	49	48.02	18.97
⑦ϕ8@400		0.395	290	25	7.25	2.86
总质量（kg）						161.211

本 章 小 结

1．受弯构件在弯矩和剪力共同作用的区段常常产生斜裂缝，并可能沿斜截面发生破坏。斜截面破坏带有脆性破坏的性质，应当避免，在设计时必须进行斜截面承载力的计算。为了防止受弯构件发生斜截面破坏，应使构件有一个合理的截面尺寸，并配置必要的腹筋。

2．根据剪跨比和配箍率的不同，梁沿斜截面的破坏形态主要有斜拉、剪压和斜压破坏三种类型。受剪承载力计算公式是建立在剪压破坏的基础上的，所以，在使用公式时要注意适用条件，其中对截面尺寸要求的适用条件是为了防止斜压破坏，最小配箍率和箍筋的最大间距要求是为了防止斜拉破坏的。

3．受弯构件的受剪承载力主要与剪跨比、混凝土强度、截面尺寸、腹筋和箍筋的用量等因素有关。

4．材料抵抗弯矩图是按照梁实配的纵向钢筋的数量计算并画出的各截面所能抵抗的弯矩图。为了保证受弯构件的斜截面受弯承载力，一般是通过绘制抵抗弯矩图，确定弯起、截断和锚固的位置，保证其满足构造要求来实现的。

思 考 题

4-1 钢筋混凝土梁在哪几个区段容易出现斜裂缝?

4-2 什么是剪跨比?它对梁的斜截面承载力有什么影响?

4-3 梁中纵向钢筋的弯起与切断应满足哪些要求?

4-4 箍筋的最小直径和箍筋的最大间距分别与什么有关?

4-5 钢筋混凝土梁的斜截面破坏有哪几种主要形态?它们分别在什么情况下发生?

4-6 影响梁斜截面受剪承载力的主要因素有哪些?在计算公式中可以反映出哪些因素的影响?

4-7 梁斜截面受剪承载力计算公式的适用条件是什么?采取哪些措施可以防止斜拉破坏或斜压破坏的发生?

4-8 梁内箍筋有何作用?其主要构造要求有哪些?

4-9 在进行梁的抗剪计算时，在什么情况下应考虑剪跨比?

4-10 弯起钢筋用于抗剪时应注意哪些问题?为什么在计算公式中取系数0.8?

4-11 何谓材料图?它起什么作用?如何绘制?它与设计弯矩图有什么关系?

4-12 梁内纵向钢筋伸入支座有什么要求?纵向钢筋弯起或截断时应满足哪些要求?

4-13 什么情况下在梁腹部设置纵向构造钢筋（腰筋）?如何设置?

习 题

1．某矩形截面梁，承受均布荷载设计值为 $q = 40\text{kN/m}$，截面尺寸如图4.30所示采用C20混凝土、箍筋为HPB300级钢筋，试按一类环境计算该梁所需配置的箍筋。

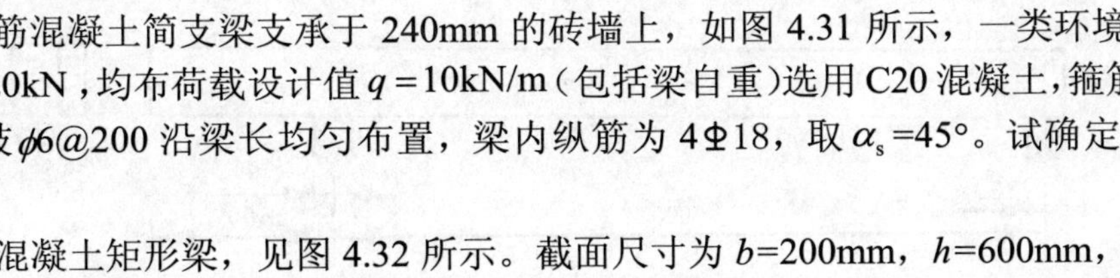

图4.30 习题1

2．某钢筋混凝土简支梁支承于240mm的砖墙上，如图4.31所示，一类环境，集中荷载设计值 $F = 120\text{kN}$，均布荷载设计值 $q = 10\text{kN/m}$（包括梁自重）选用C20混凝土，箍筋为HPB300级钢筋，双肢 $\phi 6@200$ 沿梁长均匀布置，梁内纵筋为4Φ18，取 $\alpha_s = 45°$。试确定该梁的弯起钢筋。

3．钢筋混凝土矩形梁，见图4.32所示。截面尺寸为 b=200mm，h=600mm，材料选用的是C25混凝土，纵向钢筋HRB335级钢筋，在支座边缘处将1Φ18的纵筋弯起抗剪，箍筋采用 $\phi 6@200$。按一类环境计算该梁能承受的均布荷载设计值 q。

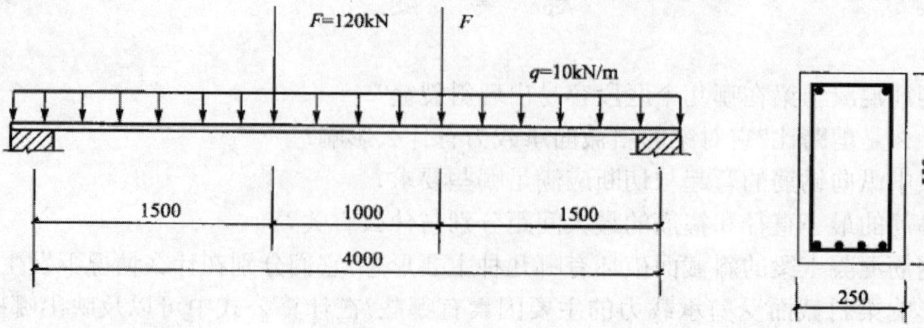

图 4.31　习题 2

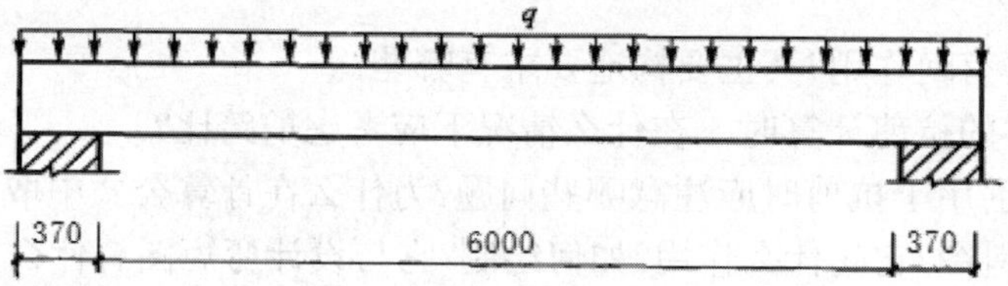

图 4.32　习题 3

4．某支承在砖墙上的钢筋混凝土矩形截面外伸梁，见图 4.33 所示。该梁跨度为 6.0m，悬挑长度 1.8m，截面尺寸 $b \times h = 250\text{mm} \times 600\text{mm}$，作用于全梁上的均布永久荷载设计值（包括梁自重）$g = 51\text{kN/m}$，可变荷载设计值 $q = 12.6\text{kN/m}$，材料选用：梁内纵向受力钢筋选用 HRB400 级，箍筋采用 HPB300 级，混凝土采用 C30，构件处于一类环境，试设计此梁，绘制梁的施工详图。

设计内容：

（1）梁的内力计算，并绘制弯矩图和剪力图；

（2）截面尺寸复核；

（3）根据正截面承载力要求，确定纵向钢筋用量；

（4）根据斜截面承载力要求，确定腹筋用量；

（5）绘制梁的抵抗弯矩图（M_R 图）；

（6）绘制梁的结构施工图，并估算钢筋总质量。

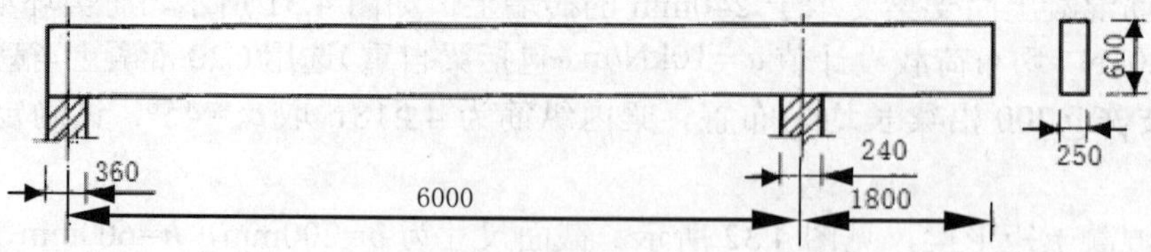

图 4.33　习题 4

第5章 钢筋混凝土受压构件承载力计算

以承受轴向压力为主的构件为受压构件。例如，房屋结构中的柱、桁架结构中的受压弦杆、腹杆、剪力墙结构中的剪力墙、烟囱的筒壁以及桥梁结构中的桥墩、桩等都属于受压构件。受压构件在结构中的作用非常重要，一旦发生破坏，后果很严重。

受压构件按其轴向压力作用位置的不同，可分为轴心受压构件和偏心受压构件两种类型。为了工程设计方便，一般不考虑混凝土材料的不匀质性和钢筋不对称布置的影响，近似地用轴向压力的作用点与构件正截面形心的相对位置来划分构件的类型。当轴向压力的作用点与构件正截面的形心重合时，为轴心受压构件，如图5.1（a）所示；当轴向压力的作用点与构件正截面的形心不重合时，为偏心受压构件，如图5.1（b）、（c）所示。当构件截面同时作用轴心压力N和弯矩M时（图 5.1（d）所示），与偏心距为e_0（$e_0 = M/N$）的轴向压力作用是等效的。

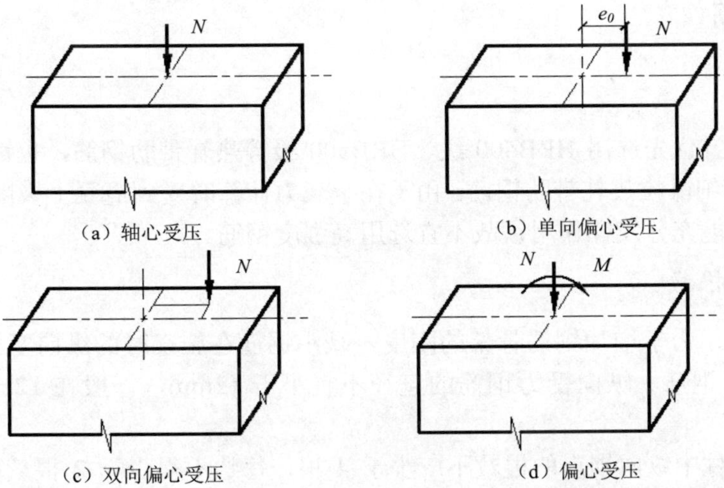

（a）轴心受压　（b）单向偏心受压　（c）双向偏心受压　（d）偏心受压

图5.1　轴心受压与偏心受压构件

在实际工程中，理想的轴心受压构件是不存在的。由于施工时钢筋位置和截面几何尺寸的误差，构件混凝土浇筑的不均匀、实际的荷载合力对构件截面形心总是或多或少存在着偏心，钢筋的不对称布置，装配式构件安装定位的不准确，都会导致轴向压力存在偏心。但对于某些构件，如以承受恒载为主的框架中柱、桁架的受压腹杆，构件截面上的弯矩很小，以承受轴向压力为主，可以近似地按照轴心受压构件考虑。

第1节　受压构件的构造规定

1. 截面形式和尺寸

钢筋混凝土受压构件的截面形式应考虑受力合理和模板制作方便。轴心受压构件一般采用方形截面；如果建筑上有特殊要求，也可以采用圆形或多边形。偏心受压构件常采用矩形截面，截面长边布置在弯矩作用方向，为了节省混凝土及减轻结构自重，装配式受压构件也常采用I形截面或双肢截面形式。

受压构件截面尺寸与长度相比不宜太小，因为构件越细长，纵向弯曲的影响越大，承载力降低得越多，因而不能充分利用材料的强度。钢筋混凝土受压构件截面尺寸一般不宜小于250mm×250mm，矩形截面一般取$l_0/h\leqslant 25$，$l_0/b\leqslant 30$（l_0为柱的计算长度），同时截面的长边h与短边b的比值常选用$h/b=1.5\sim 3.0$。

为了施工支模方便，截面尺寸应符合模数要求。截面边长在800mm及以下时，以50mm为模数递增，800mm以上时，以100mm为模数递增。

2．混凝土材料

混凝土强度等级对受压构件正截面承载力的影响较大。为了减小构件截面尺寸及节省钢材，宜采用较高强度等级的混凝土，一般采用C25～C40。对多层及高层建筑结构的下层柱，必要时可以采用更高强度等级的混凝土。

3．纵向钢筋

（1）强度

纵向受力钢筋宜优先选用HRB400级、HRB500级等热轧带肋钢筋，也可采用HRBF400级、HRBF500级等细晶粒热轧带肋钢筋。由于在承载力计算时受到混凝土极限压应变的限制，采用高强度钢筋不能充分发挥作用，故不宜选用高强度钢筋。

（2）直径和根数

在受压构件中，为了增加钢筋骨架的刚度，减小钢筋在施工时的纵向弯曲，宜采用大直径钢筋作纵向受力钢筋。纵向受力钢筋的直径不宜小于12mm，一般在12～32 mm范围内选用。

正方形和矩形柱中纵向钢筋的根数不应少于4根，每边不得少于2根，以便与箍筋形成钢筋骨架；圆柱中纵向钢筋宜沿周边均匀布置，根数不宜少于8根，且不应少于6根。

（3）布置与间距

轴心受压构件中的纵向钢筋应沿构件截面周边均匀布置，偏心受压构件中的纵向钢筋应布置在偏心方向的两侧，且柱截面每个角必须有一根钢筋。

柱中钢筋间距过密会影响混凝土浇筑密实；过疏则难以维持对芯部混凝土的围箍约束。因此要求柱中纵向钢筋的净间距不应小于50mm，且不宜大于300mm。水平浇筑的预制柱，纵向钢筋的最小净间距按关于梁的有关规定取用。

在偏心受压柱中，垂直于弯矩作用平面的侧面上的纵向受力钢筋以及轴心受压柱中各边的纵向受力钢筋，其中距不宜大于300mm。

偏心受压柱的截面高度不小于600mm时，在柱的侧面上应设置直径不小于10mm的纵向构造钢筋，防止构件因温度和混凝土收缩应力而产生裂缝，并相应设置复合箍筋和拉筋。

（4）配筋率

受压构件的全部纵向钢筋和一侧纵向钢筋的配筋率应按构件的全截面面积计算。

1）最小配筋率。为改善受压构件的脆性特征，避免混凝土突然压溃，纵向受力钢筋的最小配筋率不应小于表5.1规定的数值。

表5.1　纵向受力钢筋的最小配筋百分率 ρ_{min}（%）

受压构件		最小配筋百分率
全部纵向钢筋	强度等级500MPa	0.50
	强度等级400MPa	0.55
	强度等级300MPa、335MPa	0.60
一侧纵向钢筋		0.20

注：全部纵向钢筋最小配筋百分率，当采用C60以上强度等级的混凝土时，应按表中规定增加0.10。

2）最大配筋率。配筋过多的柱在混凝土长期受压发生徐变后突然卸载，钢筋弹性回复会造成混凝土受拉甚至开裂，故要求柱中全部纵向钢筋的配筋率不宜大于5%。

4．箍筋

（1）作用、级别

受压构件中配置箍筋的作用是为了保证纵向钢筋的位置正确；承担剪力和扭矩；防止纵向钢筋受压时向外弯凸和混凝土保护层横向胀裂剥落，并与纵筋一起形成对芯部混凝土的围箍约束。受压构件的箍筋一般采用HPB300级和HRB335级钢筋，与纵筋绑扎或焊接形成整体骨架。

（2）直径、间距和形式

箍筋直径不应小于 $d/4$，且不应小于6mm， d 为纵向钢筋的最大直径。

箍筋间距不应大于400mm及构件截面的短边尺寸，且不应大于15d，d 为纵向钢筋的最小直径。

柱及其他受压构件中的周边箍筋应做成封闭式；对圆柱中的箍筋，搭接长度不应小于第一章第三节规定的锚固长度，且末端应做成135°弯钩，弯钩末端平直段长度不应小于5d，d 为箍筋直径。

柱中全部纵向受力钢筋的配筋率大于3%时，箍筋直径不应小于8mm，间距不应大于10d，且不应大于200 mm。箍筋末端应做成135°弯钩，且弯钩末端平直段长度不应小于10d，d 为纵向受力钢筋的最小直径。

（3）复合箍筋

当柱截面短边尺寸大于400mm且各边纵向钢筋多于3根时，或当柱截面短边尺寸不大于400mm但各边纵向受力钢筋多于4根时，应设置复合箍筋，以防止中间的纵向钢筋受压向外弯凸。复合箍筋布置原则是尽可能使每根纵筋位于箍筋的转角处，若纵向钢筋根数较多，允许纵向钢筋各一根位于箍筋的转角处，以使纵向钢筋能在两个方向受到固定。复合箍筋的直径和间距与普通箍筋要求相同，见图 5.2 所示。

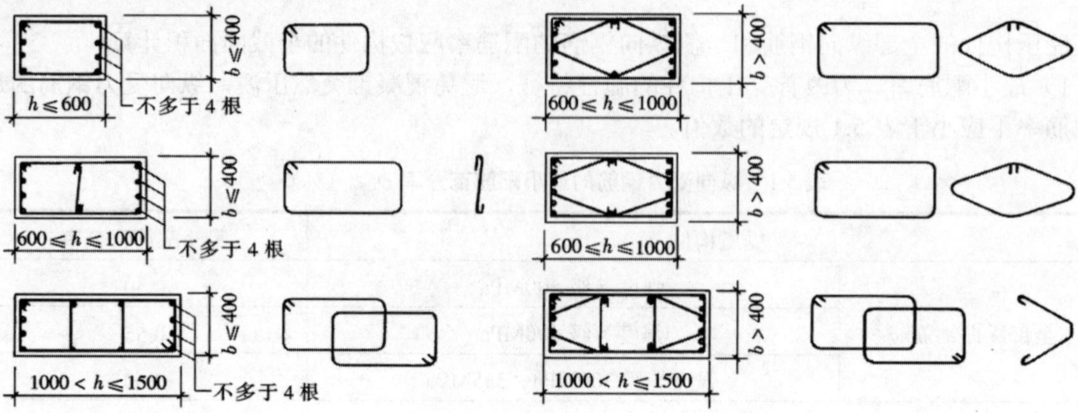

图 5.2　箍筋的配置

对于截面复杂的柱．不得采用含有内折角式的箍筋，以免造成折角处混凝土崩裂（因箍筋受拉，在该处的箍筋合力指向折角），而应采用图 5.3 所示的分离式封闭箍筋。

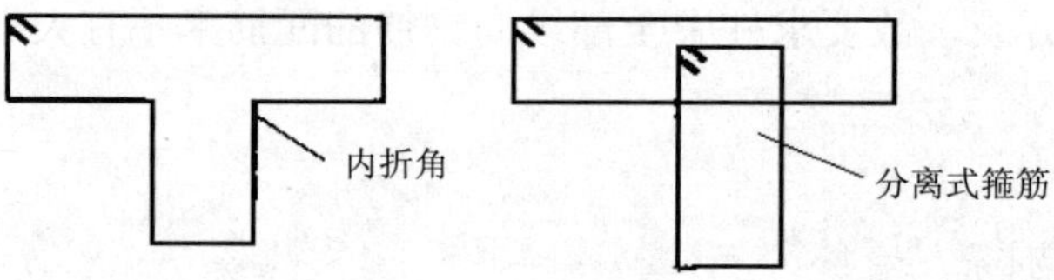

图 5.3　分离式箍筋

第 2 节　轴心受压构件正截面承载力计算

钢筋混凝土轴心受压柱由纵向受力钢筋和箍筋经绑扎或焊接形成钢筋骨架。根据箍筋配置方式的不同，轴心受压柱可分为配有纵向受力钢筋及普通箍筋的普通箍筋柱和配有纵向受力钢筋及螺旋箍筋或焊接环式箍筋的螺旋箍筋柱，如图 5.4 所示。

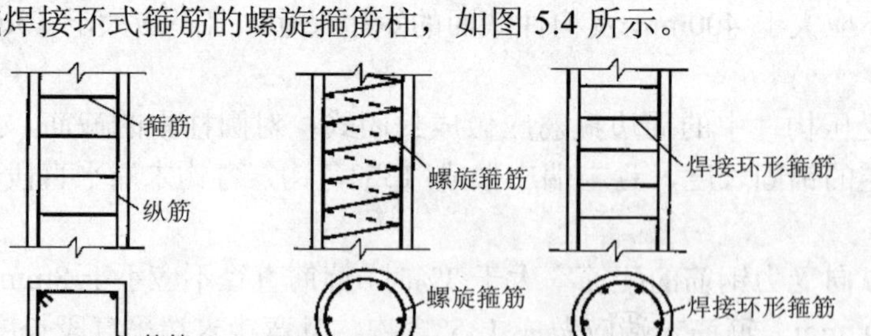

（a）普通箍筋柱　　（b）螺旋箍筋柱

图 5.4　轴心受压柱的形式

由于构造简单和施工方便，普通箍筋柱是工程中最常见的轴心受压构件，截面形状多为矩形或正方形。当柱承受很大的轴向压力，而柱截面尺寸由于建筑及使用上的要求又受到限制，若按普通箍筋柱设计，即使提高混凝土强度等级和增加纵筋配筋量也不足以承受该轴向荷载时，可以考虑采用螺旋箍筋或焊接环形箍筋以提高受压承载力，这种柱的截面形状一般为圆形或多边形。与普通箍筋柱相比，螺旋箍筋柱用钢量大，施工复杂，造价较高。本节主要介绍普通箍筋柱承载力的计算。

1．试验分析

柱承载力计算理论也是建立在试验基础上的。试验表明，柱的长细比对柱的承载力影响较大，柱长细比指柱的计算长度l_0与截面回转半径i之比。根据长细比的不同，轴心受压柱可分为短柱和长柱。当$l_0/b \leqslant 8$（矩形截面，b为截面较小边长）或$l_0/d \leqslant 7$（圆形截面，d为直径）或$l_0/i \leqslant 28$（其他截面，i为截面最小回转半径）时，为短柱；当$l_0/b > 8$或$l_0/d > 7$或$l_0/i > 28$时，为长柱。长柱和短柱两者的破坏形态和承载力不同。

（1）短柱破坏试验

根据试验观察，短柱的破坏可分为三个阶段。

1）弹性阶段。在荷载较小时，由于钢筋与混凝土之间存在黏结力，混凝土与钢筋始终保持共同变形，整个截面的应变是均匀分布的，两种材料的压应变保持一致，应力的比值基本上等于两者弹性模量之比。

2）塑性阶段。随着荷载逐渐增大，混凝土塑性变形开始发展，其变形模量降低，在相同荷载增量下，钢筋的压应力明显地比混凝土的压应力增加得快，两者的应力比值不再等于弹性模量之比。若荷载长期持续作用，混凝土将发生徐变，钢筋与混凝土之间会产生应力重分配，使混凝土的应力减小，钢筋的应力增加。

3）破坏阶段。随着荷载的继续增加，柱中开始出现纵向微细裂缝，当轴向加载达到柱破坏荷载的 90%时，柱四周出现明显的纵向裂缝及压坏痕迹，见图 5.5（a）所示，混凝土保护层剥落，最后，箍筋间的纵向钢筋向外弯凸，混凝土被压碎而破坏，见图 5.5（b）所示。这时混凝土的应力达到轴心抗压强度f_c，钢筋应力也达到受压屈服强度f_y'。

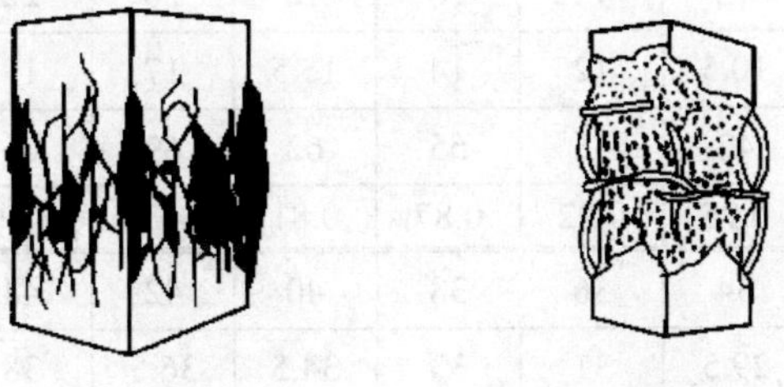

（a）　（b）

图 5.5　轴心受压短柱的破坏形态

试验表明，柱子延性的好坏主要取决于箍筋的数量和形式。箍筋的数量越多，对柱子的侧向约束程度越大，柱子的延性就越好。

短柱破坏时，对一般中等强度的钢筋，是纵筋先达到屈服强度，此时荷载仍可继续增加，最后混凝土达到其极限压应变，构件破坏。当采用高强钢筋时，在混凝土达到极限应力时，钢筋没有达到屈服强度，在继续变形一段后，构件破坏。因此，在柱中采用高强钢筋作为受压钢筋时，不能充分发挥其高强度作用，不经济。

（2）长柱破坏试验

长柱在轴向压力作用下，不仅发生压缩变形，同时还发生弯曲变形，产生横向挠度。在荷载不大时，长柱全截面受压，但由于发生弯曲，内凹一侧的压应力比外凸一侧的压应力大。随着荷载增加，凸侧由受压突然变为受拉，出现水平的受拉裂缝，破坏前，横向挠度增加得很快，使长柱的破坏比较突然。破坏时，凹侧混凝土被压碎，纵向钢筋被压弯而向外弯凸，其破坏形态见图 5.6 所示。

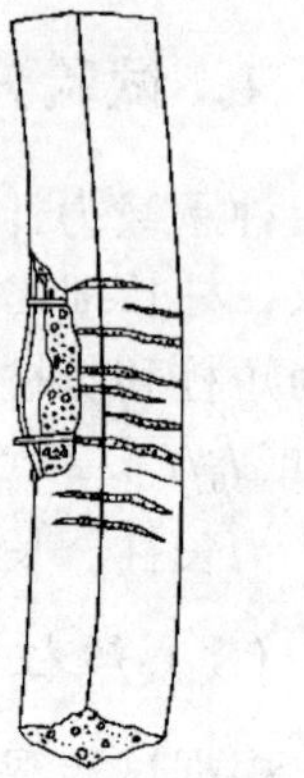

图 5.6　轴心受压长柱的破坏形态

工程中的轴心受压柱都存在初始偏心距，偏心距对短柱的影响可以忽略不计，但对长柱的影响较大。长柱在荷载作用下，初始偏心距产生附加弯矩，附加弯矩产生的横向挠度又加大了偏心距，相互影响的结果使长柱最终在轴向压力和弯矩的共同作用下发生破坏。很细长的长柱还有可能发生失稳破坏。

将截面尺寸、混凝土强度等级和配筋面积相同的长柱与短柱比较，发现长柱的承载能力小于短柱的承载能力，《混凝土结构设计规范》采用稳定系数 φ 来表示长柱承载能力降低的程度，即

$$\varphi=\frac{N_u^l}{N_u^s}。$$

式中：N_u^l——长柱的受压承载力；

N_u^s——短柱的受压承载力。

试验表明，影响稳定系数 φ 的主要因素是柱的长细比，稳定系数 φ 随长细比的增大而减小。《规范》给出的 φ 值见表 5.2。

表 5.2　钢筋混凝土轴心受压构件的稳定系数 φ

l_0/b	≤8	10	12	14	16	18	20	22	24	26	28
l_0/d	≤7	8.5	10.5	12	14	15.5	17	19	21	22.5	24
l_0/i	≤28	35	42	48	55	62	69	76	83	90	97
φ	1.00	0.98	0.95	0.92	0.87	0.81	0.75	0.70	0.65	0.60	0.56
l_0/b	30	32	34	36	38	40	42	44	46	48	50
l_0/d	26	28	29.5	31	33	34.5	36.5	38	40	41.5	43
l_0/i	104	111	118	125	132	139	146	153	160	167	174
φ	0.52	0.48	0.44	0.40	0.36	0.32	0.29	0.26	0.23	0.21	0.19

注：1. l_0 为构件的计算长度；

2. b 为矩形截面的短边尺寸，d 为圆形截面的直径，i 为截面的最小回转半径。

2．普通箍筋柱正截面受压承载力计算公式

根据上述分析，在承载能力极限状态时，轴心受压构件正截面受压承载力计算简图如图 5.7 所示。根据构件截面竖向力的平衡条件，并考虑长柱与短柱计算公式的统一以及构件可靠度的调整因素后，配有纵向钢筋和普通箍筋的轴心受压构件正截面承载力设计表达式可表

示为

$$N \leqslant 0.9\varphi(f_c A + f_y' A_s') \tag{5.1}$$

式中：N——轴向压力设计值；

φ——钢筋混凝土构件的稳定系数，按表 5.2 采用；

0.9——可靠度调整系数；

f_c——混凝土轴心抗压强度设计值；

A——构件截面面积，当纵向普通钢筋的配筋率大于 3%时，式（5.1）中 A 应改用（$A-A_s'$）代替；

f_y'——纵向钢筋的抗压强度设计值；

A_s'——全部纵向普通钢筋的截面面积。

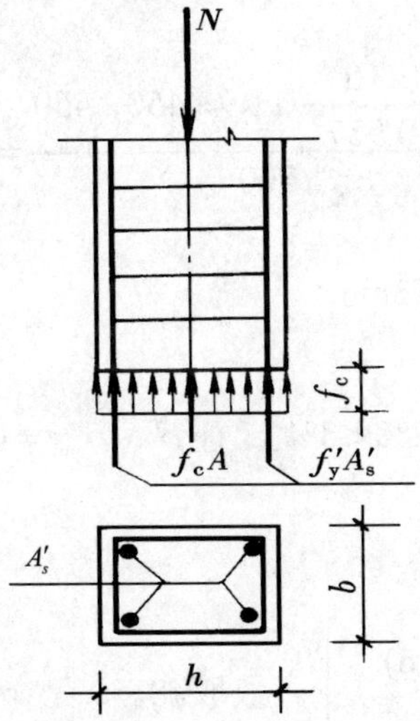

图 5.7　轴心受压构件正截面受压承载力计算简图

3. 公式应用

（1）截面设计

在截面设计时，已知轴心压力设计值 N 及计算长度 l_0，构件的截面尺寸、混凝土强度等级及钢筋级别，计算钢筋截面面积 A_s'。

1）计算构件的长细比 l_0/b，查表 5.2 得稳定系数 φ。

2）根据公式（5.1）计算纵向钢筋的截面面积 A_s'。

$$A_s' = \frac{\dfrac{N}{0.9\varphi} - f_c A}{f_y'}$$

3）选配钢筋，并应符合纵向钢筋的构造要求。

4）验算配筋率 ρ'。

$\rho' = \dfrac{A_s'}{A}$，要求配筋率 $\rho' \geqslant \rho_{\min}$（$\rho_{\min}$ 查表 5.1），且 $\rho' \leqslant 3\%$；若 $\rho' > 3\%$，则将公式（5.1）中 A 用（$A-A_s'$）代替，重新求解 A_s'。

5）绘制配筋图。

【例 5.1】 某现浇多层钢筋混凝土框架结构，底层中柱按轴心受压构件计算，柱的计算长度 $l_0 = 5.8\text{m}$，截面尺寸为 $450\text{mm} \times 450\text{mm}$，承受轴心压力设计值 $N = 2780\text{kN}$，混凝土强度等级为 C25，钢筋采用 HRB400 级，要求确定纵筋的截面面积 A_s' 并进行钢筋的布置。

解：查表得 $f_c = 11.9\text{N/mm}^2$，$f_y' = 360\text{N/mm}^2$。

1）确定稳定系数 φ。

$l_0/b = 5800/450 = 12.89 > 8$，属于长柱，查表 5.2 得稳定系数 $\varphi = 0.937$。

2）计算纵向钢筋的截面面积 A_s'。

$$A_s' = \frac{\dfrac{N}{0.9\varphi} - f_c A}{f_y'}$$

$$= \frac{\dfrac{2780 \times 10^3}{0.9 \times 0.937} - 11.9 \times 450 \times 450}{360} = 2464\text{mm}^2$$

3）选配钢筋。

受压钢筋选用 8⏀20，$A_s' = 2513\text{mm}^2$。

4）验算配筋率 ρ'。

$\rho' = \dfrac{A_s'}{A} = \dfrac{2513}{450 \times 450} \times 100\% = 1.2\% < 3\%$，且 $\rho' > \rho_{\min} = 0.55\%$，满足要求。

5）绘制配筋图。

箍筋按构造要求选用：

直径 $d \begin{Bmatrix} \geqslant \dfrac{1}{4} d_{\max} = \dfrac{1}{4} \times 20 = 5(\text{mm}) \\ \geqslant 6\text{mm} \end{Bmatrix}$，故取 $\phi 8$。

间距 $s \begin{Bmatrix} \leqslant 400\text{mm} \\ \leqslant b = 450\text{mm} \\ \leqslant 15 d_{\min} = 15 \times 20 = 300(\text{mm}) \end{Bmatrix}$ 故取 $s = 300\text{mm}$。

箍筋选用 $\phi 8$@300，配筋图见图 5.8 所示。

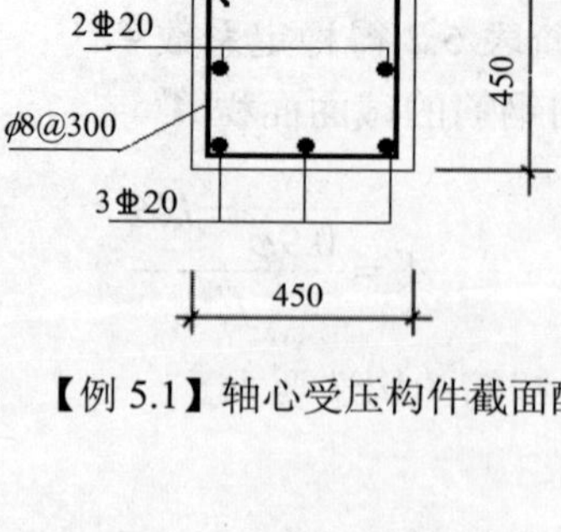

图 5.8 【例 5.1】轴心受压构件截面配筋图

（2）承载力复核

在截面承载力复核时，已知构件的截面尺寸、计算长度 l_0、混凝土强度等级、钢筋级别及

所配钢筋截面面积 A_s'，验算构件正截面的受压承载力。

1）验算配筋率 ρ'。

$\rho' = \dfrac{A_s'}{A}$，要求配筋率 $\rho_{\min} \leqslant \rho' \leqslant 5\%$（$\rho_{\min}$ 查表 5.1）。

2）计算构件的长细比 l_0/b，查表 5.2 得稳定系数 φ。

3）由公式（5.1）得构件正截面受压承载力 N_u，若 $\rho' > 3\%$，则将 A 用（$A - A_s'$）代替。

$$N_u = 0.9\varphi(f_c A + f_y' A_s')$$

4）若构件的轴向压力设计值 $N \leqslant N_u$，则构件正截面安全，否则不安全。

【例 5.2】 根据建筑要求某现浇柱截面尺寸为 $350\text{mm} \times 350\text{mm}$，柱计算长度 $l_0 = 3.2\text{m}$，在柱内配有 4Φ22 钢筋（$A_s' = 1520\text{mm}^2$），构件的混凝土强度等级为 C30，柱的轴向力设计值 $N = 1890\text{kN}$，复核该截面是否安全。

解：查表得 $f_c = 14.3\text{N/mm}^2$，$f_y' = 360\text{N/mm}^2$。

1）验算配筋率 ρ'。

$\rho' = \dfrac{A_s'}{A} = \dfrac{1520}{350 \times 350} = 1.24\% < 3\%$，且 $\rho' \geqslant \rho_{\min} = 0.55\%$（$\rho_{\min}$ 查表 5.1）

2）计算构件的长细比 l_0/b，查表 5.2 得稳定系数 φ。

$l_0/b = 3200/350 = 9.14 > 8$，属于长柱，查表 5.2 得稳定系数 $\varphi = 0.987$。

3）计算构件正截面受压承载力 N_u。

$$\begin{aligned} N_u &= 0.9\varphi(f_c A + f_y' A_s') \\ &= 0.9 \times 0.987 \times (14.3 \times 350 \times 350 + 360 \times 1520) \\ &= 2042.15\text{kN} > N \end{aligned}$$

4）构件的轴向压力设计值 $N \leqslant N_u$，故构件正截面安全。

第 3 节　偏心受压构件的破坏特征

1. 试验分析

按截面破坏特征的不同，偏心受压构件破坏分为大偏心受压破坏和小偏心受压破坏两类。

（1）大偏心受压破坏

当偏心距 e_0 较大且距偏心力 N 较远一侧的钢筋配筋量适量时，发生大偏心受压破坏。其破坏特征与适筋双筋梁类似，在偏心力 N 作用下，离偏心力较远一侧截面受拉，离偏心力较近一侧截面受压。破坏时受拉钢筋应力首先达到屈服强度 f_y，然后受压钢筋达到屈服强度 f_y'，受压边缘混凝土达到极限压应变 ε_{cu}。由于破坏是从受拉区开始的，故这种破坏又称为“受拉破坏”。大偏心受压破坏前具有明显的预兆，钢筋屈服后构件的变形急剧增大，裂缝显著开展，属于延性破坏。当截面给定时，其承载力主要取决于受拉钢筋。大偏心受压破坏截面应力图形如图 5.9 所示。

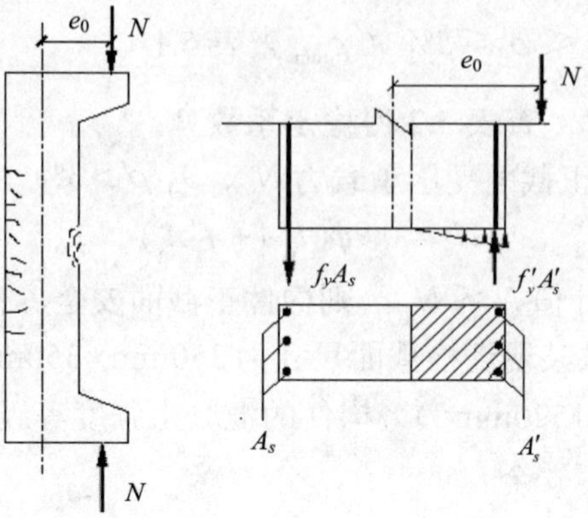

图 5.9　大偏心受压破坏截面应力图形

(2) 小偏心受压破坏

小偏心受压破坏有三种情形：

1) 偏心距 e_0 很小时，构件截面全部受压。荷载逐渐增加时，压应力也逐渐增大，当靠近偏心力一侧的混凝土达到极限压应变 ε_{cu} 时，混凝土被压碎，该侧的受压钢筋也达到屈服；但破坏时，另一侧的混凝土和钢筋的应力都很小，钢筋达不到屈服，如图 5.10（a）所示。

2) 偏心距 e_0 较小时，构件截面大部分受压，小部分受拉。荷载逐渐增加时，受拉区虽有裂缝产生但开展缓慢，受拉钢筋达不到屈服，构件破坏时受压钢筋达到屈服，受压区混凝土被压碎，如图 5.10（b）所示。

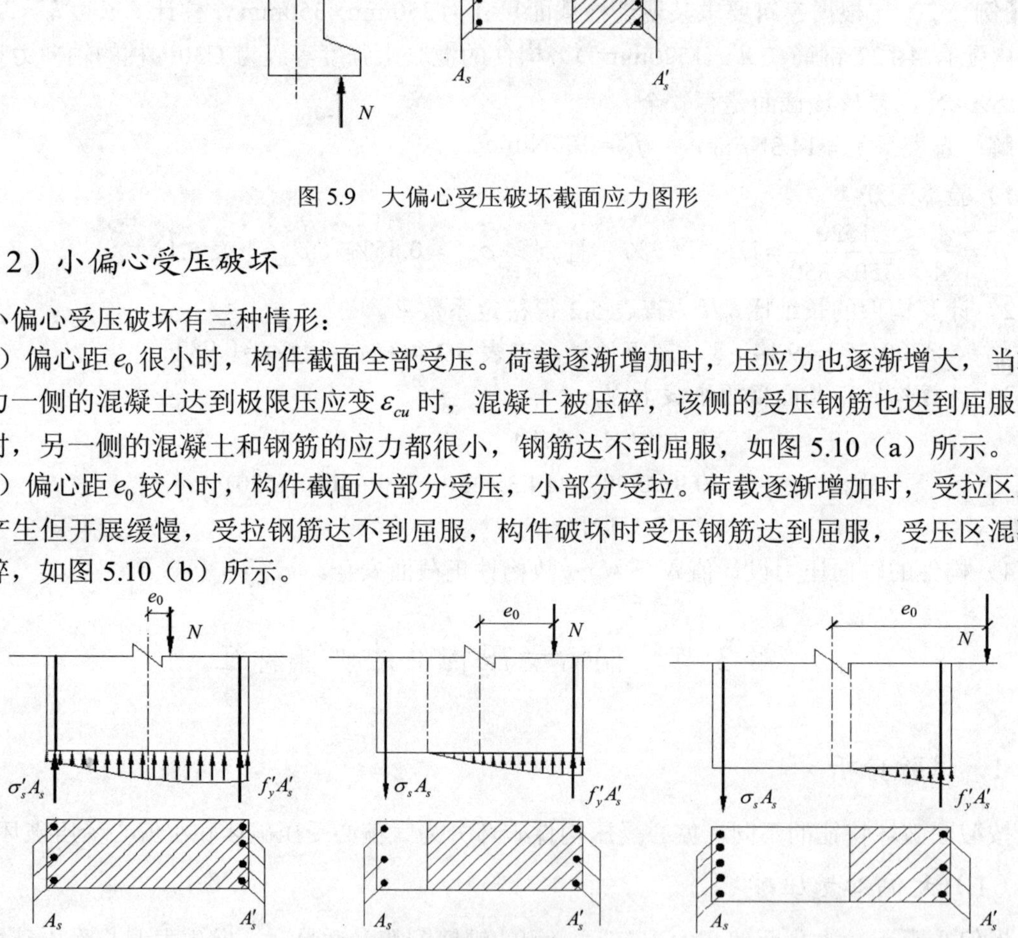

（a）截面全部受压　　（b）截面大部分受压　　（c）A_s 配置过多

图 5.10　小偏心受压破坏截面应力图形

3) 当偏心距 e_0 较大且距偏心力 N 较远一侧的钢筋配筋量过多时，受拉区的裂缝开展缓慢，受拉钢筋的应力增长也非常缓慢，受拉钢筋达不到屈服。构件的破坏也是由于受压区混凝土的压碎而引起的，破坏时受压钢筋能达到屈服，如图 5.10（c）所示。

综上所述，小偏心受压破坏都是靠近轴向力 N 一侧的混凝土首先被压碎，这一侧的纵向受压钢筋也达到抗压屈服强度；而远离轴向力 N 一侧的纵向钢筋无论受压还是受拉，一般不会屈服。由于破坏是从受压区开始的，故这种破坏又称为“受压破坏”。小偏心受压破坏前变形没有急剧的增长，破坏无明显预兆，属于脆性破坏。当截面给定时，其承载力主要取决于受压区混凝土及受压钢筋。

2．大、小偏心受压破坏形态的界限

由于大、小偏心受压的破坏特征与配有受压钢筋的适筋梁和超筋梁的破坏特征相同，因此大、小偏心受压破坏的界限条件与适筋梁和超筋梁的界限条件相类似，即受拉侧钢筋应力达到屈服强度的同时，受压侧混凝土恰好达到极限压应变而破坏，这种破坏为大、小偏心受压的界限，界限破坏时的界限相对受压区高度 ξ_b 的计算与梁相同。所以，可以用 ξ_b 来判别两种不同的偏心受压状态：

当 $\xi \leqslant \xi_b$ 时，为大偏心受压构件；

当 $\xi > \xi_b$ 时，为小偏心受压构件。

3．附加偏心距 e_a

由于工程中实际存在着荷载作用位置的不定性、混凝土质量的不均匀性、配筋的不对称及施工的偏差等因素，都可能产生附加偏心距。《规范》规定：偏心受压构件的正截面承载力计算时，应计入轴向压力在偏心方向存在的附加偏心距 e_a，其值应取 20mm 和偏心方向截面最大尺寸的 1/30 两者中的较大值。

在偏心受压构件正截面承载力计算中，考虑了附加偏心距 e_a 后，轴向压力的偏心距用 e_i 表示，称为初始偏心距，即

$$e_i = e_0 + e_a \tag{5.2}$$

4．偏心受压构件的二阶效应（$P \sim \delta$ 效应）考虑

结构中的二阶效应是指作用在构件中的轴向压力，在变形后的结构中引起的附加内力和附加变形。

图 5.11（a）所示的偏心受压构件，在杆端同号弯矩 M_1 和 M_2（$M_1 < M_2$）及轴向压力 P 的作用下产生单曲率弯曲。一阶弯矩如图 5.11（b）所示，考虑二阶效应后，轴向压力 P 对杆件任一截面产生的附加弯矩为 $P\delta$，如图 5.11（c）所示，与一阶弯矩叠加后，得 $M = M_0 + P\delta$，如图 5.11（d）所示。如果附加弯矩 $P\delta$ 较大，且 M_1 和 M_2 较接近，则可能 $M > M_2$，此时构件的控制截面就转移到中部，因此需要考虑二阶效应。

《规范》规定：弯矩作用平面内截面对称的偏心受压构件，当同一主轴方向的杆端弯矩比 $\dfrac{M_1}{M_2}$ 不大于 0.9 且轴压比 $\dfrac{N}{f_c A}$ 不大于 0.9 时，若构件的长细比满足公式（5.3）的要求时，可不考虑轴向压力在该方向挠曲杆件中产生的附加弯矩影响，否则应按截面两个主轴方向分别考虑轴向力在挠曲杆件中产生的附加弯矩影响。

$$\frac{l_0}{i} \leqslant 34 - 12\frac{M_1}{M_2} \tag{5.3}$$

式中：M_1、M_2——分别为已考虑侧移影响的偏心受压构件两端截面按结构弹性分析确定的对同一主轴的组合弯矩设计值，绝对值较大端为 M_2，绝对值较小端为 M_1，当构件按单曲率弯曲时，M_1/M_2 取正值，否则取负值；

l_0——构件的计算长度，可近似取偏心受压构件相应主轴方向上下支撑点之间的距离；

i——偏心方向的截面回转半径。

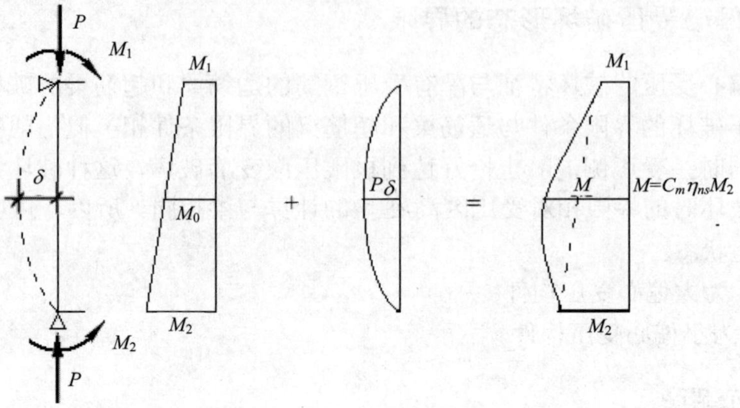

（a）单曲率弯曲　（b）一阶弯矩图　（c）附加弯矩图　（d）叠加弯矩图

图 5.11　偏心受压构件杆端同号弯矩的二阶效应

由此可知，只要满足下列条件之一：

1）$\dfrac{M_1}{M_2}>0.9$；2）$\dfrac{N}{f_cA}>0.9$；3）$\dfrac{l_0}{i}>34-12\dfrac{M_1}{M_2}$时，就需要考虑$P\sim\delta$效应。

《规范》规定：除排架结构柱外，其他偏心受压构件考虑轴向压力在挠曲杆件中产生的二阶效应后控制截面的弯矩设计值，应按下列公式计算：

$$M=C_m\eta_{ns}M_2 \tag{5.4}$$

$$C_m=0.7+0.3\frac{M_1}{M_2} \tag{5.5}$$

$$\eta_{ns}=1+\frac{1}{1300(M_2/N+e_a)/h_0}\left(\frac{l_0}{h}\right)^2\zeta_c \tag{5.6}$$

$$\zeta_c=\frac{0.5f_cA}{N} \tag{5.7}$$

当$C_m\eta_{ns}$小于 1.0 取 1.0。

式中：C_m——构件端截面偏心距调节系数，当小于 0.7 时取 0.7；

η_{ns}——弯矩增大系数；

N——与弯矩设计值M_2相应的轴向压力设计值；

e_a——附加偏心距；

ζ_c——截面曲率修正系数，当计算值大于 1.0 时取 1.0；

h——截面高度；

h_0——截面有效高度；

A——构件截面面积。

当构件的杆端承受异号弯矩和轴向压力P时，其杆件的挠曲变形为双曲率弯曲，反弯点在杆件长度的中部。虽然轴向压力P对杆件的截面产生附加弯矩，但叠加后的弯矩值一般不会超过杆端弯矩值，故控制截面不会发生转移，可不考虑$P\sim\delta$效应。

第 4 节　矩形截面偏心受压构件正截面受压承载力计算

1．基本假定

与受弯构件基本相同，钢筋混凝土矩形截面偏心受压构件的正截面受压承载力计算采用下列基本假定：

1）截面应变符合平截面假定；

2）不考虑受拉区混凝土参加工作；

3）混凝土的极限压应变 $\varepsilon_{cu}=0.0033$；

4）受压区混凝土采用等效矩形应力图形。

2．基本公式

（1）大偏心受压构件

根据大偏心受压破坏时的截面应力图形（图 5.9）和基本假定，大偏心受压构件的正截面受压承载力计算简图如图 5.12 所示，根据截面内力平衡条件，并满足承载能力极限状态设计表达式的要求，可建立矩形截面大偏心受压构件正截面受压承载力计算公式如下：

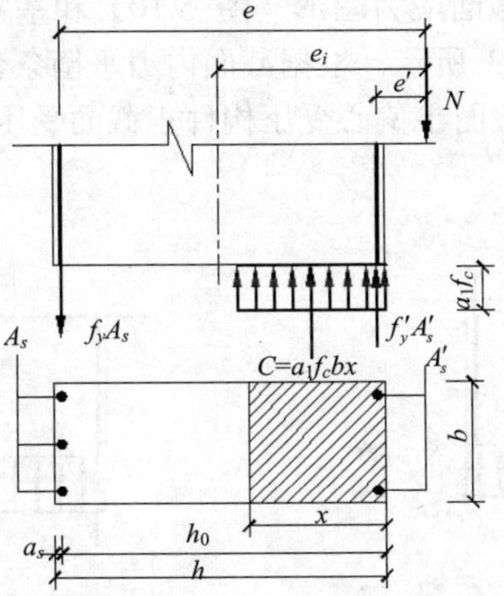

图 5.12　矩形截面大偏心受压构件正截面受压承载力计算简图

$$N \leqslant \alpha_1 f_c bx + f'_y A'_s - f_y A_s \tag{5.8}$$

$$Ne \leqslant \alpha_1 f_c bx(h_0 - \frac{x}{2}) + f'_y A'_s (h_0 - a'_s) \tag{5.9}$$

$$e = e_i + \frac{h}{2} - a_s$$

$$e_i = e_0 + e_a$$

$$e_0 = \frac{M}{N}$$

式中：A_s——远离轴向力一侧的纵向钢筋截面面积；

A'_s——靠近轴向力一侧的纵向钢筋截面面积；

a'_s——靠近轴向力一侧的纵向钢筋 A'_s 合力点至截面近边缘的距离；

e——轴向压力 N 的作用点至受拉区纵向钢筋 A_s 合力点的距离；

e_0——轴向压力 N 对截面重心的偏心距，考虑二阶效应时，M 按公式（5.4）计算。

为了计算方便，可将基本公式改写为如下的实用公式：

将 $x=\xi h_0$ 代入基本公式（5.8）、式（5.9）中，令 $\alpha_s=\xi(1-0.5\xi)$，则得出

$$N \leqslant \alpha_1 f_c b\xi h_0 + f'_y A'_s - f_y A_s \tag{5.10}$$

$$Ne \leqslant \alpha_1 \alpha_s f_c b{h_0}^2 + f'_y A'_s (h_0 - a'_s) \tag{5.11}$$

基本公式和实用公式均应满足下列适用条件：

1）为了保证构件破坏时受拉钢筋的应力能达到屈服强度，应满足 $x \leqslant \xi_b h_0$ 或 $\xi \leqslant \xi_b$；

2）为了保证构件破坏时受压钢筋的应力能达到屈服强度，应满足 $x \geqslant 2a'_s$。

当 $x < 2a'_s$ 时，受压钢筋不能屈服，偏于安全地取 $x = 2a'_s$，并对受压钢筋合力点取矩得

$$Ne' \leqslant f_y A_s (h_0 - a'_s) \tag{5.12}$$

式中：e'——轴向压力 N 的作用点至受压区纵向钢筋 A'_s 合力点的距离，$e' = e_i - \dfrac{h}{2} + a'_s$。

（2）小偏心受压构件

根据小偏心受压破坏时的截面应力图形（图 5.10）和基本假定，小偏心受压构件的正截面受压承载力计算简图如图 5.13 所示，根据截面内力平衡条件，并满足承载能力极限状态设计表达式的要求，可建立矩形截面小偏心受压构件正截面受压承载力计算公式如下：

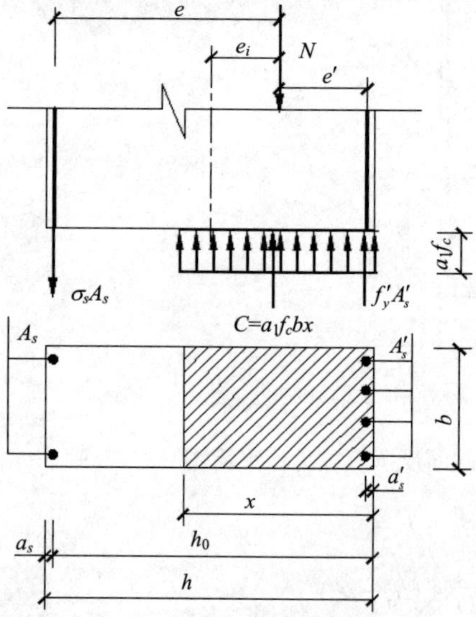

图 5.13　矩形截面小偏心受压构件正截面受压承载力计算简图

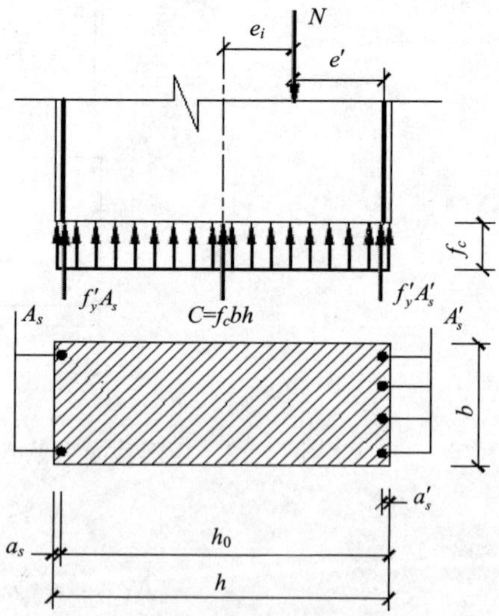

图 5.14　矩形截面小偏心受压构件正截面受压承载力计算简图（$N > f_c bh$）

$$N \leqslant \alpha_1 f_c bx + f_y' A_s' - \sigma_s A_s \tag{5.13}$$

$$Ne \leqslant \alpha_1 f_c bx(h_0 - \frac{x}{2}) + f_y' A_s'(h_0 - a_s') \tag{5.14}$$

$$e = e_i + \frac{h}{2} - a_s$$

远离轴向力一侧的纵向钢筋A_s，无论是受压还是受拉，均未达到屈服，其应力σ_s随ξ呈线性变化，可按下列近似公式进行计算：

$$\sigma_s = \frac{\xi - \beta_1}{\xi_b - \beta_1} f_y \tag{5.15}$$

同时σ_s还应符合如下条件：

$$-f_y' \leqslant \sigma_s \leqslant f_y$$

当$\xi = \xi_b$时，$\sigma_s = f_y$；当$\xi = \beta_1 = 0.8$时，$\sigma_s = 0$。

矩形截面非对称配筋的小偏心受压构件，当N大于$f_c bh$时，偏心距很小而轴向力很大，构件全截面受压，若远离轴向力一侧的钢筋A_s过少，则该侧混凝土就可能先达到极限压应变而破坏，钢筋A_s也同时达到屈服强度。为了防止这种情况发生，以A_s'为矩心建立方程对A_s进行验算，计算简图见图5.14，应满足下列公式：

$$Ne' \leqslant f_c bh(\frac{h}{2} - a_s') + f_y' A_s(h_0 - a_s') \tag{5.16}$$

$$e' = \frac{h}{2} - a_s' - (e_0 - e_a)$$

式中：e'——轴向压力N的作用点至受压区纵向钢筋A_s'合力点的距离，此时，轴向力作用点靠近截面重心，考虑对A_s最不利的情况，初始偏心距取$e_i = e_0 - e_a$。

3．偏心受压构件的界限受压承载力设计值N_b

当$\xi = \xi_b$时为大、小偏心受压的界限，由式（5.10）可得界限受压承载力N_b为

$$N_b = \alpha_1 f_c b \xi_b h_0 + f_y' A_s' - f_y A_s \tag{5.17}$$

当构件承受的轴向力设计值$N > N_b$时，截面处于小偏心受压状态；当$N < N_b$时且偏心距较大时，截面处于大偏心受压状态。

4．截面设计

（1）截面设计情况I

在进行偏心受压构件的截面设计时，已知荷载产生的轴力N、杆端弯矩M_1、M_2或偏心距e_0、混凝土强度等级、钢筋级别、构件截面尺寸及弯矩作用平面内构件的计算长度l_0，要求计算构件所需配置的纵向钢筋用量A_s和A_s'。

1）验算是否考虑附加弯矩的影响。

只要满足$\frac{M_1}{M_2} > 0.9$，或$\frac{N}{f_c A} > 0.9$，或$\frac{l_0}{i} > 34 - 12\frac{M_1}{M_2}$条件之一时，就需要考虑附加弯矩的影响。

2）大、小偏心受压的判别。

根据已知条件，在钢筋用量未知的情况下，无法按照ξ值进行大小偏心受压的判别。为了简化计算，可用下面的方法初步判别两类偏心受压情况。

当$e_i > 0.3h_0$时，可先按大偏心受压情况计算；

当$e_i \leqslant 0.3h_0$时，可先按小偏心受压情况计算。

这种判别方法只适用于矩形截面偏心受压构件。

3）构件的配筋计算。

①大偏心受压构件的配筋计算。

由于钢筋截面面积A_s和A_s'均未知，在利用基本式（5.8）、式（5.9）求解时，有3个未知量（A_s、A_s'、$x=\xi h_0$），不能求得唯一解，故需要补充一个条件才能得到确定的解。与双筋矩形截面梁类似，为充分利用混凝土的抗压能力，并保证钢筋A_s'屈服，同时使$A_s + A_s'$用量最少，因此取$\xi = \xi_b$，即$x = \xi_b h_0$，$\alpha_s = \alpha_{s,\max} = \xi_b(1-0.5\xi_b)$，利用公式（5.11）可得受压钢筋的截面面积

$$A_s' = \frac{Ne - \alpha_1 f_c b h_0^2 \xi_b (1-0.5\xi_b)}{f_y'(h_0 - a_s')}$$

$$= \frac{Ne - \alpha_1 \alpha_{s.\max} f_c b h_0^2}{f_y'(h_0 - a_s')} \geqslant 0.002bh$$

若计算得到的$A_s' < 0.002bh$时，取$A_s' = 0.002bh$，按A_s'为已知的情况（截面设计情况II）计算A_s。

将求得的A_s'代入公式（5.10），可得受拉钢筋的截面面积

$$A_s = \frac{\alpha_1 f_c b \xi_b h_0 + f_y' A_s' - N}{f_y} \geqslant 0.002bh$$

若计算得到的$A_s < 0.002bh$时，取$A_s = 0.002bh$。

选配钢筋，并验算全部纵向受力钢筋的配筋率，并满足《规范》规定的要求。

②小偏心受压构件的配筋计算。

将公式（5.15）及$x = \xi h_0$，代入式（5.13）、式（5.14），对常用混凝土，$\beta_1 = 0.8$，则有

$$N \leqslant \alpha_1 f_c b \xi h_0 + f_y' A_s' - \frac{A_s f_y (\xi - 0.8)}{\xi_b - 0.8} \quad (5.18)$$

$$Ne \leqslant \alpha_1 f_c b h_0^2 \xi (1-0.5\xi) + f_y' A_s' (h_0 - a_s') \quad (5.19)$$

当钢筋截面面积A_s和A_s'均未知，在利用式（5.18）、式（5.19）求解时，有3个未知量（A_s、A_s'、ξ），不能求得唯一解，故需要补充一个条件才能得到确定的解。

由于小偏心受压构件远离轴向力一侧的钢筋A_s可能受拉也可能受压，柱破坏时，其应力一般达不到屈服强度，为节约钢材，可按最小配筋率配置。

$$A_s = \rho_{\min} bh \quad (5.20)$$

当小偏心受压构件的轴向力$N > f_c bh$时，验算轴向力较远一侧的钢筋截面面积A_s，应满足下列公式：

$$A_s = \frac{Ne' - f_c bh(\frac{h}{2} - a_s')}{f_y'(h_0 - a_s')} \quad (5.21)$$

$$e'=\frac{h}{2}-a_s'-(e_0-e_a)$$

A_s 应取公式（5.20）和公式（5.21）中的较大值，将 A_s 的计算结果代入公式（5.18）和公式（5.19）计算 ξ 和 A_s'，但解方程比较繁琐，可以采用下列方法求解 ξ，如图 5.15 所示，对受压钢筋合力点取矩，可得

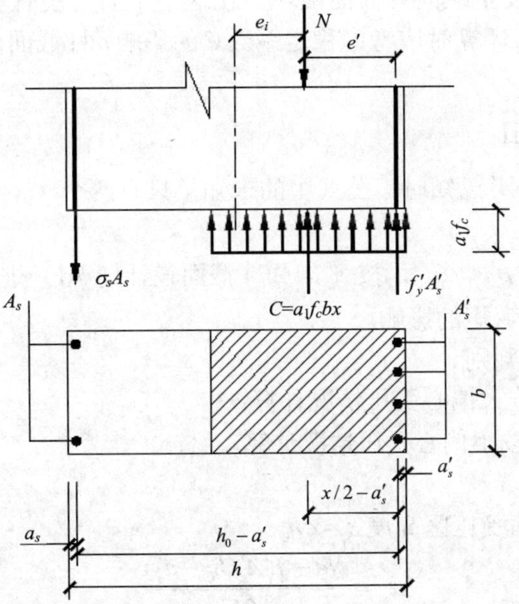

图 5.15　矩形截面小偏心受压构件正截面受压承载力计算简图

$$Ne'\leqslant\alpha_1 f_c bh_0\xi(0.5\xi h_0-a_s')-f_y A_s\frac{\xi-0.8}{\xi_b-0.8}(h_0-a_s')$$

$$e'=\frac{h}{2}-a_s'-e_i$$

整理并解方程得

$$\xi=(\frac{a_s'}{h_0}-\frac{B}{D})+\sqrt{(\frac{a_s'}{h_0}-\frac{B}{D})^2+\frac{0.8-\xi_b}{0.5D}Ne'+1.6\frac{B}{D}}$$

其中：

$$B=f_y A_s(h_0-a_s')$$

$$D=\alpha_1 f_c bh_0^2(0.8-\xi_b)$$

将 ξ 代入公式（5.19）得受压钢筋的截面面积

$$A'=\frac{Ne-\alpha_1 f_c bh_0^2\xi(1-0.5\xi)}{f_y'(h_0-a_s')}\geqslant 0.002bh$$

应当注意计算出的 $\xi>\xi_b$ 但 $\xi<h/h_0$，表明此小偏心受压构件属于部分受压、部分受拉的情况；当 $\xi\geqslant h/h_0$ 时，表明此小偏心受压构件属于全截面受压的情况，应取 $\xi=h/h_0$。

4）构件配筋率验算。

$$\rho_{\min} \leqslant \rho = \frac{A_s + A_s'}{A} \leqslant 5\%$$

5）验算垂直于弯矩作用平面内的承载力。

当轴向力较大而偏心距较小时，或者垂直于弯矩作用平面内的长细比较大时，则有可能在垂直于弯矩作用平面内发生纵向弯曲而破坏。在这个平面内没有弯矩作用，因此应按轴心受压构件进行承载力复核，计算时应考虑稳定系数φ的影响，柱截面内全部纵向钢筋都作为受压钢筋参与计算。

（2）截面设计情况II

若已知A_s'，求A_s。当A_s'已知时，公式中的未知量只有两个（$x=\xi h_0$，A_s），利用基本公式可直接求出A_s。

1）验算$\rho' \geqslant \rho_{\min}$，若$\rho' < \rho_{\min}$，按$A_s'$未知（截面设计情况I）进行设计计算。

2）验算是否考虑附加弯矩的影响。

3）大、小偏心受压的判别。

当$e_i > 0.3h_0$时，可先按大偏心受压情况计算；

当$e_i \leqslant 0.3h_0$时，可先按小偏心受压情况计算。

4）构件的配筋计算。

利用公式可得混凝土的受压区高度$x=\xi h_0$

$$\alpha_s = \frac{Ne - f_y' A_s'(h_0 - a_s')}{\alpha_1 f_c b h_0^2}$$

$$\xi = 1 - \sqrt{1 - 2\alpha_s}$$

$$x = \xi h_0$$

若$2a_s' \leqslant x \leqslant \xi_b h_0$，利用公式（5.8），可得受拉钢筋的截面面积

$$A_s = \frac{\alpha_1 f_c b x + f_y' A_s' - N}{f_y} \geqslant 0.002bh$$

若$x < 2a_s'$时，取$x = 2a_s'$，利用公式（5.12），可得受拉钢筋的截面面积

$$A_s = \frac{Ne'}{f_y(h_0 - a_s')} \geqslant 0.002bh$$

$$e' = e_i - \frac{h}{2} + a_s'$$

若$x > \xi_b h_0$，按小偏心受压构件计算，利用公式（5.13）、公式（5.15），可得受拉钢筋的截面面积

$$A_s = \frac{\alpha_1 f_c b x + f_y' A_s' - N}{\sigma_s} \geqslant 0.002bh$$

5）选配钢筋，验算构件配筋率。

$$\rho_{\min} \leqslant \rho = \frac{A_s + A_s'}{A} \leqslant 5\%$$

6）验算垂直于弯矩作用平面内的承载力。

【例 5.3】 处于一类环境中的现浇钢筋混凝土柱，截面尺寸$b \times h = 300\text{mm} \times 500\text{mm}$，计

算长度 $l_0 = 4.2\text{m}$，承受轴向力设计值 $N = 800\text{kN}$，弯矩设计值 $M_1 = M_2 = 270\text{kN}\cdot\text{m}$，且为单曲率弯曲，混凝土强度等级为 C30，HRB400 级钢筋。试计算钢筋截面面积 A_s 和 A_s'。

解：查表得 $f_c = 14.3\text{N/mm}^2$，$\alpha_1 = 1.0$，$f_y = f_y' = 360\text{N/mm}^2$，$\xi_b = 0.518$。

①验算是否需考虑附加弯矩。

$$\frac{M_1}{M_2} = \frac{270}{270} = 1.0 > 0.9$$

因此，需要考虑附加弯矩的影响。

②计算考虑二阶效应的弯矩设计值。

$$C_m = 0.7 + 0.3\frac{M_1}{M_2} = 0.7 + 0.3\times 1 = 1.0 > 0.7$$

$$\zeta_c = \frac{0.5 f_c A}{N} = \frac{0.5\times 14.3\times 300\times 500}{800\times 10^3} = 1.34 > 1.0$$

取 $\zeta_c = 1.0$

取 $a_s = a_s' = 45\text{mm}$

$h_0 = h - a_s = 500 - 45 = 455\text{mm}$

e_a 取 $h/30 = 500/30 = 16.7\text{mm}$ 或 20mm 两者中的较大值，即 e_a=20mm

$$\eta_{ns} = 1 + \frac{1}{1300(M_2/N + e_a)/h_0}\left(\frac{l_0}{h}\right)^2 \zeta_c$$

$$= 1 + \frac{1}{1300\left(\frac{270\times 10^6}{800\times 10^3} + 20\right)\Big/ 455} \times \left(\frac{4200}{500}\right)^2 \times 1.0$$

$$= 1.070$$

$$C_m \eta_{ns} = 1.0\times 1.07 = 1.07 > 1.0$$

$$M = C_m \eta_{ns} M_2 = 1.07\times 270 = 288.9\text{kN}\cdot\text{m}$$

③判别大、小偏心受压。

$$e_0 = \frac{M}{N} = \frac{288.9\times 10^6}{800\times 10^3} = 361\text{mm}$$

$$e_i = e_0 + e_a = 361 + 20 = 381\text{mm}$$

$$e_i > 0.3h_0 = 0.3\times 455 = 136.5\text{mm}$$

所以，可先按大偏心受压构件计算。

④计算钢筋用量 A_s'。

补充方程 $x = \xi_b h_0$，即 $\xi_b = 0.518$，$\alpha_s = \alpha_{s,\max} = \xi_b(1 - 0.5\xi_b) = 0.384$

$$e = e_i + \frac{h}{2} - a_s = 381 + \frac{500}{2} - 45 = 586\text{mm}$$

计算受压钢筋的截面面积 A_s'

$$A_s' = \frac{Ne - \alpha_1 f_c b h_0^2 \xi_b (1 - 0.5\xi_b)}{f_y'(h_0 - a_s')} = \frac{Ne - \alpha_1 \alpha_{s.\max} f_c b h_0^2}{f_y'(h_0 - a_s')}$$

$$= \frac{800\times 10^3\times 586 - 1.0\times 0.384\times 14.3\times 300\times 455^2}{360\times(455 - 45)}$$

$$= 866\text{mm}^2 > 0.002bh = 0.002\times 300\times 500 = 300\text{mm}^2$$

受压钢筋选用 2Φ20+1Φ18，$A'_s = 883\text{mm}^2$。

⑤计算钢筋用量 A_s。

$$A_s = \frac{\alpha_1 f_c b \xi_b h_0 + f'_y A'_s - N}{f_y}$$

$$= \frac{1.0 \times 14.3 \times 300 \times 0.518 \times 455 + 360 \times 883 - 800 \times 10^3}{360}$$

$$= 1469\text{mm}^2 > 0.002bh = 0.002 \times 300 \times 500 = 300\text{mm}^2$$

受拉钢筋选用 3Φ25，$A_s = 1473\text{mm}^2$。

⑥验算全部钢筋的配筋率。

$\rho = \dfrac{A_s + A'_s}{A} = \dfrac{883 + 1473}{300 \times 500} = 1.57\% < 3\%$，且 $\rho > \rho_{\min} = 0.55\%$，满足要求。

⑦验算垂直于弯矩作用平面内的承载力。

$l_0/b = 4200/300 = 14 > 8$，查表 5.2 得稳定系数 $\varphi = 0.92$。

$$N_u = 0.9\varphi(f_c A + f'_y A'_s)$$

$$= 0.9 \times 0.92 \times (14.3 \times 300 \times 500 + 360 \times 2356)$$

$$= 2478\text{kN} > 800\text{kN}$$

满足承载力要求。

⑧绘制配筋图。

箍筋按构造要求选用：

直径 $d \begin{cases} \geqslant \dfrac{1}{4} d_{\max} = \dfrac{1}{4} \times 25 = 6.25\text{mm} \\ \geqslant 6\text{mm} \end{cases}$，故取 $\phi 8$。

间距 $s \begin{cases} \leqslant 400\text{mm} \\ \leqslant b = 300\text{mm} \\ \leqslant 15 d_{\min} = 15 \times 18 = 270\text{mm} \end{cases}$ 故取 $s = 250\text{mm}$。

箍筋选用 ϕ8@250，配筋图见图 5.16 所示。

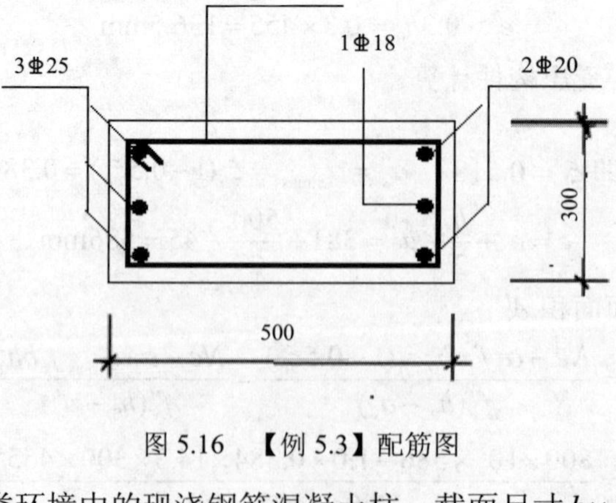

图 5.16 【例 5.3】配筋图

【例 5.4】 处于一类环境中的现浇钢筋混凝土柱，截面尺寸 $b \times h = 500\text{mm} \times 700\text{mm}$，承受轴向力设计值 $N = 800\text{kN}$，弯矩设计值 $M_1 = 450\text{kN} \cdot \text{m}$，$M_2 = 480\text{kN} \cdot \text{m}$ 且为单曲率弯曲，

柱计算长度 $l_0 = 7.2\text{m}$，混凝土强度等级为 C35，HRB400 级钢筋，在靠近轴向力一侧已选定受压钢筋为 4Φ18（$A_s' = 1017\text{mm}^2$），试计算钢筋截面面积 A_s。

解：查表得 $f_c = 16.7\text{N/mm}^2$，$\alpha_1 = 1.0$，$f_y = f_y' = 360\text{N/mm}^2$，$\xi_b = 0.518$。

①验算 $A_s' = 1017\text{mm}^2 > \rho_{\min} bh = 0.002 \times 500 \times 700 = 700\text{mm}^2$

②验算是否需考虑附加弯矩。

$$\frac{M_1}{M_2} = \frac{450}{480} = 0.94 > 0.9$$

因此，需要考虑附加弯矩的影响。

③计算考虑二阶效应的弯矩设计值。

$$C_m = 0.7 + 0.3\frac{M_1}{M_2} = 0.7 + 0.3 \times 0.94 = 0.982 > 0.7$$

$$\zeta_c = \frac{0.5 f_c A}{N} = \frac{0.5 \times 16.7 \times 500 \times 700}{800 \times 10^3} = 3.65 > 1.0$$

取 $\zeta_c = 1.0$

取 $a_s = a_s' = 45\text{mm}$

$h_0 = h - a_s = 700 - 45 = 655\text{mm}$

e_a 取 $h/30 = 700/30 = 23.3\text{mm}$ 或 20mm 两者中的较大值，即 e_a=23.3mm

$$\eta_{ns} = 1 + \frac{1}{1300(M_2/N + e_a)/h_0}\left(\frac{l_0}{h}\right)^2 \zeta_c$$

$$= 1 + \frac{1}{1300\left(\frac{480 \times 10^6}{800 \times 10^3} + 23.3\right) \Big/ 655} \times \left(\frac{7200}{700}\right)^2 \times 1.0 = 1.086$$

$$C_m \eta_{ns} = 0.982 \times 1.086 = 1.066 > 1.0$$

$$M = C_m \eta_{ns} M_2 = 1.066 \times 480 = 511.68\text{kN} \cdot \text{m}$$

④判别大、小偏心受压。

$$e_0 = \frac{M}{N} = \frac{511.68 \times 10^6}{800 \times 10^3} = 639.6\text{mm}$$

$$e_i = e_0 + e_a = 639.6 + 23.3 = 662.9\text{mm}$$

$$e_i > 0.3h_0 = 0.3 \times 655 = 196.5\text{mm}$$

所以，可先按大偏心受压构件计算。

⑤计算混凝土的受压区高度 $x = \xi h_0$。

受压钢筋的截面面积 $A_s' = 1017\text{mm}^2 > 0.002bh = 0.002 \times 500 \times 700 = 700\text{mm}^2$，满足最小配筋率要求。

$$e = e_i + \frac{h}{2} - a_s = 662.9 + \frac{700}{2} - 45 = 967.9\text{mm}$$

$$\alpha_s = \frac{Ne - f_y' A_s'(h_0 - a_s')}{\alpha_1 f_c b h_0^2}$$

$$= \frac{800 \times 10^3 \times 967.9 - 360 \times 1017 \times (655 - 45)}{1.0 \times 16.7 \times 500 \times 655^2}$$

$$= 0.154$$

$$\xi = 1 - \sqrt{1 - 2\alpha_s} = 1 - \sqrt{1 - 2 \times 0.154} = 0.168$$

$$x = \xi h_0 = 0.168 \times 655 = 110\text{mm}$$

⑥计算钢筋用量 A_s。

由于 $2a_s' = 90\text{mm} < x = 110\text{mm} < \xi_b h_0 = 0.518 \times 655 = 339.29\text{mm}$，可得受拉钢筋的截面面积

$$\begin{aligned} A_s &= \frac{\alpha_1 f_c bx + f_y' A_s' - N}{f_y} \\ &= \frac{1.0 \times 16.7 \times 500 \times 110 + 360 \times 1017 - 800 \times 10^3}{360} \\ &= 1346\text{mm}^2 > 0.002bh = 0.002 \times 500 \times 700 = 700\text{mm}^2 \end{aligned}$$

受拉钢筋选用 3Φ18+2Φ20，$A_s = 1391\text{mm}^2$。

⑦验算全部钢筋的配筋率。

$$\rho = \frac{A_s + A_s'}{A} = \frac{1017 + 1391}{500 \times 700} = 0.688\% < 3\%$$，且 $\rho > \rho_{\min} = 0.55\%$，满足要求。

⑧验算垂直于弯矩作用平面内的承载力。

$l_0/b = 7200/500 = 14.4 > 8$，查表 5.2 得稳定系数 $\varphi = 0.91$。

$$\begin{aligned} N_u &= 0.9\varphi(f_c A + f_y' A_s') \\ &= 0.9 \times 0.91 \times (16.7 \times 500 \times 700 + 360 \times 2408) \\ &= 5497\text{kN} > 800\text{kN} \end{aligned}$$

满足承载力要求。

⑨绘制配筋图。

箍筋按构造要求选用：

直径 $d \begin{cases} \geqslant \dfrac{1}{4} d_{\max} = \dfrac{1}{4} \times 20 = 5\text{mm} \\ \geqslant 6\text{mm} \end{cases}$，故取 $\phi 8$。

间距 $s \begin{cases} \leqslant 400\text{mm} \\ \leqslant b = 500\text{mm} \\ \leqslant 15d_{\min} = 15 \times 18 = 270\text{mm} \end{cases}$ 故取 $s = 250\text{mm}$

箍筋选用 $\phi 8$@250。由于截面高度 $h = 700\text{mm} > 600\text{mm}$，因此在柱的侧面设置 2Φ16 的构造筋。柱的截面短边尺寸 $b = 500\text{mm} > 400\text{mm}$，且各边纵筋根数多于 3 根，应设置复合箍筋，复合箍筋的直径和间距与普通箍筋相同，配筋图见图 5.17 所示。

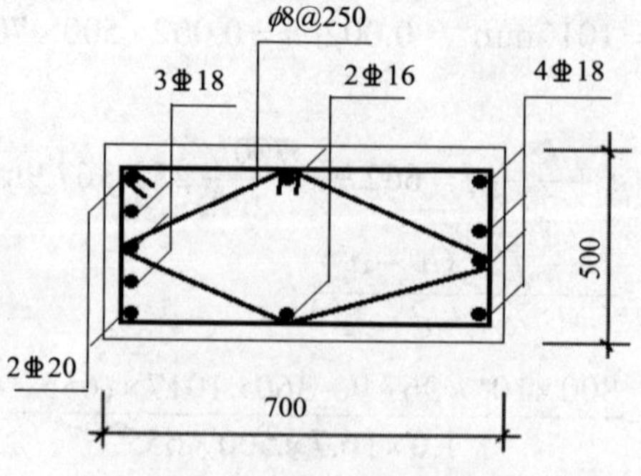

图 5.17 【例 5.4】配筋图

【例 5.5】 某现浇钢筋混凝土柱，处于一类环境，截面尺寸为 $b\times h=300\text{mm}\times 400\text{mm}$，承受轴向力设计值 $N=300\text{kN}$，弯矩设计值 $M_1=M_2=159\text{kN}\cdot\text{m}$，且为单曲率弯曲，计算长度 $l_0=3.6\text{m}$，采用 C25 混凝土，HRB335 级钢筋，在靠近轴向力一侧选定受压钢筋为 4Φ22，（$A_s'=1520\text{mm}^2$），设 $a_s=a_s'=40\text{mm}$，试计算钢筋截面面积 A_s。

解：查表得 $f_c=11.9\text{N/mm}^2$，$\alpha_1=1.0$，$f_y=f_y'=300\text{N/mm}^2$，$\xi_b=0.550$。

①验算 $A_s'=1520\text{mm}^2>\rho_{\min}bh=0.002\times300\times400=240\text{mm}^2$

②验算是否需考虑附加弯矩。

$$\frac{M_1}{M_2}=\frac{159}{159}=1.0>0.9$$

因此，需要考虑附加弯矩的影响。

③计算考虑二阶效应的弯矩设计值。

$$C_m=0.7+0.3\frac{M_1}{M_2}=0.7+0.3\times1.0=1.0>0.7$$

$$\zeta_c=\frac{0.5f_cA}{N}=\frac{0.5\times11.9\times300\times400}{300\times10^3}=2.38>1.0$$

取 $\zeta_c=1.0$

$$h_0=h-a_s=400-40=360\text{mm}$$

e_a 取 $h/30=400/30=13.3\text{mm}$ 或 20mm 两者中的较大值，即 e_a=20mm

$$\eta_{ns}=1+\frac{1}{1300(M_2/N+e_a)/h_0}(\frac{l_0}{h})^2\zeta_c$$

$$=1+\frac{1}{1300(\frac{159\times10^6}{300\times10^3}+20)\Big/360}\times(\frac{3600}{400})^2\times1.0$$

$$=1.041$$

$$C_m\eta_{ns}=1.0\times1.041=1.041>1.0$$

$$M=C_m\eta_{ns}M_2=1.041\times159=165.52\text{kN}\cdot\text{m}$$

④判别大、小偏心受压。

$$e_0=\frac{M}{N}=\frac{165.52\times10^6}{300\times10^3}=551.7\text{mm}$$

$$e_i=e_0+e_a=551.7+20=571.7\text{mm}$$

$$e_i>0.3h_0=0.3\times360=108\text{mm}$$

所以，可先按大偏心受压构件计算。

⑤计算混凝土的受压区高度 $x=\xi h_0$。

受压钢筋的截面面积 $A_s{}'=1520\text{mm}^2>0.002bh=0.002\times300\times400=240\text{mm}^2$，满足最小配筋率要求。

$$e=e_i+\frac{h}{2}-a_s$$

$$=571.7+\frac{400}{2}-40$$

$$=731.7\text{mm}$$

$$\alpha_s = \frac{Ne - f'_y A'_s (h_0 - a'_s)}{\alpha_1 f_c b h_0^2}$$

$$= \frac{300\times10^3\times731.7 - 300\times1520\times(360-40)}{1.0\times11.9\times300\times360^2}$$

$$= 0.159$$

$$\xi = 1-\sqrt{1-2\alpha_s} = 1-\sqrt{1-2\times0.159} = 0.174 < \xi_b = 0.550$$

$$x = \xi h_0 = 0.174\times360 = 62.6\text{mm}$$

⑥计算钢筋用量 A_s。

由于 $2a'_s = 80\text{mm}$， $x < 2a'_s$，受压钢筋不屈服，取 $x = 2a'_s = 80\text{mm}$，对受压钢筋合力作用点取矩，可得受拉钢筋的截面面积

$$e' = e_i - \frac{h}{2} + a'_s = 571.7 - \frac{400}{2} + 40 = 411.7\text{mm}$$

$$A_s = \frac{Ne'}{f_y(h_0 - a'_s)}$$

$$= \frac{300\times10^3\times411.7}{300(360-40)}$$

$$= 1287\text{mm}^2 > 0.002bh = 0.002\times300\times400 = 240\text{mm}^2$$

受拉钢筋选用 4Φ20， $A_s = 1256\text{mm}^2$

⑦验算全部钢筋的配筋率。

$$\rho = \frac{A_s + A'_s}{A} = \frac{1256+1520}{300\times400} = 2.31\% < 3\%$$，且 $\rho > \rho_{\min} = 0.60\%$，满足要求。

⑧验算垂直于弯矩作用平面内的承载力。

$l_0/b = 3600/300 = 12 > 8$，查表 5.2 得稳定系数 $\varphi = 0.95$。

$$N_u = 0.9\varphi(f_c A + f'_y A'_s)$$

$$= 0.9\times0.95\times(11.9\times300\times400 + 300\times2776)$$

$$= 1932.98\text{kN} > 300\text{kN}$$

满足承载力要求。

⑨绘制配筋图。

箍筋按构造要求选用：

直径 $d\begin{cases}\geqslant \frac{1}{4}d_{\max} = \frac{1}{4}\times20 = 5\text{mm}\\ \geqslant 6\text{mm}\end{cases}$，故取 ϕ8。

间距 $s\begin{cases}\leqslant 400\text{mm}\\ \leqslant b = 300\text{mm}\\ \leqslant 15d_{\min} = 15\times20 = 300\text{mm}\end{cases}$ 故取 $s = 250\text{mm}$

箍筋选用 ϕ8@250，配筋图见图 5.18 所示。

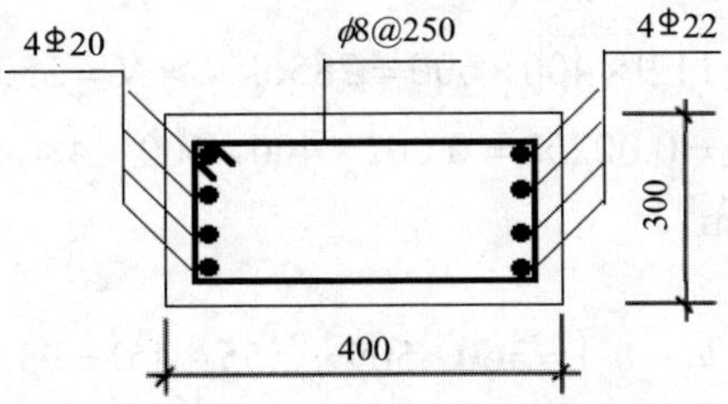

图 5.18 【例 5.5】配筋图

【例 5.6】 处于一类环境中的现浇钢筋混凝土柱，截面尺寸 $b\times h=400\text{mm}\times 600\text{mm}$，计算长度 $l_0=6.0\text{m}$，承受轴向力设计值 $N=2500\text{kN}$，弯矩设计值 $M_1=M_2=250\text{kN}\cdot\text{m}$，且为单曲率弯曲，混凝土强度等级为 C25，HRB400 级钢筋，取 $a_s=a_s'=45\text{mm}$。试计算钢筋截面面积 A_s 和 A_s'。

解：查表得 $f_c=11.9\text{N/mm}^2$，$\alpha_1=1.0$，$f_y=f_y'=360\text{N/mm}^2$，$\xi_b=0.518$。

①验算是否需考虑附加弯矩。

$$\frac{M_1}{M_2}=\frac{250}{250}=1.0>0.9$$

因此，需要考虑附加弯矩的影响。

②计算考虑二阶效应的弯矩设计值。

$$C_m=0.7+0.3\frac{M_1}{M_2}=0.7+0.3\times 1=1.0>0.7$$

$$\zeta_c=\frac{0.5f_cA}{N}=\frac{0.5\times 11.9\times 400\times 600}{2500\times 10^3}=0.571<1.0$$

$$a_s=a_s'=45\text{mm}，\quad h_0=h-a_s=600-45=555\text{mm}$$

e_a 取 $h/30=600/30=20\text{mm}$ 或 20mm 两者中的较大值，即 e_a=20mm

$$\eta_{ns}=1+\frac{1}{1300(M_2/N+e_a)/h_0}(\frac{l_0}{h})^2\zeta_c$$

$$=1+\frac{1}{1300(\frac{250\times 10^6}{2500\times 10^3}+20)\Big/555}\times(\frac{6000}{600})^2\times 0.571$$

$$=1.2$$

$$C_m\eta_{ns}=1.0\times 1.2=1.2>1.0$$

$$M=C_m\eta_{ns}M_2=1.2\times 250=300\text{kN}\cdot\text{m}$$

③判别大、小偏心受压。

$$e_0=\frac{M}{N}=\frac{300\times 10^6}{2500\times 10^3}=120\text{mm}$$

$$e_i=e_0+e_a=120+20=140\text{mm}$$

$$e_i<0.3h_0=0.3\times 555=166.5\text{mm}$$

所以，可先按小偏心受压构件计算。

④计算钢筋用量 A_s。

$$f_c bh = 11.9\times 400\times 600 = 2856\text{kN} > N = 2500\text{kN}$$

所以

$$A_s = 0.002bh = 0.002\times 400\times 600 = 480\text{mm}^2$$

可选用 2⌀18（$A_s = 509\text{mm}^2$）。

⑤计算 ξ。

$$B = f_y A_s(h_0 - a_s') = 360\times 509\times(555-45) = 93.5\text{kN}\cdot\text{m}$$

$$D = \alpha_1 f_c bh_0^2(0.8-\xi_b)$$

$$=1.0\times 11.9\times 400\times 555^2\times(0.8-0.518) = 413.5\text{kN}\cdot\text{m}$$

$$\frac{B}{D} = 93.5/413.5 = 0.226$$

$$\frac{a_s'}{h_0} = \frac{45}{555} = 0.08$$

$$\frac{a_s'}{h_0} - \frac{B}{D} = 0.08 - 0.226 = -0.146$$

$$e' = \frac{h}{2} - a_s' - e_i = 600/2 - 45 - 140 = 115\text{mm}$$

$$\xi = \left(\frac{a_s'}{h_0} - \frac{B}{D}\right) + \sqrt{\left(\frac{a_s'}{h_0} - \frac{B}{D}\right)^2 + \frac{0.8-\xi_b}{0.5D}Ne' + 1.6\frac{B}{D}}$$

$$= -0.146 + \sqrt{(-0.146)^2 + \frac{(0.8-0.518)}{0.5\times 413.5\times 10^6}\times 2500\times 10^3\times 115 + 1.6\times 0.226}$$

$$= 0.73 < h/h_0 = 600/555 = 1.08$$

⑥计算 A_s'。

$$e = e_i + h/2 - a_s = 140 + 600/2 - 45 = 395\text{mm}$$

$$A_s' = \frac{Ne - \alpha_1 f_c bh_0^2\xi(1-0.5\xi)}{f_y'(h_0 - a_s')}$$

$$= \frac{2500\times 10^3\times 395 - 1.0\times 11.9\times 400\times 555^2\times 0.73(1-0.5\times 0.73)}{360\times(555-45)}$$

$$= 1677\text{mm}^2 > 0.002bh = 0.002\times 400\times 600 = 480\text{mm}^2$$

选用 2⌀25+2⌀22，$A_s' = 1742\text{mm}^2$，由于截面高度 $h = 600\text{mm}$，因此在柱的侧面设置 2⌀12 的构造筋，面积为 226mm^2，并相应设置拉筋。

⑦验算全部钢筋的配筋率。

$$\rho = \frac{A_s + A_s'}{A} = \frac{509+1742}{400\times 600} = 0.94\% < 3\%$$，且 $\rho > \rho_{\min} = 0.55\%$，满足要求。

⑧验算垂直于弯矩作用平面内的承载力。

$l_0/b = 6000/400 = 15 > 8$，查表 5.2 得稳定系数 $\varphi = 0.895$。

$$N_u = 0.9\varphi(f_c A + f_y' A_s')$$

$$= 0.9\times 0.895\times[11.9\times 400\times 600 + 360\times(509+1742+226)]$$

$$= 3018\text{kN} > 2500\text{kN}$$

满足承载力要求。

⑨绘制配筋图。

箍筋按构造要求选用：

直径 $d\begin{cases}\geqslant \dfrac{1}{4}d_{\max}=\dfrac{1}{4}\times 25=6.25\text{mm}\\ \geqslant 6\text{mm}\end{cases}$，故取$\phi 8$。

间距 $s\begin{cases}\leqslant 400\text{mm}\\ \leqslant b=400\text{mm}\\ \leqslant 15d_{\min}=15\times 18=270\text{mm}\end{cases}$ 故取 $s=250\text{mm}$

箍筋选用$\phi 8$@250，配筋图见图 5.19 所示。

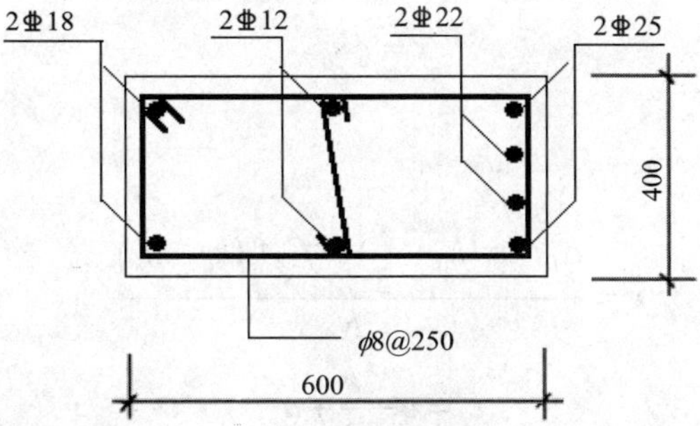

图 5.19 【例 5.6】配筋图

5．截面复核

截面承载力复核时，一般已知构件的截面尺寸、材料强度、配筋量及计算长度等，具体分为如下两种情况：1）已知轴向力设计值，求弯矩作用平面内的弯矩设计值或偏心距；2）已知弯矩作用平面内的弯矩设计值或偏心距，求轴力设计值。

（1）已知轴向力设计值，求弯矩作用平面内的弯矩设计值或偏心距

1）判别大、小偏心受压情况。

计算偏心受压构件的界限受压承载力 $N_b=\alpha_1 f_c b\xi_b h_0+f'_y A'_s-A_s f_y$，当 $N\leqslant N_b$ 时，按大偏心受压进行截面复核；当 $N>N_b$ 时，按小偏心受压进行截面复核。

2）大偏心截面复核。

①计算混凝土的受压区高度 x。

$$x=\frac{N+f_y A_s-f'_y A'_s}{\alpha_1 f_c b}$$

②计算偏心距 e_0。

若 $2a'_s\leqslant x\leqslant \xi_b h_0$ 时，
$$e=\frac{\alpha_1 f_c bx(h_0-\dfrac{x}{2})+f'_y A'_s(h_0-a'_s)}{N}$$

$$e_i=e-\frac{h}{2}+a_s$$

$$e_0 = e_i - e_a$$

若 $x < 2a_s'$ 时，

$$e' = \frac{f_y A_s (h_0 - a_s')}{N}$$

$$e_i = e' + \frac{h}{2} - a_s'$$

$$e_0 = e_i - e_a$$

③计算弯矩 $M = Ne_0$。

3）小偏心截面复核。

①根据公式（5.18）计算混凝土的受压区高度 x。

$$\xi = \frac{f_y' A_s' (\xi_b - 0.8) - N(\xi_b - 0.8) + 0.8 f_y A_s}{f_y A_s - \alpha_1 f_c b h_0 (\xi_b - 0.8)}$$

$$x = \xi h_0$$

当 $x \geqslant h$ 时，取 $x = h$。

②计算偏心距 e_0。

$$e = \frac{\alpha_1 f_c b x (h_0 - \frac{x}{2}) + f_y' A_s' (h_0 - a_s')}{N}$$

$$e_i = e - \frac{h}{2} + a_s$$

$$e_0 = e_i - e_a$$

③计算弯矩 $M = Ne_0$。

（2）已知弯矩作用平面内的弯矩设计值或偏心距，求轴力设计值

1）判别大、小偏心受压情况。

可先假设为大偏心受压，根据大偏心受压构件正截面受压承载力计算简图（图 5.12），截面上各纵向力对轴向压力 N 作用点取矩，得

$$\alpha_1 f_c b x (e_i - \frac{h}{2} + 0.5x) = f_y A_s e - f_y' A_s' e'$$

$$0.5\alpha_1 f_c b x^2 + \alpha_1 f_c b (e_i - \frac{h}{2})\ x - f_y A_s e + f_y' A_s' e' = 0$$

$$x = \frac{-B \pm \sqrt{B^2 - 4AC}}{2A}$$

式中：$A = 0.5\alpha_1 f_c b$；

$B = \alpha_1 f_c b (e_i - \frac{h}{2})$；

$C = f_y' A_s' e' - f_y A_s e$；

$e = e_i + \frac{h}{2} - a_s$；

$e' = e_i - \frac{h}{2} + a_s'$。

若 $x \leqslant \xi_b h_0$，为大偏心受压，若 $x > \xi_b h_0$，为小偏心受压。

2）大偏心受压截面复核。

若 $2a'_s \leqslant x \leqslant \xi_b h_0$ 时，$N = \alpha_1 f_c bx + f'_y A'_s - f_y A_s$；

若 $x < 2a'_s$ 时，$N = \dfrac{f_y A_s (h_0 - a'_s)}{e'}$。

若 $x > \xi_b h_0$ 时，为小偏心受压构件，此时应重新求解 x。

3）小偏心受压截面复核。

根据小偏心受压构件正截面受压承载力计算简图（图 5.14），截面上各纵向力对轴向压力的作用点取矩，得

$$\alpha_1 f_c bx(e - h_0 + 0.5x) = \sigma_s A_s e + f'_y A'_s e'$$

$$\sigma_s = \frac{\xi - 0.8}{\xi_b - 0.8} f_y = \frac{x - 0.8h_0}{h_0(\xi_b - 0.8)} f_y$$

$$0.5\alpha_1 f_c bx^2 + \left[\alpha_1 f_c b(e - h_0) - \frac{f_y A_s e}{h_0(\xi_b - 0.8)}\right]x + \frac{0.8}{\xi_b - 0.8} f_y A_s e - f'_y A'_s e' = 0$$

$$x = \frac{-B \pm \sqrt{B^2 - 4AC}}{2A}$$

式中：$A = 0.5\alpha_1 f_c b$；

$B = \alpha_1 f_c b(e - h_0) - \dfrac{f_y A_s e}{h_0(\xi_b - 0.8)}$；

$C = \dfrac{0.8}{\xi_b - 0.8} f_y A_s e - f'_y A'_s e'$；

$e = e_i + \dfrac{h}{2} - a_s$；

$e' = \dfrac{h}{2} - e_i - a'_s$。

当 $x > \xi_b h_0$ 时，$\xi = \dfrac{x}{h_0}$，$N = \alpha_1 f_c bx + f'_y A'_s - \dfrac{\xi - 0.8}{\xi_b - 0.8} f_y A_s$

4）垂直于弯矩作用平面内的承载力复核。

【例 5.7】 处于一类环境中的钢筋混凝土偏心受压柱，计算长度 $l_0 = 6.5\text{m}$，截面尺寸 $b \times h = 400\text{mm} \times 600\text{mm}$，在靠近轴向力一侧选定受压钢筋为 3$\Phi$18（$A'_s = 763\text{mm}^2$），在远离轴向力一侧选定钢筋为 5$\Phi$20（$A_s = 1570\text{mm}^2$），箍筋采用$\phi$8@250，截面承受轴向力设计值 $N = 920\text{kN}$，混凝土强度等级为 C25，采用 HRB400 级钢筋，设 $a_s = a'_s = 45\text{mm}$，试求弯矩作用平面内所能承担的弯矩设计值（假设柱两端所承担的弯矩相等）。

解：查表得 $f_c = 11.9\text{N/mm}^2$，$\alpha_1 = 1.0$，$f_y = f'_y = 360\text{N/mm}^2$，$\xi_b = 0.518$。

①判别大、小偏心受压情况。

$$h_0 = h - a_s = 600 - 45 = 555\text{mm}$$

计算偏心受压构件的界限受压承载力

$$\begin{aligned} N_b &= \alpha_1 f_c b \xi_b h_0 + f'_y A'_s - A_s f_y \\ &= 1.0 \times 11.9 \times 400 \times 0.518 \times 555 + 360 \times 763 - 360 \times 1570, \\ &= 1078\text{kN} > N = 920\text{kN} \end{aligned}$$

按大偏心受压进行截面复核。

②计算混凝土的受压区高度x。

$$x=\frac{N+f_yA_s-f_y'A_s'}{\alpha_1 f_c b}$$

$$=\frac{920\times10^3+360\times1570-360\times763}{1.0\times11.9\times400}$$

$$=254.3\text{mm}<\xi_b h_0=0.518\times555=287.5\text{mm}$$

③计算偏心距e_0。

$$x>2a_s'=2\times45=90\text{mm}$$

$$e=\frac{\alpha_1 f_c bx(h_0-\frac{x}{2})+f_y'A_s'(h_0-a_s')}{N}$$

$$=\frac{1.0\times11.9\times400\times254.3\times(555-\frac{254.3}{2})+360\times763\times(555-45)}{920\times10^3}$$

$$=715\text{mm}$$

$$e_i=e-\frac{h}{2}+a_s=715-\frac{600}{2}+45=460\text{mm}$$

e_a取$h/30=600/30=20\text{mm}$或20mm两者中的较大值，即e_a=20mm

$$e_0=e_i-e_a=460-20=440\text{mm}$$

④计算弯矩$M=Ne_0$。

$M=Ne_0=920\times0.44=404.8\text{kN}\cdot\text{m}$，该柱能承受的弯矩设计值为$404.8\text{kN}\cdot\text{m}$。

第5节 对称配筋的矩形截面偏心受压构件

无论是大偏心受压构件还是小偏心受压构件，截面两侧钢筋面积A_s和A_s'数量一般不相等，这种配筋方式称为非对称配筋，非对称配筋用钢量较节省，但施工不方便。

在实际工程中，单层厂房柱、多层框架柱等偏心受压构件，由于其控制截面在不同的荷载组合下可能产生相反方向的弯矩（即截面在一种荷载组合情况下为受拉的部位，在另一种荷载组合下却为受压），当正负弯矩数值相差不大时，应采用对称配筋。

对称配筋是$A_s=A_s'$、$f_y=f_y'$、$a_s=a_s'$。与非对称配筋相比，对称配筋用钢量较多，但构造简单，施工方便，在实际工程中应用较多。

1．截面设计

对称配筋是偏心受压构件的一种特殊情况，构件截面设计时，也需要判别偏心受压的类型。

判别方法是：先假定构件为大偏心受压构件，将$A_s=A_s'$、$f_y=f_y'$、$a_s=a_s'$代入式（5.8）得

$$x=\frac{N}{\alpha_1 f_c b} \tag{5.22}$$

若$x\leqslant\xi_b h_0$，则为大偏心受压；若$x>\xi_b h_0$，则为小偏心受压。

（1）大偏心受压对称配筋

若$2a'_s \leqslant x \leqslant \xi_b h_0$，按大偏心受压构件计算，利用公式（5.9）可得受压钢筋的截面面积A'_s，并取$A_s = A'_s$。

$$A_s = A'_s = \frac{Ne - \alpha_1 f_c bx(h_0 - \dfrac{x}{2})}{f'_y(h_0 - a'_s)} \geqslant 0.002bh$$

$$e = e_i + \frac{h}{2} - a_s$$

若$x < 2a'_s$时，取$x = 2a'_s$，利用公式（5.12），可得受拉钢筋的截面面积A_s，并取$A_s = A'_s$。

$$A_s = A'_s = \frac{Ne'}{f_y(h_0 - a'_s)} \geqslant 0.002bh$$

$$e' = e_i - \frac{h}{2} + a'_s$$

选配钢筋，满足《规范》规定的要求。验算全部纵向受力钢筋的配筋率，并验算垂直于弯矩作用平面内的承载力。

（2）小偏心受压对称配筋

若$x > \xi_b h_0$，则按小偏心受压构件计算。

将$A_s = A'_s$、$f_y = f'_y$、$x = \xi h_0$、$\sigma_s = \dfrac{\xi - \beta_1}{\xi_b - \beta_1} f_y$代入公式（5.13）、式（5.14）中，得

$$N \leqslant \alpha_1 f_c b \xi h_0 + f'_y A'_s \frac{\xi - \xi_b}{\beta_1 - \xi_b} \tag{5.23}$$

$$Ne \leqslant \alpha_1 f_c b {h_0}^2 \xi(1 - 0.5\xi) + f'_y A'_s(h_0 - a'_s) \tag{5.24}$$

将两式联立求解，理论上可求出$A_s = A'_s$及ξ，然而联立求解ξ需解ξ的三次方程，求解十分困难，必须简化。简化后，混凝土相对受压区高度ξ可按下列公式计算：

$$\xi = \frac{N - \xi_b \alpha_1 f_c b h_0}{\dfrac{Ne - 0.43\alpha_1 f_c b {h_0}^2}{(\beta_1 - \xi_b)(h_0 - a'_s)} + \alpha_1 f_c b h_0} + \xi_b \tag{5.25}$$

将ξ代入公式（5.23），计算出钢筋截面面积：

$$A_s = A'_s = \frac{Ne - \alpha_1 f_c b h_0^2 \xi(1 - 0.5\xi)}{f'_y(h_0 - a'_s)} \geqslant 0.002bh$$

选配钢筋，满足《规范》规定的要求。验算全部纵向受力钢筋的配筋率，并验算垂直于弯矩作用平面内的承载力。

【例 5.8】 某一类环境中的现浇钢筋混凝土柱，截面尺寸为$b \times h = 300\text{mm} \times 500\text{mm}$，承受轴向力设计值$N = 600\text{kN}$，弯矩设计值$M_1 = 240\text{kN}\cdot\text{m}$，$M_2 = 260\text{kN}\cdot\text{m}$，且为单曲率弯曲，柱计算长度$l_0 = 4.2\text{m}$，混凝土强度等级为C30，HRB400级钢筋，设$a_s = a'_s = 40\text{mm}$，试按对称配筋计算钢筋截面面积$A_s$和$A'_s$。

解：查表得$f_c = 14.3\text{N/mm}^2$，$\alpha_1 = 1.0$，$f_y = f'_y = 360\text{N/mm}^2$，$\xi_b = 0.518$。

①验算是否需考虑附加弯矩。

$$\frac{M_1}{M_2}=\frac{240}{260}=0.923>0.9$$

因此，需要考虑附加弯矩的影响。

②计算考虑二阶效应的弯矩设计值。

$$C_m=0.7+0.3\frac{M_1}{M_2}=0.7+0.3\times0.923=0.977>0.7$$

$$\zeta_c=\frac{0.5f_cA}{N}=\frac{0.5\times14.3\times300\times500}{600\times10^3}=1.788>1.0$$

取 $\zeta_c=1.0$

$$h_0=h-a_s=500-40=460\text{mm}$$

e_a 取 $h/30=500/30=16.7\text{mm}$ 或 20mm 两者中的较大值，即 e_a=20mm

$$\eta_{ns}=1+\frac{1}{1300(M_2/N+e_a)/h_0}(\frac{l_0}{h})^2\zeta_c$$

$$=1+\frac{1}{1300(\frac{260\times10^6}{600\times10^3}+20)\Big/460}\times(\frac{4200}{500})^2\times1.0$$

$$=1.055$$

$$C_m\eta_{ns}=0.977\times1.055=1.03>1.0$$

$$M=C_m\eta_{ns}M_2=1.03\times260=267.8\text{kN}\cdot\text{m}$$

③判别大、小偏心受压。

先假设为大偏心受压构件，则

$$x=\frac{N}{\alpha_1f_cb}=\frac{600\times10^3}{1.0\times14.3\times300}=140\text{mm}$$

由于 $x<\xi_bh_0=0.518\times460=238.28\text{mm}$，因此属于大偏心受压构件。

④计算钢筋用量 A_s、A'_s

$2a'_s=80\text{mm}$，$2a'_s<x<\xi_bh_0$，则

$$e_0=\frac{M}{N}=\frac{267.8\times10^6}{600\times10^3}=446.33\text{mm}$$

$$e_i=e_0+e_a=446.33+20=466.33\text{mm}$$

$$e=e_i+\frac{h}{2}-a_s=446.33+\frac{500}{2}-40=676.33\text{mm}$$

$$A_s=A'_s=\frac{Ne-\alpha_1f_cbx(h_0-\frac{x}{2})}{f'_y(h_0-a'_s)}$$

$$=\frac{600\times10^3\times676.33-1.0\times14.3\times300\times140\times(460-\frac{140}{2})}{360\times(460-40)}$$

$$=1134\text{mm}^2\geqslant0.002bh=0.002\times300\times500=300\text{mm}^2$$

每边选配钢筋 3Φ22，$A_s=A'_s=1140\text{mm}^2$。

⑤验算全部钢筋的配筋率。

$\rho=\dfrac{A_s+A'_s}{A}=\dfrac{1140+1140}{300\times 500}=1.52\%<3\%$，且 $\rho>\rho_{\min}=0.55\%$，满足要求。

⑥验算垂直于弯矩作用平面内的承载力。

$l_0/b=4200/300=14>8$，查表5.2得稳定系数 $\varphi=0.92$。

$$\begin{aligned}N_u&=0.9\varphi(f_cA+f'_yA'_s)\\&=0.9\times 0.92\times(14.3\times 300\times 500+360\times 2280)\\&=2455.7\text{kN}>600\text{kN}\end{aligned}$$

满足承载力要求。

⑦绘制配筋图。

箍筋按构造要求选用：

直径 $d\left\{\begin{matrix}\geqslant\dfrac{1}{4}d_{\max}=\dfrac{1}{4}\times 22=5.5\text{mm}\\ \geqslant 6\text{mm}\end{matrix}\right\}$，故取 $\phi 6$。

间距 $s\left\{\begin{matrix}\leqslant 400\text{mm}\\ \leqslant b=300\text{mm}\\ \leqslant 15d_{\min}=15\times 22=330\text{mm}\end{matrix}\right\}$ 故取 $s=250\text{mm}$。

箍筋选用 $\phi 6@250$，配筋图见图5.20所示。

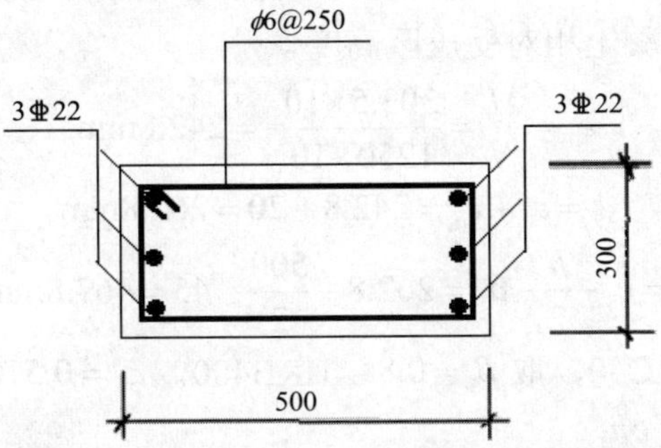

图5.20 【例5.8】配筋图

【例5.9】 某现浇钢筋混凝土柱，截面尺寸为 $b\times h=300\text{mm}\times 500\text{mm}$，柱计算长度 $l_0=6\text{m}$，承受轴向力设计值 $N=1250\text{kN}$，弯矩设计值 $M_1=240\text{kN}\cdot\text{m}$，$M_2=250\text{kN}\cdot\text{m}$，且为单曲率弯曲，混凝土强度等级为C35，HRB400级钢筋，试按对称配筋计算钢筋截面面积 A_s 和 A'_s。

解：查表得 $f_c=16.7\text{N/mm}^2$，$\alpha_1=1.0$，$f_y=f'_y=360\text{N/mm}^2$，$\xi_b=0.518$。

①验算是否需考虑附加弯矩。

$$\frac{M_1}{M_2}=\frac{240}{250}=0.96>0.9$$

因此，需要考虑附加弯矩的影响。

②计算考虑二阶效应的弯矩设计值。

$$C_m=0.7+0.3\frac{M_1}{M_2}=0.7+0.3\times 0.96=0.988>0.7$$

$$\zeta_c=\frac{0.5f_cA}{N}=\frac{0.5\times16.7\times300\times500}{1250\times10^3}=1.002>1.0$$

取 $\zeta_c=1.0$

取 $a_s=a'_s=45\text{mm}$

$$h_0=h-a_s=500-45=455\text{mm}$$

e_a 取 $h/30=500/30=16.7\text{mm}$ 或 20mm 两者中的较大值，即 e_a=20mm

$$\eta_{ns}=1+\frac{1}{1300(M_2/N+e_a)/h_0}\left(\frac{l_0}{h}\right)^2\zeta_c$$

$$=1+\frac{1}{1300\left(\frac{250\times10^6}{1250\times10^3}+20\right)\Big/455}\times\left(\frac{6000}{500}\right)^2\times1.0$$

$$=1.229$$

$$C_m\eta_{ns}=0.988\times1.229=1.214>1.0$$

$$M=C_m\eta_{ns}M_2=1.214\times250=303.5\text{kN}\cdot\text{m}$$

③判别大、小偏心受压。

先假设为大偏心受压构件，则

$$x=\frac{N}{\alpha_1f_cb}=\frac{1250\times10^3}{1.0\times16.7\times300}=249.5\text{mm}$$

由于 $x>\xi_bh_0=0.518\times455=235.69\text{mm}$，因此属于小偏心受压构件。

④计算小偏心受压的混凝土相对受压区高度 ξ。

$$e_0=\frac{M}{N}=\frac{303.5\times10^6}{1250\times10^3}=242.8\text{mm}$$

$$e_i=e_0+e_a=242.8+20=262.8\text{mm}$$

$$e=e_i+\frac{h}{2}-a_s=262.8+\frac{500}{2}-45=467.8\text{mm}$$

混凝土的强度等级小于 C50，取 $\beta_1=0.8$，HRB400，$\xi_b=0.518$

$$\xi=\frac{N-\xi_b\alpha_1f_cbh_0}{\frac{Ne-0.43\alpha_1f_cbh_0^2}{(\beta_1-\xi_b)(h_0-a'_s)}+\alpha_1f_cbh_0}+\xi_b$$

$$=\frac{1250\times10^3-0.518\times1.0\times16.7\times300\times455}{\frac{1250\times10^3\times467.8-0.43\times1.0\times16.7\times300\times455^2}{(0.8-0.518)\times(455-45)}+1.0\times16.7\times300\times455}+0.518$$

$$=0.538$$

⑤计算钢筋用量 A_s、A'_s。

$$A_s=A'_s=\frac{Ne-\alpha_1f_cbh_0^2\xi(1-0.5\xi)}{f_y'(h_0-a_s')}$$

$$=\frac{1250\times10^3-1.0\times16.7\times300\times455^2\times0.538\times(1-0.5\times0.538)}{360\times(455-45)}$$

$$=1198\text{mm}^2>0.002bh=0.002\times300\times500=300\text{mm}^2$$

每边选配钢筋 3Φ22，$A_s=A'_s=1140\text{mm}^2$。

⑥验算全部钢筋的配筋率。

$\rho=\dfrac{A_s+A_s'}{A}=\dfrac{1140+1140}{300\times500}=1.52\%<3\%$，且 $\rho>\rho_{\min}=0.55\%$，满足要求。

⑦验算垂直于弯矩作用平面内的承载力。

$l_0/b=6000/300=20>8$，查表 5.2 得稳定系数 $\varphi=0.75$。

$$\begin{aligned}N_u&=0.9\varphi(f_cA+f_y'A_s')\\&=0.9\times0.75\times(16.7\times300\times500+360\times2280)\\&=2244.9\text{kN}>1250\text{kN}\end{aligned}$$

满足承载力要求。

⑧绘制配筋图（图 5.21 所示），箍筋按构造要求选用ϕ6@250。

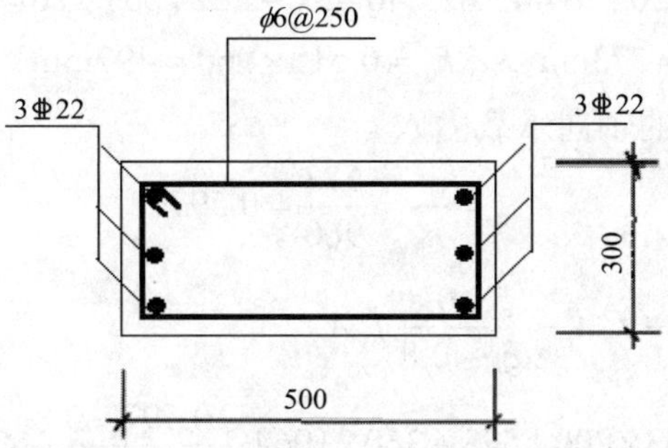

图 5.21 【例 5.9】配筋图

2．截面复核

对称配筋偏心受压构件的截面复核，与非对称配筋偏心受压构件的计算方法相同，只要在相关计算中取 $A_s=A_s'$，$f_y=f_y'$。

【例 5.10】 已知某矩形截面柱尺寸为 $b\times h=800\text{mm}\times1000\text{mm}$，计算长度 $l_0=6.0\text{m}$，采用 C30 混凝土，HRB400 级钢筋，按对称配筋，每侧配有 4⏀25 钢筋，$A_s=A_s'=1964\text{mm}^2$，在截面长边方向存在偏心距 $e_i=290\text{mm}$，试求该截面能够承受的轴向压力设计值。

解：查表得 $f_c=14.3\text{N/mm}^2$，$\alpha_1=1.0$，$f_y=f_y'=360\text{N/mm}^2$，$\xi_b=0.518$。

①可先假设为大偏心受压，求混凝土的受压区高度 x。

取 $a_s=a_s'=40\text{mm}$，　$h_0=h-a_s=1000-40=960\text{mm}$

$$e=e_i+\frac{h}{2}-a_s=290+\frac{1000}{2}-40=750\text{mm}$$

$$e'=e_i-\frac{h}{2}+a_s'=290-\frac{1000}{2}+40=-170\text{mm}$$

将 $f_c=14.3\text{N/mm}^2$，$\alpha_1=1.0$，$f_y=f_y'=360\text{N/mm}^2$，$h_0=960\text{mm}$，$e=750\text{mm}$，$e'=-170\text{mm}$，代入公式 $\alpha_1f_cbx(e_i-\dfrac{h}{2}+0.5x)=f_yA_se-f_y'A_s'e'$ 中，得

$$0.5\alpha_1f_cbx^2+\alpha_1f_cb(e_i-\frac{h}{2})x-f_yA_se+f_y'A_s'e'=0$$

$$5720x^2-2\ 402\ 400x-650\ 476\ 800=0$$

解一元二次方程，得 $x=607\text{mm}>\xi_b h_0=0.518\times960=497\text{mm}$，应按小偏心受压构件重新计算混凝土的受压区高度 x。

②按小偏心受压，求混凝土的受压区高度 x。

$$e'=\frac{h}{2}-e_i-a_s'=\frac{1000}{2}-290-40=170\text{mm}$$

将 $f_c=14.3\text{N/mm}^2$，$\alpha_1=1.0$，$f_y=f_y'=360\text{N/mm}^2$，$h_0=960\text{mm}$，$e=750\text{mm}$，$e'=170\text{mm}$，代入公式 $\alpha_1 f_c bx(e-h_0+0.5x)=\sigma_s A_s e+f_y'A_s'e'$ 中，

$$0.5\alpha_1 f_c bx^2+\left[\alpha_1 f_c b(e-h_0)-\frac{f_y A_s e}{h_0(\xi_b-0.8)}\right]x+\frac{0.8}{\xi_b-0.8}f_y A_s e-f_y'A_s'e'=0$$

$$5720x^2-443\,623.404\,3x-1\,624\,537\,226=0$$

解一元二次方程，得 $x=573\text{mm}>\xi_b h_0=0.518\times960=497\text{mm}$

③计算小偏心受压构件的轴向承载力 N。

$$\xi=\frac{x}{h_0}=\frac{573}{960}=0.597$$

$$\begin{aligned}N&=\alpha_1 f_c bx+f_y'A_s'-\frac{\xi-0.8}{\xi_b-0.8}f_y A_s\\&=1.0\times14.3\times800\times573+360\times1964-\frac{0.597-0.8}{0.518-0.8}\times360\times1964\\&=6753\text{kN}\end{aligned}$$

④垂直于弯矩作用平面内的复核。

$$\rho=\frac{A_s+A_s'}{A}=\frac{1964+1964}{800\times1000}=0.5\%<3\%$$

$l_0/b=6000/800=7.5<8$，查表 5.2 得稳定系数 $\varphi=1.0$。

$$\begin{aligned}N&=0.9\varphi(f_c A+f_y'A_s')\\&=0.9\times1.0\times(14.3\times800\times1000+360\times1964+360\times1964)\\&=11\,568\text{kN}>6753\text{kN}\end{aligned}$$

因此，该截面能够承受的轴向压力设计值为 $N=6753\text{kN}$。

第 6 节　偏心受压构件斜截面承载力计算

在偏心受压构件中，除作用有轴向压力和弯矩外，一般还作用有剪力，因此，偏心受压构件还需要进行斜截面承载力计算。

试验结果表明：轴向压力对受剪承载力起着有利的影响。轴向压力能限制构件斜裂缝的出现和开展，增加混凝土剪压区的高度，从而提高混凝土的受剪承载力。但轴向压力对受剪承载力的有利作用是有限度的。

《规范》规定：

1）矩形、T 形和 I 形截面的钢筋混凝土偏心受压构件，其截面最小尺寸应符合第 4 章第 3 节的规定。

2）矩形、T 形和 I 形截面的钢筋混凝土偏心受压构件，其斜截面受剪承载力应符合下列规定

$$V \leqslant \frac{1.75}{\lambda+1} f_t b h_0 + f_{yv} \frac{A_{sv}}{s} h_0 + 0.07\text{N}$$

式中：λ——偏心受压构件计算截面的剪跨比，取为M/Vh_0；对框架结构中的框架柱，当其反弯点在层高范围内时，可取为$H_n/2h_0$。当λ小于 1 时，取$\lambda=1$，当λ大于 3 时，取$\lambda=3$；此处，M为计算截面上与剪力设计值V相应的弯矩值，H_n为柱净高。其他偏心受压构件，当承受均布荷载时，取$\lambda=1.5$；当承受集中荷载时（包括作用有多种荷载，其中集中荷载对支座截面或节点边缘所产生的剪力值占总剪力的 75%以上的情况），取为a/h_0，且当λ小于 1.5 时，取$\lambda=1.5$，当λ大于 3 时，取$\lambda=3$。此处a为集中荷载至支座或节点边缘的距离。

N——与剪力设计值V相应的轴向压力设计值，当大于$0.3f_cA$时，取$0.3f_cA$，此处，A为构件的截面面积。

3）矩形、T 形和 I 形截面的钢筋混凝土偏心受压构件，当符合下列要求时，可不进行斜截面受剪承载力计算，其箍筋构造要求应符合本章第一节的所述规定。

$$V \leqslant \frac{1.75}{\lambda+1} f_t b h_0 + 0.07\text{N}$$

本 章 小 结

1．钢筋混凝土受压构件分为轴心受压构件和偏心受压构件。偏心受压构件根据破坏特征不同又分为大、小偏心受压构件。

2．轴心受压构件根据箍筋的配置方式和功能不同，分为普通箍筋轴心受压构件和螺旋箍筋轴心受压构件。由于构造简单和施工方便，普通箍筋柱是工程中最常见的轴心受压构件。

3．大偏心受压构件的破坏特征是远离轴向力一侧的钢筋受拉先达到屈服强度，然后受压钢筋达到屈服强度，最终受压区混凝土被压碎而破坏；小偏心受压构件的破坏特征是靠近轴向力一侧钢筋受压先达到屈服强度，随后该侧混凝土被压碎；但远离轴向力一侧的钢筋无论受压还是受拉一般达不到屈服强度。因此，大、小偏心受压破坏的界限与受弯构件适筋梁与超筋梁的界限完全相同。当$\xi \leqslant \xi_b$时，为大偏心受压构件；当$\xi > \xi_b$时，为小偏心受压构件。

4．对偏心受压构件还需考虑轴向压力在挠曲杆件中产生的二阶效应（或附加弯矩）影响，所以在计算偏心受压构件的承载力时，需将控制截面的弯矩设计值乘以增大系数。

5．偏心受压构件的配筋可以采用对称配筋和非对称配筋。非对称配筋用钢量较节省，但施工不方便；对称配筋用钢量较多，但构造简单，施工方便，在实际工程中应用较多。

6．偏心受压构件一般还承受剪力作用，因此需进行斜截面受剪承载力计算。由于轴向压力的存在，构件的受剪承载力有所提高。

思 考 题

5-1　受压构件配置箍筋起什么作用？箍筋直径和间距如何确定？

5-2　复合箍筋设置的原则是什么？

5-3　长柱的承载能力为什么低于短柱的承载力？

5-4　轴心受压构件的稳定系数φ具有什么意义？影响φ的主要因素有哪些？

5-5　大偏心受压构件和小偏心受压构件的破坏特征有何区别？

5-6　判别大小偏心受压破坏的条件有哪些？

5-7　偏心受压构件在什么情况下需要考虑$P\sim\delta$效应？

5-8　在进行大偏心受压构件非对称配筋计算时，若A_s和A_s'均未知时，如何求解？

5-9　偏心受压构件垂直于弯矩作用平面承载力复核，计算公式中的A_s'如何取值？说明理由。

5-10　偏心受压构件采用对称配筋有什么优缺点？

习　题

1．轴心受压柱的截面尺寸为$400\text{mm}\times400\text{mm}$，柱计算长度$l_0=6.6\text{m}$，承受轴向力设计值$N=1800\text{kN}$，混凝土强度等级为C25，钢筋采用HRB400，试配置该柱钢筋。

2．某建筑物中的钢筋混凝土矩形截面轴心受压柱，截面尺寸为$400\text{mm}\times400\text{mm}$，计算长度$l_0=4.2\text{m}$，采用C25混凝土，已配8$\Phi$16，$A_s'=1608\text{mm}^2$，作用在截面的轴心压力设计值为$N=1200\text{kN}$，试复核截面是否安全。

3．已知某矩形钢筋混凝土柱截面尺寸为$b\times h=350\text{mm}\times450\text{mm}$，处于一类环境，承受轴向力设计值$N=300\text{kN}$，柱两端弯矩设计值$M_1=260\text{kN}\cdot\text{m}$，$M_2=280\text{kN}\cdot\text{m}$且为单曲率弯曲，计算长度$l_0=5.0\text{m}$，采用C25混凝土，HRB400级钢筋，设$a_s=a_s'=40\text{mm}$，试采用非对称配筋计算钢筋截面面积$A_s$和$A_s'$。

4．钢筋混凝土偏心受压构件的截面尺寸$b\times h=400\text{mm}\times600\text{mm}$，作用在构件上的轴向力设计值$N=300\text{kN}$，弯矩设计值$M_1=M_2=195\text{kN}\cdot\text{m}$，计算长度$l_0=5.0\text{m}$，采用C35混凝土，HRB400级钢筋，离轴向力较近一侧已配有4Φ20的钢筋（$A_s'=1256\text{mm}^2$），设$a_s=a_s'=45\text{mm}$，试计算另一侧钢筋的截面面积A_s。

5．矩形截面偏心受压柱，截面尺寸$b\times h=400\text{mm}\times600\text{mm}$，承受轴向力设计值$N=670\text{kN}$，柱两端弯矩设计值$M_1=M_2=320\text{kN}\cdot\text{m}$，计算长度$l_0=7.6\text{m}$，采用C30混凝土，HRB400级钢筋，设$a_s=a_s'=45\text{mm}$。试采用对称配筋计算钢筋截面面积$A_s$和$A_s'$。

6．矩形截面偏心受压柱，截面尺寸$b\times h=400\text{mm}\times500\text{mm}$，承受轴向力设计值$N=2200\text{kN}$，柱两端弯矩设计值$M_1=M_2=200\text{kN}\cdot\text{m}$，计算长度$l_0=4.0\text{m}$，采用C35混凝土，HRB400级钢筋，设$a_s=a_s'=45\text{mm}$，试采用对称配筋计算钢筋截面面积$A_s$和$A_s'$。

7．某钢筋混凝土柱截面尺寸$b\times h=400\text{mm}\times500\text{mm}$，计算长度$l_0=7.5\text{m}$，混凝土强度等级为C25，纵筋采用HRB400级，构件配筋已知，其中受压区配有4Φ22的钢筋（$A_s'=1520\text{mm}^2$），受拉区配有2Φ16的钢筋（$A_s=402\text{mm}^2$），若作用在构件上的轴向力设计值$N=2500\text{kN}$，设$a_s=a_s'=45\text{mm}$，试求弯矩作用平面内所能承担的弯矩设计值（假设柱两端所承担的弯矩相等）。

8．钢筋混凝土偏心受压构件的截面尺寸$b\times h=400\text{mm}\times500\text{mm}$，计算长度$l_0=6.5\text{m}$，混凝土强度等级为C25，纵筋采用HRB400级，已知受压区配有3Φ20的钢筋（$A_s'=941\text{mm}^2$），受拉区配有5Φ22的钢筋（$A_s=190\text{mm}^2$），若$e_0=600\text{mm}$，$a_s=a_s'=40\text{mm}$，试计算截面所能

承担的轴向压力设计值。

9．钢筋混凝土偏心受压构件的截面尺寸 $b \times h = 600\text{mm} \times 800\text{mm}$，计算长度 $l_0 = 5.6\text{m}$，混凝土强度等级为 C30，纵筋采用 HRB400 级，采用对称配筋，每侧配有 4Φ25 的钢筋（$A_s = A_s' = 1964\text{mm}^2$），若作用在构件上的轴向力设计值 $N = 1800\text{kN}$，设 $a_s = a_s' = 45\text{mm}$，试求弯矩作用平面内所能承担的弯矩设计值（假设柱两端所承担的弯矩相等）。

第 6 章　钢筋混凝土受拉构件承载力计算

构件上作用有轴向拉力时，便形成受拉构件。当轴向拉力作用线与构件截面形心轴线重合时称为轴心受拉构件。当轴向拉力作用线偏离构件截面形心轴线或构件上既作用有轴向拉力，又同时作用有弯矩时，则称为偏心受拉构件。

在钢筋混凝土结构构件中，真正的轴心受拉构件是很少见的。但在设计中为简便起见，可将有些构件近似的当作轴心受拉构件。例如，承受节点荷载的桁架或托架的受拉弦杆和其它受拉腹杆可看作轴心受拉构件。而承受节间荷载的桁架中的受拉弦杆、矩形储水池的池壁均属于偏心受拉构件。

由于混凝土的抗拉强度很低，钢筋混凝土受拉构件在拉力不大时，混凝土就会出现裂缝。因此，对受拉构件除了进行正截面承载力计算外，还需进行裂缝宽度验算（见第 8 章）。

第 1 节　轴心受拉构件承载力计算

1. 轴心受拉构件的受力特点

轴心受拉构件破坏时，混凝土早已开裂，拉力全部由钢筋承担，其破坏过程可以分为以下三个阶段：第一阶段，开始加载到混凝土开裂前纵向力 N 小于构件开裂时的纵向力 N_{cr}，混凝土开裂时 N 达到 N_{cr}，在这个阶段，$N-\varepsilon$ 曲线基本呈线性关系；第二阶段，混凝土开裂后，钢筋逐渐屈服，在此阶段 $N_{\rm cr}<N<N_{\rm u}$；第三阶段，钢筋屈服，混凝土受拉构件破坏。

2. 轴心受拉构件正截面承载力计算

以构件第二阶段的受力情况为基准，综合考虑可靠度要求，全部拉力由纵筋承受

$$N \leqslant f_y A_s \tag{6.1}$$

式中：N——轴向拉力设计值；

f_y——钢筋抗拉强度设计值；

A_s——受拉纵筋全部截面面积。

3. 构造要求

（1）纵向受力钢筋

1）轴心受拉构件和小偏心受拉构件的受力钢筋不得采用绑扎搭接连接，搭接而不加焊的受拉钢筋接头仅允许用在圆形池壁或管中，其接头位置应相互错开，搭接长度应不小于 $1.2l_a$ 和 300mm。

2）轴心受拉构件和偏心受拉构件每侧受拉钢筋最小配筋率取 0.2% 和 $(45f_{\rm t}/f_{\rm y})\%$ 中的较大值；而偏心受拉构件中的受压钢筋，其最小配筋率不应小于 0.2%。

注意：轴心受拉构件和小偏心受拉构件一侧受拉钢筋的配筋率应按构件的全截面面积计

算；大偏心受拉构件一侧受拉钢筋的配筋率应按全截面面积扣除受压翼缘面积 $(b'_f-b)h'_f$ 后的截面面积计算。

3）轴心受拉构件的受力钢筋沿截面周边均匀对称布置，并宜优先选用直径较小的钢筋。

（2）箍筋

在钢筋混凝土受拉构件中，为与纵筋形成骨架，固定纵筋在截面中的位置，应考虑设置箍筋等横向钢筋，箍筋直径 ≥ 6mm，间距 ≤ 200 mm，一般为 150～200mm。

第 2 节　偏心受拉构件承载力计算

偏心受拉构件通常采用矩形截面，长边布置在弯矩作用方向。纵向受力钢筋分别集中布置在截面的两端。受拉较大边的钢筋以 A_S 表示，受压边或受拉较小边的钢筋以 A'_S 表示。偏心受拉构件纵向钢筋的直径、间距及最小配筋率限值，与偏心受压构件相同。箍筋按构造要求布置。

1．偏心受拉构件的破坏特征

偏心受拉构件受力特点和破坏特征与轴向拉力的偏心距有关。

当偏心距 $e_0 \leqslant h/2-a_s$ 时，即轴向拉力作用于 A_S 和 A'_S 之间时，混凝土开裂前，截面一侧受拉，另一侧可能存在一个较小的受压区，截面内力的合力如图 6.1（a）中虚线箭头所示。在混凝土开裂后，为保持截面的力矩平衡（$Te=T'e'$），截面内已不存在受压区，整个截面裂通，两侧钢筋均受拉。在非对称配筋情况下，只有轴向拉力作用于两侧钢筋截面面积的“塑性中心”时，所有钢筋的应力才能同时达到屈服强度。否则只有受拉较大边的钢筋应力达到屈服强度，而另一侧钢筋应力则达不到屈服强度。因此，只要轴向拉力作用于 A_S 和 A'_S 之间，无论偏心距 e_0 大小，构件破坏时全截面受拉，拉力全部由钢筋 A_S 和 A'_S 承受，这种破坏称小偏心受拉破坏。

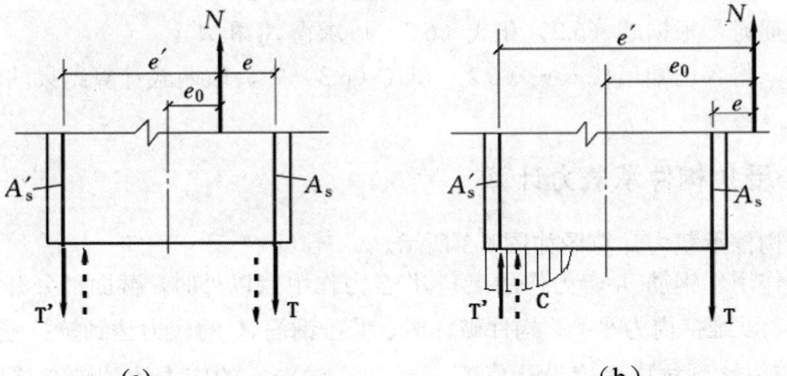

图 6.1　偏心受拉构件的受力特征

当偏心距 $e_0 > h/2-a_s$ 时，即轴向拉力作用于 A_S 和 A'_S 范围以外时，从开始受力截面即为部分受压，部分受拉。受拉区混凝土开裂后，为了保持截面的力矩平衡，截面内必须保留有受压区，直到构件破坏为止，如图 6.1（b）所示。这种构件的破坏特征取决于受拉钢筋 A_S 的数量。当 A_S 配置适量时，构件破坏从受拉钢筋屈服开始，然后受压钢筋应力达到屈服强度，受压区边缘混凝土的应变达到压应变极限值而破坏，这种破坏属于正常的大偏心受拉破坏。当 A_S 配置过多时，混凝土先被压碎。构件破坏时，受压钢筋应力达到屈服强度，而受拉钢筋的应力达不到屈服强度，这种破坏也属于大偏心受拉范畴，但具有一定的脆性破坏性质。设计中一般以第一种正常破坏的大偏心受拉为依据。

2．小偏心受拉构件承载力计算

小偏心受拉构件承载力计算图如图 6.2 所示。

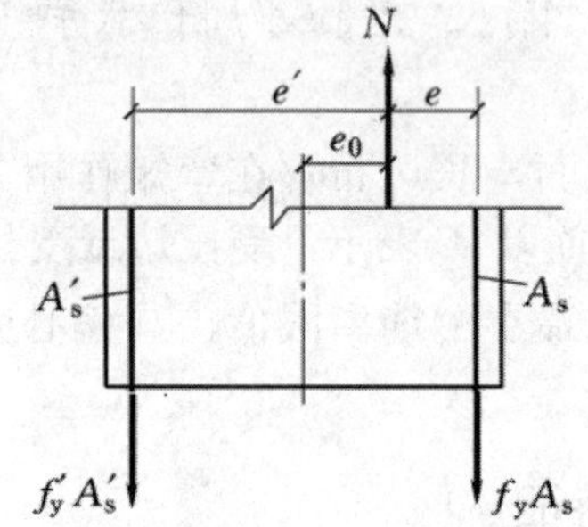

图 6.2　小偏心受拉构件承载力计算图式

当轴向拉力作用于钢筋 A_S 合力作用点和 A_S' 合力作用点之间时，全截面受拉。构件破坏时，截面已全部裂通，拉力全部由钢筋承受，并认为钢筋 A_S 和 A_S' 的应力均达到其抗拉强度设计值，其正截面承载力按下式计算：

$$Ne' \leqslant f_y A_s (h_0' - a_s) \tag{6.2}$$

$$Ne \leqslant f_y' A_s' (h_0 - a_s') \tag{6.3}$$

式中：e——轴向拉力作用点至钢筋 A_S 合力作用点的距离 $e = h/2 - e_0 - a_s$；

e'——轴向拉力作用点至钢筋 A_S' 合力作用点的距离 $e' = e_0 + h/2 - a_s'$；

e_0——轴向拉力作用点至混凝土截面形心的偏心距 $e_0 = M/N$。

当非对称配筋时，根据式（6.2）和式（6.3）可求得 A_S 和 A_S'。

截面复核时，将各已知值代入式（6.2）和式（6.3）中，取两式计算结果的较小值作为截面受拉承载力 N_u。

3．大偏心受拉构件承载力计算

大偏心受拉构件承载力计算图如图 6.3 所示。

当轴向拉力作用于钢筋 A_S 合力作用点与 A_S' 合力作用点以外时，截面部分开裂，但必然仍保留部分受压区，以维持内力平衡。构件破坏时，受拉钢筋 A_S 的应力达到抗拉强度设计值 f_y，受压钢筋 A_S' 的应力达到抗压强度设计值 f_y'，受压区混凝土的应力达到轴心抗压强度设计值 f_c，并取矩形应力图计算。大偏心受拉构件正截面承载力计算公式，由内力平衡条件求得。

由 $\Sigma F = 0$ 得

$$N \leqslant f_y A_s - f_y' A_s' - \alpha_1 f_c bx \tag{6.4}$$

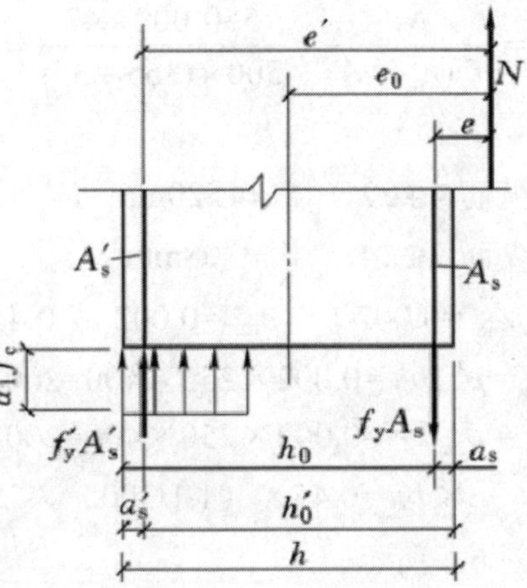

图 6.3 大偏心受拉构件承载力计算图式

由 $\Sigma M = 0$ 得

$$Ne \leqslant \alpha_1 f_c bx(h_0 - \frac{x}{2}) + f_y' A_s'(h_0 - a_s') \tag{6.5}$$

其中：$e = e_0 - h/2 + a_s$

公式的适用条件是

$$x \leqslant \xi_b h_0$$
$$x \geqslant 2a'_s$$

若出现 $x < 2a_s'$ 的情况，可忽略混凝土的作用，构件承载力由下列近似公式计算

$$Ne' \leqslant f_y A_s(h_0 - a_s') \tag{6.6}$$

其中：$e' = e_0 + h/2 - a_s'$

大偏心受拉构件的承载力计算亦分为承载力复核和配筋设计两种情况，具体计算方法可参照第 5 章第三节介绍的矩形截面大偏心受压构件进行，不同的是将轴向压力改为轴向拉力。因此，在这里就不再重复介绍。

【例 6.1】 一根钢筋混凝土偏心受拉构件，截面为矩形，$b \times h$=250mm×400mm，截面所承受的纵向拉力设计值 N=550kN，弯矩设计值 M=65 kN·m 。若混凝土强度等级为 C20（ $f_c = 9.6\text{N/mm}^2$ ），采用热轧钢筋 HRB335 级（ $f_y = f_y' = 300\text{N/mm}^2$ ， $\zeta_b = 0.550$ ），$a_s = a_s' = 35\text{mm}$ ，试确定截面所需的纵筋数量。

解：①判别大小偏拉情况：

$$e_0 = \frac{M}{N} = \frac{65\ 000\ 000}{550\ 000} = 118\text{mm} < \frac{h}{2} - a_s = \frac{400}{2} - 35 = 165\text{mm}$$

故属于小偏心受拉。

②计算纵向钢筋数量：

$$e = h/2 - e_0 - a_s = 400/2 - 118 - 35 = 47\text{mm}$$
$$e' = e_0 + h/2 - a_s' = 400/2 + 118 - 35 = 283\text{mm}$$

根据公式

$$A_s = \frac{Ne'}{f_y(h_0' - a_s)} = \frac{550\ 000 \times 283}{300 \times (365 - 35)} = 1572\text{mm}^2$$

$$A'_s = \frac{Ne}{f_y(h_0 - a'_s)} = \frac{550\ 000 \times 47}{300 \times (365 - 35)} = 261\text{mm}^2$$

③选择钢筋：

在靠近偏心拉力一侧实选纵筋 4Φ22，$A_s = 1520\text{mm}^2$，

在远离偏心拉力一侧实选纵筋 2Φ14，$A'_s = 308\text{mm}^2$

均大于规范的最小配筋率 $\rho'_{\min}$=0.002　（$\rho_{\min}$=0.002 或 0.45 f_t / f_y 中的较大者）

$$A'_{s\min} = \rho'_{\min} bh = 0.002 \times 250 \times 400 = 200\ \text{mm}^2$$

$$A_{s\min} = \rho_{\min} bh = 0.002 \times 250 \times 400 = 200\ \text{mm}^2$$

$$A_{s\min} = (0.45 f_t / f_y) \times bh = 0.45 \times (1.1/300) \times 250 \times 400 = 165\ \text{mm}^2$$

均满足要求。截面配筋如图 6.4 所示。

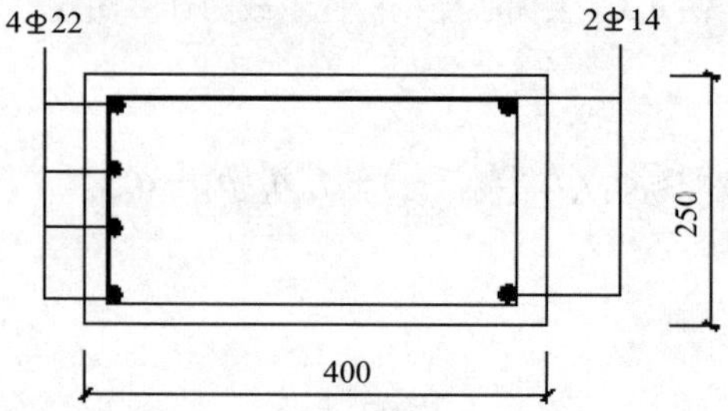

图 6.4　截面配筋图

【例 6.2】　钢筋混凝土受拉弦杆，截面为矩形，其截面尺寸为 $b \times h$=250mm×140mm，$a_s = a'_s = 25\text{mm}$，拉力设计值 N=120kN，弯矩设计值 M=9.6 kN·m。若混凝土强度等级为 C20（$f_c = 9.6\text{N/mm}^2$，$f_t = 1.1\text{N/mm}^2$），采用热轧钢筋 HRB400（$f_y = f'_y = 360\text{N/mm}^2$，$\zeta_b = 0.518$），试确定截面所需的纵筋数量（取 $a_s = a'_s = 25mm$）。

解：1）判别大小偏拉情况

$$e_0 = \frac{M}{N} = \frac{9\ 600\ 000}{120\ 000} = 80\text{mm} > \frac{h}{2} - a_s = \frac{140}{2} - 25 = 45\text{mm}$$

故属于大偏心受拉

2）计算纵向钢筋数量

$$e' = e_0 + h/2 - a'_s = 80 + 70 - 25 = 125\text{mm}$$

$$e = e_0 - h/2 + a_s = 80 - 70 + 25 = 35\text{mm}$$

3）为使（$A_s + A'_s$）为最小时求 A_s 及 A'_s，故取 $\zeta = \zeta_b = 0.518$

$$h_0 = h - a_s = 140 - 25 = 115\text{mm}$$

$$x = \zeta_b h_0 = 0.518 \times 115 = 59.57\text{mm}$$

$$A'_s = \frac{Ne - \alpha_1 f_c bx(h_0 - \frac{x}{2})}{f'_y\ (h_0 - a'_s)} = \frac{120\ 000 \times 35 - 1.0 \times 9.6 \times 200 \times 59.57 \times (115 - \frac{59.57}{2})}{360(115 - 25)} < 0$$

取 $A'_{s\min} = \rho'_{\min} bh$=0.002×200×140=56 mm^2　或

$$A'_{s\min} = (0.45 f_t / f_y) \times bh = 0.45 \times (1.1/360) \times 200 \times 140 = 38.5\ \text{mm}^2$$

中的较大值；

故选 A_s' 为 2⏀12（$A_s'=226\text{mm}^2$）

现在题目变成了已知 A_s' 求 A_s 的问题。

由式

$$N=f_yA_s-f_y'A_s'-\alpha_1f_cbx$$

$$Ne=\alpha_1f_cbx(h_0-\frac{x}{2})+f_y'A_s'(h_0-a_s')$$

$$x=\zeta_bh_0$$

求得

$$\xi=1-\sqrt{1-\frac{Ne-f_y'A_s'(h_0-a_s')}{0.5\alpha_1f_cbh_0^2}}=1-\sqrt{1-\frac{120\ 000\times35-360\times226\times(115-25)}{0.5\times1\times9.6\times200\times115^2}}<0$$

即 $x<2a_s'$

$$故\ A_s=\frac{Ne'}{f_y(h_0-a_s')}=\frac{120\ 000\times125}{360\times90}=463\text{mm}^2$$

选 A_s 为 3⏀14（A_s=462 mm²）

4．矩形截面对称配筋的偏心受拉构件承载力计算

《规范》规定，当对称配筋时，不论大小偏心受拉的情况，均按照式（6.2）进行计算，即

$$A_s=A_s'=\frac{Ne'}{f_y(h_o-\alpha_s')}.$$

5．矩形截面偏心受拉构件斜截面承载力计算

偏心受拉构件的轴向拉力加快了斜裂缝的开展，使混凝土的剪压区高度减小，构件的受剪承载力约降低20%。《规范》规定，矩形截面的钢筋混凝土偏心受拉构件，其最小截面尺寸条件见第4章第3节。

矩形截面的钢筋混凝土偏心受拉构件，其斜截面受剪承载力计算公式：

$$V\leqslant\frac{1.75}{\lambda+1}f_tbh_0+f_{yv}\frac{A_{sv}}{s}h_0-0.2N \tag{6.7}$$

式中：N——与剪力设计值相应的轴向拉力设计值；

λ——计算截面的剪跨比，λ 的取值按第五章第六节的规定来确定。

当按式（6.7）右边的计算值小于 $f_{yv}\frac{A_{sv}}{s}h_0$ 时，应取等于 $f_{yv}\frac{A_{sv}}{s}h_0$，且 $f_{yv}\frac{A_{sv}}{s}h_0$ 值不得小于 $0.36f_tbh_0$。

本 章 小 结

1．按轴向拉力的作用位置，受拉构件分为轴心受拉构件和偏心受拉构件，偏心受拉构件又可分为小偏心受拉和大偏心受拉。当轴向拉力作用在 A_s 和 A_s' 合力点之间时为小偏心受拉构件，当轴向拉力作用在 A_s 和 A_s' 合力点之外时为大偏心受拉构件。

2．轴心受拉构件由于破坏时截面已形成贯通的裂缝，混凝土退出工作，拉力全部由钢筋承担，故承载力计算较简单。

3．小偏心受拉构件的承载力主要与钢筋的配置有关，大偏心受拉构件的破坏形态与大偏心受压类似，但当钢筋 A_s 配置过多时，其破坏形态类似于小偏心受压构件，当 $x<2a_s'$ 时，钢筋 A_s' 的应力也达不到屈服强度。

4．偏心受拉构件截面设计时，可采用对称配筋和非对称配筋两种方法。

5．偏心受拉构件由于轴向拉力的存在，构件的受剪承载力降低。

思　考　题

6-1　哪些构件属于受拉构件？试举例说明。

6-2　怎样判别大小偏心受拉构件？

6-3　简述大小偏心受拉构件的破坏特征。

6-4　对于大偏心受拉构件，当计算出的 $A_s'<0$ 时，应如何处理？

6-5　轴向拉力对构件的受剪承载力有何影响？

习　题

1．某承受节点荷载的钢筋混凝土屋架的受拉腹杆，方形截面，截面尺寸为 $b\times h=160\text{mm}\times160\text{mm}$，承受轴向拉力值 $N=270\text{kN}$，采用混凝土强度等级为 C25，受力钢筋采用 HRB335 级。试给该构件配筋。

2．某混凝土偏心拉杆，$b\times h$=250mm×400mm，as=as’=35mm，混凝土强度等级为 C20，钢筋采用 HRB335 级，已知截面上作用的轴向拉力 N=550kN，弯矩 M=60 kN · m，试给该偏心拉杆配筋。

3. 某混凝土偏心拉杆，处于一类环境条件，$b\times h$=300mm×450mm，混凝土强度等级为 C30，钢筋采用HRB335级，已知截面上作用的轴向拉力 N=800kN，弯矩 M=86 kN · m，as=as’= 40mm，试给该偏心拉杆配筋。

第7章 钢筋混凝土受扭构件承载力计算

凡是在构件截面中有扭矩作用的构件，都称为受扭构件。受扭构件是钢筋混凝土结构中常见的构件形式，例如钢筋混凝土雨篷、平面曲梁或折梁、现浇框架边梁、吊车梁、螺旋楼梯等结构构件都是受扭构件（图 7.1）。受扭构件根据截面上存在的内力情况可分为纯扭、剪扭、弯扭、弯剪扭等多种受力情况。在实际工程中，纯扭、剪扭、弯扭的受力情况较少，弯剪扭的受力情况则较普遍。钢筋混凝土结构中的受扭构件常采用矩形截面。

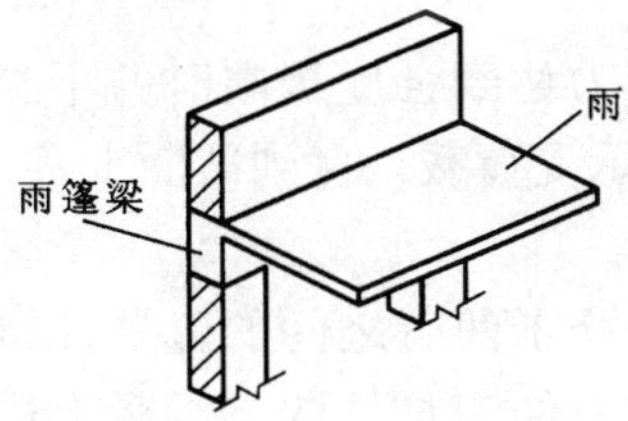

（a）雨篷梁

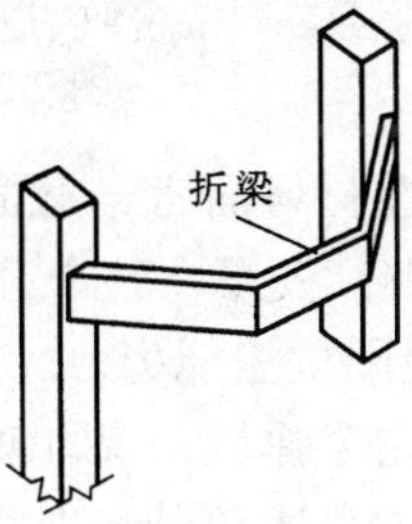

（b）平面折梁

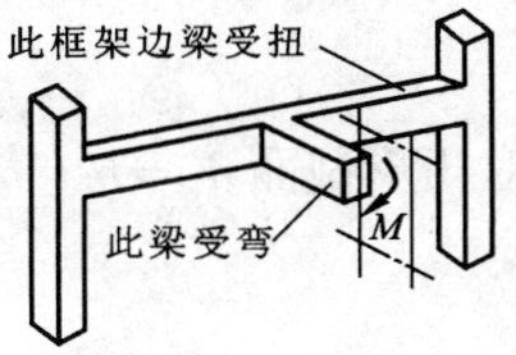

（c）框架边梁

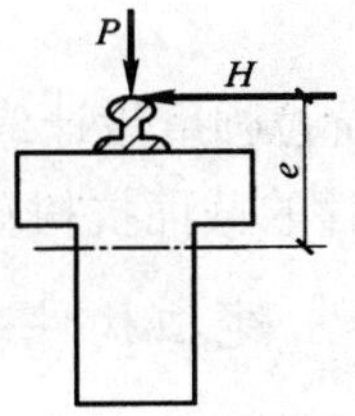

（d）吊车梁

图 7.1 常见受扭构件示例

第1节 受力特点与配筋构造

1. 受扭构件受力特点

（1）素混凝土纯扭构件

构件在扭矩作用下主要产生剪应力。匀质弹性材料矩形截面在扭矩的作用下（图 7.2），截面中各点都将产生剪应力τ，如图 7.2（a）所示。剪应力分布规律如图 7.2（b）所示，最大剪应力发生在截面长边中点，与该点剪应力作用相对应的主拉应力σ_{tp}和主压应力σ_{cp}分别与构件轴线成45°角，其大小为$\sigma_{tp}=\sigma_{cp}=\tau_{max}$。当主拉应力超过混凝土的抗拉强度时，混凝土将首先在截面长边中点处，垂直于主拉应力方向开裂。所以，在纯扭构件中，构件裂缝与轴线成45°角。

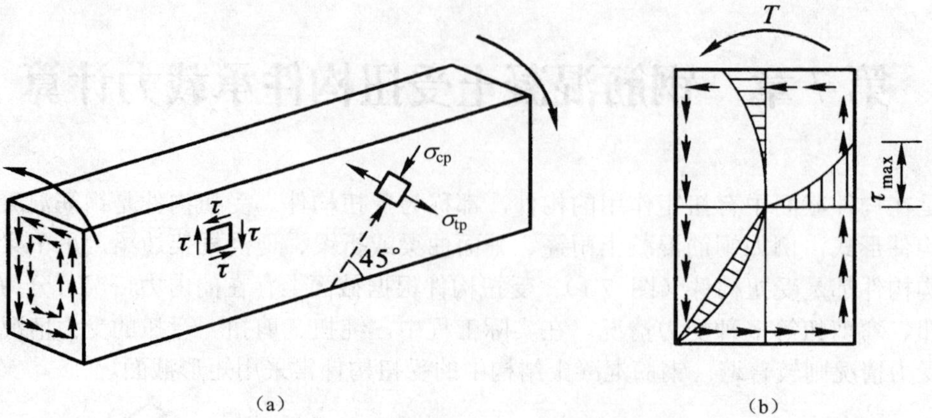

图 7.2　纯扭构件的弹性应力分布图

对于理想弹塑性材料而言，截面上某点的应力达到强度极限时并不立即破坏，该点能保持极限应力不变而继续变形，整个截面仍能继续承受荷载，直到截面上各点的应力达到 $\tau_{max}=f_t$时，构件才达到极限抗扭能力。

素混凝土既非完全弹性，又非理想塑性，是介于两者之间的弹塑性材料，因而受扭时的极限应力分布将介于上述两种情况之间。为计算方便起见，取素混凝土构件的受扭承载力即开裂扭矩为

$$T_{cr}=0.7f_tW_t \tag{7.1}$$

式中：f_t——混凝土抗拉强度设计值；

W_t——受扭构件的截面抗扭塑性抵抗矩。对矩形截面 $W_t=b^2(3h-b)/6$。

（2）钢筋混凝土纯扭构件

试验表明，配置受扭钢筋对提高受扭构件抗裂性能的作用不大，当混凝土开裂后，可由钢筋继续承担拉力，因而能使构件的受扭承载力大大提高。如前所述，扭矩在匀质弹性材料构件中引起的主拉应力方向与构件轴线成 45°。因此，最合理的配筋方式是在构件靠近表面处设置呈 45°走向的螺旋形钢筋。但这种配筋方式不便于施工，且当扭矩改变方向后则将完全失去效用。在实际工程中，一般是采用由靠近构件表面设置的横向箍筋和沿构件周边均匀对称布置的纵向钢筋共同组成的抗扭钢筋骨架（图 7.3）。它恰好与构件中受弯钢筋和受剪钢筋的配置方向相协调。

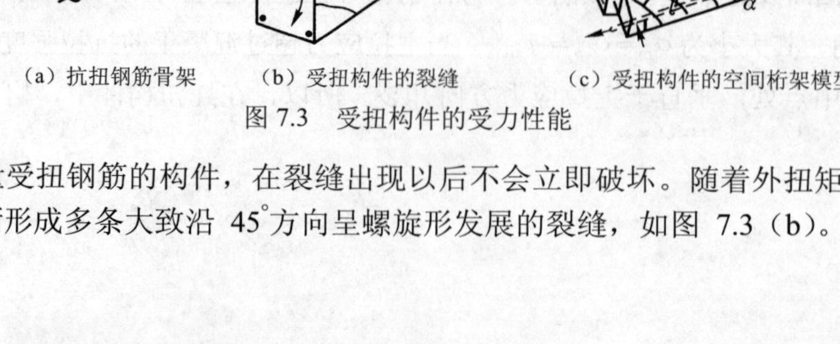

图 7.3　受扭构件的受力性能

配置了适量受扭钢筋的构件，在裂缝出现以后不会立即破坏。随着外扭矩的不断增大，在构件表面逐渐形成多条大致沿 45°方向呈螺旋形发展的裂缝，如图 7.3（b）。在裂缝处，原

来由混凝土承担的主拉应力主要改由与裂缝相交的钢筋来承担。多条螺旋形裂缝形成后的钢筋混凝土构件可以看成图 7.3（c）所示的空间桁架，其中纵向钢筋相当于受拉弦杆，箍筋相当于受拉竖向腹杆，而裂缝之间接近构件表面一定厚度的混凝土则形成承担斜向压力的斜腹杆。随着其中一条裂缝所穿越的纵筋和箍筋达到屈服时，该裂缝不断加宽，直到最后形成三面开裂一边受压的空间扭曲破坏面，进而受压边混凝土被压碎，构件破坏（图 7.4）。整个破坏过程具有一定延性和较明显的预兆，类似受弯构件适筋破坏。

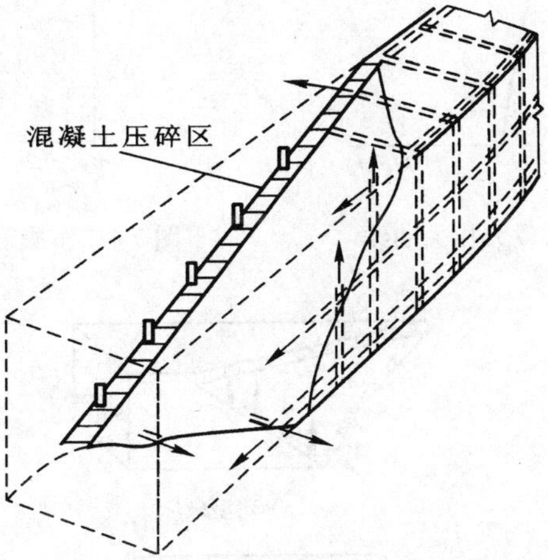

图 7.4　钢筋混凝土纯扭构件适筋破坏

当受扭箍筋和纵筋配置过少时，构件的受扭承载力与素混凝土没有实质差别，破坏过程迅速而突然，类似于受弯构件的少筋破坏，称为少筋受扭构件。如果箍筋和纵筋配置过多，钢筋未达到屈服强度，构件即由于斜裂缝间混凝土被压碎而破坏，这种破坏与受弯构件的超筋梁类似，称为超筋受扭构件。少筋受扭构件和超筋受扭构件均属脆性破坏，设计中应予以避免。

需要注意的是，由于受扭钢筋是由纵筋和箍筋两部分组成，两种配筋的比例对破坏强度也有影响。当其中某一种钢筋配置过多时，会使这种钢筋在构件破坏时不能达到屈服强度，这种构件称为部分超筋构件。部分超筋构件的延性比适筋构件差，且不经济。

（3）钢筋混凝土弯、剪、扭构件

当构件处于弯、剪、扭共同作用的复合应力状态时，其受力情况比较复杂。试验表明，扭矩与弯矩或剪力同时作用于构件时，一种承载力会因另一种内力的存在而降低，例如受弯承载力会因扭矩的存在而降低，受剪承载力也会因扭矩的存在而降低，反之亦然，这种现象称为承载力之间的相关性。

弯扭相关性，是因为扭矩的作用使纵筋产生拉应力，加重了受弯构件纵向受拉钢筋的负担，使其应力提前达到屈服，因而降低了受弯承载能力。剪扭相关性，则是因为两者的剪应力在构件一个侧面上是叠加的。图 7.5、图 7.6 分别为弯扭和剪扭承载力相关曲线。图中 T_{u0} 表示弯矩为零时纯扭构件的受扭承载力，M_{u0} 表示扭矩为零时构件的受弯承载力，T_{c0} 表示剪力为零时构件混凝土的受扭承载力，V_{c0} 表示扭矩为零时构件混凝土的受剪承载力。

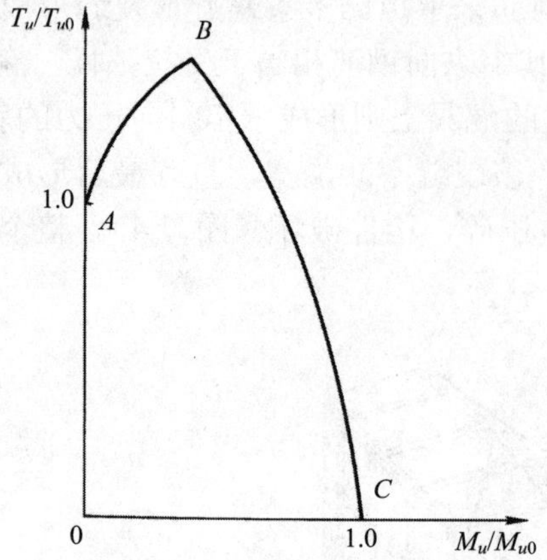

图 7.5　弯扭承载力相关曲线

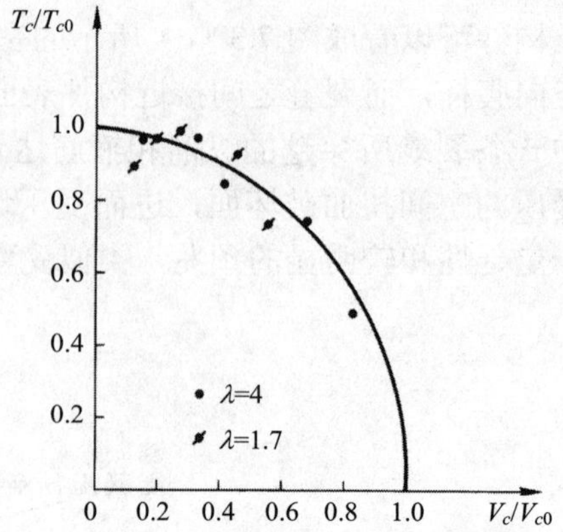

图 7.6　有腹筋构件剪扭承载力相关曲线

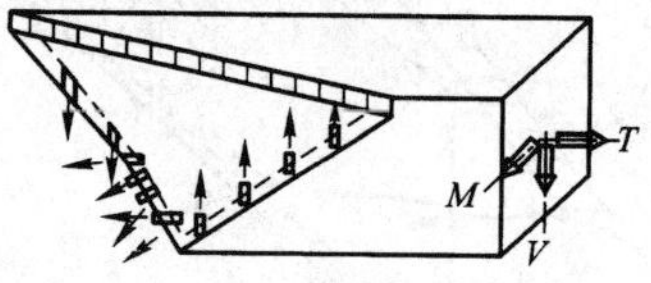

（a）弯型破坏

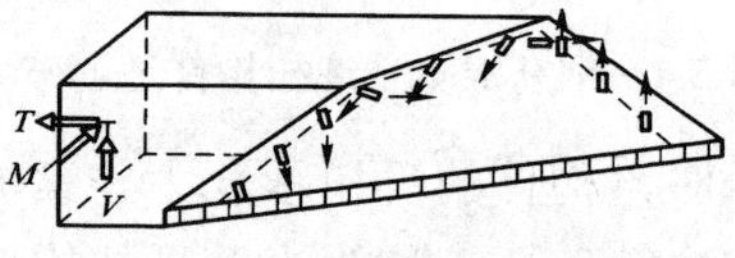

（b）扭型破坏

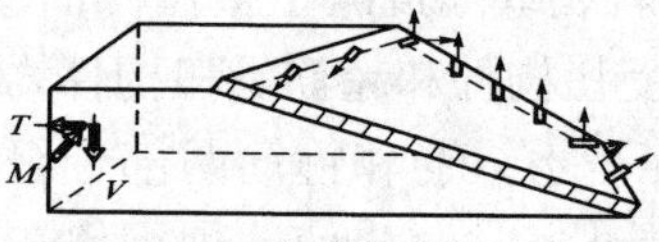

（c）剪扭破坏

图 7.7　弯剪扭构件的破坏形态及其破坏类型

弯剪扭复合受扭构件由于其三种内力的比值及配筋情况的不同影响，有三种典型的破坏形态。

1）弯型破坏。当剪力很小、弯矩和扭矩的比值较大，底部钢筋多于顶部钢筋时，构件破坏开始于底面及两侧的混凝土开裂，底部钢筋屈服，然后顶部混凝土压碎。这类破坏主要因弯矩引起，所以称弯型破坏，如图 7.7（a）所示。

2）扭型破坏。当剪力很小，扭矩和弯矩的比值较大，且上部钢筋较少时，构件破坏开始于构件顶面及两侧面的混凝土开裂，顶部钢筋因受扭而先屈服，最后底部混凝土压碎。此类破坏主要因扭矩引起，所以称为扭型破坏，如图 7.7（b）所示。

3）剪扭破坏。当弯矩很小，剪力和扭矩较大时，构件破坏开始于截面长边的一侧开裂和该侧的受扭纵筋和受扭、受剪箍筋屈服，最后另一长边受压区混凝土压碎。此类主要因剪力和扭矩引起的破坏称为剪扭破坏，如图 7.7（c）所示。

此外，若扭矩很小，而弯矩和剪力作用明显时，构件可能发生类似于剪压型的破坏。

2．受扭构件的配筋构造要求

（1）受扭纵筋

受扭纵筋应沿构件截面周边均匀对称布置。矩形截面的四角以及 T 形和 I 形截面各分块矩形的四角，均必须设置受扭纵筋。受扭纵筋的间距不应大于 200mm，也不应大于梁截面短边长度（图 7.8）。

受扭纵向钢筋的接头和锚固要求均应按受拉钢筋的相应要求考虑。架立筋和梁侧构造纵筋也可利用作为受扭纵筋。

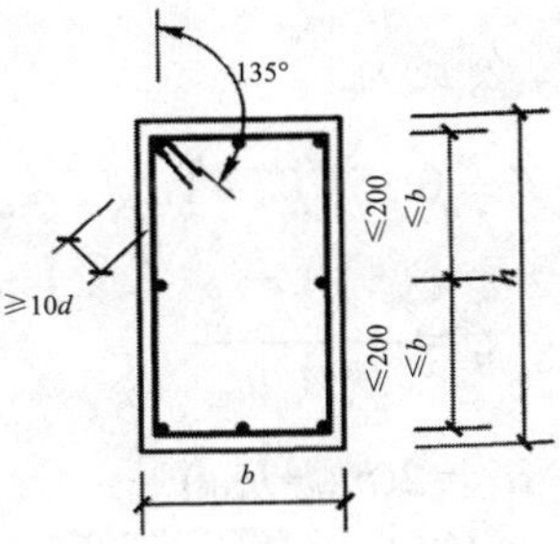

图 7.8　受扭钢筋的布置

（2）受扭箍筋

在受扭构件中，箍筋在整个周长上均承受力。因此，受扭箍筋必须做成封闭式，且应沿截面周边布置，这样可保持构件受力后，箍筋不至于被拉开，可以很好地约束纵向钢筋。为了能将箍筋的端部锚固在截面的核心部分，当钢筋骨架采用绑扎骨架时，应将箍筋末端弯折 135°，弯钩端头平直段长度不应小于 10d（d 为箍筋直径）。

受扭箍筋的间距 s 及直径 d 均应满足第 4 章中受弯构件的最大箍筋间距 s_{max} 及最小箍筋直径的要求。

第 2 节　钢筋混凝土受扭构件承载力计算

1．承载力计算公式

（1）剪扭构件混凝土受扭承载力降低系数

影响弯剪扭构件承载力的因素很多，并且如前所述，弯、剪、扭承载力之间存在相关性，精确计算很复杂。实用计算中，是将受弯所需纵筋与受扭所需纵筋分别计算然后进行叠加，箍筋按受扭承载力和受剪承载力分别计算其用量，然后进行叠加。用承载力降低系数 β_t 来考虑剪扭共同作用的影响。β_t 的计算公式为

$$\beta_t = \frac{1.5}{1 + 0.5\dfrac{VW_t}{Tbh_0}} \tag{7.2}$$

对集中荷载作用下独立的混凝土剪扭构件（包括作用有多种荷载，且其集中荷载对支座

截面所产生的剪力值占总剪力值的75%以上的情况），折减系数β_t为

$$\beta_t=\frac{1.5}{1+0.2(\lambda+1.0)\dfrac{VW_t}{Tbh_0}} \tag{7.3}$$

式中：λ——计算截面剪跨比，当λ<1.5时，取λ=1.5；λ>3时，取λ=3；

W_t——受扭构件的截面抗扭塑性抵抗矩。

h、b——分别为截面长边和短边尺寸。

当β_t<0.5时，取β_t=0.5；β_t>1.0时，β_t=1.0。

（2）纯扭构件承载力计算公式

钢筋混凝土纯扭构件承载力计算公式为

$$T\leqslant T_c+T_s=0.35f_tW_t+1.2\sqrt{\zeta}A_{\text{cor}}\frac{A_{\text{stl}}f_{\text{yv}}}{s} \tag{7.4}$$

$$\zeta=\frac{A_{\text{stl}}f_ys}{f_{\text{yv}}A_{\text{stl}}u_{\text{cor}}} \tag{7.5}$$

$$u_{\text{cor}}=2(b_{\text{cor}}+h_{\text{cor}}) \tag{7.6}$$

式中：ζ——受扭纵筋与受扭箍筋的配筋强度比；

f_y、f_{yv}——受扭纵筋、箍筋的抗拉强度设计值；

A_{stl}——箍筋的单肢截面面积；

s——箍筋的间距；

u_{cor}——箍筋核心部分的周长；

b_{cor}、h_{cor}——分别为从箍筋内皮计算的截面核心的短边及长边，$b_{\text{cor}}=b-2c$，$h_{\text{cor}}=h-2c$。

A_{cor}——截面核心面积，$A_{\text{cor}}=b_{\text{cor}}\times h_{\text{cor}}$。

试验表明，当ς在0.5～2.0变化时，纵筋与箍筋在构件破坏时基本上都能达到屈服强度，为稳妥起见，《规范》取ζ的限制条件为0.6≤ζ≤1.7，当ζ>1.7时，按ζ=1.7计算。为了施工方便，便于配筋，设计中通常取ζ=1.0～1.2。

（3）弯剪扭构件的承载力计算公式

1）计算公式

在考虑了折减系数β_t后，弯剪扭构件承载力计算公式分别为

受扭承载力

$$T\leqslant T_c+T_s=0.35\beta_tf_tW_t+1.2\sqrt{\zeta}A_{\text{cor}}\frac{A_{\text{stl}}f_{\text{yv}}}{s} \tag{7.7}$$

受剪承载力

$$V\leqslant(1.5-\beta_t)\times0.7f_tbh_0+f_{\text{yv}}\frac{A_{\text{sv}}}{s}h_0 \tag{7.8}$$

式中：A_{sv}——受剪承载力所需箍筋截面面积，$A_{\text{sv}}=nA_{\text{sv1}}$。

以集中荷载为主的独立梁

$$V\leqslant(1.5-\beta_t)\frac{1.75}{\lambda+1.0}f_tbh_0+f_{\text{yv}}\frac{A_{\text{sv}}}{s}h_0 \tag{7.9}$$

对纵向钢筋，先按弯矩计算所需的受弯纵筋，再计算受扭纵筋，然后叠加，即可得出全

部受力纵筋。但必须注意，受弯纵筋应布置在受弯时的受拉区（对单筋截面），而受扭纵筋应沿周边均匀布置。

对于箍筋，先分别计算出受扭箍筋$\frac{A_{\rm stl}}{s_t}$和抗剪箍筋$\frac{A_{\rm svl}}{s_v}$，然后按$\frac{A_{\rm stl}}{s_t}+\frac{A_{\rm svl}}{s_v}$选择剪扭箍筋。

2）适用条件

为避免超筋破坏，构件应满足下式条件，否则应加大截面尺寸，或提高混凝土强度等级。

当$h_w/b\leqslant 4$时

$$\frac{V}{bh_0}+\frac{T}{0.8W_t}\leqslant 0.25\beta_c f_c \tag{7.10}$$

当$h_w/b=6$时

$$\frac{V}{bh_0}+\frac{T}{0.8W_t}\leqslant 0.2\beta_c f_c \tag{7.11}$$

当$4<h_w/b<6$时，按线性内插确定。

式中：β_c——混凝土强度影响系数。当混凝土强度等级不超过C50时，取$\beta_c=1.0$；当混凝土强度等级为C80时，取$\beta_c=0.8$；其间按线性内插确定。

为避免少筋破坏，箍筋与纵筋的最小配筋率分别应满足下列要求：

剪扭箍筋配筋率

$$\rho_{\rm svt}=\frac{A_{\rm sv}}{bs}\geqslant\rho_{\rm svt,min}=0.28\frac{f_t}{f_{\rm yv}} \tag{7.12}$$

受扭纵筋配筋率

$$\rho_{\rm st}=\frac{A_{\rm stl}}{bh}\geqslant\rho_{\rm tl,min}=0.6\sqrt{\frac{T}{Vb}}\frac{f_t}{f_y} \tag{7.13}$$

受弯纵筋最小配筋率按附表3-2取用。

3）简化计算的条件

当满足式（7.14）时，可不进行剪扭计算，而按构造要求配置箍筋和受扭纵筋：

$$\frac{V}{bh_0}+\frac{T}{W_t}\leqslant 0.7f_t \tag{7.14}$$

当满足式（7.15）或式（7.16）时，可不考虑剪力，而按弯扭构件计算，即按受弯构件的正截面受弯承载力和纯扭构件的受扭承载力分别进行计算：

$$V\leqslant 0.35f_tbh_0 \tag{7.15}$$

$$V\leqslant 0.875\frac{f_tbh_0}{\lambda+1.0} \tag{7.16}$$

当满足式（7.17）时，可不考虑扭矩，而按弯剪构件计算：

$$T\leqslant 0.175f_tW_t \tag{7.17}$$

2．矩形截面弯剪扭构件的截面设计计算步骤

已知：截面的内力M、V、T，截面尺寸，材料强度等级。

求：纵向钢筋及箍筋截面面积。

1）验算截面尺寸。

①求W_t；

②验算截面尺寸。其截面尺寸不满足时，应增大截面尺寸后再验算构件截面尺寸。

2）验算是否需按计算配置抗剪扭钢筋。

3）确定是否可以忽略剪力和扭矩的影响。

4）确定箍筋用量：

①计算混凝土受扭能力降低系数 β_t；

②计算受剪所需单肢箍筋的用量 $\dfrac{A_{\mathrm{svl}}}{s}$；

③计算受扭所需单肢箍筋的用量 $\dfrac{A_{\mathrm{stl}}}{s}$；

④计算受剪扭箍筋的单肢总用量 $\dfrac{A_{\mathrm{svl}}}{s}+\dfrac{A_{\mathrm{stl}}}{s}$；

⑤验算箍筋的最小配筋率，并选配箍筋。

5）确定纵筋用量：

①计算受扭纵筋的截面面积 A_{stl}，并验算最小配筋率；

②计算受弯纵筋的截面面积 A_s，并验算最小配筋率；

③弯扭纵筋用量叠加，并选配钢筋。叠加原则是 A_s 配在受拉边，A_{stl} 沿截面核心周边均匀、对称布置。位于受拉边的那部分受扭纵筋应与受弯纵筋相加后选配钢筋。

【例 7.1】 一承受均布荷载的矩形截面梁，混凝土采用 C20 级（α_1=1.0，$f_t=1.1\text{N/mm}^2$，$f_c=9.6\text{N/mm}^2$），纵向钢筋采用 HRB335 级（$f_y=300\text{N/mm}^2$），箍筋采用 HPB300 级（$f_{yv}=270\text{N/mm}^2$），$b\times h=250\text{mm}\times600\text{mm}$，经内力计算，截面承受的弯矩设计值为 $M=120\text{kN}\cdot\text{m}$（构件顶部受拉），剪力设计值为 $V=88\text{kN}$，扭矩设计值为 $T=15\text{kN}\cdot\text{m}$，试为此截面配筋。

解：1）验算截面尺寸。

取 c=30mm，$a_s=40\text{mm}$，则

$$h_0=h-a_s=600-40=560\text{mm}$$

$$W_t=\frac{b^2}{6}(3h-b)=\frac{250^2}{6}\times(3\times600-250)=1.615\times10^7\text{mm}^3$$

$$\frac{V}{bh_0}+\frac{T}{0.8W_t}=\frac{88\times10^3}{250\times560}+\frac{15\times10^6}{0.8\times1.615\times10^7}=1.79\text{N/mm}^2$$

$$\leqslant0.25\beta_c f_c=0.25\times1.0\times9.6=2.4\text{N/mm}^2$$

截面尺寸满足要求。

2）验算是否需按计算配置抗剪扭钢筋。

$$\frac{V}{bh_0}+\frac{T}{W_t}=\frac{88\times10^3}{250\times560}+\frac{15\times10^6}{1.615\times10^7}=1.557\text{N/mm}^2$$

$$>0.7f_t=0.7\times1.1=0.77\text{N/mm}^2$$

故应按计算配置抗剪扭钢筋。

3）验算能否忽略剪力和扭矩的作用。

$$0.35f_tbh_0 = 0.35\times1.1\times250\times560 = 53.9\text{kN} < V = 88\text{kN}$$

$$0.175f_tW_t = 0.175\times1.1\times1.615\times10^7 = 3.11\times10^6\text{N/mm}^2$$

$$<T = 15\times10^6\text{N}\cdot\text{mm}$$

故剪力和扭矩均不可忽略。

4）确定箍筋用量：

①计算混凝土受扭能力降低系数 β_t

$$\beta_t = \frac{1.5}{1+0.5\frac{VW_t}{Tbh_0}} = \frac{1.5}{1+0.5\times\frac{88\times10^3\times1.615\times10^7}{15\times10^6\times250\times560}}$$

$$=1.121>1.0$$

取 $\beta_t = 1.0$。

②计算受剪所需单肢箍筋的用量 $\frac{A_{\text{svl}}}{s}$

由式（7.8）得

$$88\ 000 = (1.5-1)\times0.7\times1.1\times250\times560 + 270\times\frac{2A_{\text{svl}}}{s}\times560$$

解得

$$\frac{A_{\text{svl}}}{s} = 0.113\text{mm}^2/\text{mm}$$

③计算受扭所需单肢箍筋的用量 $\frac{A_{\text{stl}}}{s}$

$$b_{\text{cor}} = 250-2\times30 = 190\text{mm}$$

$$h_{\text{cor}} = 600-2\times30 = 540\text{mm}$$

由式（7.7）得

$$15\times10^6 = 0.35\times1\times1.1\times1.615\times10^7 + 1.2\sqrt{\zeta}\times270\times\frac{A_{\text{stl}}}{s}\times190\times540$$

取 $\zeta = 1.2$ 代入，得

$$\frac{A_{\text{stl}}}{s} = 0.241\text{mm}^2/\text{mm}$$

④计算受剪扭箍筋的单肢总用量 $\frac{A_{\text{svl}}}{s}+\frac{A_{\text{stl}}}{s}$

$$\frac{A_{\text{sv}}}{s} = \frac{A_{\text{svl}}}{s}+\frac{A_{\text{stl}}}{s} = 0.113+0.241 = 0.354\text{mm}^2/\text{mm}$$

⑤验算箍筋的最小配筋率，并选配箍筋

选 $\phi10$ 双肢箍筋，$A_{\text{sv}} = 78.5\text{mm}^2$，所以有 $s = 78.5/0.354 = 222\text{mm}$

取箍筋为双肢 $\phi10$@200，验算配箍率

$$\rho_{\text{sv}} = \frac{2\times78.5}{250\times200} = 0.003\ 14 > \rho_{\min} = 0.28\frac{f_t}{f_{\text{yv}}} = 0.28\times\frac{1.1}{270} = 0.001\ 14$$

5）确定纵筋用量：

①计算受扭纵筋的截面面积 A_{stl}，并验最小配筋率；

由式（7.5）得

$$A_{stl}=\frac{\zeta f_{yv}u_{cor}A_{st1}}{f_y s}=\frac{1.2\times 270\times 2\times(190+540)\times 0.241}{300}=380\text{mm}^2$$

$$>\rho_{min}bh=0.2\%\times 250\times 600=300\text{mm}^2$$

②计算受弯纵筋的截面面积 A_s，并验最小配筋率；

$$\alpha_s=\frac{M}{\alpha_1 f_c bh_0^2}=\frac{120\times 10^6}{1.0\times 9.6\times 250\times 560^2}=0.159$$

$$\xi=1-\sqrt{1-2\alpha_s}=1-\sqrt{1-2\times 0.159}=0.175<\xi_b=0.550$$

$$A_s=\frac{\alpha_1 f_c\xi bh_0}{f_y}=\frac{1.0\times 9.6\times 0.175\times 250\times 560}{300}=784\text{mm}^2$$

$$>\rho_{min}bh=0.2\%\times 250\times 600=300\text{mm}^2$$

③弯扭纵筋用量叠加，并选配钢筋。

根据截面尺寸，拟将受扭纵筋分为四层布置，则每层受扭纵筋的截面面积为 $A_{stl}/4=380/4=95\text{mm}^2$，截面的中部两排和下部的一排均取 2Φ12（226mm²），在截面顶部，受扭纵筋与受弯纵筋叠加为

$$A_s+\frac{A_{stl}}{4}=(784+95)=879\text{mm}^2$$

选 3Φ20（942mm²），截面配筋如图 7.9 所示。

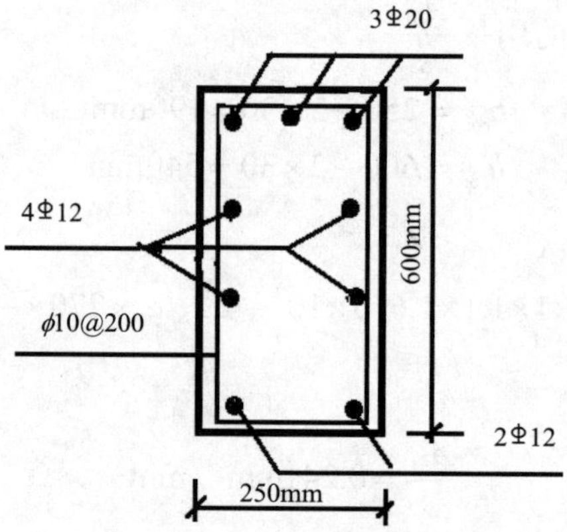

图 7.9　【例 7.1】截面配筋图

本 章 小 结

1．根据受扭箍筋和受扭纵筋的配筋量不同，受扭构件的破坏形式分为适筋破坏、少筋破坏、超筋破坏和部分超筋破坏。为防止少筋和超筋破坏，应分别满足受扭钢筋的最小配筋率和截面限制条件。对部分超筋破坏，《规范》通过控制受扭纵筋和箍筋的配筋强度比来控制，对适筋破坏，则通过设计计算来避免。

2．由于弯剪扭构件的截面受弯、受剪及受扭承载力的相关性较复杂，目前《规范》只给出剪扭构件考虑剪扭共同作用时的受扭承载力降低系数。

3．对弯剪扭构件，其纵向钢筋根据弯扭构件的计算配置，而箍筋则按剪扭构件的计算配置。

4．受扭箍筋应做成封闭式，应符合箍筋最小直径和最大间距等构造要求。受扭纵筋应沿截面周边均匀布置，同时应符合梁中纵向受力钢筋的有关构造要求。

思考题

7.1 钢筋混凝土纯扭构件中适筋纯扭构件的破坏有什么特点？

7.2 钢筋混凝土纯扭构件中超筋纯扭构件的破坏有什么特点？计算中如何避免发生完全超筋破坏？

7.3 钢筋混凝土纯扭构件中少筋纯扭构件的破坏有什么特点？计算中如何避免发生少筋破坏？

7.4 简述素混凝土纯扭构件的破坏特征。

7.5 在抗扭计算中，配筋强度比的 ζ 含义是什么？起什么作用？有什么限制？

7.6 从受扭构件的受力合理性看，采用螺旋式配筋比较合理，但实际上为什么采用封闭式箍筋加纵筋的形式？

7.7 《混凝土结构设计规范》是如何考虑弯矩、剪力、和扭矩共同作用的？β_t 的意义是什么？起什么作用？上下限是多少？

7.8 对受扭构件的截面尺寸有何要求？纵筋配筋率有哪些要求？

7.9 试说明公式 $T=0.7f_tW_t$ 对钢筋混凝土纯扭构件的意义。

7.10 为什么一般受弯构件同时受到扭矩的作用时，其受弯承载力和受剪承载力均有所降低？

习题

1．一钢筋混凝土连续梁受均布荷载作用，截面尺寸为 $b\times h$=300mm×600mm，$a_s=a_s'$=45mm，混凝土保护层厚度为25mm；在支座处承受的内力：M=90kN·m，V=900kN，T=28.3kN·m。采用的混凝土强度等级为C25，纵向钢筋为HRB335，箍筋为热轧HPB300级钢筋，试确定该截面配筋。

2．矩形截面纯扭构件，截面尺寸 $b\times h$=350mm×600mm，纵筋为6根Φ16的HRB335级钢筋（A_{stl}=1026mm^2，f_y=300N/mm^2），箍筋为HPB300级钢筋（f_{yv}=270N/mm^2）ϕ10（A_{stl}=78.5mm^2）间距100mm。混凝土为C25级，求此构件所能承受的最大扭矩设计值。

3．正方形截面纯扭构件，边长为400mm。扭矩设计值 T=28kN·m，纵筋采用HRB335级钢筋（f_y=300N/mm^2），箍筋用HPB300级钢筋（f_{yv}=270N/mm^2），混凝土为C20级（f_c=9.6N/mm^2，f_t=1.1N/mm^2）。求此截面所需配置的受扭钢筋。

4．承受均布荷载作用的矩形截面弯剪扭构件，截面尺寸 $b\times h$=200mm×400mm，纵筋为HRB335级钢筋（f_y=300N/mm^2），箍筋用HPB300级钢（f_{yv}=270N/mm^2），混凝土为C20级（f_c=9.6N/mm^2，f_t=1.1N/mm^2）。截面内力设计值为 M=54kN·m；V=25kN；T=2.8kN·m。求构件的配筋（构件下侧受拉）。

第 8 章　钢筋混凝土构件正常使用极限状态验算

结构或构件应满足两种极限状态要求，一是承载能力极限状态，二是正常使用极限状态。这是因为构件过大的挠度和裂缝会影响结构的正常使用。例如，楼盖构件挠度过大，将造成楼层地面不平，或使用中发生有感觉的震颤；屋面构件挠度过大会妨碍屋面排水；吊车梁挠度过大会影响吊车的正常运行，等等。而构件裂缝过大时，会使钢筋锈蚀，从而降低结构的耐久性，并且裂缝的出现和扩展还会降低构件的刚度，从而使变形增大，甚至影响正常使用。可见，受弯构件除应满足承载力要求外，必要时还需进行变形和裂逢宽度验算，以保证其不超过正常使用极限状态，确保结构构件的耐久性和正常使用。

第 1 节　概　述

钢筋混凝土受弯构件的裂缝有两种：一种是由于混凝土的收缩或温度变形引起的；另一种则是由荷载引起的。对于前一种裂缝，主要是采取控制混凝土浇筑质量，改善水泥性能，选择集料成分，改进结构形式，设置伸缩缝等措施解决，不需进行裂缝宽度计算。本章所指的裂缝均指由荷载引起的裂缝。

《混凝土结构设计规范》规定，结构构件正截面的裂缝控制等级分为三级，等级的划分应符合以下规定。

一级：严格要求不出现裂缝的构件，按荷载效应标准组合时，构件受拉边缘混凝土不出现拉应力。

二级：一般要求不出现裂缝的构件，按荷载效应标准组合时，构件受拉边缘混凝土拉应力不应大于混凝土轴心抗拉强度标准值；按荷载准永久组合计算时，构件受拉边缘混凝土不宜产生拉应力。

三级：允许出现裂缝的构件，按荷载效应标准组合，并考虑长期作用影响计算的最大裂缝宽度 Wmax 不应超过表 8.1 规定的裂缝宽度限值[W]。

表 8.1　钢筋混凝土结构构件的裂缝控制等级及最大裂缝宽度限值

环境类别	一	二	三
裂缝控制等级	三	三	三
最大裂缝宽度限值[W]（mm）	0.3（0.4）	0.2	0.2

《混凝土结构设计规范》规定的受弯构件挠度限值按表 8.2 所示。

表 8.2　受弯构件的挠度限值[f]

构件类型		挠度限值
吊车梁	手动吊车	l_0 /500
	电动吊车	l_0 /600

（续表）

构件类型		挠度限值
屋盖、楼盖及楼梯构件	$l_0 < 7\text{m}$	$l_0/200$（$l_0/250$）
	$7\text{m} \leqslant l_0 \leqslant 9\text{m}$	$l_0/250$（$l_0/300$）
	$l_0 > 9\text{m}$	$l_0/300$（$l_0/400$）

注：①表中 l_0 为构件的计算跨度。计算悬臂构件的挠度限值时，l_0 按实际悬臂长度的 2 倍取用；

②如果构件制作时预先起拱，且使用上也允许，则在验算挠度时，可将计算所得的挠度值减去起拱值；

③表中括号内的数值适用于使用对挠度有较高要求的构件。

第 2 节　受弯构件的挠度验算

1. 钢筋混凝土受弯构件的截面刚度

（1）钢筋混凝土受弯构件截面刚度的特点

钢筋混凝土受弯构件变形计算的实质是刚度验算。

在材料力学中，我们学习了受弯构件挠度（变形）计算的方法。例如，均布荷载作用下简支梁的跨中最大挠度为

$$f = \frac{5ql_0^4}{384EI} = \frac{5Ml_0^2}{48EI}$$

其中：EI——截面弯曲刚度，它是一常量。

材料力学公式不能直接用来计算钢筋混凝土受弯构件的挠度。原因是，材料力学公式是假想梁为理想的匀质弹性体建立起来的，而钢筋混凝土既非匀质材料，又非弹性材料（仅在混凝土开裂前呈弹性性质），并且由于钢筋混凝土受弯构件在使用阶段一般已开裂，这些裂缝把构件的受拉区混凝土沿梁纵轴线分成许多短段，使受拉区混凝土成为非连续体。可见，钢筋混凝土受弯构件不符合材料力学的假定，因此挠度计算公式不能直接应用。

研究表明，钢筋混凝土构件的截面刚度为一变量，其特点可归纳为：

1）随弯矩的增大而减小。这意味着，某一根梁的某一截面，当荷载变化而导致弯矩不同时，其弯曲刚度会随之变化，并且，即使在同一荷载作用下的等截面梁中，由于各个截面的弯矩不同，其弯曲刚度也会不同，如图 8.1 所示。

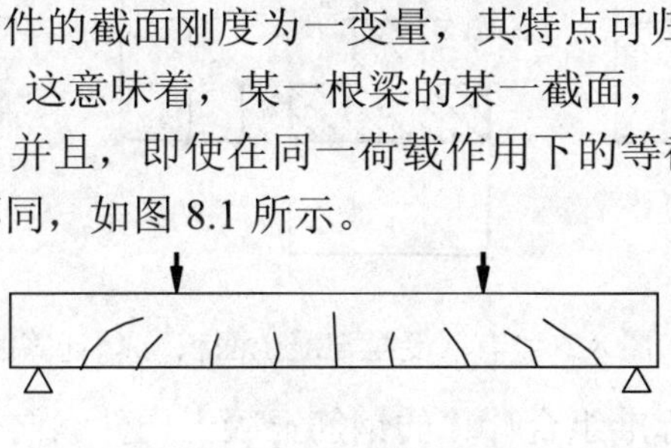

图 8.1　沿梁长的刚度分布

2）随纵向受拉钢筋配筋率的减小而减小。

3）荷载长期作用下，由于混凝土徐变的影响，梁的某个截面的刚度将随时间增长而降低。

影响受弯构件刚度的因素有弯矩、纵筋配筋率与弹性模量、截面形状和尺寸、混凝土强度等级等等，在长期荷载作用下刚度还随时间而降低。在上述因素中，梁的截面高度 h 影响最大。

（2）刚度计算公式

1）短期刚度 B_s

钢筋混凝土受弯构件出现裂缝后，在荷载效应的标准组合作用下的截面弯曲刚度称为短期刚度，用 B_s 表示。根据理论分析和试验研究的结果，矩形、T 形、倒 T 形、I 形截面钢筋混凝土受弯构件的短期刚度表达式为

$$B_s = \frac{E_s A_s h_0^2}{1.15\psi + 0.2 + \dfrac{6\alpha_E \rho}{1+3.5\gamma_{\mathrm{f}}'}} \tag{8.1}$$

式中：E_s——受拉纵筋的弹性模量。

A_s——受拉纵筋的截面面积。

h_0——受弯构件截面有效高度。

ψ——裂缝间纵向受拉钢筋应变不均匀系数

$$\psi = 1.1 - 0.65\frac{f_{\mathrm{tk}}}{\rho_{\mathrm{te}}\sigma_{\mathrm{sk}}} \tag{8.2}$$

当计算出的 $\psi<0.2$ 时，取 $\psi=0.2$；当 $\psi>1.0$ 时，取 $\psi=1.0$。

f_{tk}——混凝土轴心抗拉强度标准值。

ρ_{te}——按截面的“有效受拉混凝土截面面积” A_{te} 计算的纵向受拉钢筋配筋率

$$\rho_{\mathrm{te}} = A_s/A_{\mathrm{te}} \tag{8.3}$$

对受弯构件，A_{te} 按下式计算（图 8.2）

$$A_{\mathrm{te}} = 0.5bh + (b_f - b)h_f \tag{8.4}$$

当计算出的 $\rho_{\mathrm{te}}<0.01$ 时，取 $\rho_{\mathrm{te}}=0.01$。

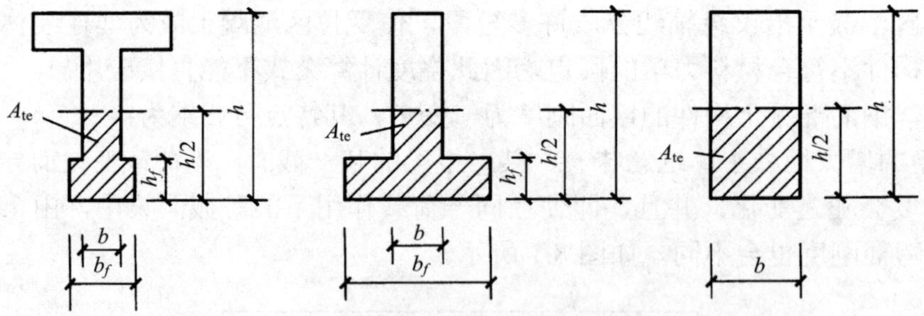

图 8.2 “有效受拉混凝土面积” A_{te} 计算图

σ_{sk}——按荷载效应的标准组合计算的钢筋混凝土构件纵向受拉钢筋的应力：

$$\sigma_{\mathrm{sk}} = \frac{M_k}{0.87h_0 A_s} \tag{8.5}$$

M_k——按荷载效应标准组合计算的弯矩。

α_E——钢筋弹性模量 E_s 与混凝土弹性模量 E_c 的比值，即 $\alpha_E = E_s/E_c$。

ρ——纵向受拉钢筋配筋率。

γ_f'——受压翼缘截面面积与腹板有效截面面积的比值：

$$\gamma_f' = \frac{(b_f' - b)h_f'}{bh_0} \tag{8.6}$$

当 $h_f' > 0.2h_0$ 时，取 $h_f' = 0.2h_0$。当截面受压区为矩形时，$\gamma_f' = 0$。

2）长期刚度 B

前面已述及，在荷载长期作用下，构件截面弯曲刚度将随时间增长而降低。而实际工程中，总是有部分荷载长期作用在构件上，因此计算挠度时必须采用按荷载效应的标准组合并考虑荷载效应的长期作用影响的刚度，即长期刚度，以 B 表示。

$$B = \frac{M_k}{M_q(\theta - 1) + M_k} B_s \tag{8.7}$$

式中：M_q——按荷载效应准永久组合计算的弯矩；

θ——考虑荷载长期作用对挠度增大的影响系数，对钢筋混凝土受弯构件，$\rho'=0$ 时，取 $\theta=2.0-0.4\rho'/\rho$。此处 ρ 为纵向受拉钢筋的配筋率；ρ' 为纵向受压钢筋的配筋率。对于翼缘位于受拉区的倒 T 形截面，θ 值应增大 20%。

长期刚度实质上是考虑荷载长期作用部分使刚度降低的因素后，对短期刚度 B_s 进行的修正。

2．钢筋混凝土受弯构件的挠度计算

如前所述，钢筋混凝土受弯构件开裂后，其截面弯曲刚度是随弯矩增大而降低的，因此，较准确的计算方法似乎应该将构件按弯曲刚度大小分段计算挠度。但这样计算无疑会显得十分烦琐。为简化计算，可取同号弯矩区段内弯矩最大截面的弯曲刚度作为该区段的弯曲刚度，即在简支梁中取最大正弯矩截面的刚度为全梁的弯曲刚度，而在外伸梁、连续梁或框架梁中，则分别取最大正弯矩截面和最大负弯矩截面的刚度作为相应正、负弯矩区段的弯曲刚度。很明显，按这种处理方法所算出的弯曲刚度值最小，所以我们称这种处理原则为“最小刚度原则”。

梁的弯曲刚度确定后，就可以根据材料力学公式计算其挠度。但需注意，公式中的弯曲刚度 EI 应以长期刚度 B 代替，公式中的荷载应按荷载效应标准组合取值，即

$$f = \beta_f \frac{M_k l_0^2}{B} \tag{8.8}$$

式中：f——按“最小刚度原则”并采用长期刚度计算的挠度；

β_f——与荷载形式和支承条件有关的系数。如，简支梁承受均布荷载作用 β_f=5/48，简支梁承受跨中集中荷载作用时 β_f=1/12，悬臂梁受杆端集中荷截作用时 β_f=1/3。

3．变形验算的步骤

挠度验算是在承载力计算完成后进行的。此时，构件的截面尺寸、跨度、荷载、材料强度以及钢筋配置情况都是已知的，故挠度验算可按下述步骤进行：

（1）计算荷载效应标准组合及准永久组合下的弯矩 M_k、M_q；

（2）计算短期刚度 B_s；

（3）计算长期刚度 B；

（4）计算最大挠度 f，并判断挠度是否符合要求。

钢筋混凝土受弯构件的挠度应满足：

$$f \leqslant [f] \tag{8.9}$$

式中：$[f]$——钢筋混凝土受弯构件的挠度限值，按表 8.2 采用。

当不能满足式（8.9）时，说明受弯构件的弯曲刚度不足，应采取措施后重新验算。理论上讲，提高混凝土强度等级，增加纵向钢筋的数量，选用合理的截面形状（如T形、I形等）都能提高梁的弯曲刚度，但其效果并不明显，最有效的措施是增加梁的截面高度。

【例 8.1】 某办公楼矩形截面简支楼面梁，计算跨度 l_0=6.0m，截面尺寸 $b\times h$=200×450mm，承受恒载标准值 g_k=16.55kN/m（含自重），活荷载标准值 q_k=2.7kN/m，纵向受拉钢筋为 3Φ25，混凝土强度等级为 C25，挠度限值为 l_0/200，试验算其挠度。

解：A_s=1473mm^2，h_0=415mm（纵筋排一排），f_{tk}=1.78N/mm^2，E_c=2.8×10^{4}N/ mm^2，E_s=2×10^{5}N/ mm^2，活荷载准永久值系数 ψ_q=0.5，γ_0=1.0

（1）计算荷载效应

$$M_{gk}=\frac{1}{8}g_k l_0^2=\frac{1}{8}\times 16.55\times 6^2=74.475\text{kN}\cdot\text{m}$$

$$M_{qk}=\frac{1}{8}q_k l_0^2=\frac{1}{8}\times 2.7\times 6^2=12.15\text{kN}\cdot\text{m}$$

$$M_g = M_{gk} + M_{qk} =74.475+12.15=86.625\text{kN}\cdot\text{m}$$

$$M_q= M_{gk} + \psi_q M_{qk} =74.475+0.5\times 12.15=80.55\text{kN}\cdot\text{m}$$

（2）计算短期刚度 B_s

$$A_{te}=0.5bh=0.5\times 200\times 450=45\,000\text{mm}^2$$

$$\rho_{te}=A_s/A_{te}= 1473 /4500= 0.033$$

$$\rho=\frac{A_s}{bh_0}=\frac{1473}{200\times 415}=1.77\%$$

$$\rho'=0$$

$$\sigma_{sk}=\frac{M_k}{0.87h_0A_s}=\frac{86.625\times 10^6}{0.87\times 415\times 1473}=162.9\text{N/mm}^2$$

$$\psi=1.1-0.65\frac{f_{tk}}{\rho_{te}\sigma_{sk}}=1.1-0.65\times\frac{1.78}{0.033\times 162.9}=0.885$$

$$\alpha_E=E_s/E_c=2\times 10^5/2.8\times 10^4=7.143$$

由于是矩形截面，则 $\gamma'_f=0$

$$B_s=\frac{E_sA_sh_0^2}{1.15\psi+0.2+\dfrac{6\alpha_E\rho}{1+3.5\gamma'_f}}=\frac{2\times 10^5\times 1473\times 415^2}{1.15\times 0.885+0.2+\dfrac{6\times 7.143\times 1.77\%}{1+3.5\times 0}}$$

$$=2.567\times 10^{13}\ \text{N}\cdot\text{mm}^2$$

（3）计算长期刚度 B

由于 ρ'=0，故

$$\theta=2 \qquad B=\frac{M_k}{M_q(\theta-1)+M_k}B_s=\frac{86.625\times 10^6}{80.55\times 10^6(2-1)+86.625\times 10^6}\times 2.567\times 10^{13}$$

$$=1.330\times 10^{13}\ \text{N}\cdot\text{mm}^2$$

（4）计算最大挠度 f，并判断挠度是否符合要求

梁的跨中最大挠度 $f=\frac{5}{48}\frac{M_k l_0^2}{B}=\frac{5}{48}\times\frac{86.625\times10^6\times6000^2}{1.330\times10^{13}}$

$=24.4\text{mm}<[f]=l_0/200=6000/200=30\text{mm}$

故该梁满足刚度要求。

第 3 节　裂缝宽度的验算

1. 裂缝的产生和开展

我们知道，混凝土的抗拉强度很低。当构件受拉区外边缘混凝土的拉应力达到其抗拉强度时，由于混凝土的塑性变形，尚不会马上开裂，但当受拉区外边缘混凝土在构件抗弯最薄弱的截面达到其极限拉应变时，就会在垂直于拉应力方向形成第一批（一条或若干条）裂缝。有时也可能在几个截面上同时出现一批裂缝。在裂缝截面上混凝土不再承受拉力而转由钢筋来承担，钢筋应力将突然增大、应变也突增。加上原来受拉伸长的混凝土应力释放后又瞬间产生回缩，所以裂缝一出现就会有一定的宽度。

由于混凝土向裂缝两侧回缩受到钢筋的黏结约束，混凝土将随着远离裂缝截面而重新建立起拉应力。当荷载再有增加时，在离裂缝截面某一长度处混凝土拉应力增大到混凝土实际抗拉强度，其附近某一薄弱截面又将出现第二条裂缝。如果两条裂缝的间距小于最小间距 $l_{\min}$ 的 2 倍，则由于黏结应力传递长度不够，混凝土拉应力不可能达到混凝土的抗拉强度，将不会出现新的裂缝。因此裂缝的平均间距 l_{cr} 最终将稳定在（$l_{\min}\sim2l_{\min}$）之间。

在裂缝陆续出现后，沿构件长度方向，钢筋与混凝土的应力是随着裂缝的位置而变化的（图 8.3）。同时，中和轴也随着裂缝的位置呈波浪形起伏。试验表明，对正常配筋率或配筋率较高的梁来说，大概在荷载超过开裂荷载的 50%以上时，裂缝间距已基本趋于稳定。也就是说，此后再增加荷载，构件也不产生新的裂缝，而只是使原来的裂缝继续扩展与延伸，荷载越大，裂缝越宽。随着荷载的逐步增加，裂缝间的混凝土逐渐脱离受拉工作，钢筋应力逐渐趋于均匀。

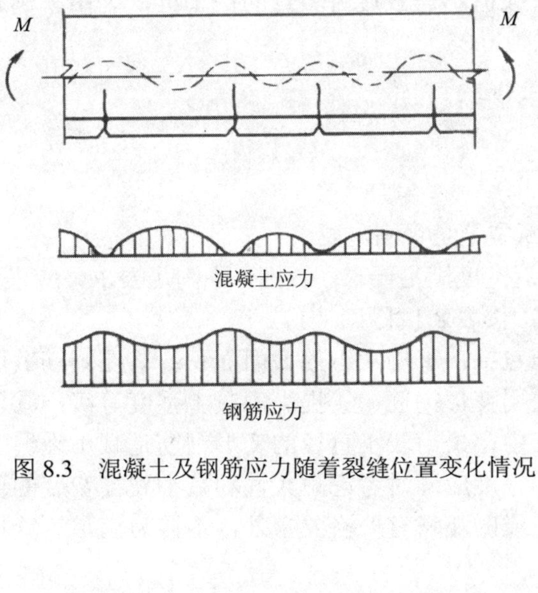

图 8.3　混凝土及钢筋应力随着裂缝位置变化情况

2．裂缝宽度计算的实用方法

（1）影响裂缝宽度的主要因素

试验表明，影响裂缝宽度的主要因素有：

1）纵向钢筋的应力。裂缝宽度与钢筋应力近似成线性关系；

2）纵筋的直径。当构件内受拉纵筋截面相同时，采用细而密的钢筋，则会增大钢筋表面积，因而使黏结力增大，裂缝宽度变小；

3）纵筋表面形状。带肋钢筋的黏结强度较光面钢筋大得多，可减小裂度宽度；

4）纵筋配筋率。构件受拉区混凝土截面的纵筋配筋率越大，裂缝宽度越小；

5）保护层厚度。保护层越厚，裂缝宽度越大。

（2）裂缝宽度计算公式

钢筋混凝土受弯构件在荷载长期效应组合作用下的最大裂缝宽度计算公式为

$$w_{\max}=2.1\psi\frac{\sigma_{\mathrm{sk}}}{E_s}\left(1.9c+0.08\frac{d_{\mathrm{eq}}}{\rho_{\mathrm{te}}}\right) \tag{8.10}$$

$$d_{\mathrm{eq}}=\frac{\sum n_i d_i^2}{\sum n_i \upsilon_i d_i} \tag{8.11}$$

式中：c——最外层纵向受拉钢筋的混凝土保护层厚度，当 c<20mm 时，取 c=20mm；当 c>65mm 时，取 c=65mm；

d_{eq}——纵向受拉钢筋的等效直径（mm）；

d_i——第 i 种纵向受拉钢筋的直径（mm）；

n_i——第 i 种纵向受拉钢筋的根数；

υ_i——第 i 种纵向受拉钢筋的相对粘结特性系数，对带肋钢筋，取 1.0；对光面钢筋，取 0.7。

其余符号意义同前。

对于直接承受吊车荷载但不需做疲劳验算的吊车梁，因吊车满载的可能性很小，计算出的最大裂缝宽度可乘以系数 0.85。

（3）裂缝宽度验算步骤

1）计算 d_{eq}；

2）计算ρ_{te}、σ_{sk}、ψ；

3）计算 $w_{\max}$，并判断裂缝是否满足要求。

当 $w_{\max}\leqslant w_{\lim}$ 时，裂缝宽度满足要求。否则，不满足要求，应采取措施后重新验算。其中 $w_{\lim}$ 为最大裂逄宽度限值，按表 8.1 采用。

减小裂缝宽度的措施包括：①增大钢筋截面面积；②在钢筋截面面积不变的情况下，采用较小直径的钢筋；③采用变形钢筋；④提高混凝土强度等级；⑤增大构件截面尺寸；⑥减小混凝土保护层厚度。其中，采用较小直径的变形钢筋是减小裂缝宽度最有效的措施。需要注意的是，混凝土保护层厚度应同时考虑耐久性和减小裂缝宽度的要求。除结构对耐久性没有要求，而对表面裂缝造成的观瞻有严格要求外，不得为满足裂缝控制要求而减小混凝土保护层厚度。

【例 8.2】 一矩形截面梁，处于二 a 类环境，$b\times h=250\times600$mm，采用 C50 混凝土，配置 HRB335 级纵向受拉钢筋 4Φ22（$A_s=1521\text{mm}^2$）。按荷载标准组合计算的弯矩 $M_k=130$ kN·m。试验算其裂缝宽度是否满足控制要求。

解：查表得 C50 混凝土 $f_{tk}=2.64\text{N/mm}^2$；HRB335 级钢筋 $E_s=2.0\times10^5\ \text{N/mm}^2$；二 a 类环境 $c=25$mm，$w=0.2$mm

$d_{eq}=22\text{mm}$，$a_s=c+d/2=35+22/2=46$mm，$h_0=h-a_s=600-46=554$mm

$$\rho_{te}=\frac{A_s}{A_{te}}=\frac{A_s}{0.5bh}=\frac{1521}{0.5\times250\times600}=0.0203>0.01$$

$$\sigma_{sk}=\frac{M_k}{0.87h_0A_s}=\frac{130\times10^6}{0.87\times554\times1521}=177.3\ \text{N/mm}^2$$

$$\psi=1.1-0.65\frac{f_{tk}}{\rho_{te}\sigma_{sk}}=1.1-0.65\times\frac{2.64}{0.0203\times177.3}=0.621>0.2\text{且}\psi<1.0$$

轴心受拉构件 $\alpha_{cr}=2.1$，则

$$w_{max}=\alpha_{cr}\psi\frac{\sigma_{sk}}{E_s}(1.9c+0.08\frac{d_{eq}}{\rho_{te}})=2.1\times0.621\times\frac{177.3}{2.0\times10^5}\times(1.9\times25+0.08\times\frac{22}{0.0203})$$

$$=0.155\text{mm}<w=0.20\text{mm}$$

因此满足裂缝宽度控制要求。

本 章 小 结

1．钢筋混凝土构件的变形和裂缝宽度验算属于正常使用极限状态计算，钢筋和混凝土的强度以及作用于构件上的荷载均采用标准值。

2．钢筋混凝土受弯构件的变形计算可以采用材料力学的方法进行，但计算时，必须用构件考虑长期作用的刚度 B 代替 EI。在等截面直杆中，B 取同号弯矩区段内最大弯矩处的值。

3．构件的变形计算值和裂缝宽度的计算值不得超过表 8.1 和表 8.2 规定的限制。

思 考 题

8.1 为什么要对混凝土结构构件进行变形和裂缝宽度验算？

8.2 试说明受弯构件刚度 B 的意义。

8.3 简述混凝土构件受弯构件挠度验算步骤。

8.4 简述钢筋混凝土构件受弯构件裂缝宽度验算步骤。

8.5 减小裂缝宽度的措施有哪些？

8.6 减小受弯构件挠度的措施有哪些？

8.7 简述梁的主要计算内容。

习　题

1．已知矩形截面简支梁的截面尺寸 $b \times h$=200mm×500mm，混凝土强度等级为 C20，$f_{tk}=1.5\text{N/mm}^2$，$E_c=2.55\times10^4\text{N/mm}^2$，配置 2Φ16+2Φ18 的纵向受拉钢筋，混凝土保护层厚度 c=25mm。由荷载标准值在跨中产生的弯矩 Ms=75kN·m，最大裂缝宽度允许值[ω_m]=0.3mm，试验算裂缝宽度是否满足要求。

2．某屋架下弦杆截面尺寸 $b \times h$=200mm×160mm，配置 4Φ16（A_s=804mm^2）的受拉钢筋，混凝土强度等级为 C25（$f_{tk}=1.75\text{N/mm}^2$）。混凝土保护层厚度 c=25mm，E_s=2.0×10^{5}N/mm^2，在荷载短期效应组合作用下，下弦杆承受轴向拉力 N_s=140kN，最大允许裂缝宽度[ω_{max}]=0.2mm。试验算最大裂缝宽度是否满足要求。

3．某办公楼楼盖，一根受均布荷载作用的矩形截面简支梁。计算跨度 l_0=7.0m，截面尺寸 $b \times h$=250mm×700mm，永久荷载标准值（包括梁自重）为 g_k=19.74kN/m，可变荷载标准值为 q_k=10.50kN/m，准永久值系数为 0.5，混凝土强度等级为 C20（E_c=2.55×10^{5}N/mm^2），钢筋为 HRB335 级（E_s=2.0×10^{5}N/mm^2），配置 2Φ22+2Φ20（A_s=1388mm^2），允许挠度[f]= l/250。试验算梁的跨中最大挠度是否满足允许挠度。

第9章 梁 板 结 构

在建筑工程中，钢筋混凝土梁板结构应用十分广泛。例如楼盖、屋盖、楼梯和基础等，其中楼盖是典型的梁板结构。本章主要介绍楼盖和楼梯的设计计算。

第1节 概 述

钢筋混凝土楼盖按其施工方法可分为现浇整体式、装配式和装配整体式三种类型。

1. 现浇整体式钢筋混凝土楼盖

现浇整体式钢筋混凝土楼盖的优点是整体刚度好、抗震性强、防水性能好，缺点是模板用量多、施工作业量较大。它适用于公共建筑的门厅部分；平面布置不规则的局部楼面以及对防水要求较高的楼面，如厨房、卫生间等；高层建筑的楼（屋）面；有抗震设防要求结构的楼（屋）面；布置上有特殊要求的各种楼面，如要求开设复杂孔洞的楼面以及多层厂房中要求埋设较多预埋件的楼面等。现浇钢筋混凝土楼盖按楼板受力和支承条件的不同，又可分为肋形楼盖（图9.1）、无梁楼盖（图9.2）和井式楼盖（图9.3）。其中肋形楼盖多用于公共建筑、高层建筑以及多层工业厂房。无梁楼盖适用于柱网尺寸不超过6m的公共建筑以及矩形水池的顶板和底板等结构。井式楼盖适用于方形或接近方形的中小礼堂、餐厅以及公共建筑的门厅，其用钢量和造价较高。

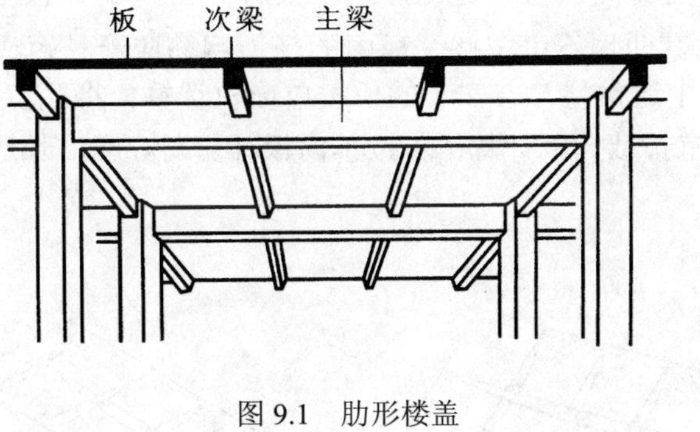

图9.1 肋形楼盖

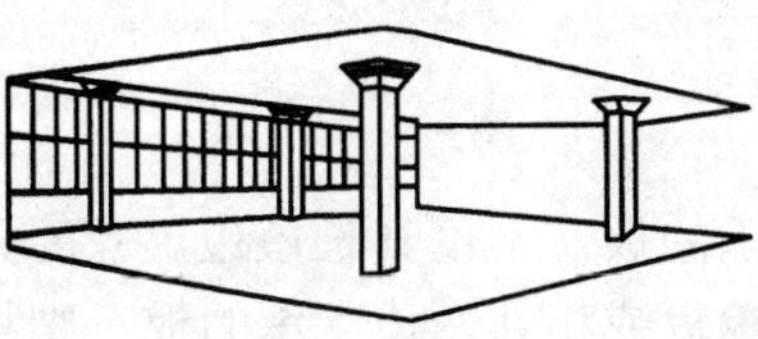

图9.2 无梁楼盖

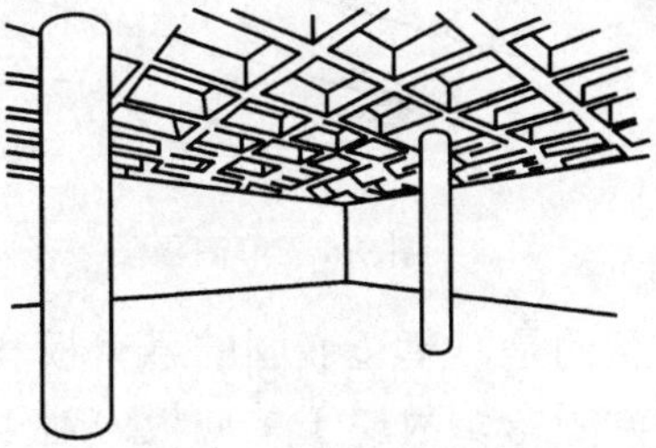

图9.3 井式楼盖

现浇钢筋混凝土肋形楼盖由板、次梁和主梁组成（图 9.1）。按板的受力特点可分为现浇单向板肋形楼盖和现浇双向板肋形楼盖。楼盖板为单向板的楼盖称为单向板肋形楼盖，相应地，楼盖板为双向板的楼盖称为双向板肋形楼盖。

2．装配式钢筋混凝土楼盖

装配式钢筋混凝土楼盖的楼板为预制板，梁或预制或现浇，便于工业化生产，广泛用于多层民用建筑和多层工业厂房。但这种楼面因其整体性、抗震性、防水性都较差，不便于开设孔洞，故对于高层建筑及有抗震设防要求的建筑，以及使用要求防水和开设孔洞的楼面，均不宜采用。

3．装配整体式楼盖

装配整体式楼盖是在预制板上现浇一混凝土叠合层而成为一个整体。这种楼盖兼具有现浇整体式楼盖整体性好和装配式楼盖节省模板和支撑的优点。但需要进行混凝土二次浇灌，有时还需增加焊接工作量。装配整体式楼盖仅适用于荷载较大的多层工业厂房、高层民用建筑以及有抗震设防要求的建筑。

第 2 节　整体式单向板肋形楼盖

现浇肋形楼盖中板的四边支承在次梁、主梁或砖墙上，当板的长边 l_2 与短边 l_1 之比较大时（图 9.4），荷载主要沿短边方向传递，而沿长边方向传递的荷载很少，可以忽略不计。板中的受力钢筋将沿短边方向布置，在垂直于短边方向只布置构造钢筋，这种板称为单向板，也叫梁式板。当板的长边 l_2 与短边 l_1 之比差别不大时（图 9.5），板上荷载沿长短边两个方向传递，板在两个方向的弯曲均不可忽略。板中的受力钢筋应沿长短边两个方向布置，这种板称为双向板。实际工程中通常将 $l_2/l_1 \geqslant 3$ 的板按单向板计算；将 $l_2/l_1 \leqslant 2$ 的板按双向板计算。而当 $2 < l_2/l_1 < 3$ 时，宜按双向板计算；若按单向板计算时，应沿长边方向布置足够数量的构造钢筋。

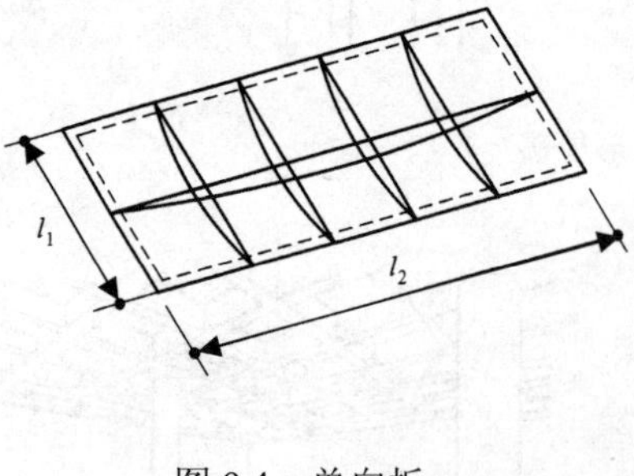

图 9.4　单向板

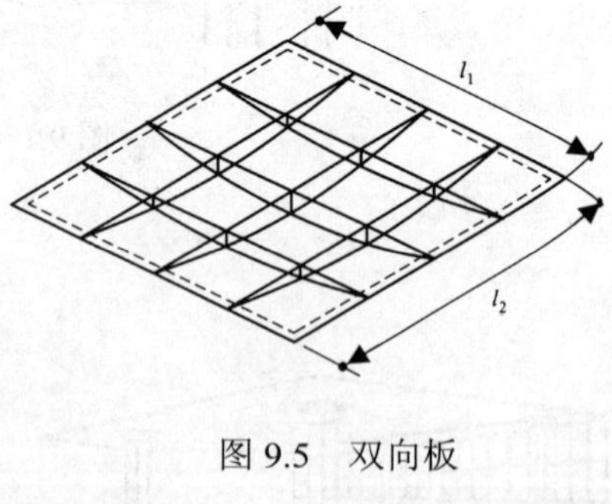

图 9.5　双向板

应当注意的是，单边嵌固的悬臂板和两边支承的板，不论其长短边尺寸的关系如何，都只在一个方向受弯，故属于单向板。对于三边支承板或相邻两边支承的板，则将沿两个方向受弯，属于双向板。

单向板肋形楼盖构造简单，施工方便，是整体式楼盖结构中最常用的形式。因板、次梁和主梁为整体现浇，所以将板视为多跨超静定连续板，而将梁视为多跨超静定梁。其荷载的传递路线是：板→次梁→主梁→柱或墙→基础→地基。可见，板的支座为次梁，次梁的支座为主梁，主梁的支座为柱或墙。

双向板比单向板受力好，板的刚度好，板跨可达5m以上，当跨度相同时双向板较单向板薄。在双向板肋形楼盖中，荷载的传递路线是：板→支承梁→柱或墙→基础→地基，板的支座是支承梁，支承梁的支座是柱或墙。

单向板肋形楼盖的设计步骤为：

①结构的平面布置。

②确定计算简图。

③板、次梁、主梁内力计算。

④板、次梁、主梁配筋计算。

⑤绘制楼盖的施工图。

1. 楼盖结构平面布置

单向板肋形楼盖的结构布置包括柱网、承重墙和梁柱的合理布置，它对楼盖的适用、经济、以及设计和施工都具有重要意义。

(1) 满足房屋使用要求

楼盖结构布置应满足建筑的正常使用要求、受力合理、经济的原则。墙或柱的间距决定了主次梁的跨度。当房屋的宽度不大于5～7m时，梁可以沿一个方向布置，如图9.6所示。当房屋的平面尺寸较大时，梁则应布置在两个方向上，并设若干排支撑柱。此时主梁可平行于纵向布置或垂直于纵向布置。如图9.7所示。

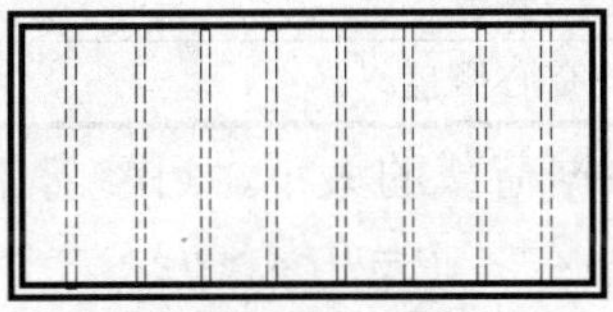

图9.6　单向板肋形楼盖梁沿一个方向布置

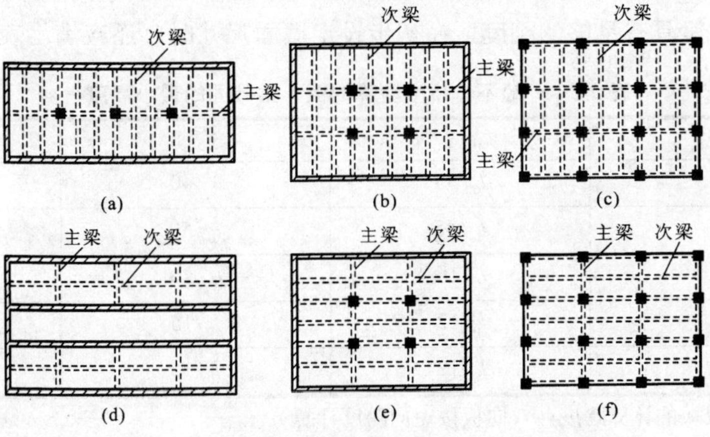

图9.7　单向板肋形楼盖梁沿两个方向布置图

（2）结构的受力合理

布置梁板结构时应尽量避免将集中荷载作用于板上，如板上有隔墙或机械设备等集中荷载作用时，宜在板下设置梁，也应尽量避免将梁支撑在门窗洞口上，否则门窗过梁就要加强。

梁格布置力求规整。梁尽可能连续贯通，板厚和梁的截面尺寸尽可能统一，这样不但便于设计和施工，而且经济美观。

（3）节约材料，降低造价

由于板的混凝土用量占整个楼盖的 50%～70%，因此板应尽可能接近构造要求的最小板厚，一般不小于表 9.1 的规定。板的经济跨度即次梁的间距一般为 1.7～2.7m，常用跨度为 2m 左右。次梁的经济跨度一般在 4～6m，主梁的经济跨度一般在 5～8m。

表 9.1　现浇钢筋混凝土板的厚度（mm）

板的类别		最小厚度
单向板	屋面板	60
	民用建筑楼板	60
	工业建筑楼板	70
	行下的楼板	80
双向板		80
密肋楼盖	面板	50
	肋高	250
悬臂板（根部）	悬臂长度不大于 500mm	60
	悬臂长度 1200mm	100
无梁楼板		150
现浇空心楼盖		200

对于次梁和主梁的截面尺寸根据荷载的大小，可参考下列数据初步估计：

次梁　截面高度 $h = l_0/18 \sim l_0/12$　　$b = h/2 \sim h/3$

主梁　截面高度 $h = l_0/14 \sim l_0/8$　　$b = h/2 \sim h/3$

其中：l_0 为主梁或次梁的计算跨度，b 为截面宽度。

为了保证板、梁具有足够的刚度，在初步设定截面尺寸时，还应满足表 9.2 的规定要求。

表 9.2　一般不作挠度验算的板、梁截面的最小高度

构件类型	简支	连续	悬臂
单向板	$l_0/35$	$l_0/40$	$l_0/12$
双向板	$l_0/45$	$l_0/50$	$l_0/10$
次梁	$l_0/16$	$l_0/20$	$l_0/8$
主梁	$l_0/12$	$l_0/15$	$l_0/6$
独立梁	$l_0/12$	$l_0/15$	$l_0/6$

注：1．l_0 为梁或板的计算跨度（双向板按短向跨度计算）；

2．当梁的跨度大于 9m 时，表中梁的各项数值应乘以 1.2。

2. 单向板肋形楼盖计算简图的确定

计算简图的确定包括荷载、支撑条件、计算跨度和跨数的确定。

（1）荷载的计算

作用在楼盖上的荷载有恒载和活载两种。恒载包括结构自重、各构造层重、永久性设备重等。活载为使用时的人群、堆料、一般设备重及屋盖上的雪荷载。上述荷载通常按均布荷载考虑作用于楼板上。计算时，通常取1m宽的板带作为板的计算单元。次梁承受左右两边板上传来的均布荷载及次梁自重。主梁承受次梁传来的集中荷载及主梁自重，主梁的自重为均布荷载，但为便于计算，一般将主梁自重折算为几个集中荷载，分别加在次梁传来的集中荷载处，如图9.8（a）所示。

（2）支撑条件

梁、板支承在砖墙或砖柱上时，为简化计算，支座近似视为铰支座，并忽略支座宽度的影响。这样，板即简化为支承在次梁上的多跨连续板，次梁则简化为支撑在主梁上的多跨连续梁。

图9.8所示的砌体结构，楼盖四周为砖墙承重，梁（板）在墙上的支撑条件比较明确，可视为铰支座。如图 9.8（b）、（d）。但对于与柱现浇整体的肋形楼盖，梁板的支撑条件与梁柱之间的相对刚度有关，情况较为复杂。因此，应按下列原则确定支撑条件，以减少内力计算的误差。

对于支撑在钢筋混凝土柱上的主梁，其支撑条件应根据梁柱的抗弯刚度比确定，如果主梁与柱的线刚度比不小于5，可将主梁视为铰支于柱上的连续梁计算，如图9.8（c）所示。

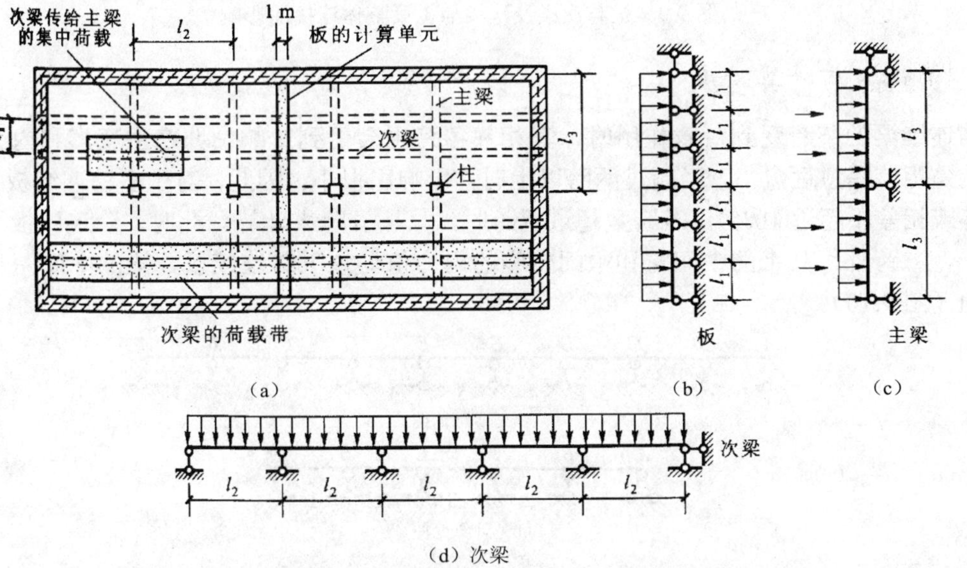

图9.8　单向板肋形楼盖及其计算简图

前已述及，在确定连续板、梁支座时，认为连续板在次梁处、次梁在主梁处均为铰支承，并未考虑次梁对板、主梁对次梁转动的弹性约束作用，这就使计算结果与实际情况存在差别。如图9.9所示，当板受荷载发生弯曲转动时，将带动作为其支座的次梁产生扭转，次梁的扭转则将部分地阻止板自由转动，可见，板的支座与理想的铰支座不同，板跨中的弯矩值会降低。类似情况也发生在次梁和主梁之间。

在设计中，一般用增大恒荷载并相应减小活荷载的办法来考虑次梁对板的弹性约束（图9.9），即用调整后的折算恒载 g' 和折算活荷载 q' 代替实际的恒载 g 和实际活荷载 q。折算荷载的取值如下：

板 $$g'=g+\frac{q}{2}，\ q'=\frac{q}{2}$$

次梁 $$g'=g+\frac{q}{4}，\ q'=\frac{3}{4}q$$

式中：g'、q' ——折算恒荷载和折算活荷载；

g、q ——实际恒荷载和实际活荷载。

主梁不进行荷载的折算，这是因为如果支承主梁的柱刚度较大，就应按框架结构计算主梁内力；如柱刚度较小，则柱对主梁的约束作用很小，故不进行荷载折算。

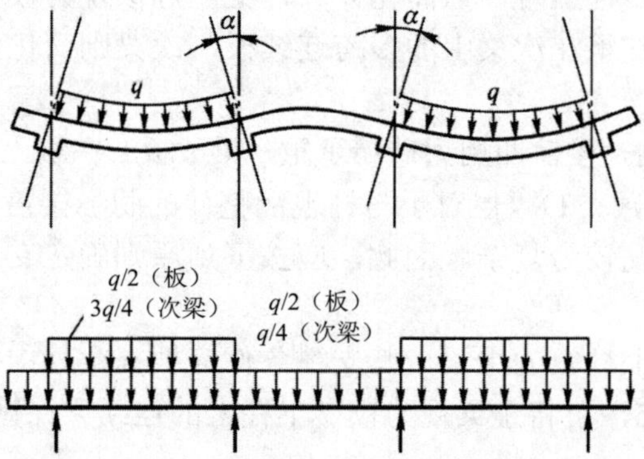

图 9.9 板与次梁及次梁与主梁整体连接的影响

（3）跨数与计算跨度

当连续梁的某跨受到荷载作用时，其相邻各跨也会受到影响，并产生变形和内力，但这种影响是距该跨愈远愈小，当超过两跨以上时，影响已很小。因此，对于多跨连续板、梁（跨度相等或相差不超过 10%），若跨数超过五跨时，只按五跨来计算。此时，除连续板、梁两边的第一、二跨外，其余的中间跨和中间支座的内力值均按五跨连续板、梁的中间跨和中间支座采用（图 9.10）。

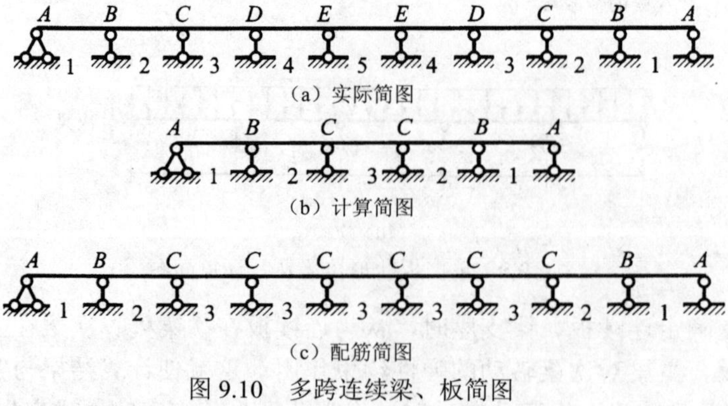

图 9.10 多跨连续梁、板简图

连续板、梁各跨的计算跨度，与支座的形式、构件的截面尺寸以及内力计算方法有关，通常可按表 9.3 和表 9.4 采用。当连续梁、板各跨跨度不等时，如各跨计算跨度相差不超过 10%，仍可按等跨连续梁、板来计算各截面的内力。但在计算各跨跨中截面内力时，应取本跨计算跨度；在计算支座截面内力时，则取左、右两跨计算跨度的平均值计算。

表 9.3　按弹性分析内力时连续梁板的计算跨度 l_0

构件 / 方法	连续板	连续梁
按弹性分析内力	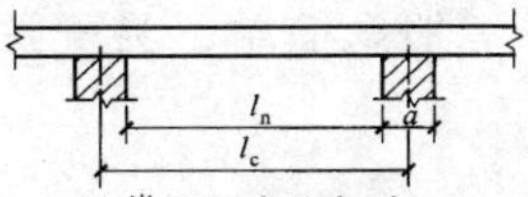 当$a\leqslant 0.1l_c$时，$l_0=l_c$ 当$a>0.1l_c$时，$l_0=1.1l_n$	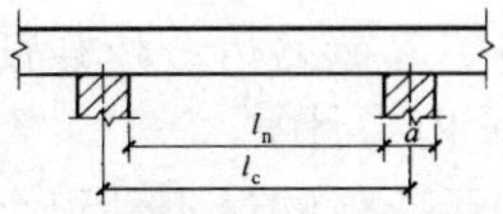 当$a\leqslant 0.05l_c$时，$l_0=l_c$ 当$a>0.05l_c$时，$l_0=1.05l_n$
	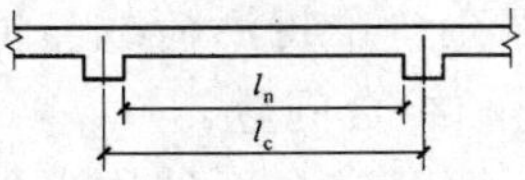 $l_0=l_c$	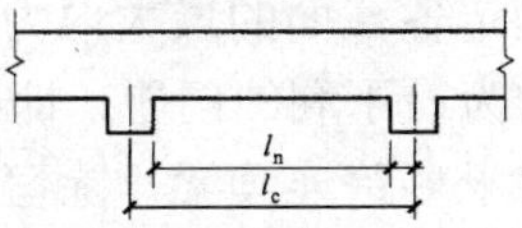 $l_0=l_c$
	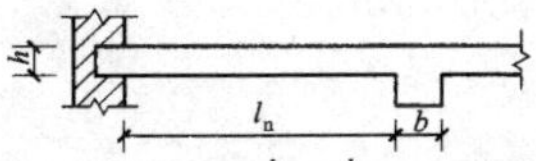 $l_0=l_n+\frac{h}{2}+\frac{b}{2}$	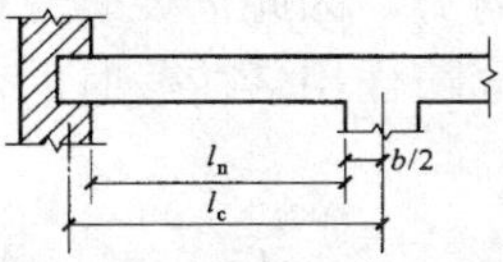 $l_0=l_c\leqslant 1.025l_n+\frac{b}{2}$

表 9.4　按塑性分析内力时连续梁板的计算跨度 l_0

构件 / 方法	连续板	连续梁
按塑性分析内力	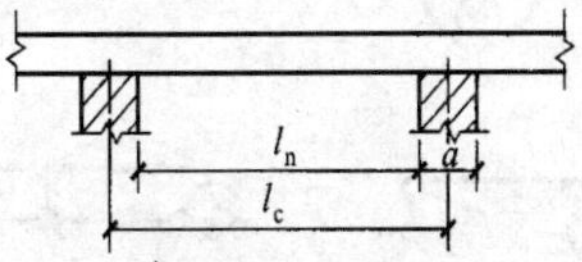 当$a\leqslant 0.1l_c$时，$l_0=l_c$ 当$a>0.1l_c$时，$l_0=1.1l_n$	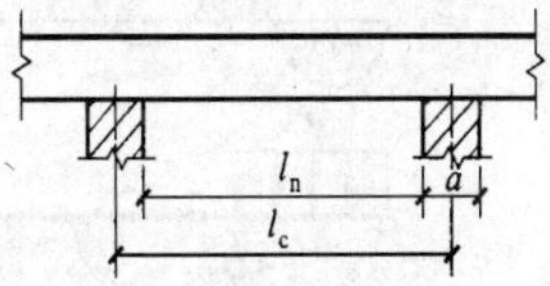 当$a\leqslant 0.05l_c$时，$l_0=l_c$ 当$a>0.05l_c$时，$l_0=1.05l_n$
	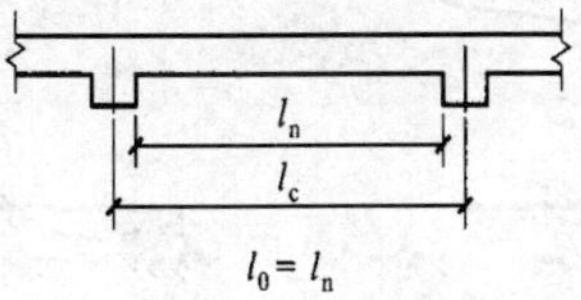 $l_0=l_n$	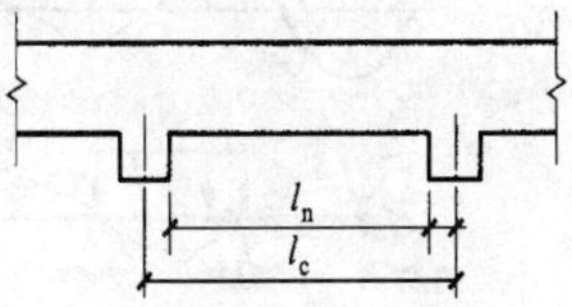 $l_0=l_n$
	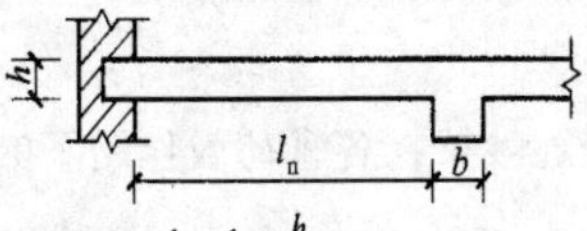 $l_0=l_n+\frac{h}{2}$	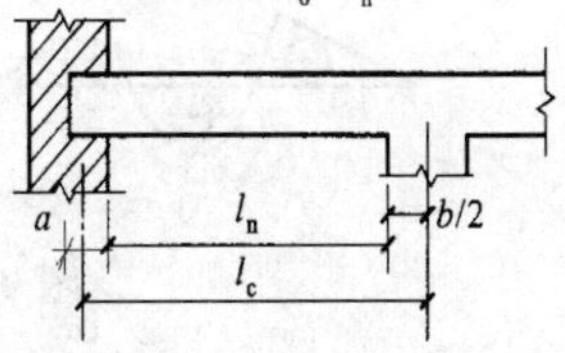 $l_0=\frac{a}{2}+l_n\leqslant 1.025l_n$

3. 钢筋混凝土连续梁、板内力计算

钢筋混凝土单向板肋形楼盖的板、次梁和主梁都可视为多跨连续梁，钢筋混凝土连续梁的内力计算是单向板肋形楼盖设计中的一个主要内容。钢筋混凝土连续梁的内力计算有两种方法，即弹性理论计算法和塑性理论计算法。

(1) 弹性理论计算法

按弹性理论方法计算是假定结构构件（梁、板）为理想的匀质弹性体，因此其内力可按结构力学方法分析。按弹性理论方法计算概念简单、易于掌握，且计算结果非常可靠。

1）内力计算

①活荷载的最不利组合

由于活荷载作用位置的可变性，为使构件在各种可能的荷载情况下都能达到设计要求，需要确定各截面的最大内力。因此，存在一个将活荷载与恒荷载组合起来，使某一指定截面的内力为最不利的问题，即荷载的最不利组合问题。

对于多跨连续梁，除恒荷载按实际情况满布于结构上外，活荷载并不是满布于梁上时出现最大内力，因此需要研究可变荷载作用的位置对连续梁内力的影响。图 9.11 为一五跨连续梁在不同跨作用活荷载时的弯矩分布情况。

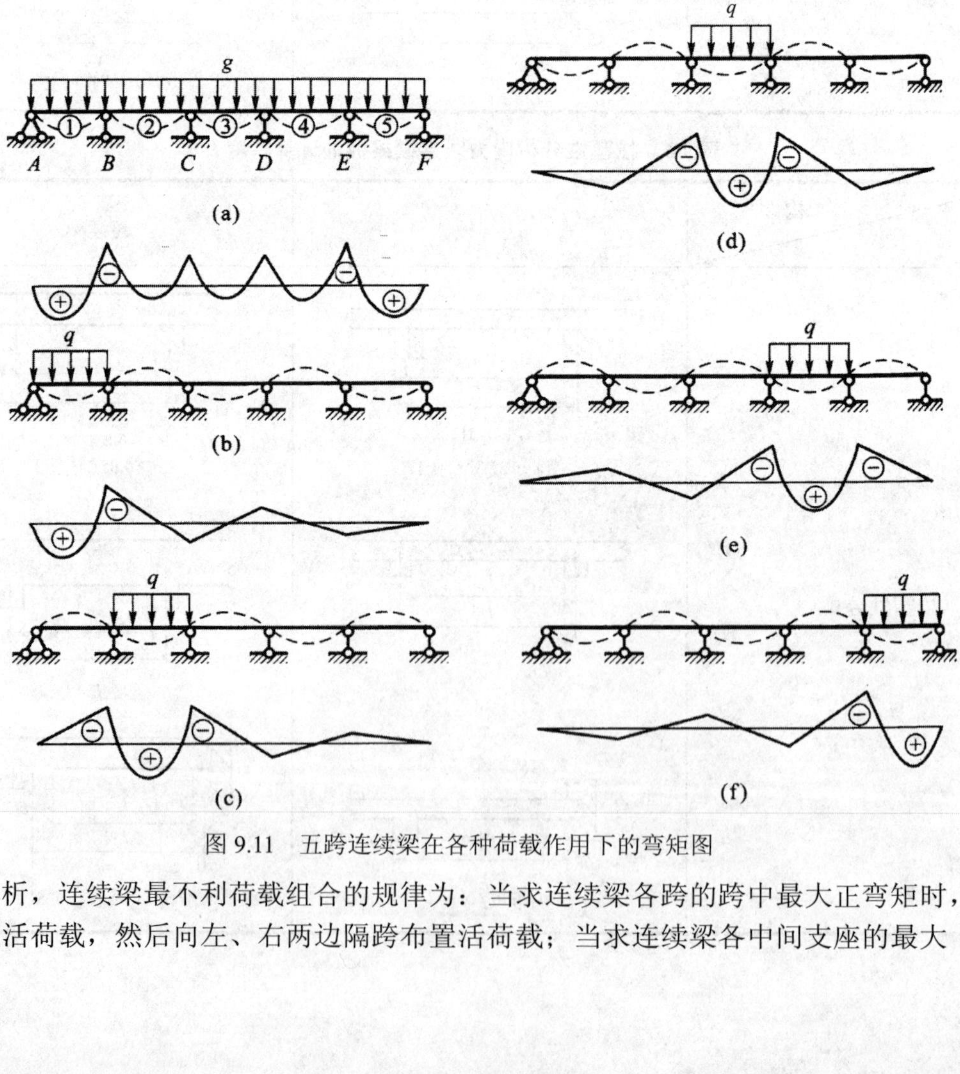

图 9.11　五跨连续梁在各种荷载作用下的弯矩图

经分析，连续梁最不利荷载组合的规律为：当求连续梁各跨的跨中最大正弯矩时，应在该跨布置活荷载，然后向左、右两边隔跨布置活荷载；当求连续梁各中间支座的最大（绝对

值）负弯矩时，应在该支座的左、右两跨布置活荷载，然后隔跨布置活荷载；当求连续梁各支座截面（左侧或右侧）的最大剪力时，应在该支座的左、右两跨布置活荷载，然后隔跨布置活荷载（图 9.12）。

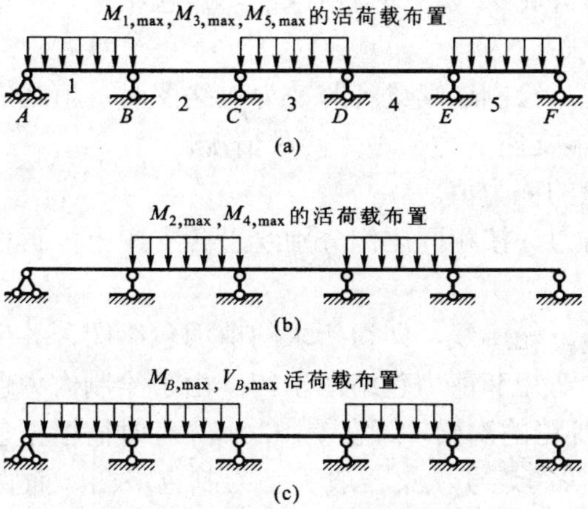

图 9.12　活荷载最不利布置图

②内力计算

活荷载的最不利位置确定后，对等跨度（或跨度差≤10%）的连续梁，即可直接应用表格查得在恒荷载和各种活荷载作用下梁的内力系数，并按下列公式求出梁有关截面的弯矩 M 和剪力 V：

均布荷载作用时

$$M = K_1 g l_0^2 + K_2 q l_0^2 \tag{9.1}$$

$$V = K_3 g l_n + K_4 q l_n \tag{9.2}$$

集中荷载作用时

$$M = K_1 G l_0 + K_2 Q l_0 \tag{9.3}$$

$$V = K_3 G + K_4 Q \tag{9.4}$$

式中：g、q——单位长度上的均布恒荷载及活荷载；

G、Q—— 集中恒荷载及活荷载；

$K_1 \sim K_4$—— 内力系数，按附录表 4 查取；

l_0—— 梁的计算跨度。

③内力包络图

内力（弯矩、剪力）包络图，是指在恒载内力（弯矩、剪力）图上叠加以各种不利活荷载位置作用下得出的内力（弯矩、剪力）图的最外轮廓线所围成的图形，也称内力叠合图。利用内力包络图，可以合理地确定梁中纵向受力钢筋弯起与切断的位置，还可检验构件截面强度是否可靠、材料用量是否节省。

弯矩包络图的绘制方法：

a．确定活荷载作用位置，即确定使各控制截面产生最不利内力的活荷载布置位置。具体地讲，如在绘制连续梁第一跨弯矩包络图时，恒荷载应满布各跨，活荷载的布置位置应考虑能使该跨跨中截面分别产生 M_{max} 和 M_{min}，使该跨左、右支座截面分别产生最大（绝对值）负弯矩。

b．根据上述荷载作用情况，分别求出各支座的弯矩值。

c．将求得的各支座弯矩，按相同比例绘于支座上，并将同一荷载作用情况下各跨两端的支座弯矩连成直线，再以此为基线，在其上根据荷载情况分别按简支梁作出弯矩图形。

d．连接弯矩图形的最外轮廓线，即得所求的弯矩包络图，可用加粗的线型区分出来。

剪力包络图的绘制方法：

a．确定荷载作用位置。绘制连续梁各跨剪力包络图时，恒载应满布各跨，活荷载的布置位置应考虑分别使该跨两端支座剪力为最大两种情况。

b．分别求出各个支座的剪力值。

c．将求得的各支座剪力，按相同比例分别绘于各支座上，再根据各跨荷载情况分别按简支梁绘制剪力图。

d．连接剪力图形的最外轮廓线，即得所求的剪力包络图，并用加粗的线型区分出来。

图 9.13 为某连续梁的弯矩和剪力包络图示例。由于绘制内力包络图的工作量较大，故在楼盖设计中，除主梁和不等跨的次梁（跨度差＞20%）有时需根据包络图来确定钢筋弯起和截断位置外，对于连续板和等跨连续次梁一般不必绘制包络图，而直接按照连续板、梁的构造要求来确定钢筋弯起和截断位置。

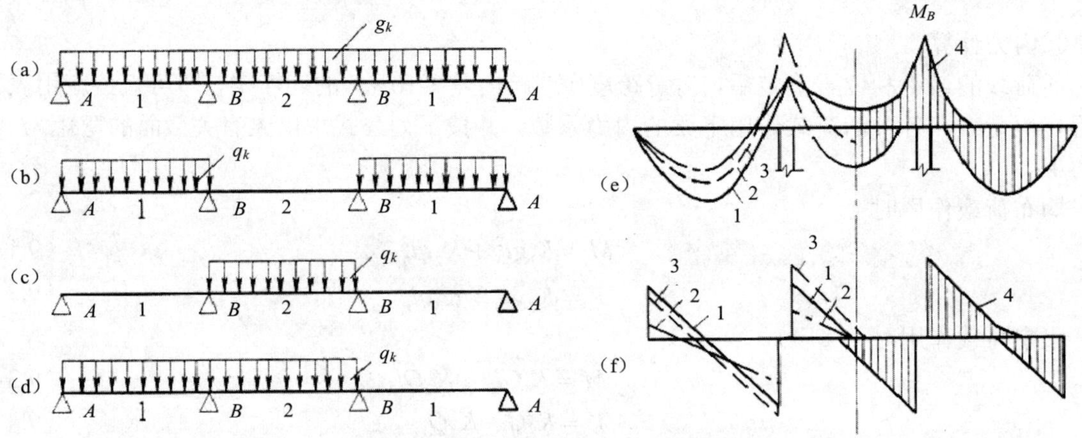

图 9.13　连续梁的内力包络图

④支座宽度的影响——支座截面计算内力的确定

在按弹性理论计算连续梁（板）内力时，其计算跨度取支座中心线间的距离，若梁（板）与支座非整体连接或支撑宽度很小时，计算简图与实际情况基本相符。然而支座总有一定的宽度，且整体连接，这样在支座中心处梁（板）的截面高度将会由于支撑梁的存在而实际加大了。实践证明不会在该截面处破坏，破坏都出现在支撑梁（柱）的边缘处，如图 9.14 所示，因此在设计整体肋形楼盖时，应考虑支撑宽度的影响，支座边缘处的内力比支座中心处要小，而支座边缘处的截面是危险截面。在承载力计算中应取支座边缘处的内力作为支座截面配筋计算的依据，为简化计算可按下列近似公式求得计算值。

$$M_b = M - Vb/2 \tag{9.5}$$

式中：M——支座中心处的弯矩；

V——按简支梁计算的支座剪力；

b——支座宽度。

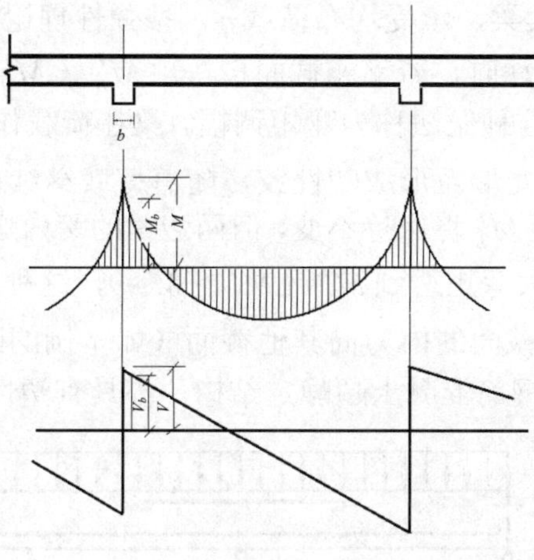

图 9.14　梁支座边缘的弯矩和剪力

（2）塑性理论计算法

钢筋混凝土是钢筋与混凝土这两种材料组成的非匀质的弹塑性体，按弹性理论的计算方法忽视了钢筋混凝土的非弹性性质，假定结构为理想的匀质弹性体（这种假定只在构件处在低应力状态时才较为符合），按弹性理论计算结构内力存在着三个方面的问题：其一，按弹性理论计算的结构内力与按破坏阶段的构件截面设计方法是互不协调的，材料强度未能得到充分发挥。其二，弹性理论计算法是按可变荷载的各种最不利布置时的内力包络图来配筋的，但各跨中和各支座截面的最大内力实际上并不可能同时出现。而且由于超静定结构具有多余约束，当某一截面应力达到破坏阶段时，并不等于整个结构的破坏。可见，按弹性理论方法计算，整个结构各截面的材料不能充分利用。其三，按弹性理论方法计算时，支座弯矩总是远大于跨中弯矩，这将使支座配筋拥挤、构造复杂、施工不便。

1）塑性铰与塑性内力重分布的概念

如图 9.15 所示的钢筋混凝土简支梁，当梁的工作进入破坏阶段时跨中受拉钢筋首先屈服，随着荷载增加，变形急剧增大，裂缝扩展，截面绕中和轴转动，但此时截面所承受的弯矩维持不变。从钢筋屈服到受压区混凝土被压坏，裂缝处截面绕中和轴转动，就好像梁中出现了一个铰，这个铰实际是梁中塑性变形集中出现的区域，称为塑性铰。塑性铰与理想铰的区别在于：前者能承受一定的弯矩，并只能沿弯矩作用方向作微小的转动；后者则不能承受弯矩，但可自由转动。

简支梁是静定结构，当某个截面出现塑性铰后，即成为几何可变体系，将失去承载能力。而钢筋混凝土多跨连续梁是超静定结构，存在着多余约束，在某个截面出现塑性铰后，相当于减少了一个多余约束，结构仍是几何不变体系，还能继续承担后续的荷载。但此时梁的内力不再按原来的规律分布，将出现内力的重分布。

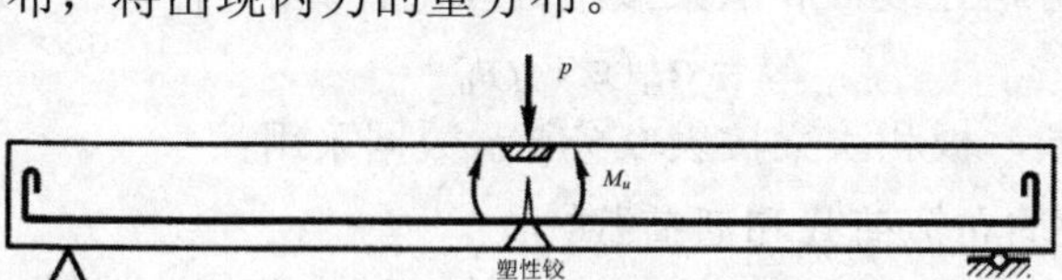

图 9.15　简支梁的破坏机构

如图 9.16 所示的两跨连续梁，承受均布荷载 q ，按弹性理论计算得到的支座最大弯矩为 M_B ，跨中最大弯矩为 M_1 。设计时，若支座截面按弯矩 M'_B （ $M'_B < M_B$ ）配筋，这样可使支座截面配筋减少，方便施工，这种做法称为弯矩调幅。梁在荷载作用下，当支座弯矩达到 M'_B 时，支座截面便产生较大塑性变形而形成塑性铰，随着荷载继续增加，因中间支座已形成塑性铰，只能转动，所承受的弯矩 M'_B 将保持不变，但两边跨的跨内弯矩将随荷载的增加而增大，当全部荷载 q 作用时，跨中最大弯矩达到 M'_1 （ $M'_1 > M_1$ ），这种在多跨连续梁中，由于某个截面出现塑性铰，使该塑性铰截面的内力向其他截面（如本例的跨内截面）转移的现象，称为塑性内力重分布。事实上，钢筋混凝土超静定结构，都具有塑性内力重分布的性质。

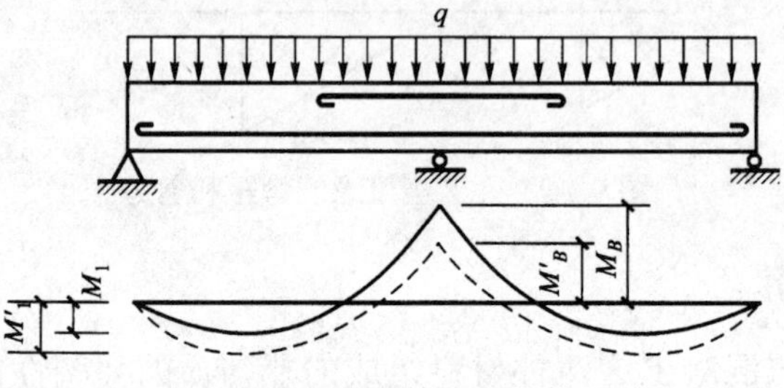

图 9.16　两跨连续梁的内力塑性重分布

应当指出的是，如按弯矩包络图配筋，支座的最大负弯矩与跨中的最大正弯矩并不是在同一荷载作用下产生的，所以当下调支座负弯矩时，在这一组荷载作用下增大后的跨中正弯矩，实际上并不大于包络图上外包线的弯矩，因此跨中截面并不会因此而增加配筋。可见，利用塑性内力重分布，可调整连续梁的支座弯矩和跨中弯矩，既方便了施工，又能取得经济的配筋，也更符合构件的实际工作情况。

综上所述，钢筋混凝土连续梁塑性内力重分布的基本规律如下：

①钢筋混凝土连续梁达到承载能力极限状态的标志，不是某一截面到达了极限弯矩，而是必须出现足够的塑性铰，使整个结构形成几何可变体系。

②塑性铰出现以前，连续梁的弯矩服从于弹性的内力分布规律；塑性铰出现以后，结构计算简图发生改变，各截面的弯矩的增长率发生变化。

③按弹性理论计算，连续梁的内力与外力既符合平衡条件，同时也满足变形协调关系。按塑性内力重分布法计算，内力与外力符合平衡条件，但转角相等的变形协调关系不再成立。

④通过控制支座截面和跨中截面的配筋比，可以人为控制连续梁中塑性铰出现的早晚和位置，即控制调幅的大小和方向。

⑤弯矩调幅不宜过大，对钢筋混凝土梁的支座截面负弯矩调幅不宜大于 25%，对钢筋混凝土板的负弯矩调幅不宜大于 20%。

2）内力计算

在均布荷载作用下等跨连续板和次梁按塑性理论计算的内力公式如下：

弯矩
$$M = \alpha_m (g+q) l_0^2 \tag{9.6}$$

式中：α_m ——弯矩系数，板和次梁按表 9.5 所示数据采用；

g、q ——分别为均布恒荷载和活荷载；

l_0 ——计算跨度，见表 9.4。如板、次梁的支座为整体连接时，取 $l_0 = l_n$ ；如端支座为砖墙时，板的端跨取 $l_0 = l_n + \frac{h}{2}$ ，次梁的端跨取 $l_0 = l_n + \frac{a}{2}$ （a 为支座宽度）或 $l_0 = 1.025 l_n$ 较小值。

表 9.5　弯矩系数

<table>
<tr><th colspan="2" rowspan="2">支撑情况</th><th colspan="6">截面位置</th></tr>
<tr><th>端支座</th><th>边跨中</th><th>第二支座</th><th>第二跨中</th><th>中间支座</th><th>中间跨中</th></tr>
<tr><td colspan="2">梁、板搁置在墙上</td><td>0</td><td>$\frac{1}{11}$</td><td rowspan="4">两跨连续 $-\frac{1}{10}$
三跨以上连续
$-\frac{1}{11}$</td><td rowspan="4">$\frac{1}{16}$</td><td rowspan="4">$-\frac{1}{14}$</td><td rowspan="4">$\frac{1}{16}$</td></tr>
<tr><td>板</td><td rowspan="2">与梁整体连接</td><td>$-\frac{1}{16}$</td><td rowspan="2">$\frac{1}{14}$</td></tr>
<tr><td>梁</td><td>$-\frac{1}{24}$</td></tr>
<tr><td colspan="2">梁与柱刚性连接</td><td>$-\frac{1}{16}$</td><td>$\frac{1}{14}$</td></tr>
</table>

注：1．本表适用于荷载比 $q/g>0.3$ 的情况。

2．各跨长度不等，但相邻两跨比值小于 1.1 时，仍可采用表中系数计算。但支座弯矩计算取相邻两跨跨中的较长跨度；跨中弯矩计算仍取本跨跨度。

板内剪力往往相对较小，在一般情况下都能满足 $V \leqslant 0.7 f_t bh_0$ 的条件，故不需要进行剪力计算。

次梁的剪力按下式计算

$$V = \alpha_V (g+q) l_n \tag{9.7}$$

式中：α_V —— 剪力系数，按表 9.6 所示数据采用；

l_n —— 净跨度。

表 9.6　剪力系数

<table>
<tr><th rowspan="3">支撑情况</th><th colspan="5">截面位置</th></tr>
<tr><th rowspan="2">端支座内侧</th><th colspan="2">第二支座</th><th colspan="2">中间支座</th></tr>
<tr><th>外侧</th><th>内侧</th><th>外侧</th><th>内侧</th></tr>
<tr><td>搁置在墙上</td><td>0.45</td><td>0.60</td><td rowspan="2">0.55</td><td rowspan="2">0.55</td><td rowspan="2">0.55</td></tr>
<tr><td>与梁或柱整体连接</td><td>0.50</td><td>0.55</td></tr>
</table>

3）塑性理论计算法的适用条件和适用范围

①适用条件。按塑性理论计算法计算内力时，是在考虑了支座截面能出现塑性铰，并具有一定塑性转动能力的前提下进行的。为了保证在调幅截面能够形成塑性铰，且具有足够的转动能力，《规范》规定：塑性铰截面中混凝土受压区高度不大于 $0.35h_0$，即 $x \leqslant 0.35h_0$。

②适用范围。采用塑性内力重分布法虽然可节约钢材，方便施工，但在使用阶段构件的裂缝和变形均较大，所以对于下列结构不能采用这种方法，而应按弹性理论法计算其内力：

a）在使用阶段不允许出现裂缝，或对裂缝开展有较高要求的结构；

b）重要部位的结构和可靠度要求较高的结构；

c）直接承受动力荷载和疲劳荷载作用的结构；

d）处于侵蚀性环境中的结构。

一般工业与民用建筑的整体式肋形楼盖中的板和次梁，通常均采用塑性理论法计算。而主梁属于重要构件，截面高度较大，配筋也较多，一般仍采用弹性理论方法计算。

4．截面配筋计算及构造要求

（1）板的计算与构造要求

1）计算要点

板的计算步骤：沿板的长边方向切取 1m 宽板带作为计算单元→荷载计算→按塑性内力重分布法计算内力→配筋计算，选配钢筋。

当板的周边与梁整体连接时，在竖向荷载作用下，周边梁将对它产生水平推力（图 9.17）。该推力可减少板中各计算截面的弯矩。因此，对四周与梁整体连接的单向板，其中间跨的跨中截面及中间支座截面的计算弯矩可减少 20%，其他截面不予减少。

根据弯矩算出各控制截面的钢筋面积后，为使跨数较多的内跨钢筋与计算值尽可能一致，同时使支座截面配筋尽可能利用跨中弯起的钢筋，以保证配筋协调（直径、间距协调），应按先内跨后边跨，先跨中后支座的次序选配钢筋。

板一般均能满足斜截面抗剪要求，设计时可不进行抗剪强度验算。

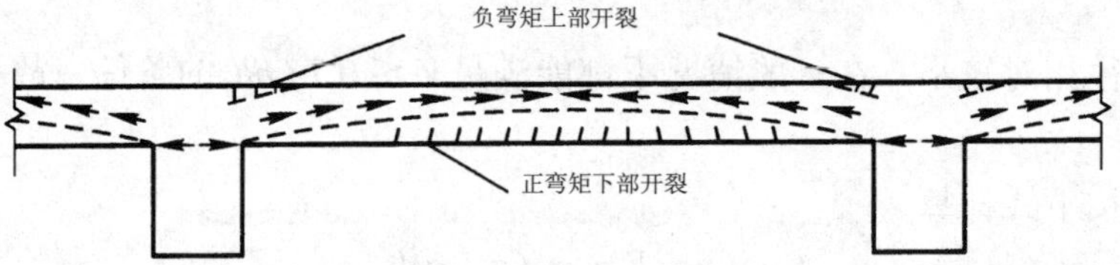

图 9.17　连续板的拱作用

2）构造要求

板的支承长度应满足其受力钢筋在支座内锚固的要求，且一般不小于板厚，当搁置在砖墙上时，不少于 120mm。

对受力钢筋的要求见第 3 章第 1 节。

连续板受力钢筋有弯起式和分离式（图 9.18）两种配筋方式。

弯起式配筋就是先将跨中一部分受力钢筋（常为 1/2～1/3）在支座处弯起，作承担支座负弯矩之用，如不足可另加直钢筋补充。弯起钢筋的弯起角度一般为 30°，当板厚大于 200mm 时，可采用 45°。弯起钢筋伸过支座边缘的距离 a，当等跨或跨度相差不超过 20%时，可按如下规定采用：

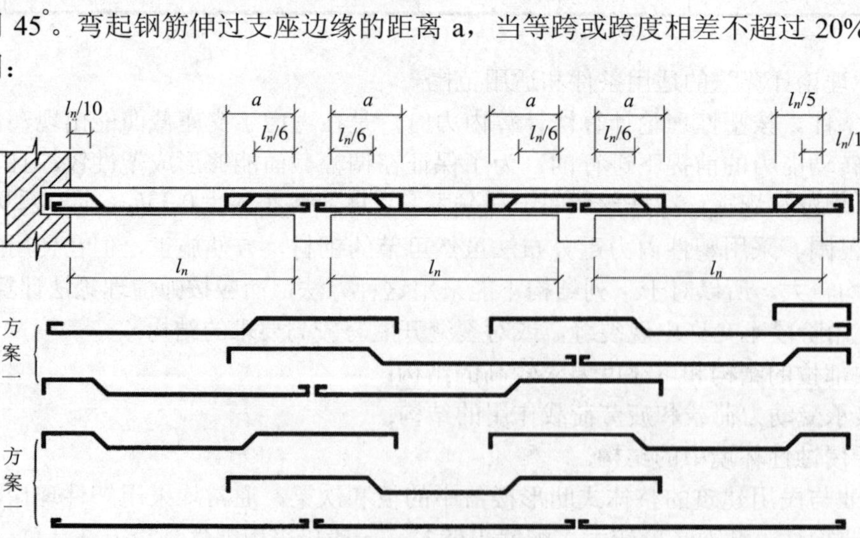

（a）弯起式

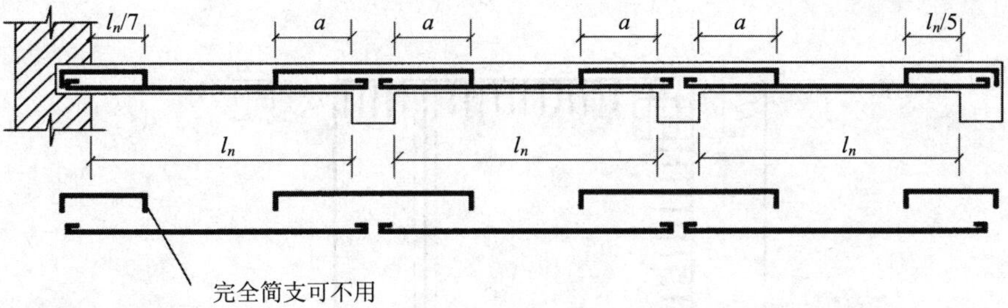

（b）分离式

图 9.18　连续板的配筋方式

$$当\frac{q}{g}\leqslant 3时，a=\frac{l_n}{4} \tag{9.8}$$

$$当\frac{q}{g}>3时，a=\frac{l_n}{3} \tag{9.9}$$

其中：g、q—— 分别为板上的恒载和活载设计值；

l_n—— 板的净跨。

为避免支座处钢筋间距紊乱，通常跨中和支座的钢筋采用相同间距或成倍间距。弯起式配筋的特点是钢筋锚固较好，整体性强，节约钢材，但施工较为复杂，目前已很少采用。

分离式配筋是指在跨中和支座全部采用直钢筋，跨中和支座钢筋各自单独选配。分离式配筋板顶钢筋末端应加直角弯钩直抵模板；板底钢筋末端应加半圆弯钩，但伸入中间支座者可不加弯钩。分离式配筋的特点是配筋构造简单，但其锚固能力较差，整体性不如弯起式配筋，耗钢量也较多。

连续板内受力钢筋的弯起和截断位置，不必由抵抗弯矩图来确定，而直接按图 9.18 所示弯起点或截断点位置确定即可。但当板相邻跨度差超过 20%，或各跨荷载相差太大时，仍应按弯矩包络图和抵抗弯矩图来确定。

3）构造钢筋

①分布钢筋

板中的分布钢筋可按第 3 章第 1 节中分布钢筋的要求配置。

②嵌入墙内的板面附加钢筋

对于嵌固在承重砖墙内的现浇板，为了避免沿墙边板面产生裂缝，在板的上部应配置间距不大于 200mm，直径不小于 8mm 的构造钢筋（包括弯起钢筋在内），其伸出墙边的长度不应小于 $l_1/7$（图 9.19）（l_1 为单向板的短边跨度）。对于两边均嵌固在墙内的板角部分，为防止出现垂直于板的对角线的板面裂缝，在板上部 $l_1/4$ 范围内也应双向配置上述构造钢筋，其伸出墙边的长度不应小于 $l_1/4$ 。同时，沿受力方向配置的上部构造钢筋（包括弯起钢筋）的截面面积不宜小于该方向跨中受力钢筋截面面积的 1/3；沿非受力方向配置的上部构造钢筋，可根据经验适当减少。

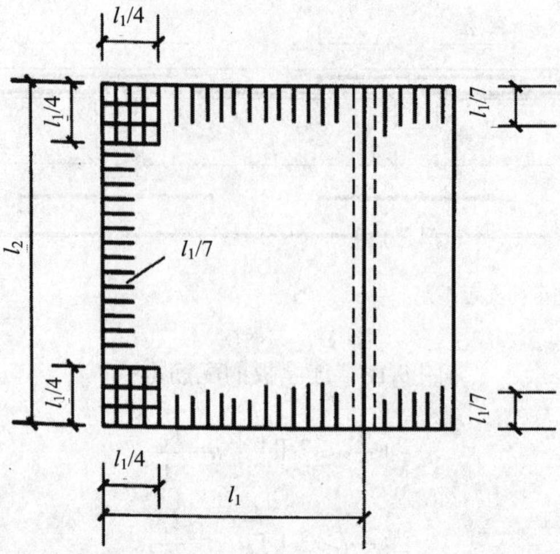

图 9.19　板嵌固在承重墙内时板边构造钢筋配筋图

③垂直于主梁的板面构造钢筋

现浇单向板肋形楼盖中的主梁，将对板起支承作用，靠近主梁的板面荷载将直接传递给主梁，因而产生一定的负弯矩，并使板与主梁相接处产生板面裂缝，有时甚至开展较宽。因此，混凝土结构设计规范规定，应在板面沿主梁方向每米长度内配置不少于 5Φ8 的构造钢筋，其单位长度内的总截面面积应不小于板跨中单位长度内受力钢筋截面面积的 1/3，伸出主梁梁边的长度不小于 $l_0/4$（图 9.20）（l_0 为板的计算跨度）。

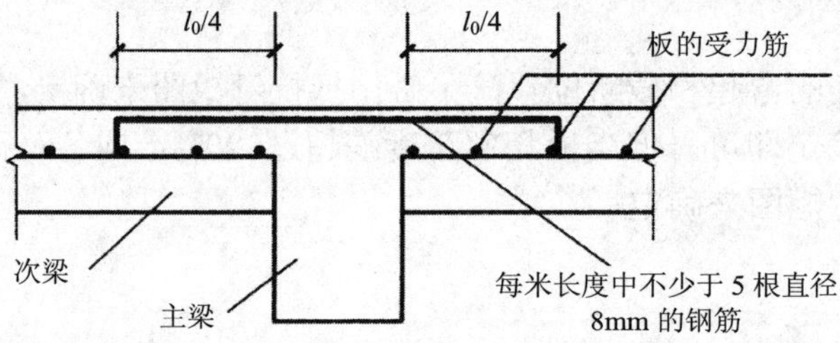

图 9.20　板中与梁肋垂直的构造钢筋

④板内孔洞周边的附加钢筋

当孔洞的边长 b（矩形孔）或直径 d（圆形孔）不大于 300mm 时，由于削弱面积较小，可不设附加钢筋，板内受力钢筋可绕过孔洞，不必切断，如图 9.21（a）所示。

当 b（或 d）大于 300mm，但小于 1000mm 时，应在洞边每侧配置加强洞口的附加钢筋，其截面面积不小于洞口被切断的受力钢筋截面面积的 1/2，且不小于 2ϕ10，并布置在与被切断的主筋同一水平面上，如图 9.21（b）所示。

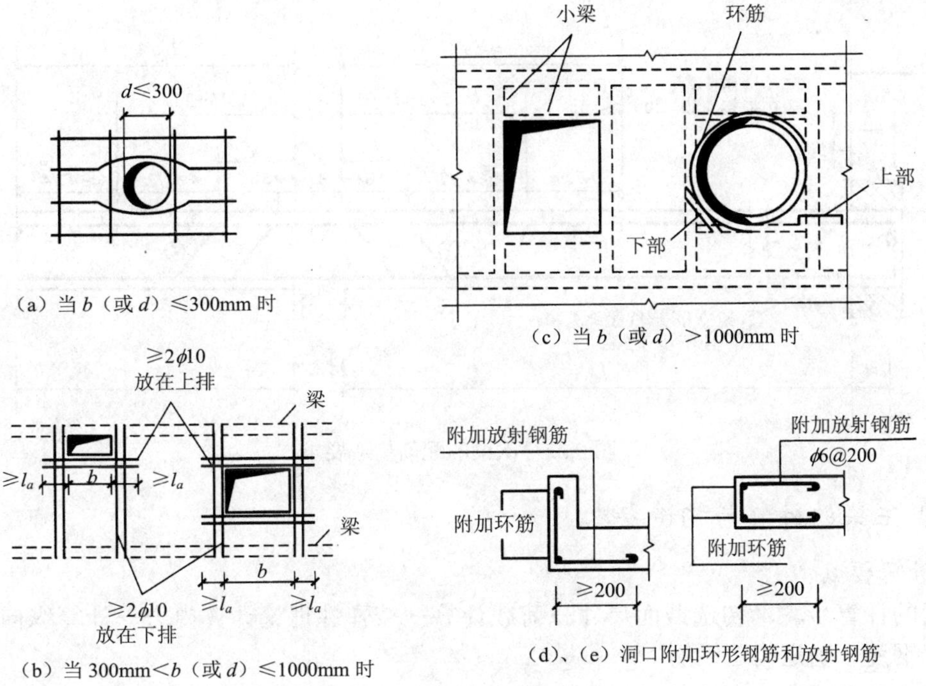

图 9.21　板上开洞的配筋方法

当 b（或 d）大于 1000mm 时，或孔洞周边有较大集中荷载时，应在孔洞周边设肋梁图 9.21（c）。

对于圆形孔洞，板中还须配置图 9.21（c）所示的上部和下部钢筋及图 9.21（d）、（e）所示的洞口附加环形钢筋和放射钢筋。

（2）次梁的计算与构造要求

1）计算要点

次梁的计算步骤：初选截面尺寸→荷载计算→按塑性内力重分布法计算内力→计算纵向钢筋→计算箍筋及弯起钢筋→确定构造钢筋。

截面尺寸满足前述高跨比（1/18～1/12）和宽高比（1/3～1/2）的要求时，不必作使用阶段的挠度和裂缝宽度验算。

计算纵向受拉钢筋时，跨中按 T 形截面计算，其翼缘计算宽度 b_f' 按表 3.4 采用；支座因翼缘位于受拉区，按矩形截面计算。

计算横向钢筋时，若荷载、跨度较小，一般只利用箍筋抗剪；当荷载、跨度较大时，宜在支座附近设置弯起钢筋，以减少箍筋用量。

2）构造要求

次梁的一般构造要求，如受力钢筋的直径、间距、根数等等与第 3 章所述受弯构件的构造要求相同。

次梁的钢筋组成及其布置可参考图 9.22。次梁伸入墙内的长度一般应不小于 240mm。

当次梁相邻跨度相差不超过 20%，且均布恒荷载与均布活荷载设计值之比 q/g≤3 时，其纵向受力钢筋的弯起和截断可按图 9.22 进行，否则应按弯矩包络图确定。

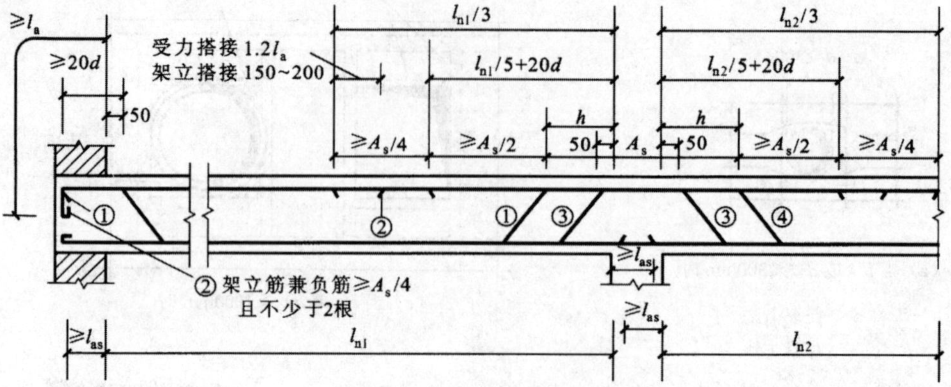

图 9.22　次梁的配筋构造要求

（3）主梁的计算与构造要求

1）计算要点

主梁的计算步骤：初选截面尺寸→荷载计算→按弹性理论计算内力→计算纵向钢筋、箍筋及弯起钢筋→确定构造钢筋。

主梁主要承受由次梁传来的集中荷载。为简化计算，主梁自重可折算为集中荷载，并假定与次梁的荷载共同作用在次梁支承处（图 9.23）。

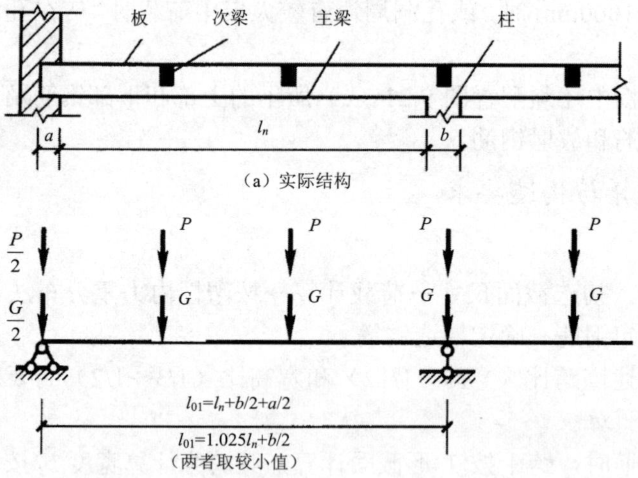

（a）实际结构

（b）计算简图

图 9.23　主梁的计算简图

正截面承载力计算时，跨中按 T 形截面计算，支座按矩形截面计算。当跨中出现负弯矩时，跨中也按矩形截面计算。

由于支座处板、次梁和主梁的钢筋重叠交错，且主梁负筋位于次梁和板的负筋之下（图 9.24），故截面有效高度在支座处有所减少。此时主梁支座截面有效高度应取：

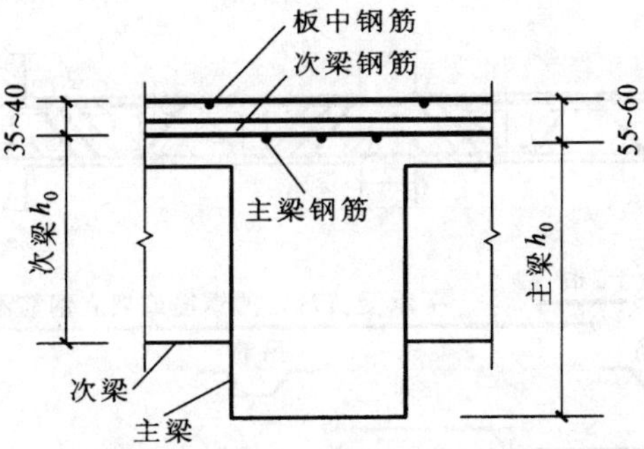

图 9.24 主梁处支座受力钢筋的布置

主梁受力钢筋为一排 $h_0 = h - (55 \sim 60)\text{mm}$

主梁受力钢筋为二排 $h_0 = h - (80 \sim 100)\text{mm}$

主梁主要承受集中荷载，剪力图呈矩形。如果在斜截面抗剪承载力计算中，要利用弯起钢筋抵抗部分剪力，则应考虑跨中有足够的钢筋可供弯起，以使抗剪承载力图形完全覆盖剪力包络图。若跨中钢筋可供弯起的根数不多，则应在支座设置专门的抗剪鸭筋（图 9.25）。

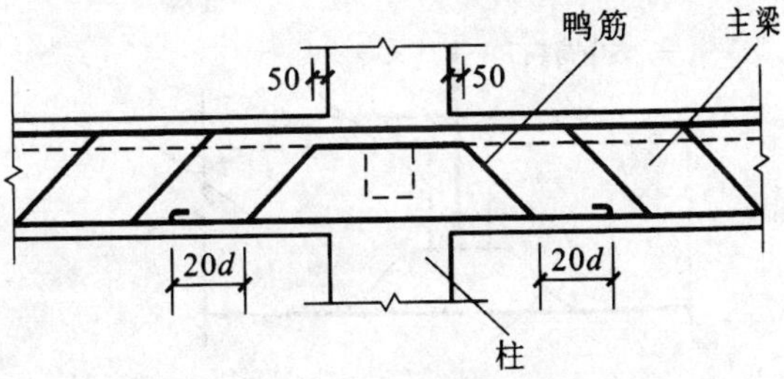

图 9.25 鸭筋的设置

截面尺寸满足前述高跨比（1/14～1/8）和宽高比（1/3～1/2）的要求时，一般不必作使用阶段挠度和裂缝宽度验算。

2）构造要求

主梁伸入墙内的长度一般应不小于 370mm。

主梁钢筋的组成及布置可参考图 9.26 所示。

主梁的一般构造要求与次梁相同。但主梁纵向受力钢筋的弯起和截断，应使其抗弯承载力图形覆盖弯矩包络图，并应满足有关构造要求。

3）附加横向钢筋

次梁与主梁相交处，由于主梁承受由次梁传来的集中荷载，其腹部可能出现斜裂缝，并引起局部破坏，如图 9.27 所示。因此《规范》规定，位于梁下部或梁截面高度范围内的集中荷载，应设置附加横向钢筋来承担，以便将全部集中荷载传至梁上部。附加横向钢筋有箍筋和吊筋两种，应优先采用箍筋。附加横向钢筋应布置在长度为 s（$s = 2h_1 + 3b$）的范围内，如图 9.28 所示。第一道附加箍筋离次梁边 50mm。

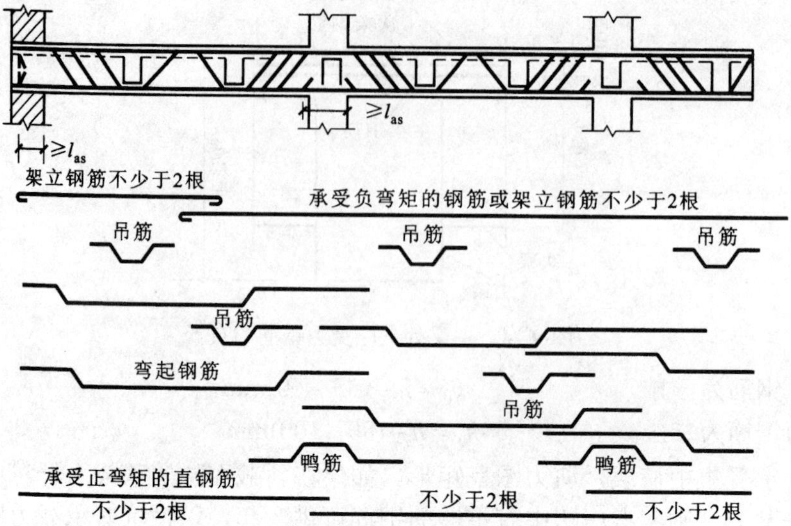

图 9.26　主梁配筋构造要求

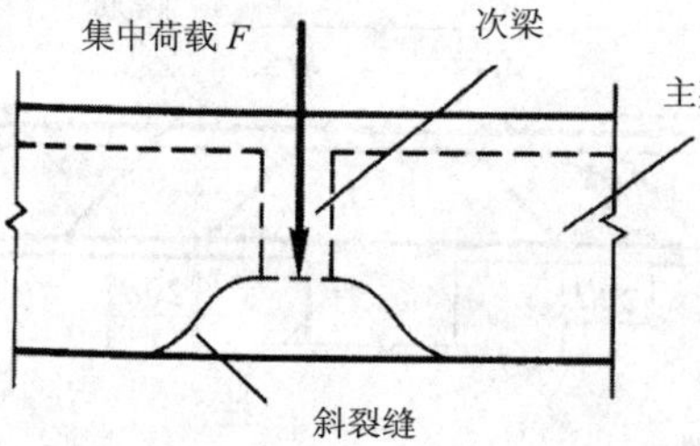

图 9.27　主梁腹部局部破坏情形

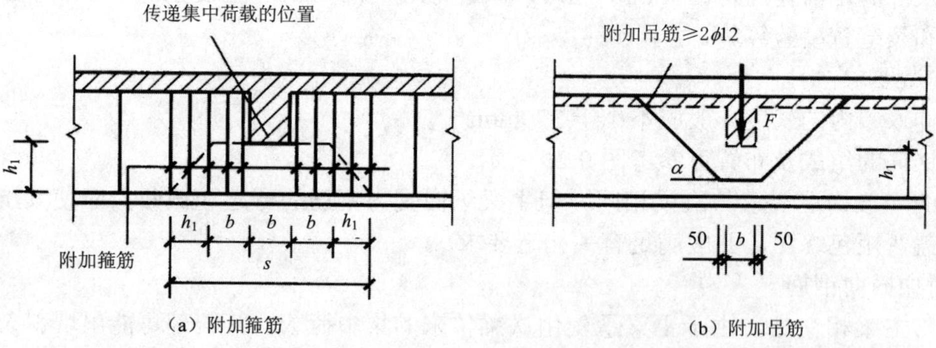

图 9.28　梁截面高度范围内有集中荷载作用时附加横向钢筋布置

如集中力全部由附加箍筋承受，则所需附加钢筋的总面积为

$$A_{sv} \geqslant \frac{F}{f_{yv}} \tag{9.10}$$

在选定附加箍筋的直径和肢数后，即可由 A_{sv} 算出 S 范围内附加箍筋的根数。

如集中力全部由吊筋承受，则所需吊筋总截面面积为

$$A_{sb} \geqslant \frac{F}{2f_y \sin\alpha} \tag{9.11}$$

在吊筋的直径选定后，即可求得吊筋的根数。

如集中力同时由附加箍筋和附加吊筋承受，则应满足

$$F \leqslant 2A_{sb} f_y \sin\alpha + m \times nA_{sv1} f_{yv} \tag{9.12}$$

式中：A_{sb}——承受集中荷载所需的附加吊筋的总截面面积；

A_{sv1}——附加箍筋单肢的截面面积；

n——同一截面内附加箍筋的肢数；

m——在 S 范围内附加箍筋的根数；

F——作用在梁的下部或梁截面高度范围内的集中荷载设计值；

f_{yv}——附加箍筋的抗拉强度设计值；

f_y——附加吊筋的抗拉强度设计值；

α——附加吊筋弯起部分与梁轴线间的夹角，一般取 45°，如梁高 $h>800$mm 时，取 60°。

第 3 节　整体式单向板肋形结构设计实例

【例题 1.1】 某多层工业建筑为砌体结构，楼盖为现浇钢筋混凝土肋形楼盖，结构平面布置如图 9.29 所示。楼盖四周支承于 370mm 的砖墙上，不设边柱，板在墙上的搁置长度为 120mm，次梁的搁置长度为 240mm 和主梁在墙上的搁置长度为 360mm。楼板上采用 20mm 厚的水泥砂浆面层，下为 15mm 厚的混合砂浆粉底，梁侧抹灰也采用 15mm 厚的混合砂浆。

解：

1）设计资料

①楼面活荷载标准值为 8kN/m^2。

②楼面面层为 20mm 厚水泥砂浆，梁板的天棚抹灰为 15mm 厚混合砂浆。

③材料选用：

混凝土：采用 C20（$f_c = 9.6\text{N/mm}^2$，$\alpha_1 = 1.0$）。

钢　筋：梁的纵向受力钢筋采用 HRB335 级钢筋（$f_y = 300\text{N/mm}^2$），其余采用 HPB300 级钢筋（$f_{yv} = 270\text{N/mm}^2$）。

④楼面梁格布置如图 9.29 所示。

2）板的设计

板按塑性内力重分布方法设计。按刚度条件板厚为 $\frac{l_0}{40} \approx \frac{2000}{40} = 50\text{mm}$，按构造要求，工业房屋楼面的最小厚度为 80mm，故取板厚 $h = 80\text{mm}$。取次梁截面高度 $h = 450\text{mm}$，截面宽度 $b = 200\text{mm}$。板的几何尺寸和计算简图见图 9.30 所示。

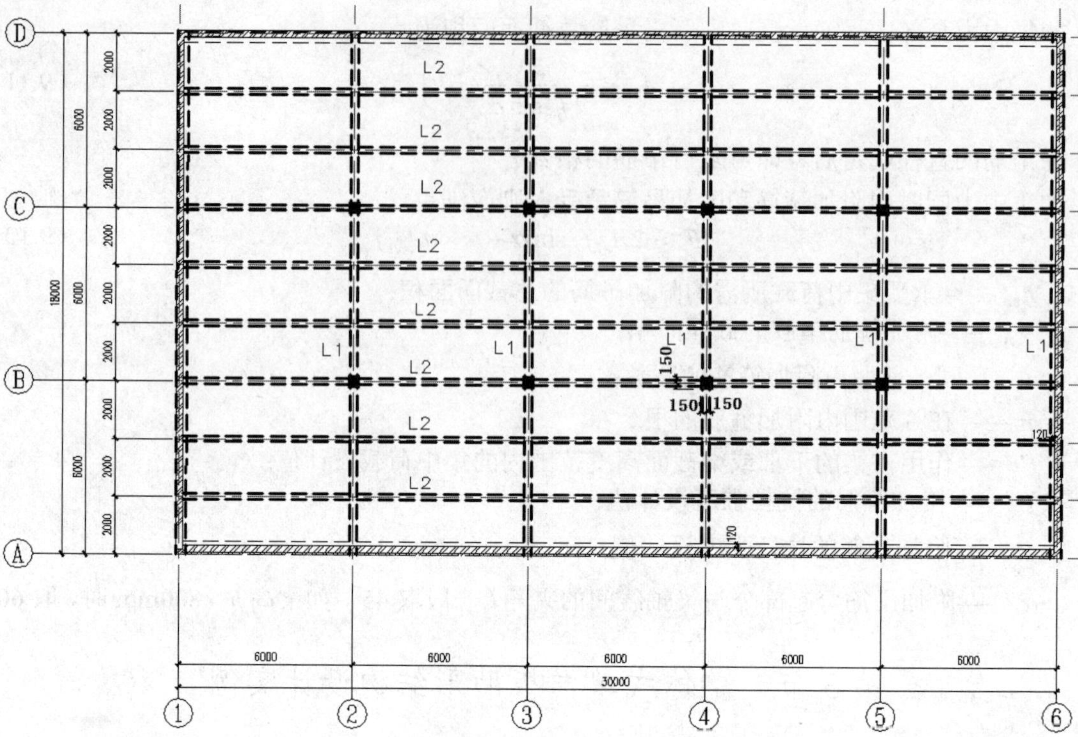

图 9.29　楼面梁格布置图

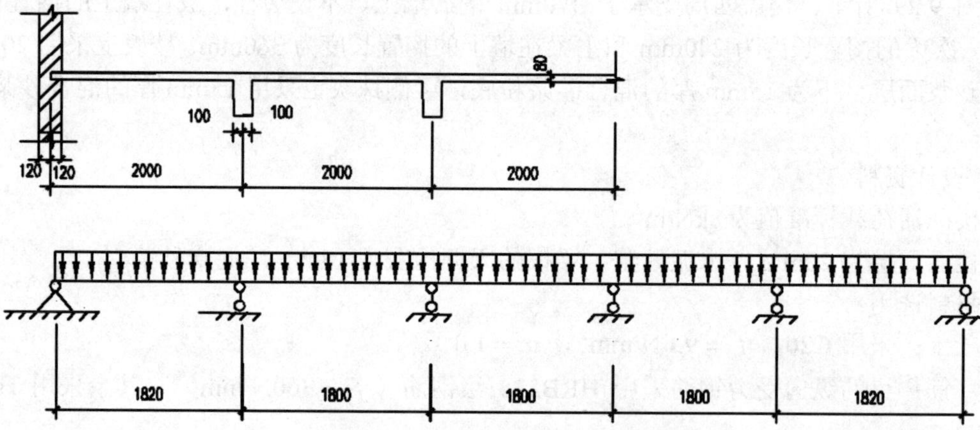

图 9.30　板的几何尺寸及计算简图

①荷载

a．恒荷载

板自重　　$0.08 \times 25 = 2.0\text{kN/m}^2$

水泥砂浆面层　　$0.02 \times 20 = 0.4\text{kN/m}^2$

混合砂浆抹灰　　$0.015 \times 17 = 0.26\text{kN/m}^2$

$g_k = 2.66\text{kN/m}^2$

b．使用活荷载　　$q_k = 8.0\text{kN/m}^2$

c．荷载组合设计值

根据《荷载规范》规定，对于标准值大于 4.0kN/m^2 的工业房屋楼面结构的活荷载应取 $\gamma_Q = 1.3$，所以有

$$g + q = 1.2g_k + 1.3q_k = 1.2 \times 2.66 + 1.3 \times 8.0 = 13.59\text{kN/m}^2$$

$$g + q = 1.35g_k + 1.3 \times 0.7 \times q_k = 1.35 \times 2.66 + 1.3 \times 0.7 \times 8.0 = 10.87\text{kN/m}^2$$

取 $g + q = 13.59\text{kN/m}^2$

②内力计算

取 1m 宽板带作为计算单元，各跨的计算跨度为

中间跨：$$l_0 = l_n = 2.0 - 0.20 = 1.80\text{m}$$

边跨：$$l_0 = l_n + \frac{h}{2} = 2.0 - 0.12 - \frac{0.20}{2} + \frac{0.08}{2} = 1.82\text{m}$$

边跨与中间跨的计算跨度相差：

$$\frac{1.82 - 1.80}{1.80} = 0.011 < 10\%$$

故可按等跨连续板计算内力。计算简图见图 9.30 所示。

各截面的弯矩计算见表 9.7 中。

表 9.7 板的弯矩计算

截面	边跨跨中	第二支座	二、三跨中	中间支座
弯矩系数 α_m	$+\frac{1}{11}$	$-\frac{1}{11}$	$+\frac{1}{16}$	$-\frac{1}{14}$
$M = \alpha_m (g+q) l_0^2 (\text{kN} \cdot \text{m})$	$\frac{1}{11} \times 13.59 \times 1.82^2 = 4.09$	$-\frac{1}{11} \times 13.59 \times 1.82^2 = -4.09$	$\frac{1}{16} \times 13.59 \times 1.80^2 = 2.75$	$-\frac{1}{14} \times 13.59 \times 1.80^2 = -3.15$

③正截面承载力计算

取板的截面有效高度 $h_0 = 55\text{mm}$，各截面的配筋计算见表 9.8 所示。板的配筋见图 9.31 所示。配筋表见 9.9 所示。

表 9.8 板的正截面承载力计算

截面	边跨中	B 支座	中间跨中		中间支座	
在平面图中的位置	①～⑥轴间	①～⑥轴间	①～②轴间 ⑤～⑥轴间	②～⑤轴间	①～②轴间 ⑤～⑥轴间	②～⑤轴间
$M(\text{kN} \cdot \text{m})$	4.09	4.09	2.75	2.2	3.15	2.52
$\alpha_s = \frac{M}{\alpha_1 f_c b h_0^2}$	0.141	0.141	0.095	0.076	0.108	0.087
$\xi = 1 - \sqrt{1 - 2\alpha_s}$	0.152	0.152	0.100	0.079	0.115	0.091
$A_s = \frac{\alpha_1 f_c b \xi h_0}{f_y}$	297.24	297.24	195.56	154.49	224.89	177.96
选配钢筋	ϕ8@160	ϕ8@160	ϕ/8@160	ϕ6/8@160	ϕ8@200	ϕ6/8@200
实配钢筋面积	314	314	246	246	251	196

（续表）

截面	边跨中	B 支座	中间跨中		中间支座	
$\rho=\dfrac{A_s}{bh_0}(\%)$	0.507	0.507	0.447	0.447	0.46	0.36

注：中间区隔板与梁为整浇，故计算弯矩乘以 0.8，予以折减，$\rho_{\min}=[0.2\%,45f_t/f_y\%]_{\max}=0.2\%$。

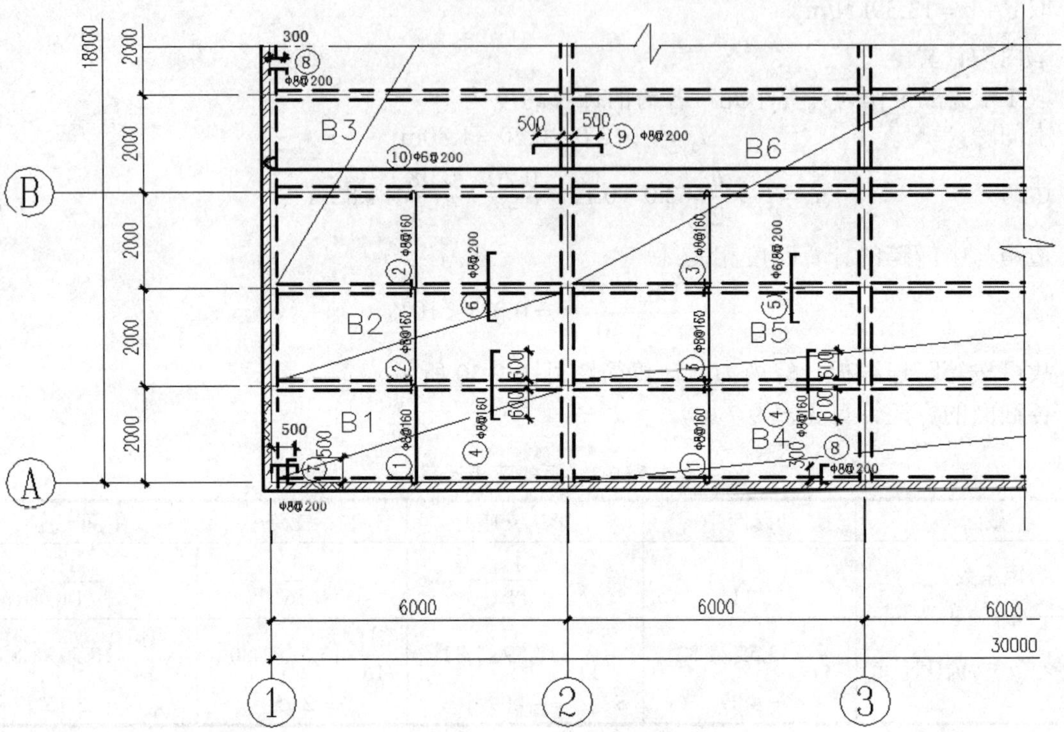

图 9.31　板的配筋图

表 9.9　板的配筋表

编号	形状尺寸	直径（mm）	根数	单重（kg/m）	总长（m）	总重（kg）
①	50 1980 50	ϕ8	376	0.395	782.08	308.92
②	50 1980 50	ϕ8	756	0.395	1572.48	621.13
③	50 1980 50	ϕ6/8	504	0.308	1048.32	322.88
④	60 1400 60	ϕ8	385	0.395	589.05	232.67
⑤	60 1400 60	ϕ6/8	558	0.308	848.16	261.23
⑥	60 1400 60	ϕ8	372	0.395	565.44	223.35
⑧	60 405 60	ϕ8	461	0.395	242.03	95.6

（续表）

编号	形状尺寸	直径（mm）	根数	单重（kg/m）	总长（m）	总重（kg）
⑨		$\phi 8$	32	0.395	41.6	16.43
⑦		$\phi 8$	361	0.395	261.73	103.38
⑩	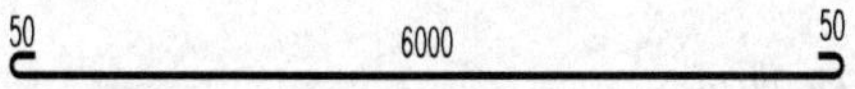	$\phi 6$	450	0.222	2736	607.39
总重（kg）	$\sum 2792.98$					

3）次梁的设计

取主梁的梁高 $h = 650\text{mm}$，梁宽 $b = 250\text{mm}$。次梁的截面几何尺寸与支撑情况见9.32所示。

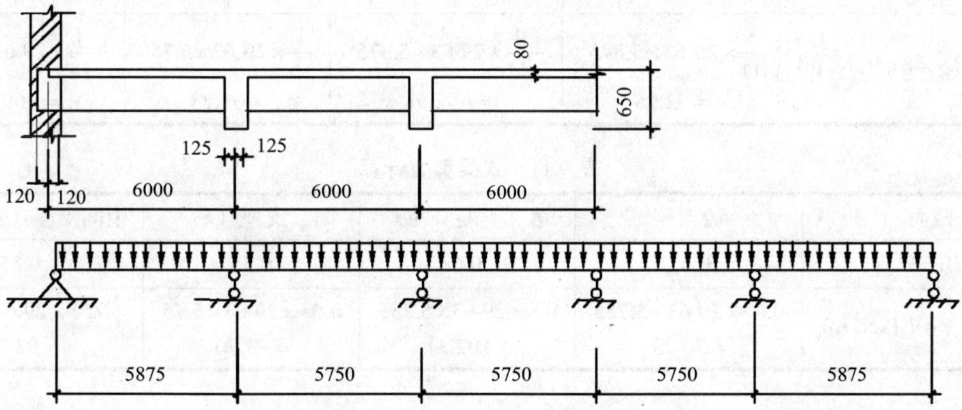

图9.32　次梁的几何尺寸及支撑情况

①荷载

a．恒荷载

由板传来　　$2.66\times 2 = 5.32\text{kN/m}$

次梁自重　　$25\times 0.2\times(0.45-0.08) = 1.85\text{kN/m}$

梁侧抹灰　　$(0.45-0.08)\times 2\times 0.015\times 17 = 0.19\text{kN/m}$

$g_k = 7.36\text{kN/m}$

b．使用活荷载　　$q_k = 8.0\times 2 = 16.0\text{kN/m}$

c．荷载组合设计值

$g + q = 1.2g_k + 1.3q_k = 1.2\times 7.36 + 1.3\times 16 = 29.63\text{kN/m}$

$g + q = 1.35g_k + 1.3\times 0.7\times q_k = 1.35\times 7.36 + 1.3\times 0.7\times 16.0 = 24.5\text{kN/m}$

取 $g + q = 29.63\text{kN/m}$

②内力计算

按塑性内力重分布方法计算次梁内力。

计算跨度为

中间跨： $l_0 = l_n = 6.0 - 0.25 = 5.75\text{m}$

边跨：$l_0 = l_n + \dfrac{a}{2} = 6.0 - 0.12 - \dfrac{0.25}{2} + \dfrac{0.24}{2} = 5.875\text{m} < 1.025 l_n = 1.025 \times 5.755 = 5.9\text{m}$

边跨与中间跨的计算跨度相差：

$$\frac{5.875 - 5.75}{5.75} = 0.022 < 10\%$$

故可按等跨连续梁计算内力。

剪力计算时跨度取净跨。计算简图如图 9. 32 所示。

次梁内力计算见表 9.10、表 9.11 所示。

表 9.10 次梁弯矩计算

截面	边跨跨中	第二支座	二、三跨中	中间支座
弯矩系数 α_m	$+\dfrac{1}{11}$	$-\dfrac{1}{11}$	$+\dfrac{1}{16}$	$-\dfrac{1}{14}$
$M = \alpha_m (g+q) l_0^2 (\text{kN}\cdot\text{m})$	$\dfrac{1}{11} \times 29.63 \times 5.875^2 = 92.98$	$-\dfrac{1}{11} \times 29.63 \times 5.875^2 = -92.98$	$\dfrac{1}{16} \times 29.63 \times 5.75^2 = 61.23$	$-\dfrac{1}{14} \times 29.63 \times 5.75^2 = -69.97$

表 9.11 次梁剪力计算

截面	边支座	第二支座（左）	第二支座（右）	中间支座（左、右）
剪力系数 β	0.45	0.6	0.55	0.55
$V = \beta (g+q) l_n (\text{kN}\cdot\text{m})$	$0.45 \times 29.63 \times 5.755 = 76.73$	$0.6 \times 29.63 \times 5.755 = 102.31$	$0.55 \times 29.63 \times 5.75 = 93.70$	$0.55 \times 29.63 \times 5.75 = 93.70$

3）截面承载力计算

次梁跨中截面按 T 形截面进行计算，其翼缘宽度取二者中的较小值：

$b_f' = \dfrac{l_0}{3} = \dfrac{5.75}{3} = 1.92\text{m}$

$b_f' = b + s_n = 0.2 + 1.80 = 2.0\text{m}$

$b_f' = b + 12 h_f' = 0.2 + 12 \times 0.08 = 1.16\text{m}$

故取 $b_f' = 1.16m$ 。

判断各跨中截面属于哪一类 T 形截面，取 $h_0 = 450 - 35 = 415\text{mm}$ ，则：

$$\alpha_1 f_c b_f' h_f' (h_0 - \frac{h_f'}{2}) = 1.0 \times 9.6 \times 1160 \times 80 \times (415 - \frac{80}{2})$$
$$= 334.08\text{kN}\cdot\text{m} > 92.98\text{kN}\cdot\text{m}$$

故属于第一类 T 形截面。

支座截面按矩形截面计算，B 支座截面按两排配筋考虑，取 $h_0 = 450 - 60 = 390\text{mm}$ ；中间支座按一排配筋考虑，取 $h_0 = 450 - 35 = 415\text{mm}$ 。

次梁正截面承载力计算见表 9.12 所示。

表 9.12　次梁正截面承载力计算

截面	边跨中	B 支座	中间跨中	中间支座
$M(\mathrm{kN\cdot m})$	92.98	92.98	61.23	69.97
$\alpha_s=\dfrac{M}{\alpha_1 f_c b h_0^2}$	0.048	0.281	0.032	0.212
$\xi=1-\sqrt{1-2\alpha_s}$	$0.049<\xi_b=0.55$	$0.1<0.338<0.35$	$0.033<\xi_b=0.55$	$0.1<0.241<0.35$
$A_s=\dfrac{\alpha_1 f_c b\xi h_0}{f_y}$	754.84	897.73	508.36	640.10
选配钢筋	3Φ18	3Φ18+1Φ16	1Φ16+2Φ14	2Φ14+2Φ16
实配钢筋面积	763	964.1	509.1	710

注：①ξ 的计算值大于其限制值，但考虑到钢筋伸入支座对减小受压区高度有利，所以此处不予调整。

②$\xi_b=\dfrac{\beta_1}{1+\dfrac{f_y}{E_s\varepsilon_{cu}}}=\dfrac{0.8}{1+\dfrac{300}{2\times10^5\times0.0033}}=0.55$

③考虑塑性内力重分布要求满足 $\xi\leqslant0.35$。

次梁斜截面承载力计算见表 9.13 所示。

表 9.13　次梁斜截面承载力计算

截面	边支座	B 支座（左）	B 支座（右）	中间支座
$V(\mathrm{kN})$	76.73	102.31	93.70	93.70
$0.25\beta_c f_c b h_0(\mathrm{N})$	199 200>V	199 200>V	199 200>V	199 200>V
$0.7 f_t b h_0(\mathrm{N})$	63 910<V	63 910<V	63 910<V	63 910<V
箍筋肢数、直径	2ϕ6	2ϕ6	2ϕ6	2ϕ6
$A_{sv}=nA_{sv1}\,(\mathrm{mm^2})$	56.6	56.6	56.6	56.6
$S=\dfrac{f_{yv}A_{sv}h_0}{V-0.7f_t b h_0}$	494.69	165.16	212.88	212.88
实配箍筋间距 s（mm）	130	130	200	200

次梁配筋见图 9.33 所示。

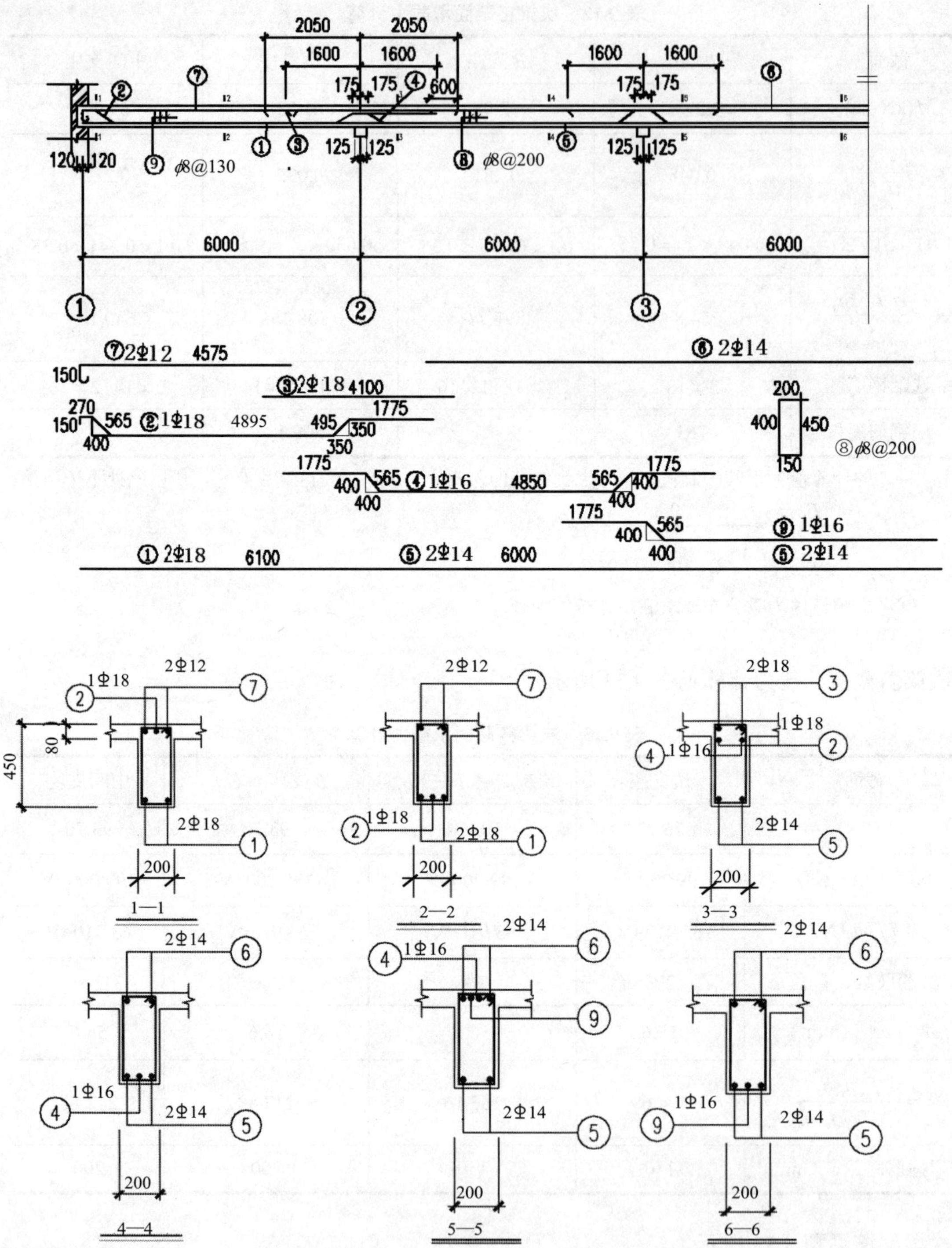

图 9.33　次梁（L2）的配筋图

4）主梁的设计

按弹性理论计算主梁内力，不考虑塑性内力重分布。

取柱截面尺寸为$300mm \times 300mm$，主梁的截面几何尺寸与支撑情况如图9.34所示。

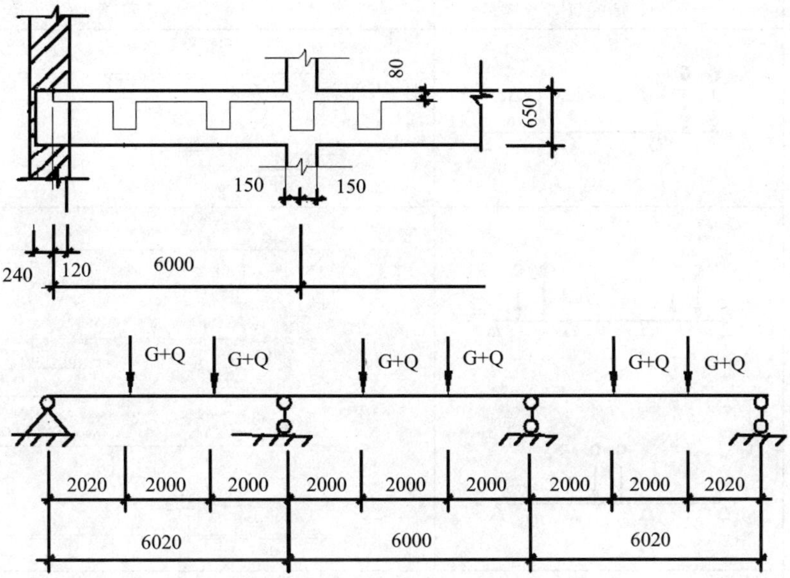

图9.34　主梁几何尺寸与支撑情况

①荷载

a．恒荷载

由次梁传来　$7.36 \times 6 = 44.16kN$

主梁自重（折算为集中荷载）　$25 \times 0.25 \times (0.65-0.08) \times 2 = 7.13kN$

梁侧抹灰（折算为集中荷载）　$2 \times (0.65-0.08) \times 2 \times 0.015 \times 17 = 0.58kN$

$G_k = 51.87kN$

b．使用活荷载　$Q_k = 16.0 \times 6 = 96.0kN$

c．荷载组合设计值

$G+Q = 1.2G_k + 1.3Q_k = 1.2 \times 51.87 + 1.3 \times 96 = 187.03kN$

$G+Q = 1.35G_k + 1.3 \times 0.7 \times Q_k = 1.35 \times 51.87 + 1.3 \times 0.7 \times 96.0 = 157.4kN$

取$G = 1.2 \times 51.87 = 62.24kN$

$Q = 1.3 \times 96 = 124.8kN$

②内力计算

计算跨度如下：

中间跨：$l_0 = l_c = 6.0m$

边　跨：$l_0 = l_n + \frac{a}{2} + \frac{b}{2} = (6.0 - 0.12 - \frac{0.3}{2}) + \frac{0.3}{2} + \frac{0.36}{2} = 6.06m$

$$l_0 = 1.025 l_n + \frac{b}{2} = 1.025 \times (6.0 - 0.12 - \frac{0.3}{2}) + \frac{0.3}{2} = 6.02m$$

取$l_0 = 6.02m$。

计算简图见图 9.34 所示。

各种荷载工况下的主梁内力计算见表 9.14 所示。

表 9.14　各种荷载工况下主梁内力计算

荷载工况	计算简图	内力图
①	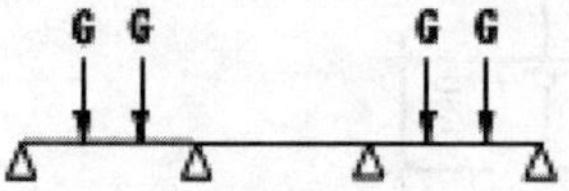	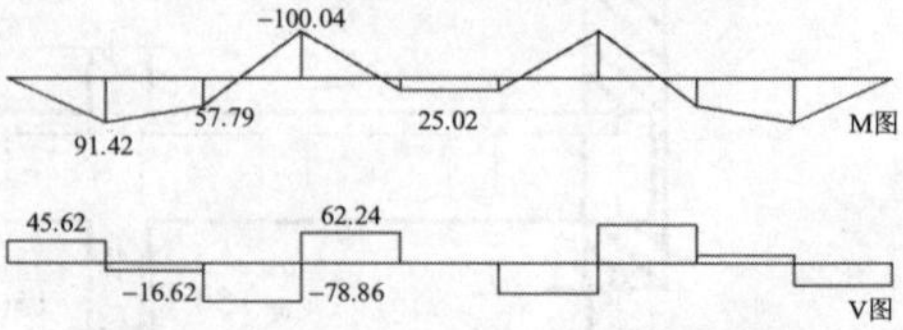
②	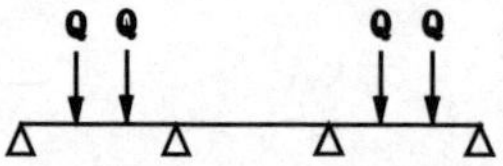	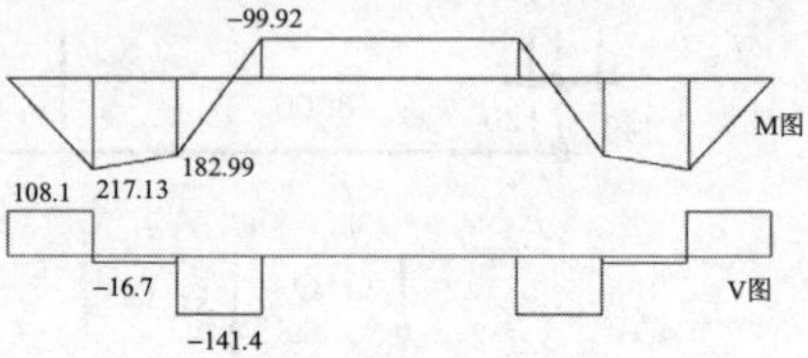
③	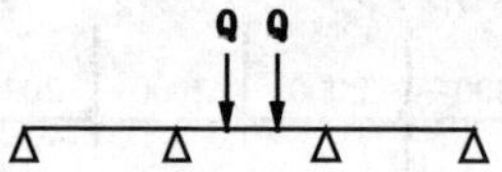	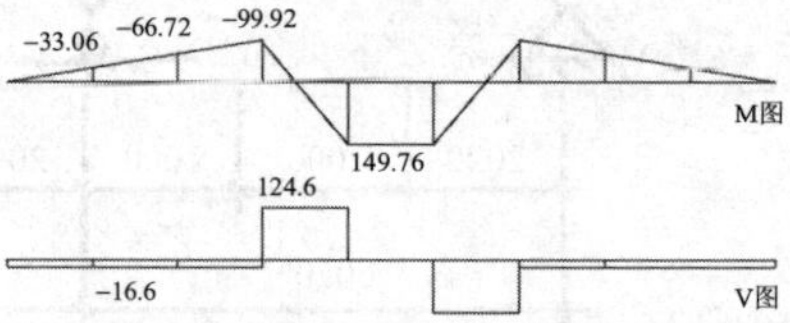
④	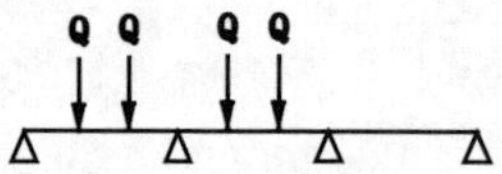	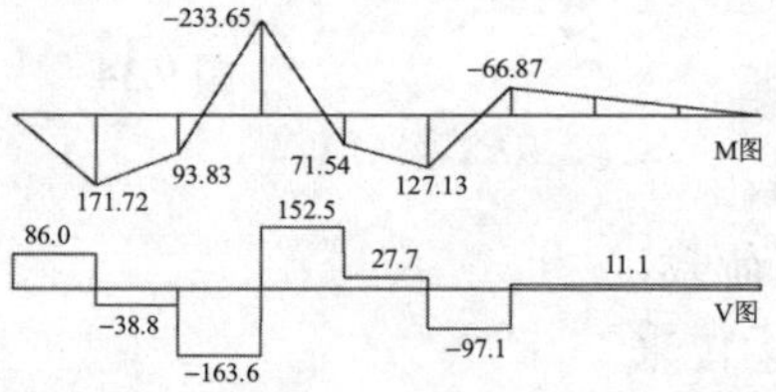

内力计算过程见表 9.15 所示。

表 9.15　各种荷载工况下主梁内力计算

荷载工况	弯　矩	剪　力
①	$M_1 = K_1Gl_0 = 0.244\times 62.24\times 6.02 = 91.42\text{kN}\cdot\text{m}$ $M_B = K_1Gl_0 = -0.267\times 62.24\times 6.02 = -100.04\text{kN}\cdot\text{m}$ $M_2 = K_1Gl_0 = 0.067\times 62.24\times 6.00 = 25.02\text{kN}\cdot\text{m}$ $M_{1-2} \approx 62.24\times 2.0 - \frac{2}{3}\times 100.04 = 57.79\text{kN}\cdot\text{m}$	$V_A = K_3G = 0.733\times 62.24 = 45.62\text{kN}$ $V_{1右} = V_A - G = 45.62 - 62.24 = -16.62\text{kN}$ $V_{B左} = K_3G = -1.267\times 62.24 = -78.86\text{kN}$ $V_{B右} = K_3G = 1.0\times 62.24 = 62.24\text{kN}$ $V_{2左} = 0$
②	$M_1 = 0.289\times 124.8\times 6.02 = 217.13\text{kN}\cdot\text{m}$ $M_B = -0.133\times 124.8\times 6.02 = -99.92\text{kN}\cdot\text{m}$ $M_2 = -99.92\text{kN}\cdot\text{m}$ $M_{1-2} \approx 124.8\times 2.0 - \frac{2}{3}\times 99.92 = 182.99\text{kN}\cdot\text{m}$	$V_A = 0.866\times 124.8 = 108.1\text{kN}$ $V_{1右} = 108.1 - 124.8 = -16.7\text{kN}$ $V_{B左} = -1.134\times 124.8 = -141.4\text{kN}$ $V_{2左} = 0$

（续表）

荷载工况	弯　矩	剪　力
③	$M_1=-0.044\times124.8\times6.02=-33.06\text{kN}\cdot\text{m}$ $M_B=-0.133\times124.8\times6.02=-99.92\text{kN}\cdot\text{m}$ $M_2=0.2\times124.8\times6.0=149.76\text{kN}\cdot\text{m}$ $M_{1-2}\approx-\dfrac{2}{3}\times99.92=-66.62\text{kN}\cdot\text{m}$	$V_A=-0.133\times124.8=-16.6\text{kN}$ $V_{1右}=V_{B左}=-16.62\text{kN}$ $V_{B右}=1.0\times124.8=124.8\text{kN}$
④	$M_B=-0.311\times124.8\times6.02=-233.65\text{kN}\cdot\text{m}$ $M_C=-0.089\times124.8\times6.02=-66.87\text{kN}\cdot\text{m}$ $M_1\approx124.8\times2.0-\dfrac{1}{3}\times233.65=171.72\text{kN}\cdot\text{m}$ $M_{1-2}\approx124.8\times2.0-\dfrac{2}{3}\times233.65=93.83\text{kN}\cdot\text{m}$ $M_2\approx0.170\times124.8\times6.0=127.30\text{kN}\cdot\text{m}$ $M_{2-1}\approx124.8\times2.0-\dfrac{2}{3}\times233.65-\dfrac{2}{3}\times66.87=127.13\text{kN}\cdot\text{m}$	$V_A=0.689\times124.8=86.0\text{kN}$ $V_{1右}=-124.8+86.0=-38.8\text{kN}$ $V_{B左}=-1.311\times124.8=-163.6\text{kN}$ $V_{B右}=1.222\times124.8=152.5\text{kN}$ $V_{2右}=152.5\text{-}124.8\text{=}27.7\text{kN}$

注：M_{1-2}、M_{2-1} 近似计算方法，见图 9.35 所示。

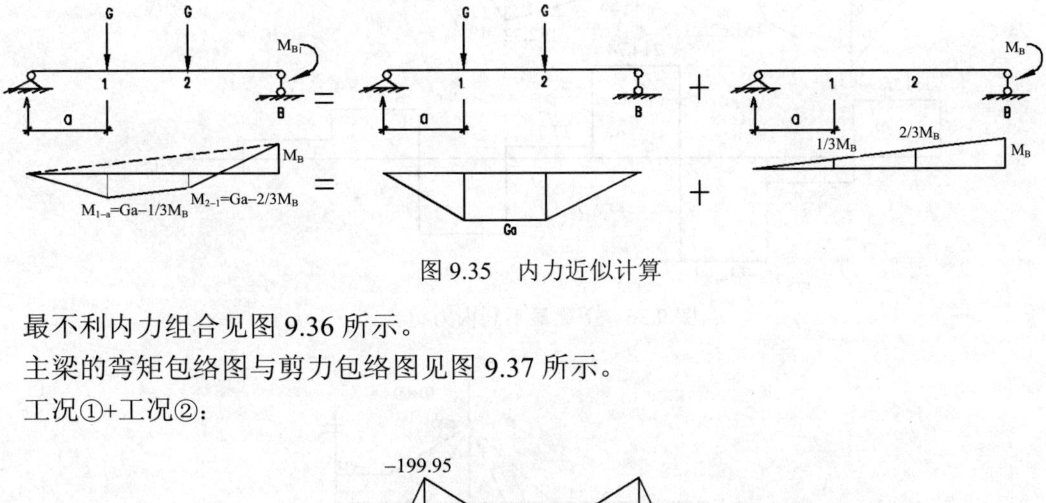

图 9.35　内力近似计算

最不利内力组合见图 9.36 所示。

主梁的弯矩包络图与剪力包络图见图 9.37 所示。

工况①+工况②：

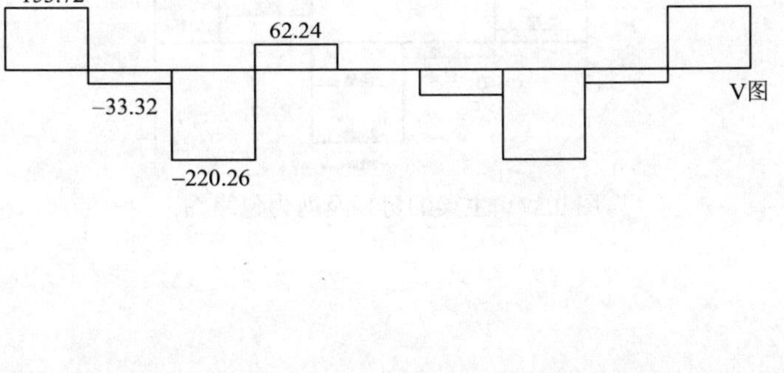

工况①+工况③:

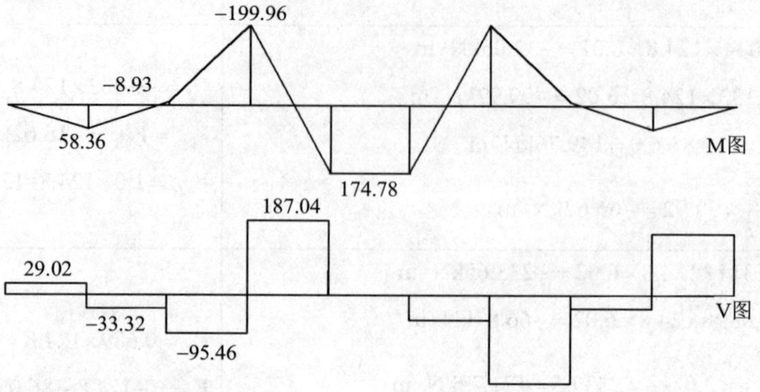

工况①+工况④:

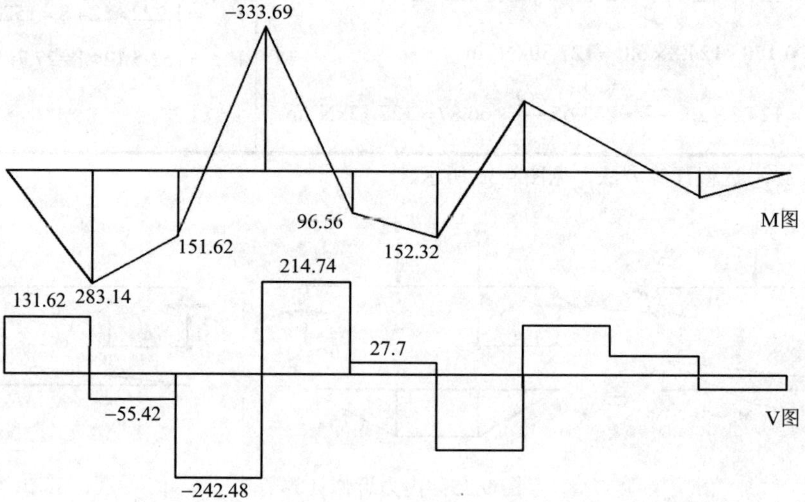

图 9.36　主梁最不利内力组合

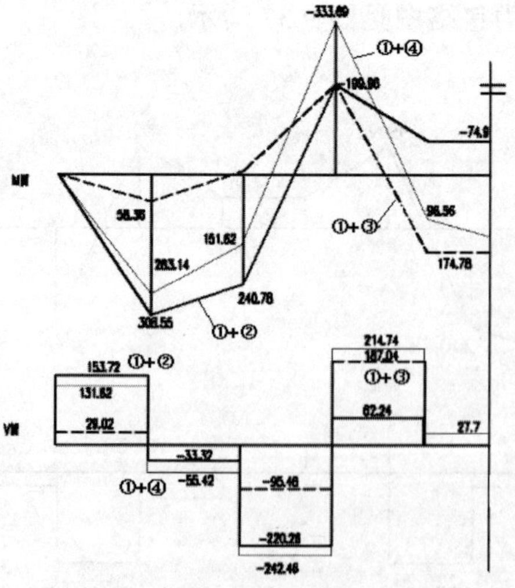

图 9.37　主梁的弯矩及剪力包络图

3）截面承载力计算

主梁跨中截面按T形截面计算，其翼缘宽度取下列二值中的较小值：

$$b_f' = \frac{l_0}{3} = \frac{6.0}{3} = 2.0\text{m}$$

$$b_f' = b + s_n = 6.0\text{m}$$

取$b_f' = 2000\text{mm}$，取$h_0 = 650 - 45 = 605\text{mm}$。

判别T形截面类别：

$$\alpha_1 f_c b_f' h_f' (h_0 - \frac{h_f'}{2}) = 1.0 \times 9.6 \times 2000 \times 80 \times (615 - \frac{80}{2}) = 883.2\text{kN}\cdot\text{m} > M_1 = 308.55\text{kN}\cdot\text{m}$$

故属于第一类T形截面。

主梁支座截面按矩形截面计算，取$h_0 = 650 - 80 = 570\text{mm}$（因支座弯矩较大考虑布置两排筋，布置在次梁主筋下面）。

主梁的截面承载力及配筋计算见表9.16和表9.17所示。

表9.16　主梁正截面承载力计算

截面	边跨中	中间支座	中间跨中
$M(k\text{N}\cdot\text{m})$	308.55	333.69	174.78
$Q_0\frac{b}{2}(k\text{N}\cdot\text{m})$	—	32.21	—
$M - Q_0\frac{b}{2}(k\text{N}\cdot\text{m})$	—	301.48	—
$\alpha_s = \frac{M}{\alpha_1 f_c b h_0^2}$	0.044	0.387	0.024
ξ	0.045	0.525	0.024
$A_s = \frac{\alpha_1 f_c b \xi h_0}{f_y}$	1742.4	2394	929.28
选择钢筋	2Φ22+2Φ25	5Φ25	4Φ18
实配钢筋面积	1742	2454	1017

表9.17　主梁斜截面承载力计算

截面	边支座	支座B（左）	支座B（右）
$V(k\text{N})$	153.72	242.48	214.73
$0.25\beta_c f_c b h_0(k\text{N})$	342	342	342
$0.7 f_t b h_0(k\text{N})$	109.725	—	—
箍筋肢数、直径	$2\phi8$	$2\phi8$	$2\phi8$
$A_{sv} = nA_{sv1}\ (\text{mm}^2)$	100.6	100.6	100.6
$S = \frac{1.25 f_{yv} A_{sv} h_0}{V - 0.7 f_t b h_0}$	439.89	145.78	184.30
实配箍筋间距s（mm）	250	100	100

（续表）

截面	边支座	支座 B（左）	支座 B（右）
$V_{cs}=0.7f_tbh_0+1.25f_{yv}\dfrac{A_{sv}}{s}h_0(\text{kN})$	—	303.25	303.25
$A_{sb}=\dfrac{V-V_{cs}}{0.8f_y\sin\alpha_s}(\text{mm}^2)$	—	—	—
选配弯筋	—	2Φ18	1Φ18
实配弯筋面积（mm^2）	—	509	254.4

4）主梁吊筋计算

由次梁传至主梁的全部集中荷载为

$$G+Q=1.2\times44.16+1.3\times96=177.8\text{kN}$$

则
$$A_s=\frac{G+Q}{2f_y\sin\alpha_s}=\frac{177\,800}{2\times300\times0.707}=419\text{mm}^2$$

取 2Φ16（$A_s=402\text{mm}^2$）

主梁配筋图见图 9.38 所示。

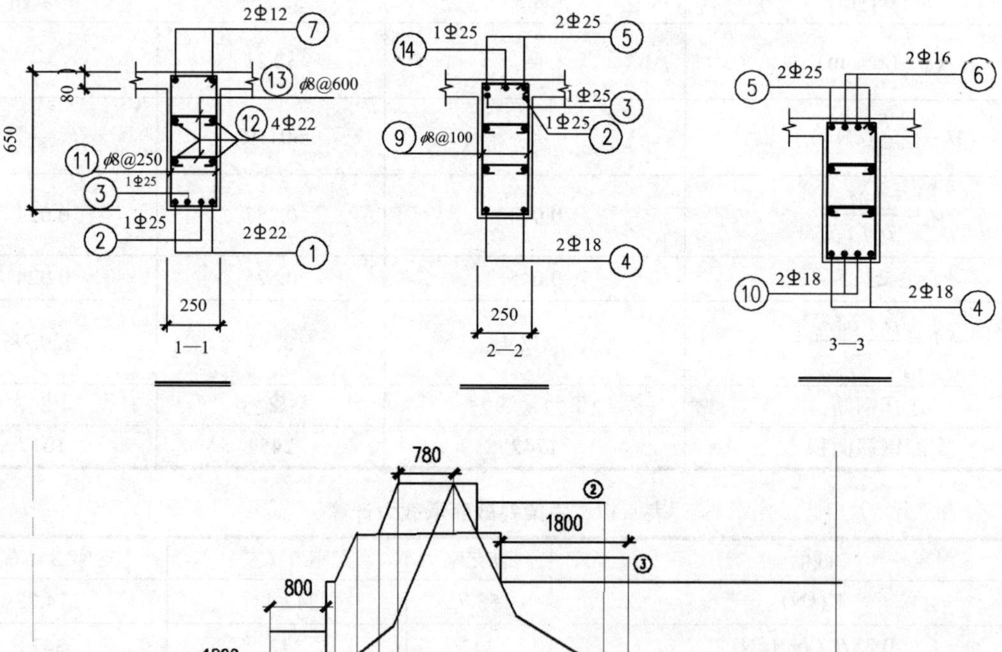

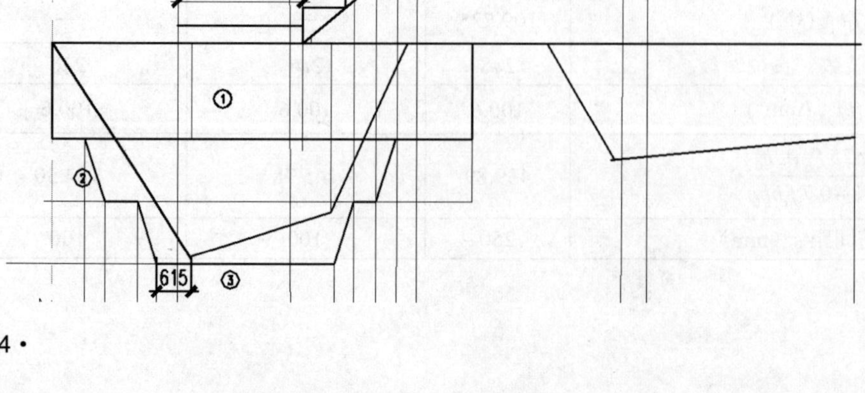

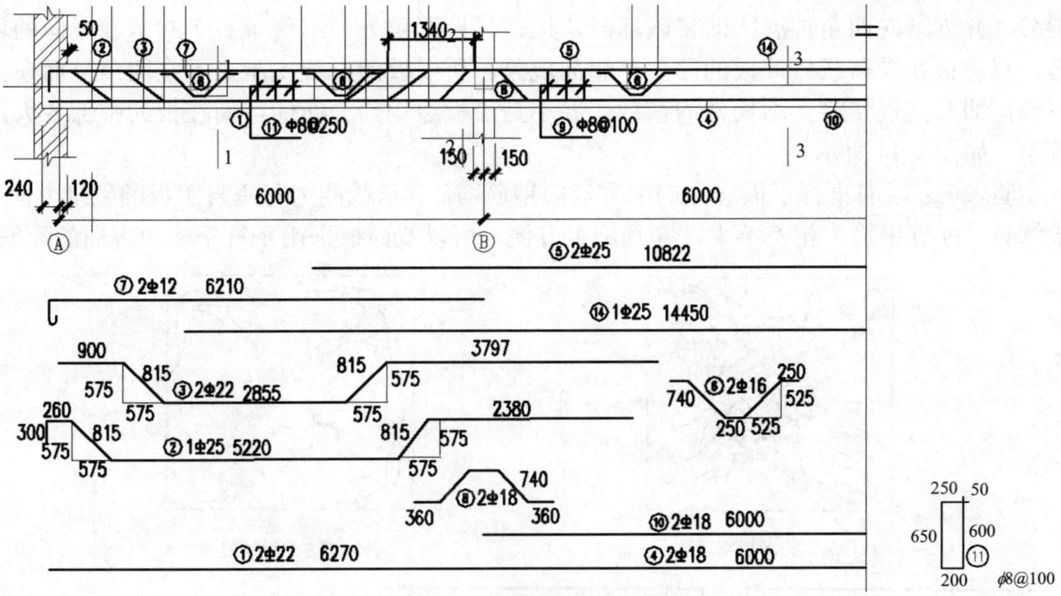

图 9.38　主梁材料图及配筋图

第 4 节　整体式双向板肋形结构

1. 双向板的受力特点和试验结果

现浇肋梁楼盖中，常见的是均布荷载作用下四边支承双向矩形板，双向板与单向板的差别在于板在长跨方向和短跨方向的弯矩相比不能忽略不计。当两个方向边长越接近时两个方向板的内力也越接近，受力钢筋应沿两个方向布置。工作原理见图 9.39 所示。

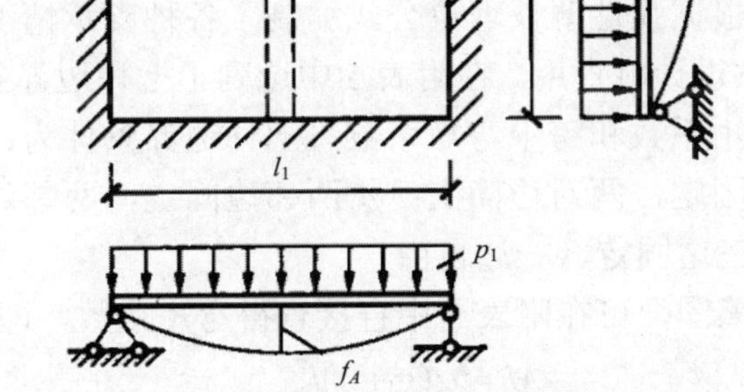

图 9.39　双向板工作原理图

实验结果表明：四边简支的正方形或接近于正方形的矩形板，在均布荷载作用下，荷载较小时，板基本处于弹性工作阶段；随着荷载的增大，首先在板底中部对角线方向出现第一批裂缝，并逐渐向四角扩展。即将破坏时，板顶靠近四角处，出现垂直于对角线方向的环状裂缝。双向板在受荷载后，板的四角有翘曲现象，所以板的主要支承点不在四角，而在板边的中部，即双向板传给支承构件的荷载，并不是沿板边均匀分布的，而在板的中部较大，两端较小，如图 9.40 所示。

实验表明：沿着平行于板边方向配置双向钢筋网，其承载能力与垂直于板的裂缝方向（与板边倾斜）配置钢筋，相差不大，并且施工方便。所以双向板采用平行于板边方向的配筋。

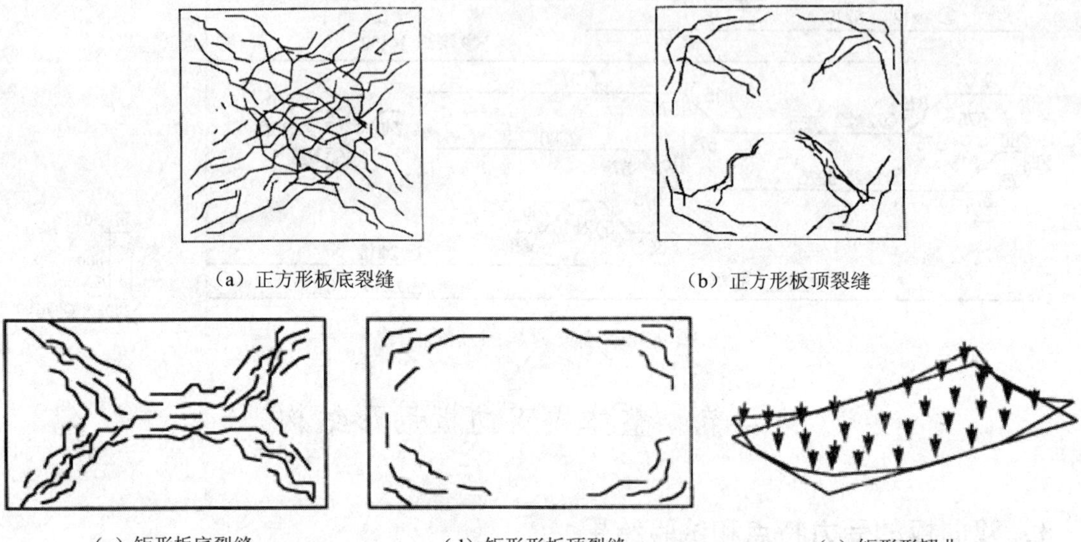

（a）正方形板底裂缝　（b）正方形板顶裂缝

（c）矩形板底裂缝　（d）矩形形板顶裂缝　（e）矩形形翘曲

图 9.40　双向板裂缝示意图

2．按弹性方法计算双向板内力

双向板的计算方法有两类：一类是按弹性理论计算的实用方法，一般采用计算表格进行计算；另一类是考虑钢筋混凝土塑性变形的影响，按塑性理论计算的方法。这里主要论述弹性方法算内力，为了简化计算方便施工，一般采用的是根据双向板的支承条件，计算成相应的计算用表代入公式计算。计算用表见附表 5 所示。

（1）单跨双向板的内力计算

为了便于工程设计，根据弹性薄板理论公式编制了各种支承情况的双向板内力和位移系数的表格，见附表 5，以供设计时查用。在附表 5 中选列了七种边界条件单跨板在均布荷载作用下的挠度系数，支座弯矩系数和跨中弯矩系数，七种边界条件为：①四边简支；②一边固定，三边简支；③两对边固定，两对边简支；④两邻边固定，两邻边简支；⑤三边固定，一边简支；⑥四边固定；⑦三边固定、一边自由。

根据上述不同的计算简图，可在附表 5 中直接查得弯矩系数，即可算得弯矩值为

$$M = \alpha(g+q)l_0^2 \tag{9.13}$$

式中：M ——跨中或支座单位板宽内的弯矩设计值；

g ——作用在板上的均布恒荷载设计值；

q ——作用在板上的均布活荷载设计值；

l_0——短跨方向的计算跨度，计算方法与单向板计算相同；

α——查附表5所得弯矩系数。

（2）连续双向板的内力计算

要精确计算连续双向板的内力是相当复杂的，为了简化计算，常用的方法是以上述单跨双向板内力计算为基础，通过对双向板上可变荷载的最不利布置以及支承情况等的合理简化，将多区格连续板转化为单区格板，再通过查单区格板内力系数表来进行计算，其计算精度完全可以满足工程设计的要求。

1）跨中最大弯矩

当求某区格跨中最大弯矩时，其活荷载的最不利布置，如图9.41所示，即在该区格中布置可变荷载，然后再该区格左右前后每隔一区格布置活荷载，通常称其为棋盘形荷载布置，为了求此弯矩，将棋盘形布置的活荷载分解为图9.41（a）对称荷载（$g+q/2$）+（b）反对称荷载（$q/2$）的情况。

在对称荷载作用下，由于板在内部支座处几乎没有转动，故内部区格按四边固定考虑，边区格的外边界按实际考虑；在反对称荷载作用下，板的支座上的转动较大，认为中间支座处的弯矩为零，故内区格跨中弯矩按四边简支查表计算，边区格的外边界仍按实际考虑；将上述两种荷载作用下的跨中弯矩叠加，即为该跨跨中最大弯矩。

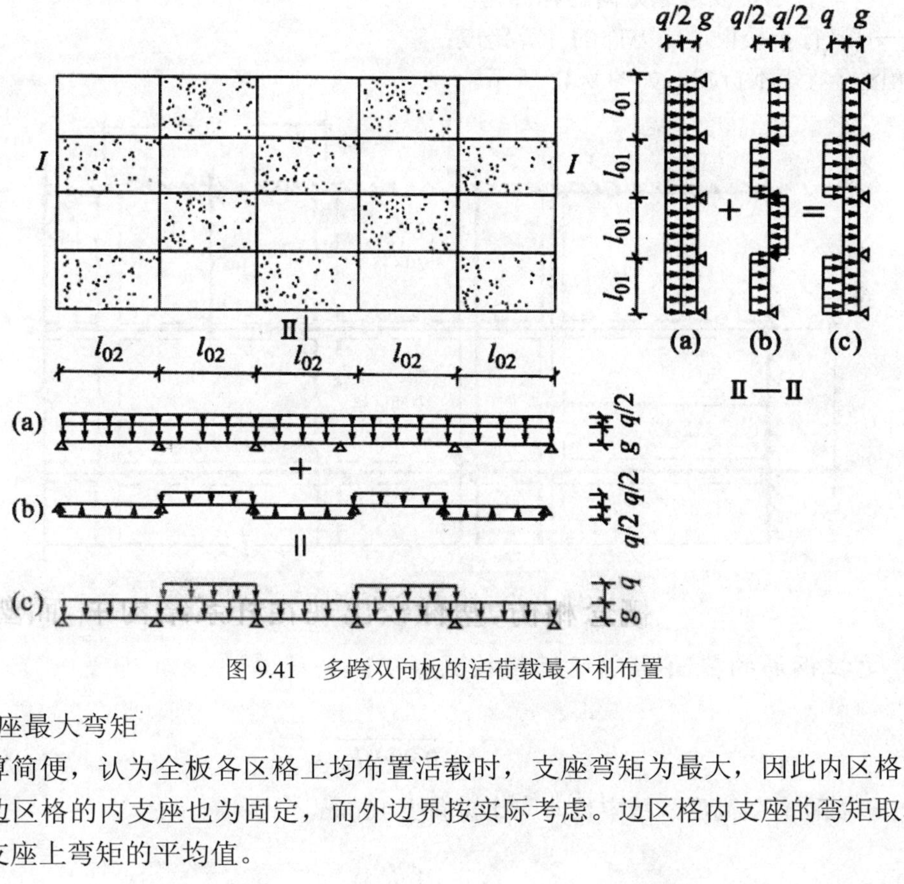

图9.41　多跨双向板的活荷载最不利布置

2）支座最大弯矩

为计算简便，认为全板各区格上均布置活载时，支座弯矩为最大，因此内区格按四边固定考虑，边区格的内支座也为固定，而外边界按实际考虑。边区格内支座的弯矩取相邻两区格板在该支座上弯矩的平均值。

3．双向板截面配筋计算和构造要求

（1）截面配筋计算特点

双向板中受力钢筋配置是沿板两个方向上布置的，短边方向的受力钢筋放在长边方向受力钢筋的外侧。若两个方向的截面的有效高度用 h_{01} 和 h_{02} 来表示，则 $h_{01}=h-a_s$，$h_{02}=h_{01}-d$，d 为短边方向钢筋的直径。对正方形板，可取 h_{01} 和 h_{02} 的平均值来简化计算。

（2）双向板的板厚

双向板板厚一般取 h=80～150mm，并要求满足刚度要求，即对简支板，$h \geqslant l_0/45$，对连续板，$h \geqslant l_0/50$，通常可不必验算挠度。

（3）双向板截面的设计特点

对于四边与梁整浇的板，由于梁对板水平推力的有利影响，使双向板的承载能力有较大的提高，因此，设计双向板时，应根据下列情况对弯矩进行调整：

1）中间跨的跨中截面及中间支座上，计算弯矩可减少 20%。

2）边跨的跨中截面及第一内支座上：当 $l_{02}/l_{01}<1.5$ 时，弯矩可减少 20%；当 $1.5 \leqslant l_{02}/l_{01} \leqslant 2$ 时，弯矩可减少 10%；

式中：l_{01}——垂直于楼板边缘方向的计算跨度；

l_{02}——平行于楼板边缘方向的计算跨度；

3）角区格弯矩不折减，如图 9.42 所示。

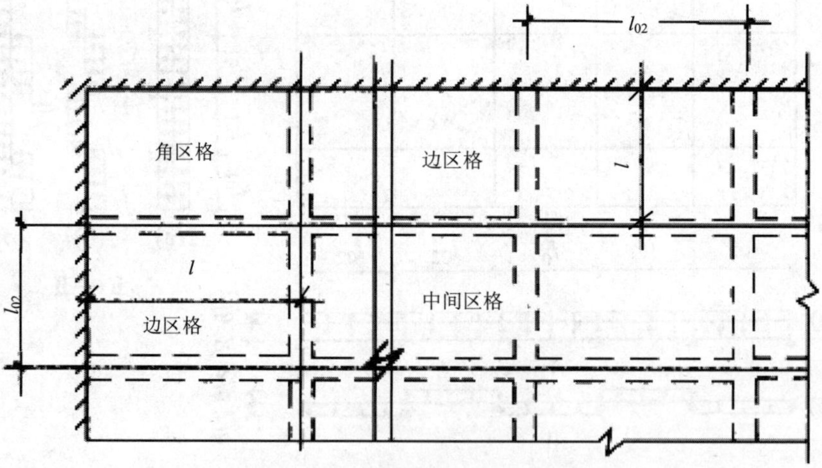

图 9.42　跨度及区格划分

（4）受拉钢筋的截面面积可近似按式（9.14）计算

$$A_s=\frac{M}{0.90 f_y h_0} \tag{9.14}$$

式中：h_0——截面有效高度，跨中长向应比短向少 10mm。

（5）双向板的配筋

双向板的配筋方式与单向板相同，也有弯起式和分离式，对弯起式配筋弯起点和截断点可按图 9.43 所示确定。图中 $l_2 > l_1$。

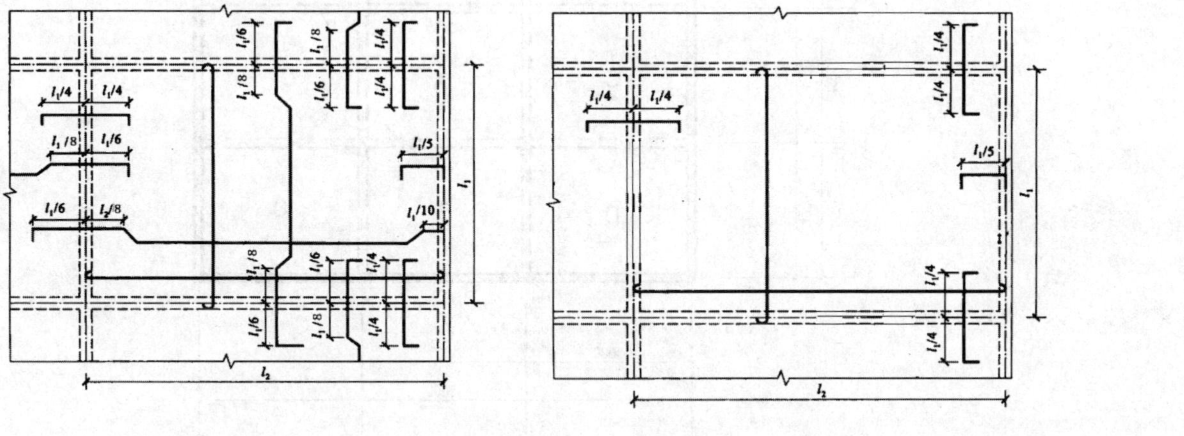

（a）弯起式　　（b）分离式

图 9.43　双向板配筋示意

按弹性理论求得的弯矩是中间板带的最大弯矩，而靠近支座的弯矩已减少很多，故配筋亦可减少。通常的做法是：将每个区格板划分为一个中间板带和两个边缘板带，中间板带按计算配筋，边板带的单位宽度配筋量可为中间板带单位宽度配筋量的一半（但不少于 4 根/m）。支座负弯矩钢筋沿支座均匀布置，不应减少（因角部有扭矩作用），如图 9.44 所示。

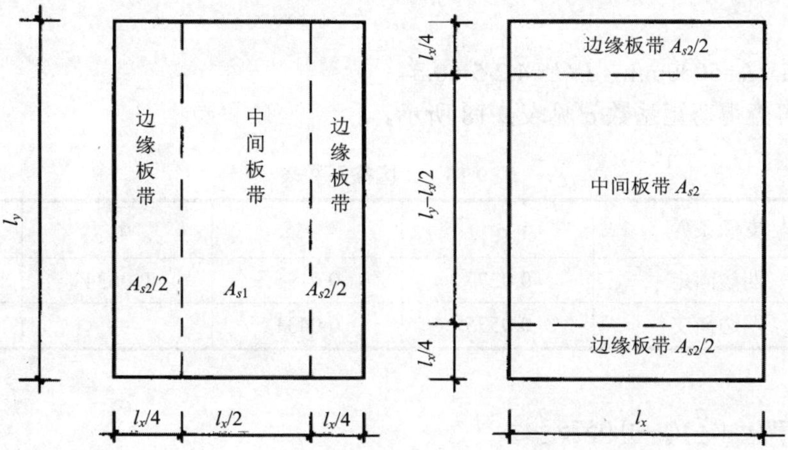

图 9.44　中间板带与边板带的划分

注：A_{s1} 和 A_{s2} 分别为沿 Ly 和 Lx 方向布置的钢筋在单位宽度内的面积。

【例 9.2】　某工业厂房楼盖为双向板肋梁楼盖，结构平面布置如图 9.45 所示，支承梁截面为 $b \times h = 250\text{mm} \times 500\text{mm}$，支承于 240mm 的砖墙上，支承长度为 240mm，柱截面尺寸 $400\text{mm} \times 400\text{mm}$，楼板厚为 130mm，永久荷载设计值 $g = 5\text{kN/m}$，可变荷载设计值 $q = 10\text{kN/m}$，混凝土强度等级采用 C20，板中钢筋采用 HPB300 级钢筋。试按弹性理论计算各区格的弯矩，并进行截面设计。

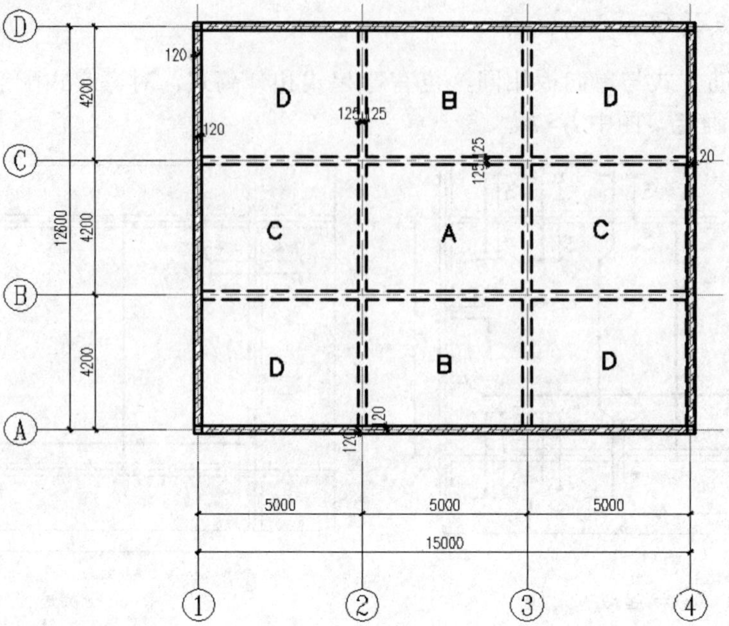

图 9.45　双向板肋形楼盖平面布置图

解：按弹性理论计算时，构件计算跨度均可取支座中心线间距离。根据板的支承条件和几何尺寸以及结构的对称性，将楼盖划分为 *A*，*B*，*C*，*D* 四个区格，在各区格板的计算中 l_x 为短边方向，l_y 为长边方向。

1）内力计算

①*A* 区格：

l_x=4200mm，l_y=5000mm，l_x/l_y=4.2/5 =0.84

由附表 5 可查得弯矩系数 α 见表 9.18 所示。

表 9.18　*A* 区格系数表

l_x/l_y	支承条件	α_x	α_y	α'_x	α'_y
0.84	四边固定	0.0277	0.0195	0.0634	0.0553
	四边简支	0.0575	0.0431	—	—

$$M_x = 0.0277(g+\frac{q}{2})l_x^2 + 0.0575\frac{q}{2}l_x^2$$

$$= 0.0277\times(5+\frac{10}{2})\times 4.2^2 + 0.0575\times\frac{10}{2}\times 4.2^2 = 9.96\text{kN}\cdot\text{m}$$

$$M_y = 0.0195(g+\frac{q}{2})l_x^2 + 0.0431\frac{q}{2}l_x^2$$

$$= 0.0195\times(5+\frac{10}{2})\times 4.2^2 + 0.0431\times\frac{10}{2}\times 4.2^2 = 7.24\text{kN}\cdot\text{m}$$

$$M'_x = -0.0634(g+q)l_x^2$$

$$= -0.0634\times(5+10)\times 4.2^2 = -16.78\text{kN}\cdot\text{m}$$

$$M'_y = -0.0553(g+q)l_x^2$$
$$= -0.0553 \times (5+10) \times 4.2^2 = -14.63\text{kN}\cdot\text{m}$$

② B 区格：

l_x=4200－120－125+130/2+125= 4145mm，l_y=5000mm，l_x/l_y=4.145/5 =0.83

由附表 5 可查得弯矩系数 α 见表 9.19 所示。

表 9.19 B 区格系数表

l_x/l_y	支承条件	α_x	α_y	α'_x	α'_y
0.83	三边固定，一边简支	0.0326	0.0274	0.0735	0.0693
	四边简支	0.0584	0.0430	—	—

$$M_x = 0.0326(g+\frac{q}{2})l_x^2 + 0.0584\frac{q}{2}l_x^2$$
$$= 0.0326 \times (5+\frac{10}{2}) \times 4.15^2 + 0.0584 \times \frac{10}{2} \times 4.15^2$$
$$= 10.64\text{kN}\cdot\text{m}$$
$$M_y = 0.0274(g+\frac{q}{2})l_x^2 + 0.0430\frac{q}{2}l_x^2$$
$$= 0.0274 \times (5+\frac{10}{2}) \times 4.15^2 + 0.0430 \times \frac{10}{2} \times 4.15^2 = 8.42\text{kN}\cdot\text{m}$$
$$M'_x = -0.0735(g+q)l_x^2$$
$$= -0.0735 \times (5+10) \times 4.15^2 = -18.99\text{kN}\cdot\text{m}$$
$$M'_y = -0.0693(g+q)l_x^2$$
$$= -0.0693 \times (5+10) \times 4.15^2 = -17.903\text{kN}\cdot\text{m}$$

③ C 区格：

l_x=4200mm，l_y=5000－120－125+130/2+125= 4945mm，l_x/l_y=4.2/4.945=0.85

由附表 5 可查得弯矩系数 α 见表 9.20 所示。

表 9.20 C 区格系数表

l_x/l_y	支承条件	α_x	α_y	α'_x	α'_y
0.85	三边固定，一边简支	0.0319	0.0204	0.0693	0.0567
	四边简支	0.0564	0.0432	—	—

$$M_x = 0.0319(g+\frac{q}{2})l_x^2 + 0.0564\frac{q}{2}l_x^2$$
$$= 0.0319 \times (5+\frac{10}{2}) \times 4.2^2 + 0.0564 \times \frac{10}{2} \times 4.2^2 = 10.60\text{kN}\cdot\text{m}$$
$$M_y = 0.0204(g+\frac{q}{2})l_x^2 + 0.0432\frac{q}{2}l_x^2$$
$$= 0.0204 \times (5+\frac{10}{2}) \times 4.2^2 + 0.0432 \times \frac{10}{2} \times 4.2^2 = 7.41\text{kN}\cdot\text{m}$$

$$M'_x = -0.0693(g+q)l_x^2$$
$$= -0.0693\times(5+10)\times4.2^2 = -18.337\text{kN}\cdot\text{m}$$
$$M'_y = -0.0567(g+q)l_x^2$$
$$= -0.0567\times(5+10)\times4.2^2 = -15.00\text{kN}\cdot\text{m}$$

④D 区格：

l_x=4145mm，l_y=5000－120－125+130/2+125= 4945mm，l_x/l_y=4.145/4.945=0.84

由附表 5 可查得弯矩系数 α 见表 9.21 所示。

表 9.21　D 区格系数表

l_x/l_y	支承条件	α_x	α_y	α'_x	α'_y
0.84	两邻边固定 两邻边简支	0.0372	0.0283	0.0840	0.0736
	四边简支	0.0575	0.0431	—	—

$$M_x = 0.0372(g+\frac{q}{2})l_x^2 + 0.0575\frac{q}{2}l_x^2$$
$$= 0.0372\times(5+\frac{10}{2})\times4.15^2 + 0.0575\times\frac{10}{2}\times4.15^2 = 11.36\text{kN}\cdot\text{m}$$
$$M_y = 0.0283(g+\frac{q}{2})l_x^2 + 0.0431\frac{q}{2}l_x^2$$
$$= 0.0283\times(5+\frac{10}{2})\times4.15^2 + 0.0431\times\frac{10}{2}\times4.15^2 = 8.59\text{kN}\cdot\text{m}$$
$$M'_x = -0.0840(g+q)l_x^2$$
$$= -0.0840\times(5+10)\times4.15^2 = -21.700\text{kN}\cdot\text{m}$$
$$M'_y = -0.0736(g+q)l_x^2$$
$$= -0.0736\times(5+10)\times4.15^2 = -19.014\text{kN}\cdot\text{m}$$

2）截面设计

板跨中截面两个方向有效高度 h_0 的确定：假定受力钢筋选用 $\phi10$ 的钢筋。

$h_{01} = h - a_s = 130 - 20 - 5 = 105\text{mm}$

$h_{02} = h_{01} - d = 105 - 10 = 95\text{mm}$ 。

板支座截面有效高度 $h_0 = h - a_s = 130 - 20 - 5 = 105\text{mm}$ 。

由于楼盖周边按简支支座考虑，因此 D 区格板的弯矩不折减，中间区格 A、边区格 B 跨长比 l_{02}/l_{01}=5000/4200=1.19<1.5 和边区格 C 跨长比 l_{02}/l_{01}=4200/5000=0.84<1.5，故区格跨中弯矩和支座弯矩可减少 20%，为简化计算，受拉钢筋的截面面积近似按下式计算：

$$A_s = \frac{M}{0.90 f_y h_0} \tag{9.15}$$

配筋计算见表 9.22 和配筋图见图 9.46 所示。

表 9.22　双向板配筋计算表

截面			h_0（mm）	M（kN·m）	A_s（mm^2）	配筋	实配面积（mm^2）
跨中	区格 A	l_x方向	105	9.96	390.36	ϕ10@200	393
		l_y方向	95	7.24	313.62	ϕ8/10@200	322
	区格 B	l_x方向	105	10.64	417.01	ϕ8@100	503
		l_y方向	95	8.42	364.74	ϕ10@200	393
	区格 C	l_x方向	105	10.60	415.44	ϕ8@100	503
		l_y方向	95	7.41	320.99	ϕ10@200	393
	区格 D	l_x方向	105	11.36	445.23	ϕ8@100	503
		l_y方向	95	8.59	372.10	ϕ10@200	393
支座	A—B		105	(16.78+18.99)/2=17.89	701.15	ϕ10@100	785
	A—C		105	(14.63+15)/2=14.82	580.83	ϕ8/10@100	644
	B—D		105	(17.9+19.01)/2=18.46	723.50	ϕ10@100	785
	C—D		105	(18.34+21.7)/2=20.02	784.64	ϕ10@100	785

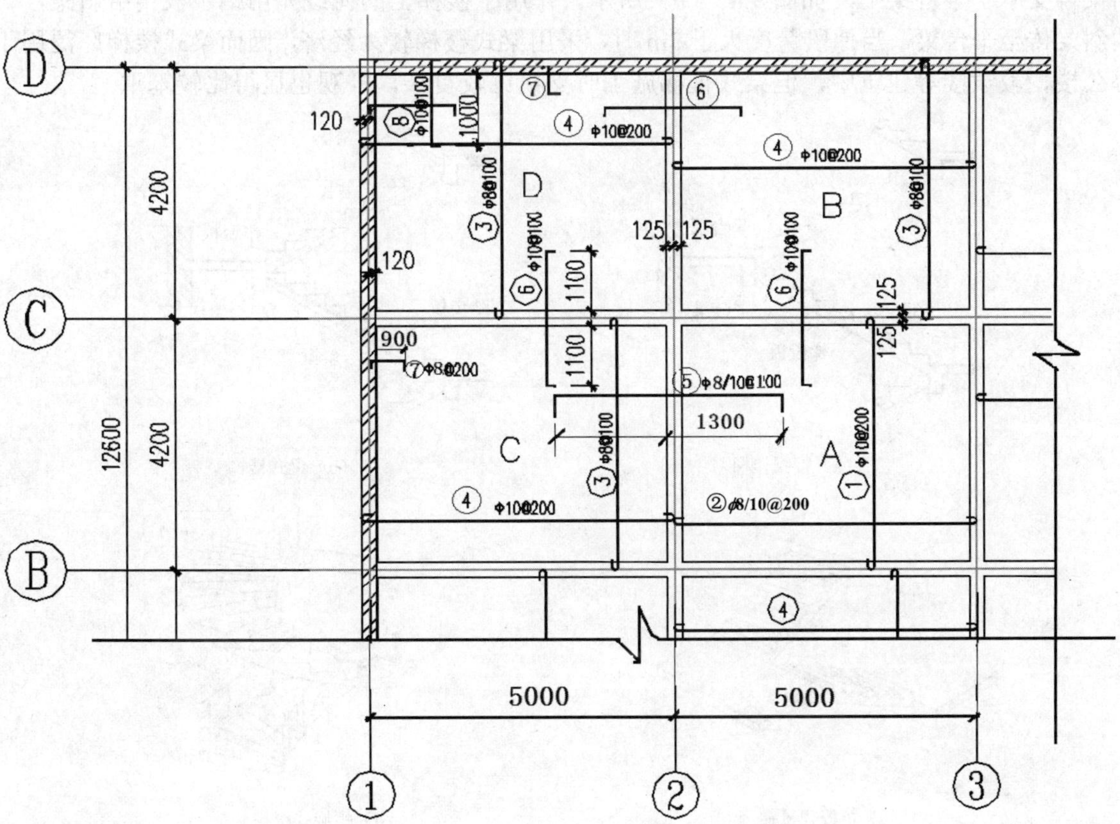

图 9.46　双向板肋形楼盖配筋图

第5节　楼　　梯

1．楼梯的类型与组成

在多层和高层建筑物中，楼梯作为垂直交通设施必不可少，而且要求楼梯经久耐用，具有良好的防火性能。它是建筑物中的一个重要组成部分，在一般建筑中常采用钢筋混凝土楼梯。

楼梯的外形和几何尺寸由建筑设计确定，目前，在建筑物中采用的楼梯主要有以下几种。

1）板式楼梯。板式楼梯由平台梁、平台板、踏步板（梯段板）三种基本构件组成，踏步板是斜放的，板端支承在平台梁上，如图 9.47（a）所示。作用于踏板（梯段）上的荷载直接传至平台梁。当梯段跨度较小（一般在 3m 以内），可变荷载较小时，采用板式楼梯较为合适，如住宅房屋一般采用这种楼梯。板式楼梯的下表面平整，施工简捷，外观也较轻巧，但当梯段跨度较大时，斜板较厚，材料用量较多。

2）梁式楼梯。梁式楼梯由踏步板、斜梁、平台板及平台梁组成。踏步板支承在斜梁上，斜梁再支承于平台梁上，如图 9.47（b）所示。作用于楼梯上的荷载先由踏步板传给斜梁，再由斜梁传至平台梁。当梯段跨度大于 3m 时，采用梁式楼梯较为经济，因而梁式楼梯广泛用于办公楼、教学楼等建筑中，但梁式楼梯施工时支模比较复杂，外观也显得比较笨重。

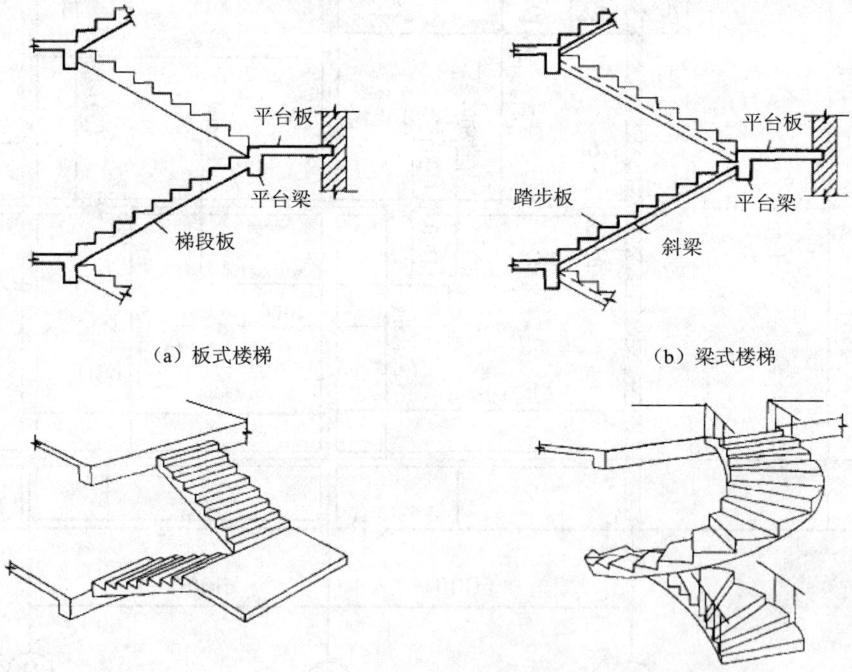

（a）板式楼梯　（b）梁式楼梯

（c）折板式楼梯　（d）螺旋式楼梯

图 9.47　楼梯的类型

3）折板悬挑和螺旋式楼梯。除上述两种基本形式的楼梯外，在一些居住和公共建筑中，也可采用折板悬挑和螺旋式楼梯。折板悬挑式楼梯具有悬臂的梯段和平台，支座仅设在上下楼层处，如图 9.47（c）所示，当建筑中不宜设置平台梁和平台板支承时，可以采用。螺旋式楼梯用于建筑上有特殊要求的地方，一般多在不便设置平台的场合，或者在需要有特殊的建筑造型时采用，如图 9.47（d）所示。这两种楼梯属于空间受力体系，内力计算比较复杂，造价较高，施工也麻烦。

楼梯按施工方式的不同，又可分为整体式楼梯和装配式楼梯。本节主要介绍整体式板式楼梯和梁式楼梯的计算与构造。

2．钢筋混凝土现浇板式楼梯计算与构造

（1）踏步板（梯段板）

踏步板是带有踏步的斜板，两端分别支承于上、下平台梁上。为了保证踏步板具有一定的刚度，踏步板的厚度一般取 $(1/25\sim1/30)l_n$，l_n 为踏步板水平投影长度。

计算踏步板的荷载时，应考虑恒载（包括踏步自重、斜板自重和面层自重）和活载，且垂直向下作用。

计算踏步板的内力时，可取 1.0m 宽板带或整个踏步板作为计算单元，踏步板的计算简图见图 9.48 所示，踏步板在竖向荷载作用下的内力为

$$M_{\max}=\frac{1}{8}(g+q)l_0^2 \tag{9.16}$$

式中：g、q——作用于踏步板上的竖向恒载和活载设计值；

l_0——踏步板的计算跨度，取 $l_0=l_n+b\leqslant 1.05l_n$。

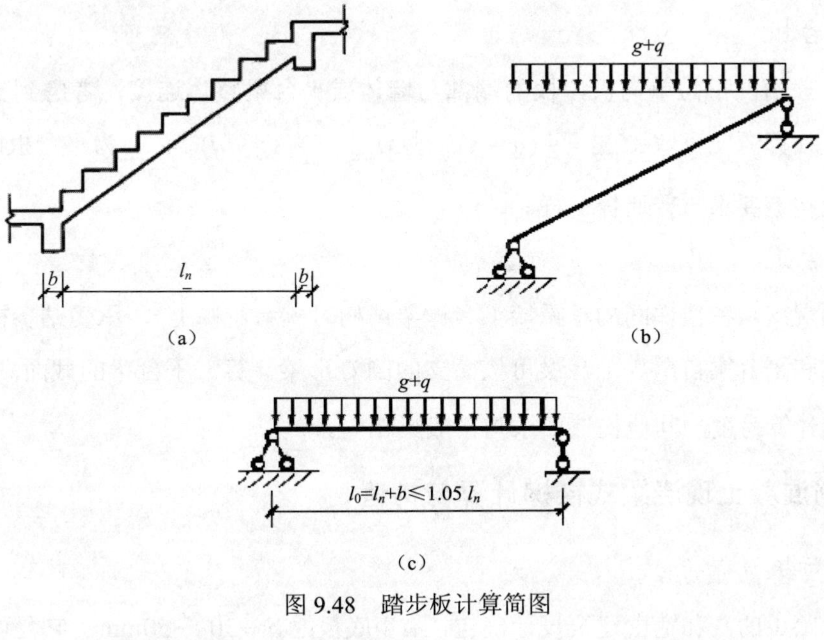

图 9.48　踏步板计算简图

在实际计算中，考虑到平台梁与踏步板整体连接，平台梁对踏步板有一定的约束作用，故可以减少跨中弯矩，这时可取 $M_{\max}=\dfrac{1}{10}(g+q)l_0^2$。由于踏步板为斜向的受弯构件，在竖向荷载作用下，除产生弯矩和剪力外，还将产生轴力，但其影响较小，设计时可不考虑。

踏步板中的受力钢筋根据跨中弯矩按单筋矩形截面计算求得，沿板长方向布置于板底，配筋方式可采用弯起式或分离式，为了施工方便，在工程中采用分离式较多。在垂直于受力

钢筋的方向要按构造要求配置分布筋，并要求每个踏步下至少一根分布钢筋。

在实际工程设计中，平台梁对斜板有一定的约束作用，在斜板端部有一定的负弯矩，通常板端的负弯矩按跨中弯矩考虑，是偏于安全的。

踏步板和一般板的计算一样，可不进行斜截面受剪承载力计算。踏步板配筋构造如图 9.49 所示。

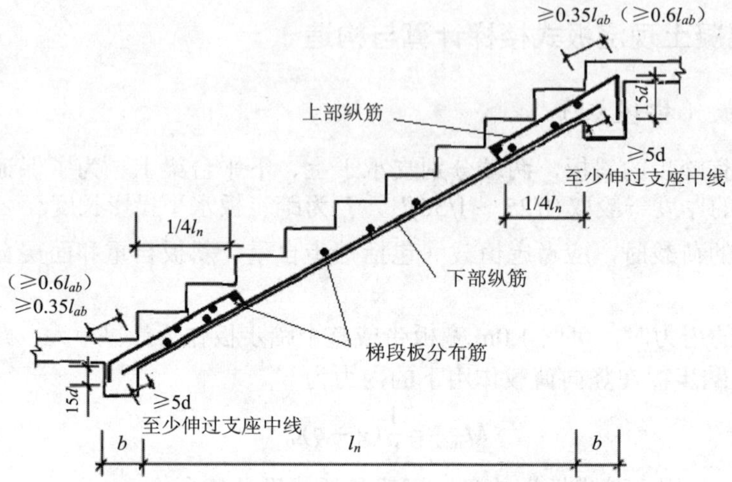

图 9.49　踏步板配筋构造

（2）平台板

平台板一般情况下为单向板，板的端部与墙体或平台梁整体连接，考虑到支座对平台板的约束作用，计算弯矩可取 $M_{\max}=\frac{1}{8}(g+q)l_0^2$ 或 $M_{\max}=\frac{1}{10}(g+q)l_0^2$，$l_0$ 为平台板的计算跨度，其配筋方式及构造要求与普通板一样。

（3）平台梁

平台梁两端支承在楼梯间的承重墙上（框架结构时支承在柱上），承受踏步板和平台板传来的均布荷载和平台梁自重。平台梁可按简支的倒 L 形梁计算。平台梁的截面高度 $h \geqslant \frac{1}{10}l_0$，$l_0$ 为平台梁的计算跨度，其他构造要求与一般梁相同。

3．钢筋混凝土现浇梁式楼梯计算与构造

（1）踏步板

梁式楼梯踏步的高和宽由建筑设计确定，踏步底板厚 $\delta=30\sim50\text{mm}$，它是两端支撑在斜梁上的单向板，由于每个踏步的受力情况是相同的，为计算简单，可取一个踏步为计算单元，踏步板的截面为梯形，可按截面面积相等的原则折算为同宽度的矩形截面的简支梁，截面折算高度为 $h_1=\frac{h'}{12}+\frac{\delta}{\cos\theta}$。踏步的跨中弯矩为 $M_{\max}=\frac{1}{8}(g+q)l_0^2$，当踏步板的两端与梯段斜梁整体连接时，考虑支座的嵌固作用，其跨中弯矩可取为 $M_{\max}=\frac{1}{10}(g+q)l_0^2$。踏步板的计算简图

如图 9.50 所示。

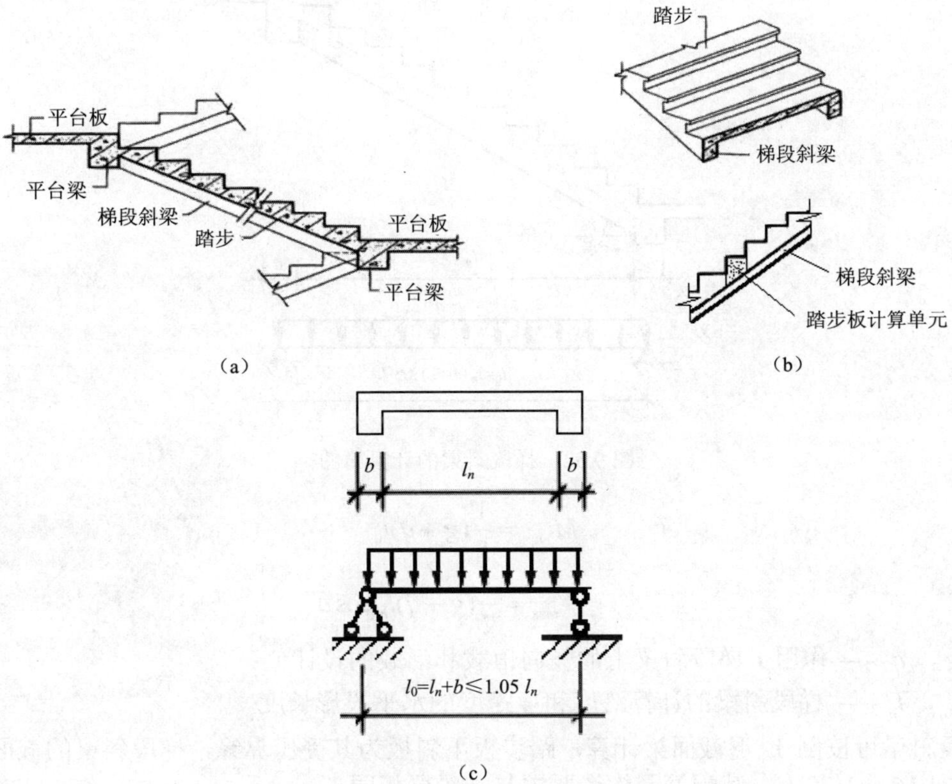

图 9.50 梁式楼梯踏步板计算简图

踏步板钢筋除按计算确定外，要求每个踏步一般不宜少于 2ϕ6 受力钢筋，布置在踏步下面斜板中，并沿梯段布置间距不大于 250mm 的分布钢筋，如图 9.51 所示。

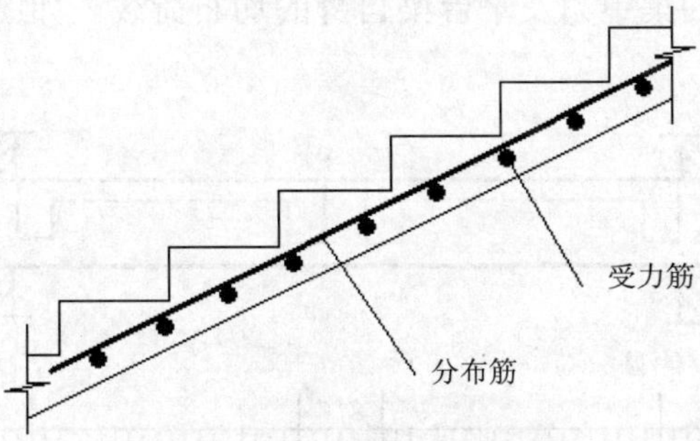

图 9.51 梁式楼梯踏步板配筋构造

（2）梯段斜梁

梯段斜梁两端支承在平台梁上，承受踏步板传来的均布荷载和斜梁自重，荷载的作用方向竖直向下，其内力计算简图如图 9.52 所示。斜梁的内力可按下列公式计算：

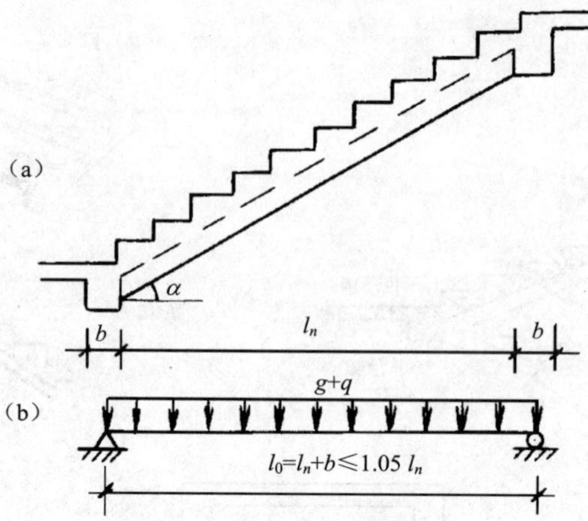

图 9.52 梯段斜梁的计算简图

$$M_{\max}=\frac{1}{8}(g+q)l_0^2 \tag{9.17}$$

$$V_{\max}=\frac{1}{2}(g+q)l_n\cos\alpha \tag{9.18}$$

式中：g，q——作用于梯段斜梁上的竖向恒载和活载的设计值；

l_0，l_n——梯段斜梁的计算跨度和净跨度的水平投影长度。

梯段斜梁可按倒 L 形截面梁计算，踏步板下斜板为其受压翼缘，梯段斜梁的截面高度一般取 $h=(1/16\sim1/20)l_0$，其配筋及构造要求与一般梁相同。

（3）平台板与平台梁

平台板的计算和构造要求与板式楼梯平台板相同。梁式楼梯的平台梁承受平台板传来的均布荷载和梯段斜梁传来的集中力及平台梁自身的均布荷载，如图 9.53 所示；其内力、配筋和构造要求与一般梁相同。

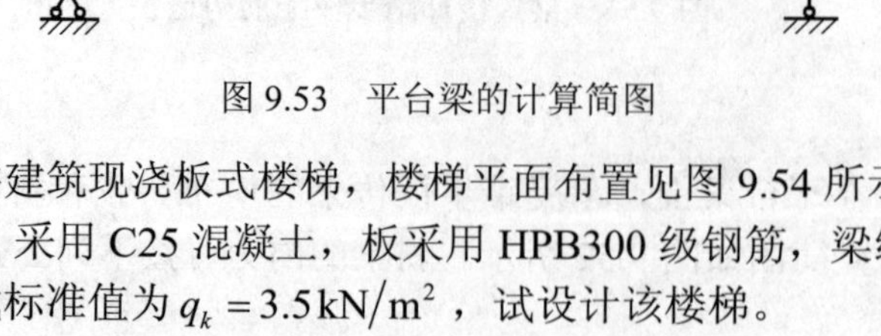

图 9.53 平台梁的计算简图

【例 9.3】 某公共建筑现浇板式楼梯，楼梯平面布置见图 9.54 所示。层高 3.6m，踏步尺寸为 $150\text{mm}\times300\text{mm}$，采用 C25 混凝土，板采用 HPB300 级钢筋，梁纵筋采用 HRB335 级钢筋。楼梯上均布活荷载标准值为 $q_k=3.5\,\text{kN/m}^2$，试设计该楼梯。

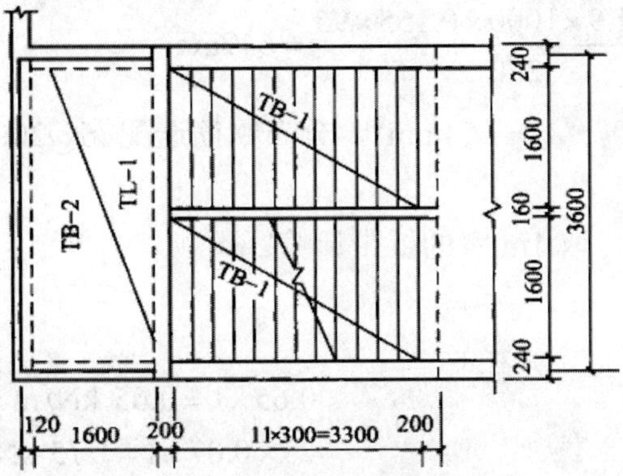

图 9.54　楼梯平面布置图

解：（1）梯段板的计算

查表得 $f_c = 11.9\,\text{N/mm}^2$，$\alpha_1 = 1.0$，$f_y = f_y' = 270\,\text{N/mm}^2$，$\xi_b = 0.576$。

1）确定梯段板的厚度。$h = (1/25 \sim 1/30)l_n = (1/25 \sim 1/30) \times 3300 = 110 \sim 132\text{mm}$，取 $h = 120\text{mm}$。

2）荷载计算。取 1m 宽的板计算。

恒荷载标准值为

水磨石面层	$0.65 \times (0.30 + 0.15) \times 1/0.3 = 0.975\ \text{kN/m}$
三角形踏步	$25 \times \dfrac{1}{2} \times 0.30 \times 0.15 \times 1/0.3 = 1.875\ \text{kN/m}$
120mm 厚混凝土斜板	$25 \times 0.12 \times \sqrt{0.30^2 + 0.15^2} \times 1/0.3 = 3.354\ \text{kN/m}$
20mm 厚板底抹灰	$17 \times 0.02 \times \sqrt{0.30^2 + 0.15^2} \times 1/0.3 = 0.380\ \text{kN/m}$
合计	$g_k = 6.584\text{kN/m}$

活荷载标准值为 $q_k = 3.5 \times 1 = 3.5\text{kN/m}$

恒荷载设计值为 $g = \gamma_G g_k = 1.2 \times 6.584 = 7.90\text{kN/m}$

活荷载标准值为 $q = \gamma_Q q_k = 1.4 \times 3.5 = 4.90\text{kN/m}$

3）内力计算。

设平台梁的截面宽度为 200mm。则梯段板的计算跨度为

$l_0 = l_n + b = 3300 + 200 = 3500\text{mm} > 1.05 l_n = 1.05 \times 3300 = 3465\text{mm}$

因此取 $l_0 = 3465\text{mm}$。

跨中弯矩值为 $M_{\max} = \dfrac{1}{10}(g+q)l_0^2 = \dfrac{1}{10} \times (7.9 + 4.9) \times 3.465^2 = 15.37\text{kN}\cdot\text{m}$

4）配筋计算。

设 $a_s = 25\text{mm}$，$h_0 = h - a_s = 120 - 25 = 95\text{mm}$

$$\alpha_s = \frac{M}{\alpha_1 f_c b h_0^2} = \frac{15.37 \times 10^6}{1.0 \times 11.9 \times 1000 \times 95^2} = 0.143$$

$$\xi = 1 - \sqrt{1 - 2\alpha_s} = 1 - \sqrt{1 - 2 \times 0.143} = 0.155 < \xi_b = 0.576$$

$$A_s = \frac{\alpha_1 f_c b\xi h_0}{f_y} = \frac{1.0\times 11.9\times 1000\times 0.155\times 95}{270} = 649\text{mm}^2$$

受力钢筋选配ϕ10@120，$A_s = 654\text{mm}^2$，分布钢筋选配ϕ6@200。

（2）平台板的计算

设平台板厚$h = 70\text{mm}$，取1m宽的板带计算。

1）荷载计算。

恒荷载标准值为

水磨石面层	$0.65\times 1 = 0.65$ kN/m
70mm厚混凝土板	$25\times 0.07\times 1 = 1.75$ kN/m
20mm厚板底抹灰	$17\times 0.02\times 1 = 0.34$ kN/m
合计	$g_k = 2.74\text{kN/m}$

活荷载标准值为$q_k = 3.5\times 1 = 3.5\text{kN/m}$

恒荷载设计值为$g = \gamma_G g_k = 1.2\times 2.74 = 3.288\text{kN/m}$

活荷载标准值为$q = \gamma_Q q_k = 1.4\times 3.5 = 4.90\text{kN/m}$

2）内力计算。

平台板的计算跨度为

$$l_0 = l_n + \frac{b}{2} + \frac{h}{2} = 1600 + \frac{200}{2} + \frac{70}{2} = 1735\text{mm}$$

$$M_{\max} = \frac{1}{8}(g+q)l_0^2 = \frac{1}{8}\times(3.288+4.9)\times 1.735^2 = 3.08\text{kN}\cdot\text{m}$$

3）配筋计算。

设$a_s = 25\text{mm}$，$h_0 = h - a_s = 70 - 25 = 45\text{mm}$

$$\alpha_s = \frac{M}{\alpha_1 f_c b h_0^2} = \frac{3.08\times 10^6}{1.0\times 11.9\times 1000\times 45^2} = 0.128$$

$$\xi = 1 - \sqrt{1-2\alpha_s} = 1 - \sqrt{1-2\times 0.128} = 0.137 < \xi_b = 0.576$$

$$A_s = \frac{\alpha_1 f_c b\xi h_0}{f_y} = \frac{1.0\times 11.9\times 1000\times 0.137\times 45}{270} = 271\text{mm}^2 > \rho_{\min} bh = 45\frac{f_t}{f_y}\%\times b\times h$$

$$= 45\times\frac{1.27}{270}\%\times 1000\times 70 = 148\text{mm}^2$$

受力钢筋选配ϕ6/8@140，$A_s = 281\text{mm}^2$，分布钢筋选配ϕ6@200。梯段板和平台板的配筋见图9.55所示。

（3）平台梁的计算

设平台梁的截面尺寸为$200\text{mm}\times 350\text{mm}$。

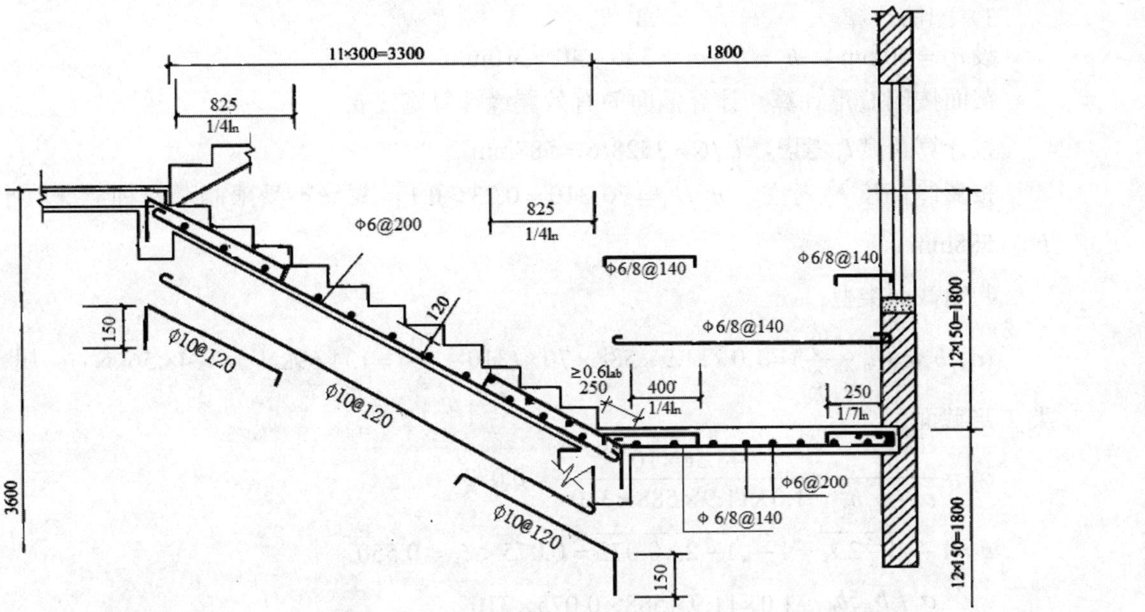

图 9.55　梯段板和平台板配筋图

1）荷载计算。

恒荷载标准值为

平台梁自重	$25\times0.2\times(0.35-0.07)=1.4\ \text{kN/m}$
20mm 厚的梁侧抹灰	$17\times0.02\times(0.35-0.07)\times2=0.19\ \text{kN/m}$
平台板传来	$2.74\times(1.6/2+0.2)=2.74\ \text{kN/m}$
梯段板传来	$6.584\times3.3/2=10.86\ \text{kN/m}$
合计	$g_k=15.19\text{kN/m}$

活荷载标准值为

平台板传来	$3.5\times(1.6/2+0.2)=3.5\ \text{kN/m}$
梯段板传来	$3.5\times3.3/2=5.775\ \text{kN/m}$
合计	$q_k=9.275\text{kN/m}$

恒荷载设计值为 $g=\gamma_G g_k=1.2\times15.19=18.228\text{kN/m}$

活荷载标准值为 $q=\gamma_Q q_k=1.4\times9.275=12.985\text{kN/m}$

2）内力计算。

平台梁的计算跨度为

$l_0=l_n+a=3360+240=3600\text{mm}>1.05l_n=1.05\times3360=3528\text{mm}$

故取 $l_0=1.05l_n=3528\text{mm}$

$$M_{\max}=\frac{1}{8}(g+q)l_0^2=\frac{1}{8}\times(18.228+12.985)\times3.528^2=48.56\text{kN}\cdot\text{m}$$

$$V_{\max}=\frac{1}{2}(g+q)l_n=\frac{1}{2}\times(18.228+12.985)\times3.528=55.06\text{kN}$$

3）配筋计算。

设$a_s=40\text{mm}$，$h_0=h-a_s=350-40=310\text{mm}$

截面按倒 L 形计算，计算截面的有效翼缘计算宽度b_f'

按计算跨度l_0考虑，$l_0/6=3528/6=588\text{mm}$

按翼缘高度h_f'考虑，$h_f'/h_0=70/310=0.23>0.1$，翼缘不受限制，两种情况取小值，则$b_f'=588\text{mm}$。

判别截面类型：

$\alpha_1 f_c b_f' h_f'(h_0-\frac{h_f'}{2})=1.0\times11.9\times588\times70\times(310-\frac{70}{2})=134.69\text{kN}\cdot\text{m}>48.56\text{kN}\cdot\text{m}$ 属于第一类 T 形截面。

$$\alpha_s=\frac{M}{\alpha_1 f_c b_f' h_0^2}=\frac{48.56\times10^6}{1.0\times11.9\times588\times310^2}=0.072$$

$$\xi=1-\sqrt{1-2\alpha_s}=1-\sqrt{1-2\times0.072}=0.075<\xi_b=0.550$$

$$A_s=\frac{\alpha_1 f_c b_f'\xi h_0}{f_y}=\frac{1.0\times11.9\times588\times0.075\times310}{300}=543\text{mm}^2>\rho_{\min}bh=0.2\%\times b\times h$$

$$=0.2\%\times200\times350=140\text{mm}^2$$

受力钢筋选配 2Φ16+1Φ14，$A_s=555.9\text{mm}^2$，按照构造要求选配 2ϕ12 架立筋。

斜截面承载力计算如下：

验算截面尺寸是否合理。

$$h_w=h_0-h_f'=310-70=240\text{mm}$$

$$\frac{h_w}{b}=\frac{240}{200}=1.2<4$$

$0.25\beta_c f_c bh_0=0.25\times1.0\times11.9\times200\times310=184.45\text{kN}>55.06\text{kN}$，截面尺寸合理。

验算是否计算配箍筋。

$V_c=0.7f_t bh_0=0.7\times1.27\times200\times310=55.118\text{kN}>55.06\text{kN}$，可按构造要求配置箍筋。

选配ϕ6@200，验算配箍率。

$\rho_{sv}=\frac{A_{sv}}{bs}=\frac{2\times28.3}{200\times200}=0.14\%>0.24\frac{f_t}{f_{yv}}=0.24\times\frac{1.27}{270}=0.11\%$，满足要求。

平台梁的配筋见图 9.56 所示。

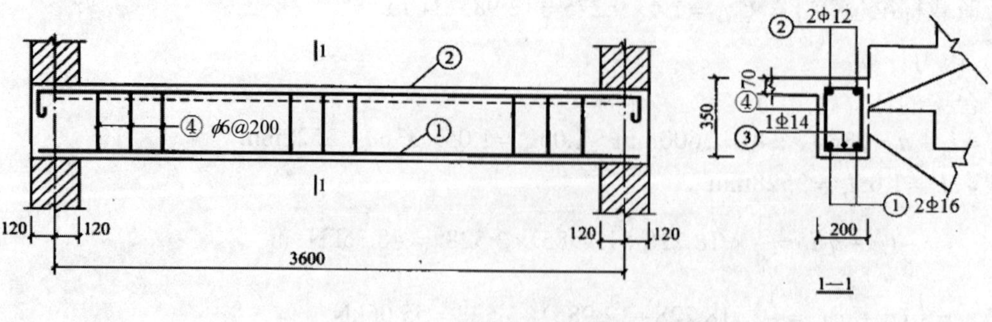

图 9.56　平台梁配筋图

本章小结

1．钢筋混凝土楼盖按其施工方法可分为现浇整体式、装配式和装配整体式三种类型。

2．单向板肋形楼盖的设计步骤：①结构的平面布置。②确定计算简图。③板、次梁、主梁内力计算。④板、次梁、主梁配筋计算。⑤绘制楼盖的施工图。

3．钢筋混凝土单向板肋形楼盖的板、次梁和主梁都可视为多跨连续梁。钢筋混凝土连续梁的内力计算有两种方法，即弹性理论计算法和塑性理论计算法。

4．双向板的内力计算方法有两类：一类是按弹性理论计算的实用方法，一般采用计算表格进行计算；另一类是考虑钢筋混凝土塑性变形的影响，按塑性理论计算的方法。

5．现浇钢筋混凝土楼梯主要有梁式楼梯和板式楼梯。当跨度较小时采用板式楼梯。斜板及斜梁在竖向荷载作用下的最大弯矩等于相应简支水平梁的最大弯矩。板式楼梯和梁式楼梯的组成与传力不同，各构件的内力计算以及配筋构造也有区别。

思考题

9.1　简述混凝土梁板结构设计的一般步骤。

9.2　混凝土梁板结构有几种类型？说明它们各自的受力特点和适用范围。

9.3　现浇单向板肋形楼盖中板、次梁和主梁的计算简图如何确定？为什么主梁用弹性理论计算内力，而不用塑性理论计算内力？

9.4　什么叫塑性铰？它与理想铰有何区别？

9.5　在主次梁交接处，主梁中为什么要设置吊筋或附加箍筋？

9.6　什么叫内力包络图？为什么要做内力包络图？

9.7　常用的楼梯有哪几种类型？各有何优缺点？说明它们的适用范围。

9.8　板式楼梯与梁式楼梯的传力路线有何不同？

钢筋混凝土肋形楼盖设计实训任务书

1．工程资料

1）某三层轻工厂房车间的整体式钢筋混凝土单向板肋梁楼盖，楼层平面总长度为 20～36m，总宽度为 15～24m。设计时具体尺寸可适当增减。

2）采用内框架承重结构，外墙为 370（240）mm，外墙定位轴线距外墙边缘为 250（120）mm，钢筋混凝土柱的截面尺寸为 400mm×400mm。

3）楼面均布活荷载标准值可按 $q_k = 5\text{kN/m}^2$、$q_k = 6\text{kN/m}^2$ 和 $q_k = 7\text{kN/m}^2$ 考虑。

4）楼面工程做法：

①20 mm 厚的水泥砂浆面层；

②15mm 厚的混合砂浆板底抹灰和梁侧面抹灰。

5）材料选用：

①混凝土采用 C25（C30、C35）；

②主梁、次梁受力筋采用 HRB335（HRB400）级钢筋，其他均采用 HPB300 级钢筋。

2．设计实训内容和要求

1）结构平面布置

能进行合理的柱网布置，并确定板、次梁和主梁的位置和截面尺寸。

2）板的内力、配筋计算

按考虑塑性理论方法计算板内力，并进行配筋计算。

3）次梁的内力、配筋计算

按考虑塑性理论方法计算次梁弯矩和剪力，并进行配筋计算。

4）主梁的内力、配筋计算

按弹性理论计算主梁的弯矩和剪力，并进行配筋计算。

5）绘制楼盖结构施工图

绘制结构平面布置与板、次梁、主梁配筋图各一张 2 号（或 2 号加长）图上，要求绘图符合《建筑制图标准》中关于线型、图例等各项规定，要求必须写仿宋体字。

①楼面结构平面布置图

标注墙、柱定位轴线编号和梁、柱定位尺寸及构件编号；

②板配筋平面图

标注板厚、板中钢筋的直径、间距、编号及其定位尺寸；

③次梁配筋图

标注次梁截面尺寸及几何尺寸、钢筋的直径、根数、编号及其定位尺寸；

④主梁材料图和配筋图（按同一比例绘出主梁的弯矩包络图、抵抗弯矩图及配筋图），标注主梁截面尺寸及几何尺寸、钢筋的直径、根数、编号及其定位尺寸；

⑤在图中标明有关设计说明，如混凝上强度等级、钢筋的种类、混凝土保护层厚度等。

3. 设计成果

1）设计计算书一份；
2）设计图纸一套。

4. 主要参考资料

1）《混凝土结构设计规范》（GB 50010—2010）；
2）《建筑结构荷载规范》（GB 50009—2012）；
3）《混凝土结构构造手册》中国建筑工业出版社；
4）《建筑结构》教材等。

第 10 章　预应力混凝土结构

本章简要介绍了预应力混凝土的基本概念、施加预应力的方法、预应力混凝土的锚夹具，叙述了张拉控制应力的确定及各种预应力损失值的计算和组合。

第 1 节　预应力混凝土的基本知识

1．预应力混凝土的基本概念

普通钢筋混凝土的主要缺点是抗裂性能差，混凝土的受拉极限应变只有$(0.1\sim0.15)\times10^{-3}$左右，此时钢筋应力只有 20～30N/mm^2，远未达到其屈服强度，所以对于不允许出现裂缝的构件，钢筋的强度不能充分发挥。对于允许出现裂缝的构件，在使用荷载下，常需要将裂缝宽度限制在 0.2～0.3mm 以内，此时，变形钢筋的拉应力大致是其屈服强度的 50%～60%，相应的拉应变约为$(0.6\sim1.0)\times10^{-3}$，钢筋的工作应力只能达到 150～210N/mm^2，所以，在普通钢筋混凝土中采用高强度钢筋是不合理的，因为高强度钢筋的强度不能充分利用；而提高混凝土强度等级对提高构件的抗裂性能和控制裂缝宽度的作用极其有限。

为避免普通钢筋混凝土结构过早出现裂缝，减小正常使用荷载作用下的裂缝宽度，充分利用高强度材料以适应大跨度承重结构的需要，采用预应力是最有效的方法。预应力混凝土在承受外荷载作用之前，预先对混凝土施加压力，使其在构件截面上产生的预压应力能抵消外荷载引起的部分或全部拉应力，使构件延缓开裂或限制裂缝的开展。因此，预应力混凝土的实质是利用混凝土良好的抗压性能来弥补其抗拉能力的不足，通过采用预先加压的方法间接地提高构件受拉区混凝土的抗拉能力，改善混凝土的受拉性能，满足使用要求。

预应力混凝土的基本工作原理可以用图 10.1 进一步说明。简支梁在外荷载作用下，在梁的下部将产生拉应力，如图 10.1（b）所示；如果在荷载作用之前，先给梁施加一偏心压力 P，使梁的下部产生预压应力，如图 10.1（a）所示。那么，在外荷载作用下，截面上的应力分布将是两者的叠加，如图 10.1（c）所示。梁的下部应力可能是压应力，也可能是数值较小的拉应力。

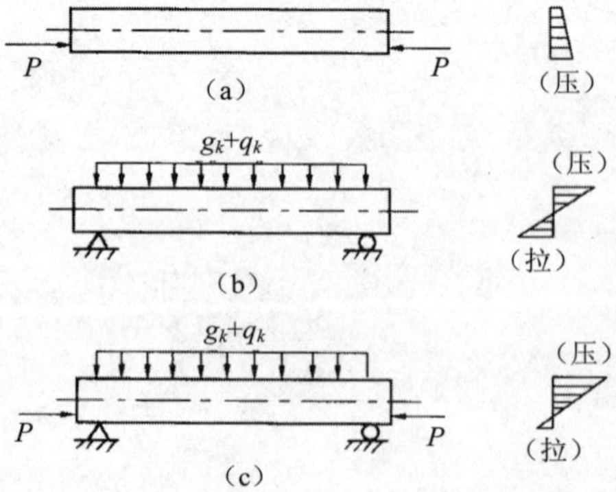

图 10.1　预应力简支梁的基本受力原理

我国混凝土结构设计规范（GB50010—2010）第 3.4.4 条对预应力混凝土结构构件按所处环境类别和结构类型及裂缝控制等级分为三级：

一级——严格要求不出现裂缝的构件，按荷载标准组合计算时，构件受拉边缘混凝土不应产生拉应力；

二级——一般要求不出现裂缝的构件，按荷载标准组合计算时，构件受拉边缘混凝土拉应力不应大于混凝土抗拉强度的标准值；

三级——允许出现裂缝的构件，按荷载标准组合并考虑长期作用的影响计算时，构件的最大裂缝宽度不应超过本规范第 3.4.5 条规定的最大裂缝宽度限值。

预应力混凝土与普通混凝土相比具有以下优点：

（1）抗裂性和耐久性好。由于混凝土中存在预压应力，可以避免开裂和限制裂缝的开展，减少外界有害因素对钢筋的侵蚀，提高构件的抗渗性、抗腐蚀性和耐久性。

（2）刚度大、变形小。由于混凝土不开裂或裂缝很小，提高了构件的刚度。预加偏心压力使受弯构件产生反拱，从而减小构件在荷载作用下的挠度。

（3）节省材料，减轻自重。由于预应力构件合理有效地利用高强钢筋、高强混凝土材料，截面尺寸相对减小，结构自重减轻，节省材料并降低工程造价。

（4）提高构件的抗疲劳性能。

预应力混凝土也有以下一些缺点：构件制作复杂，施工工序多，对材料的质量和制作技术水平要求高，需要有复杂的张拉和锚固设备，构件制作周期长，计算复杂等。

2．施加预应力的方法

建立预应力的方法可分为两大类，即先张法与后张法。

（1）先张法

先张法是指首先在台座上或钢模内张拉钢筋，然后浇筑混凝土的一种施工方法。具体过程是：先在台座上张拉钢筋，然后用锚具将钢筋临时固定在台座上；再浇筑构件混凝土，待混凝土达到足够的强度（不低于混凝土设计强度的 75%）后，从台座上切断或放松钢筋。在预应力钢筋弹性回缩时，利用钢筋与混凝土之间的黏结力，使混凝土受到压力作用，使构件产生预压应力，如图 10.2 所示。

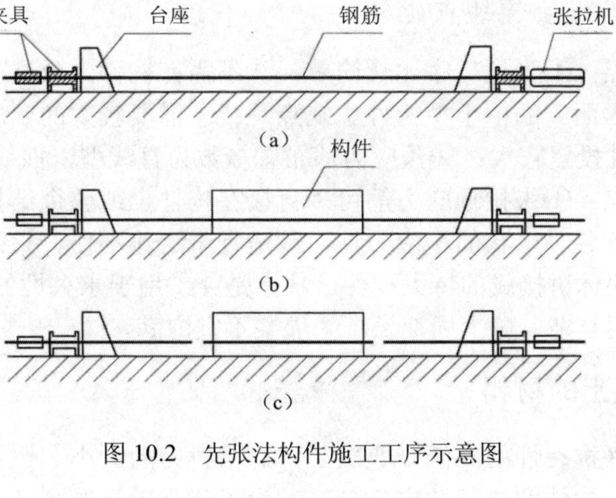

图 10.2　先张法构件施工工序示意图

先张法的特点：施工工序少，工艺简单，效率高，质量易保证，构件上不需要设永久性锚具，生产成本低。但需要有专门的张拉台座，不适于现场施工。主要用于生产大批量的小型预应力构件和直线配筋构件。

（2）后张法

后张法是指先浇筑混凝土构件，然后在构件上张拉预应力钢筋的一种施工方法。具体过程是：先浇筑混凝土构件，并在预应力钢筋的位置处预留孔道；待混凝土达到足够强度（不低于混凝土设计强度的 75%）后，将预应力钢筋穿入孔道，利用构件本身作为承力台座张拉钢筋；随着钢筋的张拉，构件混凝土同时受到压缩，张拉完毕后用锚具将预应力钢筋锚固在构件上，如图 10.3 所示。在后张法构件中，预应力是靠构件两端的工作锚具传给混凝土上的。

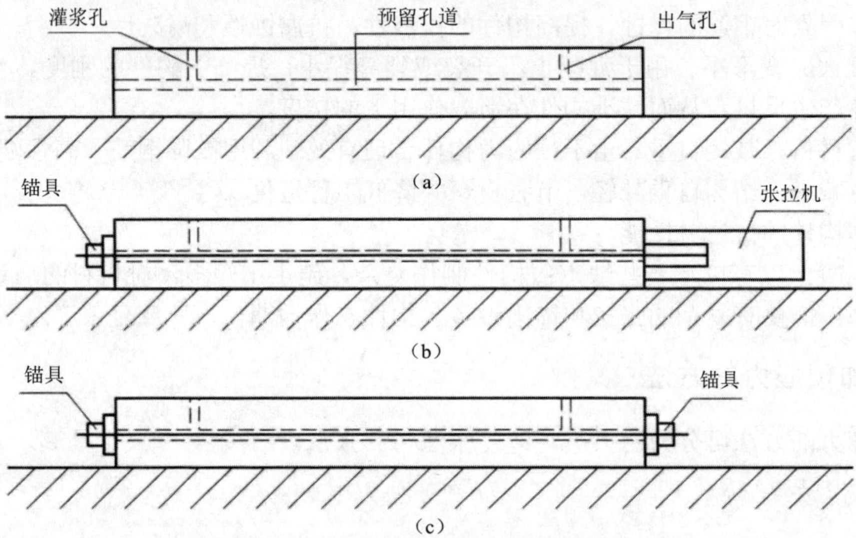

图 10.3　后张法构件施工工序示意图

后张法的特点：不需要专门台座，可根据设计要求现场制作成曲线或折线形，应用比较灵活。但增加了留孔、灌浆等工序，施工比较复杂；所用锚具要留在构件内，成本较高。主要用于现场施工制作大型构件。

（3）先张法和后张法优缺点比较

先张法的主要优点：①张拉工序比较简单；②不需在构件上放置永久性锚具；③能成批生产，特别适宜于量大面广的中小型构件。缺点是：①需要较大的台座或成批的钢模、养护池等固定设备，一次性投资较大；②预应力筋布置多数为直线型，曲线布置比较困难。

后张法的主要优点：①张拉预应力筋可以直接在构件上或整个结构上进行，因而可根据不同荷载性质合理布置各种形状的预应力筋；②适宜于运输不便、只能在现场施工的大型构件、特殊结构或可由块体拼接成的特大构件。缺点是：①用于永久性的工作锚具耗钢量很大；②张拉工序比先张法要复杂，施工周期长；③灌浆不宜饱满。

3．预应力混凝土的材料

预应力混凝土构件抗裂性的高低，取决于钢筋预拉力的大小。钢筋预拉力越高，混凝土受到的预压力就越大，构件的抗裂性也就越好。为了建立较高的预应力，必须尽量采用高强度钢材和高强度混凝土。

（1）预应力混凝土结构对预应力钢筋的基本要求

1）强度高。预应力钢筋的张拉应力在构件的整个制作和使用过程中会出现各种应力损失，这些损失的总和有时可达到 $200N/mm^2$ 以上，如果所用的钢筋强度不高，那么张拉时所建立的应力甚至会损失殆尽。

2）与混凝土要有较好的黏结力。特别在先张法中，预应力钢筋与混凝土之间必须有较高的黏结强度。

3）要有足够的塑性和良好的加工性能。钢材强度越高，其塑性越低；钢材塑性太低时，特别当处于低温和冲击荷载条件下，就有可能发生脆性断裂。良好的加工性能是指焊接性能好，以及采用墩头锚板时，钢筋端部“镦粗”后不影响原有的力学性能等。

目前，我国常用的预应力钢筋品种有钢绞线、高强钢丝、钢丝束、螺纹钢筋、钢棒等。

（2）预应力混凝土结构对混凝土的基本要求

1）强度高。采用高强度混凝土以适应高强钢筋的需要，保证钢筋充分发挥作用，能有效减小构件截面尺寸和减轻自重。在预应力混凝土结构中，混凝土的强度等级不应低于 C30，采用钢丝、钢绞线时，则不宜低于 C40。

2）弹性模量高。构件刚度加大，荷载作用下变形小。

3）收缩、徐变小。

4）快硬、早强。为了尽早施加预应力，加快施工进度，提高设备利用率，宜采用早期强度较高的混凝土。

4. 锚具与夹具

在施工制作预应力混凝土构件中，用于锚固预应力筋的工具分为锚具和夹具。在后张法构件中，用于保持预拉力并将其传递到混凝土上所使用的永久性锚固装置，它与构件联成一体共同受力，不能取下重复使用；在先张法构件中，用于保持预拉力并将其固定在生产台座上的临时性锚固装置，它可以取下重复使用。

锚具的种类有很多，按锚固方式的不同，可分为夹片式、支撑式、锥塞式和握裹式四种。支撑式锚具有钢丝束墩头锚具、精轧螺纹钢筋锚具；握裹式锚具有挤压锚和压花锚。

（1）夹片锚具

夹片锚具有各种不同的形式，是用来锚固钢绞线筋束的。因钢绞线与周围接触的面积小，且强度高、硬度大，故对其锚具的锚固性能要求很高。现在国内主要的几种夹片锚具为 JM、XM、QM、YM、OVM 系列，如图 10.4（a）所示；还有一种扁形夹片锚，称为扁锚（KBM 系列），适用于扁薄截面构件，如图 10.4（b）所示。

夹片锚具的工作原理如图 10.5 所示。夹片锚由带锥孔的锚板和夹片所组成的，张拉时，每个锥孔穿入一根钢绞线，张拉后各自用夹片将孔中的钢绞线抱夹锚固，每个锥孔各自成为一个独立的锚固单元。每个夹片锚具有多个独立锚固单元所组成的，其最大锚固吨位可达 11000kN，故夹片锚又称为大吨位钢绞线群锚体系。它的特点是各根钢绞线均为单独工作，即使一根钢绞线锚固失效，也不会影响全锚，只需对失效锥孔的钢绞线进行补拉即可。

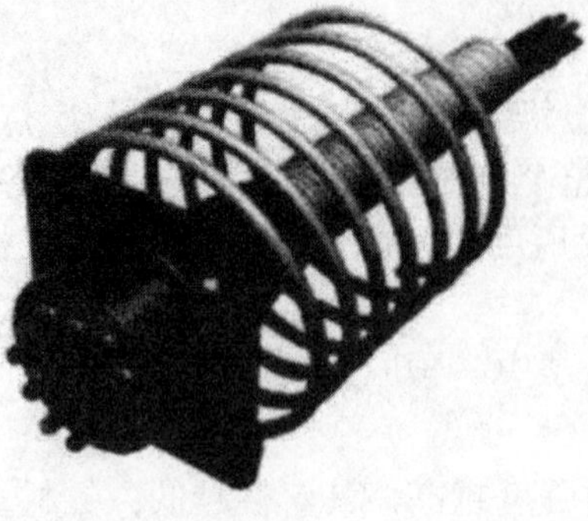

(a)

(b)

图 10.4　夹片锚具

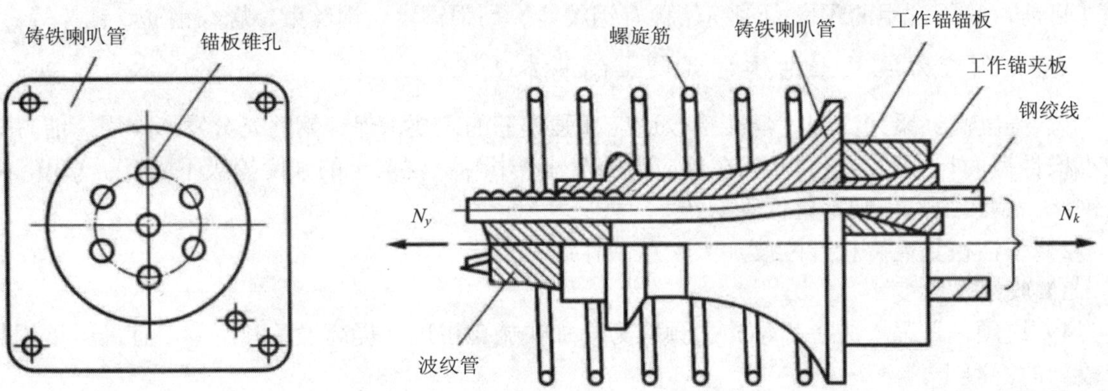

图 10.5　夹片锚具工作原理

（2）握裹式锚具

当采用一端张拉时，另一固定端锚具除可采用与张拉端相同的夹片锚具外，还可采用握裹式锚具。握裹式锚具有挤压锚具和压花锚具两种。

1）压式锚具是使用压头机，将套在钢绞线端头上的软钢套筒，与钢绞线一起强行预压通过规定的模具孔挤压而成。为增加套筒与钢绞线之间的摩阻力，挤压前在钢绞线与套筒之间衬置一硬钢丝螺旋圈，以便在挤压后使硬钢丝分别压入钢绞线与套筒内壁之内。挤压锚具适用于构件端部设计应力大或端部空间受到限制的情况，预埋在混凝土内，按需要排布，混凝土凝固到设计强度后，再进行张拉。挤压锚具形式如图 10.6 所示。

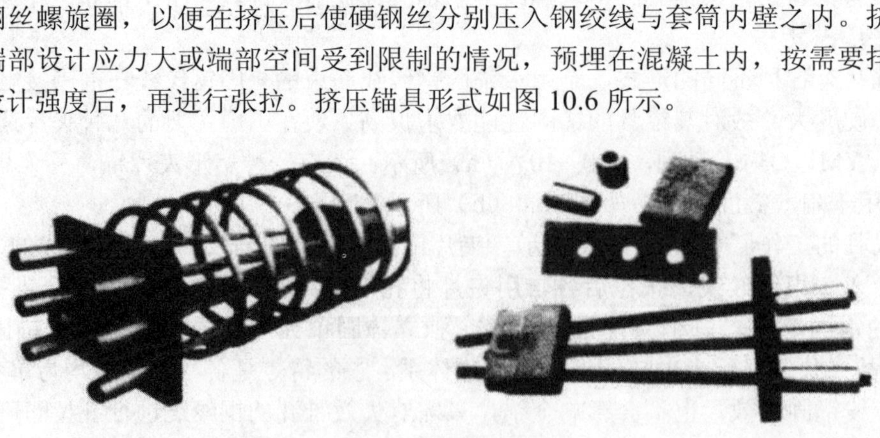

图 10.6　挤压锚具实物图

2)压花锚具是用压花机将钢绞线端头压制成梨形花头的一种粘结型锚具，如图 10.7 所示，张拉前预先埋入构件混凝土中。

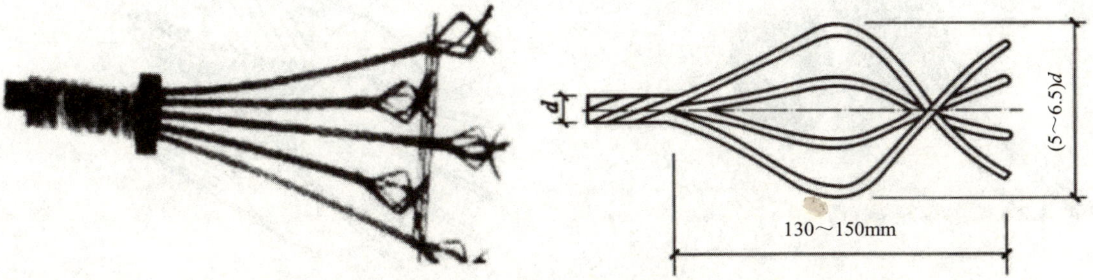

图 10.7　压花锚具

(3) 镦头型锚具

图 10.8 为两种镦头型锚具，其中图 10.8（a）用于预应力钢筋的张拉端，图 10.8（b）用于预应力钢筋的固定端，一般是后张法的钢丝束所采用。对于先张法构件的单根预应力钢丝，在固定端有时也采用，即将钢丝的一端镦粗，将钢丝穿过台座或钢模上的锚孔，在另一端进行张拉。

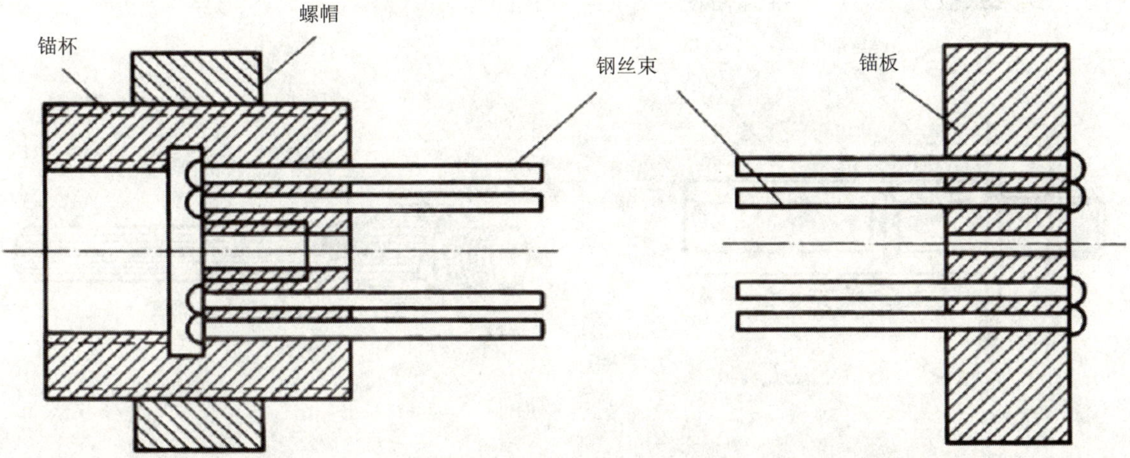

张拉端镦头锚
（a）

固定端镦头锚
（b）

图 10.8　镦头型锚具

(4) 锥形锚具

锥形锚具如图 10.9 所示，主要用于钢丝束的锚固，它由锚圈和锚塞两个部分组成。工作原理是通过张拉钢丝束时顶压锚塞，把预应力钢丝楔紧在锚圈与锚塞之间，借助摩阻力来锚固。在锚固时，利用钢丝的回缩力带动锚塞向锚圈内滑进，使钢丝进一步楔紧。预应力钢丝通过摩阻力将预拉力传到锚圈，然后由锚圈承压，把预加力传到混凝土构件上。

锥形锚的尺寸较小，便于分散布置。缺点是钢丝回缩量较大，所引起的应力损失也大，并且无法重复张拉和接长。

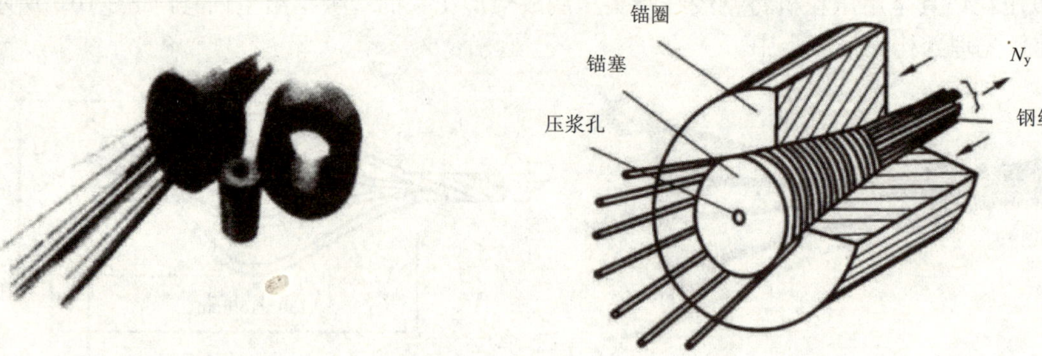

（a）　　　　（b）

图 10.9　锥形锚具

（5）螺杆螺帽型锚具

如图 10.10 所示为两种常用的螺杆螺帽型锚具，其中图 10.10（a）用于粗钢筋，图 10.10（b）用于钢丝束。前者由螺杆、螺帽、垫片组成，螺杆焊于预应力钢筋的端部。后者由锥形螺杆、套筒、螺帽、垫片组成，通过套筒紧紧地将钢丝束与锥形螺杆挤压成一体。预应力钢筋或钢丝束张拉完毕时，旋紧螺帽使其锚固。

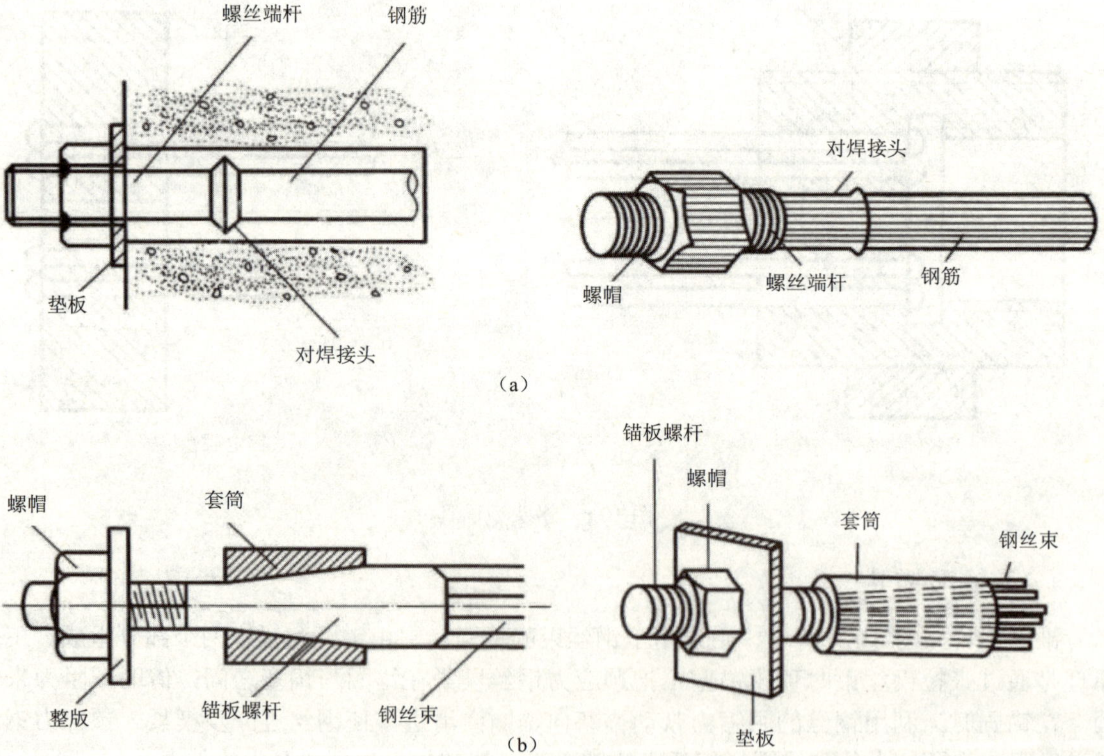

（a）

（b）

图 10.10　螺杆螺帽型锚具

螺杆螺帽型锚具通常用于后张法构件的张拉端，对于先张法构件或后张法构件的固定端同样也可以使用。

5．预应力锚具、夹具的选用与要求

（1）预应力锚具、夹具的选用

预应力锚具的选用，可根据预应力筋品种和锚固部位的不同，以及锚固性能和结构的受力条件按表10.1选用。

表10.1　预应力锚具选用表

预应力筋品种	张拉端	固定端	
		安装在结构外部	安装在结构内部
钢绞线	夹片锚具 压接锚具	夹片锚具 挤压锚具 压接锚具	压花锚具 挤压锚具
单根钢丝	夹片锚具 墩头锚具	夹片锚具 墩头锚具	墩头锚具
钢丝束	墩头锚具 冷（热）铸锚	冷（热）铸锚	墩头锚具
预应力螺纹钢筋	螺母锚具	螺母锚具	螺母锚具

锚具代换时，必须经设计单位同意。代换规定是：较高强度等级预应力筋用锚、夹具可用于较低强度等级的预应力筋；较低强度等级预应力筋用锚、夹具不得用于较高强度等级的预应力筋。

（2）预应力锚具的一般要求

选用预应力钢筋锚具应遵循以下原则：

1）安全可靠，锚具要有足够的强度和刚度；

2）构造简单，便于机械加工制作；

3）使用方便，省材料，价格低。

第2节　预应力钢筋张拉控制应力及预应力损失

1．预应力钢筋的张拉控制应力σ_{con}

张拉控制应力是指张拉时预应力钢筋达到的最大应力值，也就是张拉设备（如千斤顶）所控制的张拉力除以预应力钢筋截面面积所得的应力值，以σ_{con}表示。

σ_{con}值越高，张拉力就越大，对混凝土所建立的预压应力也越大，构件抗裂性能就越高。考虑到钢筋强度的离散性、实际操作的“超张拉”等因素，如果将σ_{con}值定得过高，则会产生如下问题：

1）张拉时可能使钢筋应力接近甚至进入钢材的屈服阶段，产生塑性变形，使钢筋回缩减小，降低了混凝土的预压应力，反而达不到预压应力的效果；

2）考虑到施工和仪表测量的不准确，σ_{con} 过高，容易发生安全事故；

3）σ_{con} 太高会使开裂荷载与破坏荷载非常接近，使构件破坏时没有充分的警告。

所以，《混凝土结构设计规范》（GB50010—2010）第 10.1.3 条规定，预应力钢筋的张拉控制应力值 σ_{con} 不宜超过表 10.2 规定的张拉控制应力限值。消除应力钢丝、钢绞线、中强度预应力钢丝的张拉控制应力值不应小于 $0.4f_{ptk}$ ；预应力螺纹钢筋的张拉应力控制值不宜小于 $0.5f_{pyk}$ 。

表 10.2　张拉控制应力限值（N/mm^2）

预应力钢筋种类	张拉方法	
	先张法	后张法
消除应力钢丝、钢绞线	$0.75f_{ptk}$	$0.75f_{ptk}$
中强度预应力钢丝	$0.70f_{ptk}$	$0.65f_{ptk}$
预应力螺纹钢筋	$0.85f_{pyk}$	$0.80f_{pyk}$

注：f_{ptk} 为预应力筋极限强度标准值；f_{pyk} 为预应力螺纹钢筋屈服强度标准值。

2．预应力损失

由于张拉工艺和材料特性等原因，预应力钢筋在张拉时所建立的拉应力，在构件制作和使用过程中都会受到损失。因此，只有正确认识和计算预应力钢筋的预应力损失值，才能比较准确地估计混凝土中的预应力水平，下面分别讨论引起预应力损失的原因、损失值的计算以及减小预应力损失的措施。

（1）张拉端锚具变形和钢筋内缩引起的损失 σ_{l1}

无论先张法临时固定预应力钢筋还是后张法张拉完毕锚固预应力钢筋时，在张拉端由于锚具的压缩变形，锚具与垫板之间、垫板与垫板之间、垫板与构件之间的所有缝隙被挤紧，或由于钢筋、钢丝、钢绞线在锚具内的滑移，使得被拉紧的预应力钢筋松动缩短从而引起预应力损失称为 σ_{l1}。

对预应力直线钢筋，由于锚具变形和预应力钢筋内缩引起的预应力损失值 σ_{l1} 按下列公式计算：

$$\sigma_{l1}=\frac{a}{l}E_s \tag{10.1}$$

式中：a——张拉端锚具变形和预应力筋内缩值（mm），可按表 10.3 取用；

l——张拉端至锚固端之间的距离（mm）。

表 10.3　锚具变形和钢筋内缩值 a (mm)

锚具类别		a
支撑式锚具（钢丝束镦头锚具等）	螺帽缝隙	1
	每块后加垫板的缝隙	1
夹片式锚具	有顶压时	5
	无顶压时	6～8

注：1．表中锚具变形和预应力筋内缩值也可根据实测数据确定；

2．其他类型的锚具变形和预应力筋内缩值应根据实测数据确定。

为减小锚具变形和钢筋内缩引起的预应力损失 σ_{l1} 的措施有：

1）选择锚具变形、预应力筋回缩量小的锚具、夹具；

2）尽量减少垫板的数量；

3）对先张法构件可增加台座长度 l 。

（2）预应力钢筋与孔道壁之间的摩擦引起的损失 σ_{l2}

对后张法构件张拉时，预应力筋与孔道壁之间的摩擦引起的预应力损失值 σ_{l2}，宜按下列公式计算：

$$\sigma_{l2}=\sigma_{\text{con}}(1-\frac{1}{e^{\mu\theta+\kappa x}}) \tag{10.2}$$

表 10.4 摩擦系数

孔道成型方法	κ	μ	
		钢绞线、钢丝束	预应力螺纹钢筋
预埋金属波纹管	0.0015	0.25	0.50
预埋塑料波纹管	0.0015	0.15	—
预埋钢管	0.0010	0.30	—
抽芯成型	0.0014	0.55	0.60
无粘结预应力筋	0.0040	0.09	—

当 $(\mu\theta+\kappa x)\leqslant 0.3$ 时，σ_{l2} 可按下列近似公式计算：

$$\sigma_{l2}=(\mu\theta+\kappa x)\sigma_{\text{con}} \tag{10.3}$$

式中：x ——从张拉端至计算截面的孔道长度，可近似取该段孔道在纵轴上的投影长度（m）；

θ ——从张拉端至计算截面曲线孔道各部分切线的夹角之和（rad）；

κ ——考虑孔道每米长度局部偏差的摩擦系数，按表 10.4 采用；

μ ——预应力筋与孔道壁之间的摩擦系数，按表 10.4 采用。

减小摩擦损失 σ_{l2} 的方法有：

①采用两端张拉。对于较长的构件可采用一段张拉另一端补拉，或两端同时张拉。

②采用“超张拉”工艺。所谓超张拉，即第一次张拉至 $1.1\sigma_{\text{con}}$，持荷 2min，再卸荷至 $0.85\sigma_{\text{con}}$，持荷 2min，最后张拉至 $1.0\sigma_{\text{con}}$。这种方式比一次张拉得到的预应力分布更均匀。

（3）混凝土加热养护时，受张拉的钢筋与承受拉力的设备之间的温差引起的预应力损失 σ_{l3}

制作先张法构件时，为了缩短生产周期，常采用蒸汽养护，促使混凝土快速硬化。由于钢筋温度高于台座温度，于是钢筋产生相对伸长，预应力钢筋中的应力将降低，造成预应力损失；当降温时，混凝土已经硬化，混凝土与钢筋之间已建立黏结力，两者一起回缩，故钢筋应力将不能恢复到原来的张拉应力值。σ_{l3} 仅存在于先张法构件中。

当预应力钢筋与台座之间的温差为 Δt 时，钢筋的线膨胀系数 $\alpha=1.0\times10^{-5}/℃$，则预应力钢筋与台座之间的温差引起的预应力损失 σ_{l3} 为

$$\sigma_{l3}=E_s\varepsilon=\alpha E_s\Delta t=1.0\times10^{-5}\times2.0\times10^{5}\times\Delta t=2\Delta t \tag{10.4}$$

为减少温差引起的预应力损失σ_{l3}，可采用二次升温加热的养护方法，即在略高于常温下养护，待混凝土强度达到 7.5～10.0N/mm^2，预应力钢筋与混凝土黏结在一起时，再二次升温至规定的养护温度。由于混凝土未结硬前温度升高不多，预应力筋受热伸长很小，故预应力损失较小，而混凝土初凝后的再次升温，此时因预应力筋与混凝土两者的线膨胀系数α接近，即使温度较高也不会引起预应力损失。

（4）预应力钢筋应力松弛引起的预应力损失σ_{l4}

钢筋应力松弛是指钢筋在高应力作用下，在钢筋长度不变的条件下，钢筋应力随时间增长而降低的现象。钢筋的应力松弛使预应力值降低，造成的预应力损失称为σ_{l4}。实验表明，松弛损失与下列因素有关：

1）时间　早期发展较快，随时间的增长而逐渐变慢，最后趋于稳定。1h 及 24h 的松弛分别占总松弛损失（以 1000h 计）的 50%和 80%。

2）钢筋种类　松弛损失按下列钢筋种类依次减小：碳素钢丝、钢绞线、冷轧带肋钢筋、冷拉钢筋及热处理钢筋，即钢筋极限强度越高，松弛损失越大。

3）初始应力　张拉控制应力σ_{con}越高，松弛损失越大，损失的速度也越快。

4）温度　温度越高，松弛损失越大。

5）张拉方式　采用超张拉可比一次张拉的松弛损失减小 2%～10%σ_{con}。

预应力筋的应力松弛损失σ_{l4}的计算见表 10.5 所示。

表 10.5　预应力筋的应力松弛损失 σ_{l4} (N/mm^2)

钢筋种类		张拉方式	
		一次张拉	超张拉
螺纹钢筋、钢棒		$0.05\sigma_{con}$	$0.035\sigma_{con}$
预应力钢丝、钢绞线	普通松弛	$0.4(\sigma_{con}/f_{ptk}-0.5)\sigma_{con}$	$0.36(\sigma_{con}/f_{ptk}-0.5)\sigma_{con}$
	低松弛	当$\sigma_{con}\leqslant 0.7f_{ptk}$时，$0.125(\sigma_{con}/f_{ptk}-0.5)\sigma_{con}$	
		当$0.7f_{ptk}<\sigma_{con}\leqslant 0.8f_{ptk}$时，$0.20(\sigma_{con}/f_{ptk}-0.575)\sigma_{con}$	

注：1. 表中超张拉的张拉程序为从零应力开始张拉至$1.03\sigma_{con}$；或从零应力开始张拉至$1.05\sigma_{con}$，持荷 2min 后，卸载至σ_{con}。

2. 当$\sigma_{con}/f_{ptk}\leqslant 0.5$时，预应力筋的应力松弛损失值可取为零。

减少应力松弛损失σ_{l4}的措施有：

1）采用超张拉工艺；

2）采用低松弛损失的钢材。

（5）混凝土收缩和徐变引起的预应力损失σ_{l5}

混凝土在空气中结硬时会发生体积收缩，在预应力作用下，将沿压力作用方向产生徐变。混凝土的收缩和徐变都使构件缩短，预应力钢筋随之回缩，因而造成预应力损失σ_{l5}。

由于混凝土收缩、徐变引起受拉区和受压区纵向预应力筋的预应力损失值σ_{l5}、σ'_{l5}可按下列公式计算：

1）先张法构件

$$\sigma_{l5}=\frac{60+340\dfrac{\sigma_{pc}}{f'_{cu}}}{1+15\rho} \tag{10.5}$$

$$\sigma'_{l5}=\frac{60+340\dfrac{\sigma'_{pc}}{f'_{cu}}}{1+15\rho'} \tag{10.6}$$

2）后张法构件

$$\sigma_{l5}=\frac{55+300\dfrac{\sigma_{pc}}{f'_{cu}}}{1+15\rho} \tag{10.7}$$

$$\sigma'_{l5}=\frac{55+300\dfrac{\sigma'_{pc}}{f'_{cu}}}{1+15\rho'} \tag{10.8}$$

式中：σ_{pc}、σ'_{pc}——受拉区、受压区预应力筋合力点处的混凝土法向压应力；

f'_{cu}——施加预应力时的混凝土立方体抗压强度；

ρ、ρ'——受拉区、受压区预应力筋和普通钢筋的配筋率。

对先张法构件：$\rho=(A_p+A_s)/A_0$，$\rho'=(A'_p+A'_s)/A_0$。

对后张法构件：$\rho=(A_p+A_s)/A_n$，$\rho'=(A'_p+A'_s)/A_n$。

另外，σ_{l5}、σ'_{l5}的公式仅适用于相对湿度为60%～80%的环境条件下。对年平均湿度低于40%环境下的结构，σ_{l5}及σ'_{l5}值应增加30%。

实测表明，混凝土收缩和徐变引起的预应力损失很大，约占总预应力损失的40%～50%，所以应采取措施减小混凝土的收缩和徐变。为减少此项损失，可采用高强度等级的水泥、减少水泥用量、降低水灰比、振捣密实、加强养护，并控制混凝土的预压应力σ_{pc}、σ'_{pc}值不超过$0.5f'_{cu}$。

（6）螺旋式预应力筋挤压混凝土引起的预应力损失σ_{l6}

环形结构构件的混凝土被螺旋式预应力钢筋箍筋，混凝土受预应力钢筋的挤压会发生局部陷落，构件直径减小2δ，使得预应力钢筋回缩引起的预应力损失称为σ_{l6}。预应力损失σ_{l6}的大小与构件的直径有关，构件直径越小，压陷变形的影响越大，预应力损失就越大。结构直径大于3m时，损失值可忽略；结构直径≤3m时，取$\sigma_{l6}=30\text{N/mm}^2$。

上述各项预应力损失并不是同时发生，而是按不同张拉方式分阶段发生的。通常把在混凝土预压前出现的损失称为第一批预应力损失$\sigma_{l\,Ⅰ}$（先张法指放张前的损失，后张法指卸去千斤顶前的损失），混凝土预压后出现的损失称为第二批预应力损失$\sigma_{l\,Ⅱ}$。总损失值为$\sigma_l=\sigma_{l\,Ⅰ}+\sigma_{l\,Ⅱ}$。各批预应力损失的组合见表10.6。

考虑到预应力损失的计算值与实际值可能存在误差，为确保构件安全，按上述各项损失计算得出的总损失值σ_l小于下列数值时，应按下列数值采用：

先张法构件　　　100N/mm²

后张法构件　　　　$80N/mm^2$

表 10.6　各阶段预应力损失值的组合

预应力损失值的组合	先张法构件	后张法构件
混凝土预压前（第一批）的损失	$\sigma_{l1}+\sigma_{l2}+\sigma_{l3}+\sigma_{l4}$	$\sigma_{l1}+\sigma_{l2}$
混凝土预压后（第二批）的损失	σ_{l5}	$\sigma_{l4}+\sigma_{l5}+\sigma_{l6}$

注：先张法构件由于预应力筋应力松弛引起的损失值 σ_{l4} 在第一批和第二批损失中所占的比例，如需区分，可根据实际情况确定。

本章小结

1．对构件施加预应力，可以提高构件的抗裂度和刚度，改善构件正常使用阶段的性能，从而在本质上克服了钢筋混凝土构件的缺点，并为使用高强度钢材和高强度混凝土创造了条件。

2．预应力损失是预应力混凝土构件特有的现象，它将导致预应力效果的降低。先张法构件和后张法的预应力损失项和出现损失的阶段有所差别，减小预应力损失是提高预应力效果的重要途径。

思考题

10.1　预应力混凝土结构的优缺点是什么？

10.2　预应力混凝土结构所选用的材料为什么都要有较高的强度？

10.3　简述先张法和后张法的施工顺序以及它们各自的特点。

10.4　什么是张拉控制应力？为什么张拉控制应力不能取得太高，也不能取得太低？

10.5　预应力构件的预应力损失有哪些？分别是什么原因引起的？如何减小各项预应力损失？

第11章 砌体结构

砌体结构的应用源远流长。据考证，自周朝始便能烧制砖瓦，汉朝已有空斗墙壁，北魏现多层砖塔。南京灵谷寺无梁殿（砖石拱券）始建于明朝初年，至今仍可供游人参观。万里长城成为人类奇观。秦长城用石料和黏土，将原秦、赵、燕各国北面的城墙连接成一体，总长万余里，故称为“万里长城”。现存明长城，东自山海关，西止嘉峪关，蜿蜒达 6350km，大部分由砖石砌筑而成。城墙具有军事防御功能，所以中国古代筑城必筑墙，这一特殊的建筑结构无一例外都是砌体结构。古老的砌体结构与现代水泥、钢筋结合，又获得了新生。配筋砖砌体、配筋砌块砌体房，全国基本建设中，砌体作为墙体占 90%以上。砌体的应用前景仍然看好。

第1节 砌体结构的材料

砌体结构是指由砖、石、砌块为块材，用砂浆砌筑的结构。

1．砌体结构的优缺点

（1）砌体结构的主要优点

1）容易就地取材。砖主要用黏土烧制；石材的原料是天然石砌块可以用工业废料——矿渣制作，来源方便，价格低廉。

2）砖、石或砌块砌体具有良好的耐火性和较好的耐久性。

3）砌体砌筑时不需要模板和特殊的施工设备，可以节省木材。新砌筑的砌体上即可承受一定荷载，因而可以连续施工。在寒冷地区，冬季可用冻结法砌筑，不需特殊的保温措施。

4）砖墙和砌块墙体能够隔热和保温，节能效果明显。所以既是较好的承重结构，也是较好的围护结构。

5）当采用砌块或大型板材作墙体时，可以减轻结构自重，加快施工进度，进行工业化生产和施工。

（2）砌体结构的缺点

1）与钢和混凝土相比，砌体的强度较低，因而构件的截面尺寸较大，材料用量多，自重大。

2）砌体的砌筑基本上是手工方式，施工劳动量大。

3）砌体的抗拉、抗剪强度都很低，因而抗震较差，在使用上受到一定限制；砖、石的抗压强度也不能充分发挥；抗弯能力低。

4）黏土砖需用粘土制造，在某些地区过多占用农田，影响农业生产。

2．砌体材料的分类

砌体材料分为：块材、砂浆两大类。

(1) 块材

主要包括：砖、砌块和石材。

1) 砖

①烧结普通砖

尺寸：240mm×115mm×53mm

强度等级：烧结普通砖的强度等级按 10 块样砖的抗压强度平均值、强度标准值及单块最小抗压强度值来确定分为：MU30、MU25、MU20、MU15 和 MU10 五级。

②烧结多孔砖（图 11.1）

尺寸：M 型 $190×190×90mm^3$　　P 型 $240×115×90mm^3$

强度等级：烧结多孔砖的强度等级按 10 块样砖的抗压强度平均值、强度标准值及单块最小抗压强度值来确定分为：MU30、MU25、MU20、MU15、MU10 五级。作为一种轻质、高强、保温隔热的新型墙体材料已被广泛推广使用。

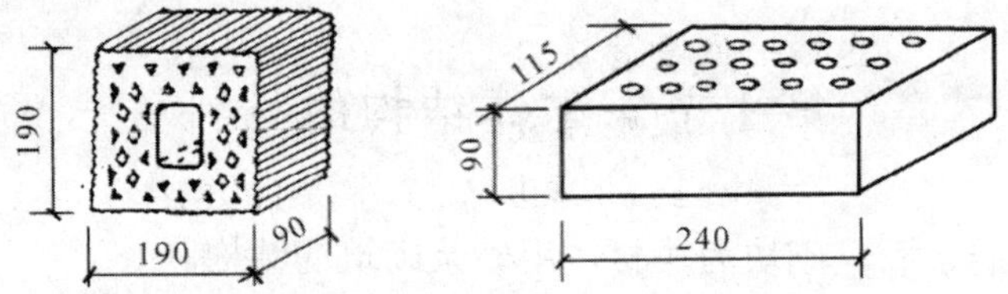

(a) M 型烧结多孔砖　　(b) P 型烧结多孔砖

图 11.1

③蒸压灰砂砖

是用石灰和砂为主要原料，经坯料制备、压制成型、蒸汽养护而成的实心砖，简称灰砂砖。蒸压灰砂砖与烧结普通砖相比耐久性较差，所以不宜用于防潮层以下的基础及高温、有酸性侵蚀的砌体中。

强度等级：按 10 块样砖的抗压强度平均值、抗折强度平均值来确定分为：MU25、MU20、MU15、MU10 四级。

④蒸压粉煤灰砖

是以粉煤灰、石灰为主要原料，掺加适量的石膏和集料，经坯料制备、压制成型、高压蒸汽养护而成的实心砖，简称粉煤灰砖。

强度等级：按 10 块样砖的抗压强度平均值、抗折强度平均值来确定分为：MU25、MU20、MU15、MU10 四级。

2) 砌块

近年来新型的砌块材料主要为混凝土小型空心砌块，是由普通混凝土或轻骨料混凝土制成的。

砌块的规格尚不统一，通常把高度在 390mm 以下的砌块称为小型砌块。主规格尺寸为 390mm×l90mmm×190mm（其他规格尺寸由供需双方协商），如图 11.2 所示。

砌块的强度等级，是根据 5 个砌块试样毛面积截面抗压强度的平均值和最小值进行划分的分为：MU25、MU20、MUl5、MUl0、MU7.5 和 MU5 六个强度等级。

3) 石材

承重结构中，常用的石材有花岗岩、石灰岩和凝灰岩等。石材抗压强度高，耐久性好，多用于房屋的基础等部位。

石材按其外形规则程度分为毛石和料石。毛石形状不规则，中部厚度不小于 200mm，长度约 300～400mm。料石为比较规则的六面体，其高度与宽度不小于 200mm，料石按加工平整程度不同分为细料石、半细料石、粗料石和毛料石。其中细料石、半细料石价格较高，一般用作镶面材料。粗料石、毛料石和毛石一般用于承重结构。

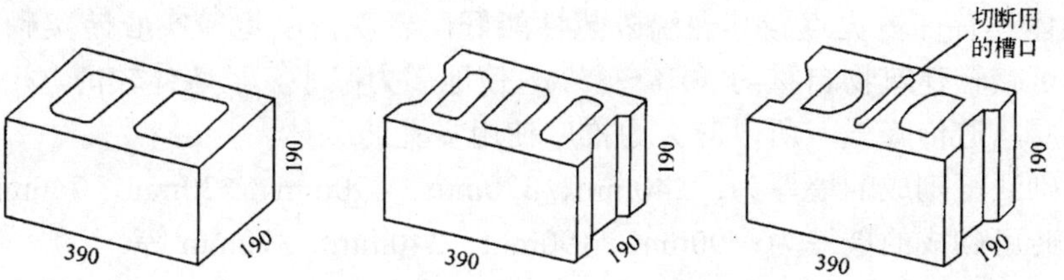

图 11.2　混泥土小型空心砌块

石材的强度等级共分为：MUl00、MU80、MU60、MU50、MU40、MU30、MU20 七级。

（2）砂浆

砂浆的作用是把块材黏结成整体，并均匀传递块材之间的压力，同时改善砌体的透气性、保温隔热性和抗冻性。

按砂浆的组成可分为以下几类：

1）水泥砂浆

由水泥与砂加水拌合而成的砂浆称为水泥砂浆，这种砂浆具有较高的强度和较好的耐久性，但和易性和保水性较差，适用于砂浆强度要求较高的砌体和潮湿环境中的砌体。

根据需要按一定的比例掺入掺和料和外加剂等组分，专门用于砌筑混凝土砌块的砌筑砂浆称为混凝土砌块砌筑砂浆，简称砌块专用砂浆。

2）混合砂浆

由水泥、石灰与砂加水拌合而成的砂浆称为混合砂浆。这种砂浆具有一定的强度和耐久性，而且和易性和保水性较好，在一般墙体中广泛应用，但不宜用于潮湿环境中的砌体。

3）非水泥砂浆　（石灰砂浆）

非水泥砂浆指不含水泥的石灰砂浆、石膏砂浆和黏土砂浆。这类砂浆强度不高，有些耐久性也较差，所以只用于受力较小或简易建筑中的砌体。

砂浆的强度等级：按标准方法制作的 70.7mm 的立方体试块（一组六块），在标准条件下养护 28 天，经抗压试验所测得的抗压强度的平均值来划分的。砌筑砂浆的强度等级分为 M15、M10、M7.5、M5、M2.5 五级 。

第 2 节　砌体的种类及力学性能

由块体和砂浆砌筑而成的整体材料称为砌体。根据砌体的受力性能分为无筋砌体结构、约束砌体结构和配筋砌体结构。

1．无筋砌体结构

常用的无筋砌体结构有砖砌体、砌块砌体和石砌体结构。

（1）砖砌体结构

它是由砖砌体制成的结构，视砖的不同分为烧结普通砖、烧结多孔砖、混凝土多孔砖和非烧结硅酸盐砖砌体结构。

实心砖大多砌成实心的砖砌体，主要有一顺一丁、梅花丁和三顺一丁砌法其整体性和受力性能较好，可以用作一般房屋的墙和柱，但砌体自重较大，如图 11.3 所示。

多孔砖砌体具有许多优点。其保温隔热性能好，表观密度也较实心砖实砌体小，因此采用多孔砖砌体可减轻建筑物自重约 30%～35%，使地震力减小，且墙体较薄，相应的房屋使用面积增加，房屋总造价降低，所以应大力推广使用多孔砖砌体。

实心砖实砌法可砌成的墙厚为：240mm、370mm、490mm、620mm、740mm 等。

烧结多孔砖可砌成的墙厚为：90mm、190mm、240mm、370mm 等。

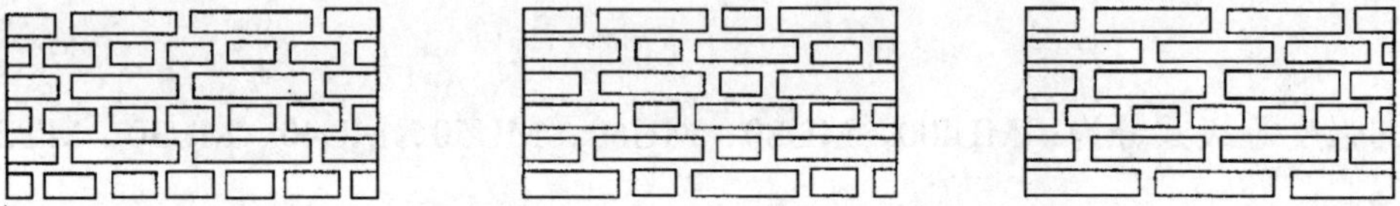

（a）一顺一丁　（b）梅花丁　（c）三顺一丁

图 11.3　实心砖砌体搭砌方式

砖砌体结构的使用面广。根据现阶段我国墙体材料革新的要求，实行限时、限地禁止使用黏土实心砖。对于烧结黏土多孔砖，应认识到它是墙体材料革新中的一个过渡产品，其生产和使用亦将逐步受到限制。

（2）砌块砌体结构

它是由砌块砌体制成的结构。我国主要采用普通混凝土小型空心砌块砌体和轻骨料混凝土小型空心砌块砌体，是替代黏土实心砖砌体的主要承重砌体材料。当其采用混凝土灌孔后，又称为灌孔混凝土砌块砌体。在我国，混凝土砌块砌体结构有较大的应用空间和发展前途。

由于砌块砌体自重轻，保温隔热好，施工进度快，经济效果好，因此采用砌块建筑是墙体改革的一项重要措施。

在确定砌块的规格尺寸和型号时，既要考虑起重能力，又要与房屋的建筑设计相协调，要有规律性，使砌块的类型尽量少，并能满足砌块之间的搭接要求。

（3）石砌体结构

它是由石砌体制成的结构，根据石材的规格和砌体的施工方法的不同分为料石砌体、毛石砌体和毛石混凝土砌体。石砌体结构主要在石材资源丰富的地区采用。

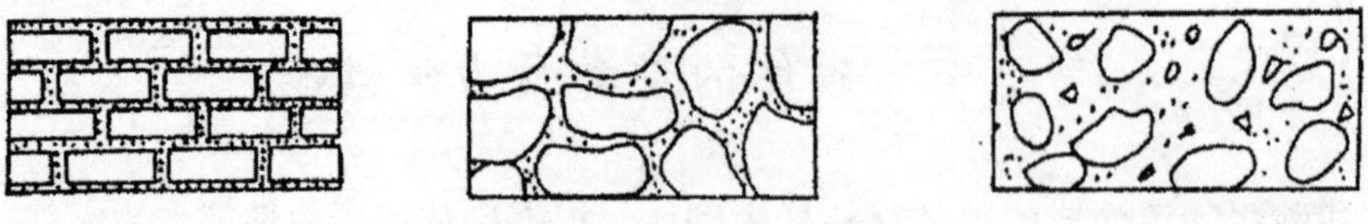

（a）料石砌体　（b）毛石砌体　（c）毛石混凝土砌体

图 11.4　石砌体

石砌体一般分为料石砌体、毛石砌体和毛石混凝土砌体 料石砌体和毛石砌体是用砂浆砌筑，毛石凝土砌体是在模板内交替铺砌混凝土和毛石而成。料石砌体除用于建造房屋外，还可用于建造石拱桥、石坝等构筑物。毛石混凝土砌体砌筑方便，一般用于房屋的基础部位或挡土墙等，如图 11.4 所示。

2．配筋砌体结构

它是由配置钢筋的砌体作为主要受力构件的结构，即通过配筋使钢筋在受力过程中强度达到流限的砌体结构。国内外普遍认为配筋砌体结构构件的竖向和水平方向的配筋率均不应小于 0.07%。如配筋混凝土砌块砌体剪力墙，具有和钢筋混凝土剪力墙类似的受力性能。有的还提出竖向和水平方向配筋率之和不小于 0.2%，可称为全配筋砌体结构。配筋砌体结构具有较高的承载力和延性，改善了无筋砌体结构的受力性能，扩大了砌体结构的应用范围。

在我国得到广泛应用的配筋砌体结构有下列三类。

（1）网状配筋砖砌体构件

在砖砌体的水平灰缝中配置钢筋网片的砌体承重构件，称为网状配筋砖砌体构件，亦称为横向配筋砖砌体构件，主要用作承受轴心压力或偏心距较小的受压的墙、柱，如图 11.5 所示。

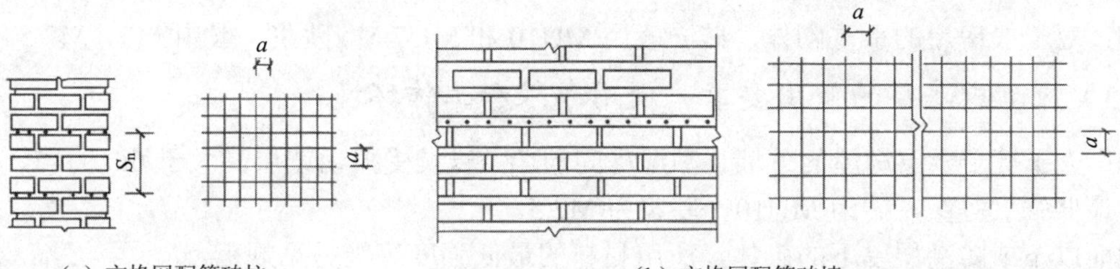

（a）方格网配筋砖柱　（b）方格网配筋砖墙

图 11.5　网状配筋砖砌体

（2）组合砖砌体构件

由砖砌体和钢筋混凝土或钢筋砂浆组成的砌体承重构件，称为组合砖砌体构件。工程上有两种形式，一种是采用钢筋混凝土作面层或钢筋砂浆作面层的组合砌体构件，图 11.6（b）所示，可用作偏心距较大的偏心受压墙、柱。另一种是在墙体的转角、交接处并沿墙长每隔一定的距离设置钢筋混凝土构造柱而形成的组合墙，图 11.6（c）所示，构造柱除约束砌体，还直接参与受力，较无筋墙体的受压、受剪承载力有一定程度的提高，可用作一般多层房屋的承重墙。

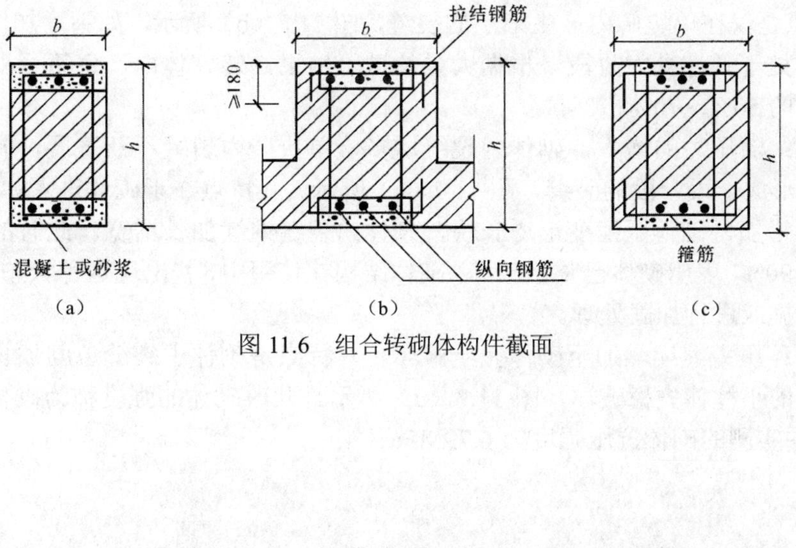

（a）　（b）　（c）

图 11.6　组合转砌体构件截面

3．约束砌体结构

通过竖向和水平钢筋混凝土构件约束砌体的结构，称为约束砌体结构。最为典型的是在我国广为应用的钢筋混凝土构造柱一圈梁形成的砌体结构体系。它在抵抗水平作用时使墙体的极限水平位移增大，从而提高墙的延性，使墙体裂而不倒。其受力性能介于无筋砌体结构和配筋砌体结构之间，或者相对于配筋砌体结构而言，是配筋加强较弱的一种配筋砌体结构。如果按照提高墙体的抗压强度或抗剪强度要求设置加密的钢筋混凝土构造柱，则属配筋砌体结构，这是近年来我国对构造柱作用的一种新发展。

4．砌体结构的选用原则

（1）因地制宜、就地取材

（2）应考虑结构的受荷性质及大小

如：对一般房屋的承重砌体，砖一般用 MU10 和 MU7.5；砂浆一般用 M5、M2.5。

（3）应考虑房屋的使用要求、使用年限和工作环境

如：大于等于六层房屋的外墙、潮湿房间的墙，以及受振动或层高大于 6m 的墙、柱所用材料的最低强度等级，砖为 MU10、砂浆为 M2.5。

地面以下或防潮层以下的砌体，所用材料的最低强度等级另见规范。

砌体的受压性能。砌体的抗压强度高，而抗拉、抗弯、抗剪强度很低。为了充分发挥材料的作用，砌体通常被用作受压构件。

5．砌体受压破坏特征

（1）普通砖砌体

从砖柱受压试验可知砖砌体轴心受压时，按照裂缝的出现、发展和破坏特点，可划分为三个受力阶段。图 4.2 为砖强度 f_1=25MPa，砂浆强度 f_z=12MPa 的页岩粉煤灰砖砌体的轴心受压破坏情况。

第一阶段：从砌体开始受压，随压力的增大至出现第一条裂缝（有时有数条，称第一批裂缝）。其特点是仅在单块砖内产生细小的裂缝，图 11.7（b）所示，如不增加压力，该裂缝亦不发展。砌体处于弹性受力阶段。根据大量的试验结果，砖砌体内产生第一批裂缝时的压力约为破坏压力的 50%～70%。

第二阶段：随压力的增大，砌体内裂缝增多，单块砖内裂缝不断发展，并沿竖向通过若干皮砖，逐渐形成一段一段的裂缝，图 11.7（c）所示。其特点在于砌体进入弹塑性受力阶段，即使压力不再增加，砌体压缩变形增长快，砌体内裂缝继续加长增宽。此时的压力约为破坏压力的 80%～90%，表明砌体已临近破坏。砌体结构在使用中，若出现这种状态是十分危险的，应立即采取措施或进行加固处理。

第三阶段：压力继续增加至砌体完全破坏。其特点是砌体中裂缝急剧加长增宽，个别砖被压碎或形成的小柱体失稳破坏，图 11.7（d）所示。此时砌体的强度称为砌体的破坏强度。图 11.7（a）中实测的砌体抗压强度为 6.79MPa。

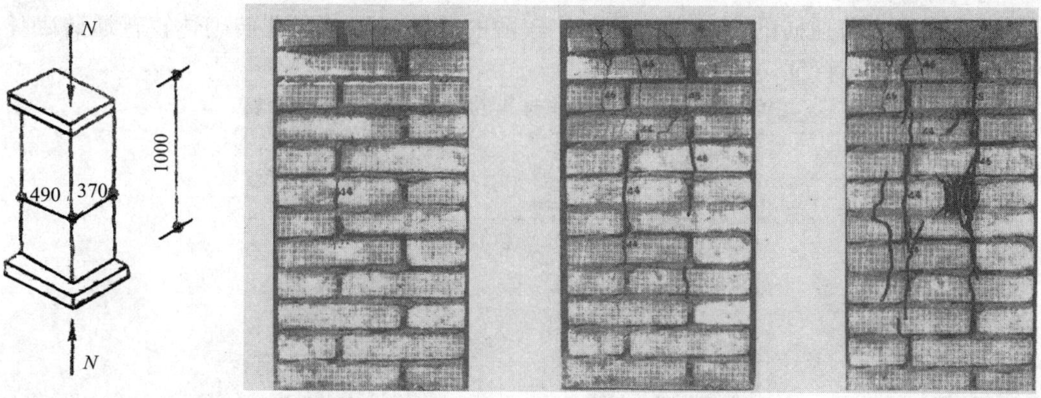

（a）　（b）第一阶段　（c）第二阶段　（d）第三阶段

图 11.7　砖砌体轴心受压时的破坏特征

分析上述试验结果可看出，砖砌体在受压破坏时，有一个重要的特征是单块砖先开裂，且砌体的抗压强度总是低于它所采用砖的抗压强度。这是因为砌体内的单块砖受到复杂应力作用的结果，如图 11.8 所示。

图 11.8　砌体内砖的复杂受力状态

复杂应力状态是砌体自身性质决定的。首先，由于砌体内灰缝的厚薄不一，砂浆难以饱满、均匀密实，砖的表面又不完全平整和规则，砌体受压时，砖并非如想象的那样均匀受压，而是处于受拉、受弯和受剪的复杂应力状态。砖和砂浆这两种材料的弹性模量和横向变形的不相等，亦增大了上述复杂应力。砂浆的横向变形一般大于砖的横向变形，砌体受压后，它们相互约束，使砖内产生拉应力。砌体内的砖又可视为弹性地基（水平缝砂浆）上的梁，砂浆（基底）的弹性模量愈小，砖的变形愈大，砖内产生的弯、剪应力也愈高。此外，砌体内竖缝的砂浆往往不密实，砖在竖缝处易产生一定的应力集中。上述种种原因均导致砌体内的砖受到较大的弯曲、剪切和拉应力的共同作用。由于砖是一种脆性材料，它的抗弯、抗剪和抗拉强度很低。

因而砌体受压时，首先是单块砖在复杂应力作用下开裂，破坏时砌体内砖的抗压强度得不到充分发挥。这是砌体受压性能不同于其他建筑材料受压性能的一个基本特点。还需指出，砌体的抗压强度远低于它所采用砖的抗压强度，也与砖的抗压强度的确定方法有关。如在测定烧结普通砖的抗压强度时，试块尺寸为 115mm×115mm×120mm，试块中仅有一道经仔细抹平的水平灰缝砂浆，其受压工作情况远比砌体中砖的工作情况有利。

（2）多孔砖砌体

烧结多孔砖和混凝土多孔砌体的轴心受压试验表明，砌体内产牛第一批裂缝时的压力较上述普通砖砌体产生第一批裂缝时的压力高，约为破坏压力的 70%。在砌体受力的第二阶段，出现裂缝的数量不多，但裂缝竖向贯通的速度快，且临近破坏时砖的表面普遍出现较大面积的剥落，如图 11.9 所示。

多孔砖砌体轴心受压时，自第二至第三个受力阶段所经历的时间亦较短。上述现象是由于多孔砖的高度比普通砖的高度大，且存在较薄的孔壁，致使多孔砖砌体较普通砖砌体具有更为显著的脆性破坏特征。

（a）（b）

图 11.9 页岩粉煤灰多孔砖砌体轴心受压破坏

（3）混凝土小型砌块砌体

混凝土小型空心砌块砌体轴心受压时，按照裂缝的出现、发展和破坏特点，也如普通砖砌体那样，可划分为三个受力阶段。但对于空心砌块砌体，由孔洞率大、砌块各壁较薄，对于灌孔的砌块砌体，还涉及块体与芯柱的共同作用．使其砌体的破坏特征较普通砖砌体的破坏特征仍有所区别，主要表现在以下几方面。

（a）（b）

图 11.10 混凝上空心砌块砌体轴心受压破坏

1）在受力的第一阶段。砌体内往往只产生一条裂缝，且裂缝较细。由于砌块的高度较普通砖的高度大。第一条裂缝通常在一块砌块的高度内贯通。

2）对于空心砌块砌体．第一条竖向裂缝常在砌体宽面上沿砌块孔边产生，即砌块孔洞角部肋厚度减小处产生裂缝，图 11.10（a）所示。随着压力的增加，沿砌块孔边或沿砂浆。竖缝产生裂缝。并在砌体窄面（侧面）上产生裂缝，图 11.10（b）所示。裂缝大多位于砌块孔洞中部，也有的发生在孔边边。最终往往因裂缝骤然加宽而破坏。砌块砌体破坏时裂缝数量较普通砖砌体破坏时的裂缝数量要少得多。

3）对于灌孔砌块砌体，随着压力的增加，砌块周边的肋对混凝土芯体有一定的横向约束。这种约束作用与砌块和芯体混凝土的强度有关。当砌块抗压强度远低于芯体混凝土的抗压强度时。第一条竖向裂缝常在砌块孔洞中部的肋上产生随后各肋均有裂缝出观．砌块先于芯体开裂。当砌块抗压强度与芯体混凝土抗压强度接近时。砌块与芯体均产生竖向裂缝，表明砌块与芯出体共同工作较好。随着芯体混凝土横向变形的增大，砌块孔洞中部肋上的竖向裂缝加宽．砌块的肋向外崩出导致砌体完全破坏。破坏时芯体混凝土有多条明显的内纵向裂缝。如图 11.11 所示。

（a）　　　　（b）

图 11.11　多孔混凝土块砌体轴心受压破坏

试验表明，其开裂荷载与破坏荷载之比，无论灌孔与否均约为 0.5。空心砌块砌体与灌孔砌块砌体在弹性阶段的受力性能完全相同。但也有的试验结果，对于空心砌块砌体其平均比值约为 0.5，对于灌孔砌块砌体其平均比值约为 0.7，这可能与砌块、灌孔混凝土的强度的匹配程度有关。二者的抗压强度相接近，对于发挥它们的共同工作最为有利。

（4）毛石砌体

毛石砌体受压时，由于毛石和灰缝形状不规则，砌体的匀质性较差，砌体的复杂应力状态更为不利，因而产生第一批裂缝时的压力与破坏压力的比值，相对于普通砖砌体的比值更小，约为 0.3，且毛石砌体内产生的裂缝不如普通砖砌体那样分布有规律。

6．影响砌体抗压强度的主要因素

（1）块体和砂浆的强度

块体和砂浆的强度指标是确定砌体强度最主要的因素。块体和砂浆的强度高，砌体的抗压强度也高。试验证明，提高块体的强度等级比提高砂浆强度等级对增大砌体抗压强度的效果好。在可能的条件下，应尽可能采用强度等级较高的块体。

（2）块体的尺寸与外观形状

块体的尺寸、外观形状及表面平整程度对砌体的抗压强度电有较大影响。从前面对单砖在砌体中受力状态的分析可以看出，块体厚度大，外形规则平整，其在砌体中所受的拉、弯、剪应力较小，有利于推迟块材裂缝的出现，从而延缓了砌体的破坏，提高了抗压强度。

（3）砂浆的性能

砂浆具有较明显的弹塑性性质，在砌体内采用变形率大的砂浆，单块砖内受到的弯、剪应力和横向拉应力增大，对砌体抗压强度产生不利影响。砂浆的流动性大，砌筑时能使灰缝均匀密实，可改善块体内的应力状态，使砌体强度提高。但砂浆的流动性也不能太大，否则，硬化后变形率增大，砌体强度反而有所降低。

（4）砌筑质量

砌体砌筑时水平灰缝的饱满度、水平灰缝的厚度及砖的含水率等关系着砌体质量的优劣。试验表明，当砂浆的饱满度为 73%时，砌体强度即可达到规定的强度。因此，砌体施工及验收规范中，要求水平灰缝砂浆饱满度大于 80%。水平灰缝愈厚，砂浆横向变形愈大，砌体内复杂应力状态随之加剧，砌体的抗压强度亦降低。通常要求水平灰缝厚度为 8～12mm。干砖会过多吸收灰缝中砂浆的水分，使砂浆失水而达不到结硬后应有的强度。为此，一般控制砖的含水率为 10%～15%。

此外，块体的外形规整程度、试件龄期、竖向灰缝饱满度、砂浆和块体的粘结力以及搭砌方式等都会对砌体的抗压强度有影响。

7. 砌体的局部受压性能

局部受压是砌体结构中常见的一种受力状态，其特点在于轴向压力仅作用于砌体的部分截面上。如砌体结构房屋中，承受上部柱或墙传来的压力的基础顶面，在梁或屋架端部支承处的截面上，均产生局部受压。视局部受压面积上压应力分布的不同，分为局部均匀受压和局部不均匀受压。当砌体局部截面上受均匀压应力作用，称为局部均匀受压，如图 11.12 所示。

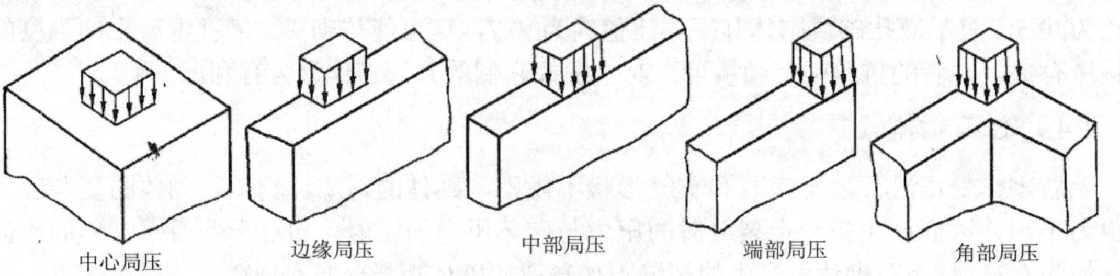

图 11.12 砌体局部均匀受压

当砌体局部截面上受不均匀压应力作用，称为局部不均匀受压，如图 11.13 所示。

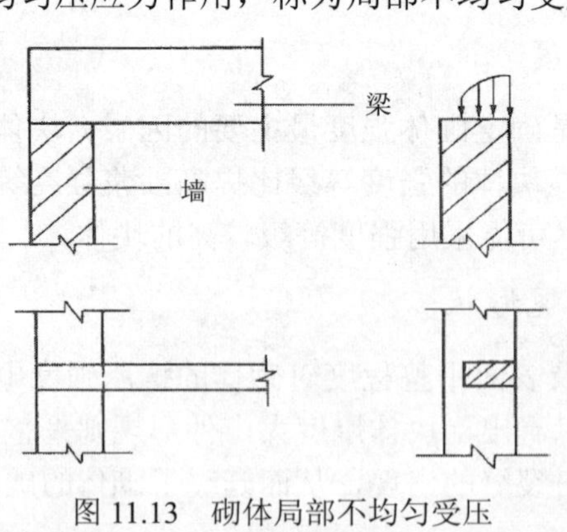

图 11.13 砌体局部不均匀受压

（1）砌体局部受压破坏特征

根据试验结果，砌体局部受压有三种破坏形态。

1）因竖向裂缝的发展而破坏

图 11.14 为中部作用局部压力的墙体施加局部压力后，第一批裂缝并不在与钢垫板直接接触的砌体内出现，而大多是在距钢垫板 1～2 皮砖以下的砌体内产生，裂缝细而短小。随着局部压力的继续增加，裂缝数量增多，既产生竖向裂缝，还产生自局部压力位置向两侧发展的斜裂缝。这些裂缝有的延伸加长，最终往往因一条上下贯通且较宽（裂缝上、下较细，中间较宽）的裂缝产生而完全破坏，如图 11.14（a）所示。这是砌体局部受压中的一种基本破坏形态。

2）劈裂破坏

在局部压力作用下，这种破坏的特征是，竖向裂缝少而集中，初裂荷载与破坏荷载很接近，即一旦砌体内产生竖向裂缝，便犹如刀劈那样立即破坏，如图 11.14（b）所示。试验表明，在砌体面积大而局部受压面积很小时，有可能产生这种破坏形态。

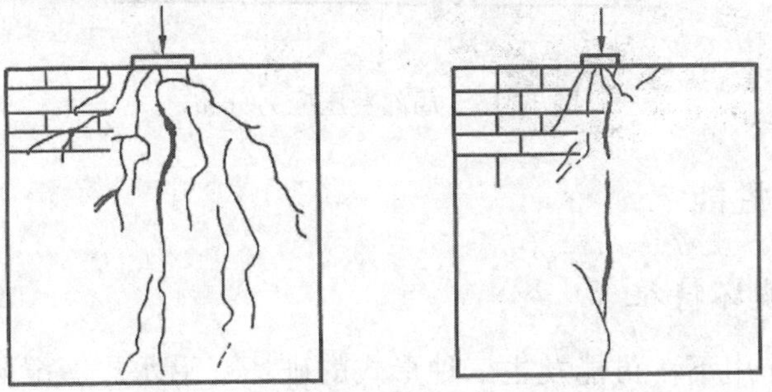

（a）　　（b）

图 11.14　砌体局部均匀受压破坏形态

3）局部受压面积附近的砌体压坏

这种破坏较少见，尤其在试验时极少发生与钢垫板接触附近的砌体被压坏的现象。但工程上当墙梁的墙高与跨度之比较大，砌体强度较低时，托梁支座附近上部砌体有可能被局部压碎。

（2）局部受压的工作机理

一般墙体在中部局部压力作用下，沿该压力的竖向截面上的横向应力 σ_x 与竖向应力 σ_y 的分布如图 11.15 所示（图中+号为拉应力，−号为压应力）。在局部压力作用下，局部受压区的砌体在产生竖向压缩变形的同时还产生横向受拉变形，而周围未直接承受压力的砌体像套箍一样阻止该横向变形，且与垫板接触的砌体处于双向受压或三向受压状态，使得局部受压区砌体的抗压能力（局部抗压强度）较一般情况下的砌体抗压强度有较大程度的提高，这是“套箍强化”作用的结果。从图 11.15 中的分布可看出，最大横向拉应力产生在垫板下方的一个区段上，当其值超过砌体抗拉强度时即产生竖向裂缝，这是局部受压时第一批裂缝，往往发生在距钢垫板数皮砖以下砌体的原因。

对于边缘及端部局部受压情况，上述“套箍强化”作用不明显甚至不存在。根据“力的扩散”的概念，只要存在未直接承受压力面积，就有力的扩散，能在不同程度上提高砌体的抗压强度。此外，局部受压时，由于未直接承受局部压力的截面的变形小于直接承受局部压力的截面的变形，即在边缘及端部局部受压情况下，仍将提供一定的侧压力，这也有利于局部受压。因此，从力的扩散和侧压力的综合影响来解释砌体局部抗压强度提高的原因是恰当的。

由上述分析可看出，砌体局部受压时，尽管砌体局部抗压强度得到提高，但局部受压面积往往很小，这对于工程结构是很不利的。

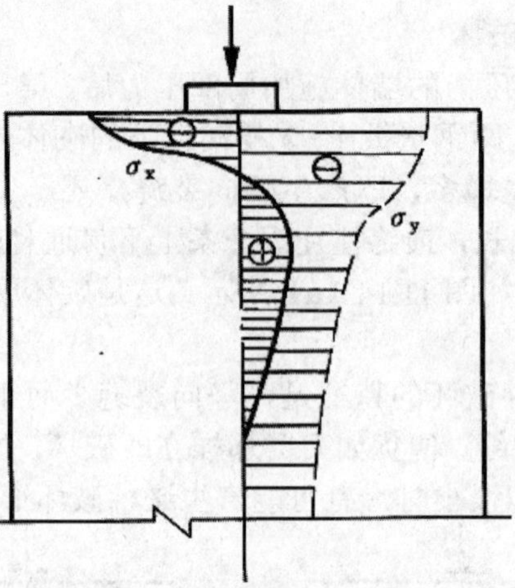

图 11.15　局部受压应力分布

8．砌体的受剪性能

（1）砌体受剪破坏特征

砌体结构在剪力作用下，可能发生三种形式的破坏：沿水平灰缝破坏、沿齿缝破坏及沿阶梯形截面破坏，其中沿阶梯形缝破坏是在地震中墙体最常见的破坏形式，如图 11.16 所示。

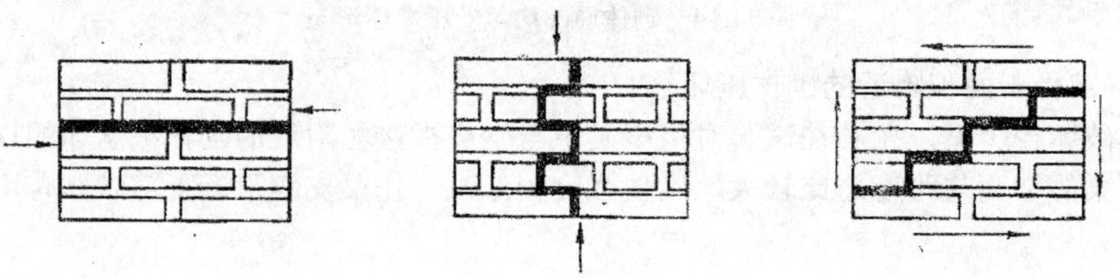

（a）沿水平灰缝破坏　（b）沿齿缝破坏　（c）沿阶梯形缝破坏

图 11.16　砌体受剪破坏特征

对于一个材料单元只作用有剪应力τ时，属纯剪受力状态，如图 11.17（a）所示。若该材料单元作用有压应力σ_x和σ_y时，即在双轴应力作用下，如图 11.17（b）所示，在一定的斜截面上（其夹角为θ）承受法向压应力σ_θ和剪应力τ_θ，如图 11.17（c）所示，属剪-压复合受力状态当。$\sigma_x=-\sigma_y$时，单元中最大剪应力产生在θ=45°的斜面上。上述纯剪是剪-压复合受力的一种特定状态。

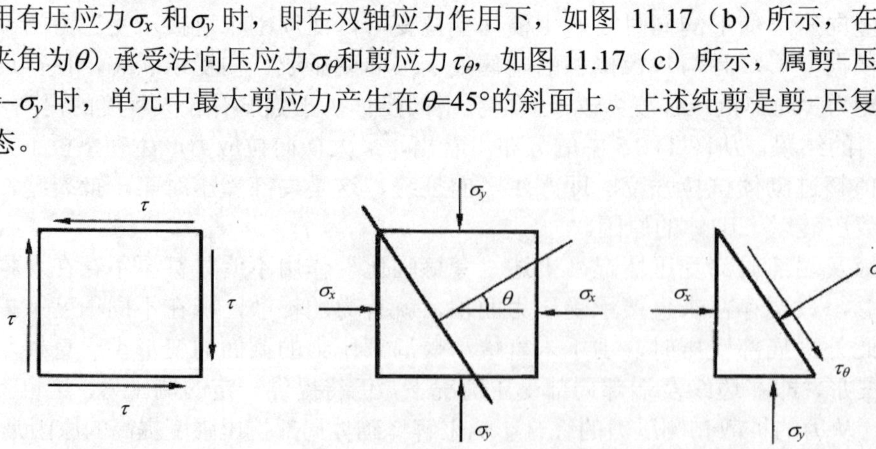

（a）　（b）　（c）

图 11.17　材料单元的受剪

如果砌体只在剪力作用下，将沿灰缝截面破坏，破坏很突然，称为沿通缝截面破坏。当砌体截面上受剪应力（τ）和垂直压应力（σ_y）同时作用时，其受力性能和破坏特征与上述纯剪情况有较大差别，即在剪-压复合受力状态下，随σ_y/τ的不同，将产生三种破坏形态。

1）剪摩破坏。为了反映砌体的剪-压复合受力，将砌体的通缝方向与竖向砌筑成不同的夹角θ，然后在试件顶面施加竖向压力，如图 4.13 所示。试验表明，当σ_y/τ较小，即通缝方向与竖向的夹角$\theta \leqslant 45°$时，砌体沿通缝截面受剪，当其摩擦力不足以抗剪时，将产生滑移而破坏，如图 11.18（a）所示，称为剪摩破坏。

2）剪压破坏。当σ_y/τ较大，即 $45° < \theta \leqslant 60°$时，砌体将产生阶梯形裂缝（齿缝）而破坏，如图 11.18（b）所示，称为剪压破坏。这种破坏实质上是因截面上的主拉应力超过砌体的抗拉强度所致。

③斜压破坏。当σ_y/τ更大，即 $45° < \theta \leqslant 90°$时，砌体将基本沿压应力作用方向产生裂缝而破坏，如图 11.18（c）所示，称为斜压破坏。

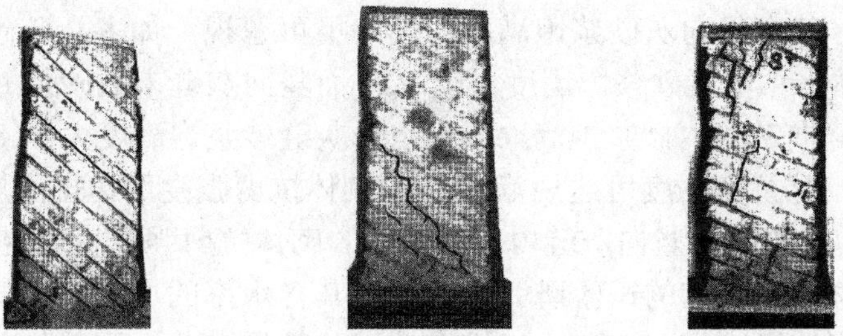

（a）剪摩破坏　　（b）剪压破坏　　（c）斜压破坏

图 11.18　砌体的剪-压破坏形态

砌体的受剪破坏属脆性破坏，上述斜压破坏更具脆性，设计上应予避免，在施工上更应注意材料质量和施工质量

（2）砌体抗剪强度的影响因素

同在砌体抗压强度影响因素中的分析，影响砌体抗剪强度的因素亦较多。主要有以下几点。

1）砌体材料强度。根据砌体受剪破坏形态的不同，块体和砂浆强度对砌体抗剪强度影响的程度不一。在剪摩和剪压情况下，块体的强度几乎对砌体抗剪强度不产生影响，但对于斜压情况，由于砌体基本上沿压力作用方向开裂，块体强度增大可显著提高砌体抗剪强度。砂浆强度无论针对哪一种破坏形态对砌体抗剪强度均有直接影响，特别是对于剪摩和剪压情况，砂浆强度的增大对提高砌体抗剪强度更为明显。

在灌孔混凝土砌块砌体中，还有芯柱混凝土的影响，由于芯柱混凝土自身抗剪强度和芯柱在砌体中的“销栓”作用，因而随灌孔混凝土强度的增大，灌孔砌块砌体的抗剪强度有较大幅度的提高。

2）垂直压应力。上面已指出砌体受剪破坏与垂直压应力（σ_y）密切相关，表明它直接影响砌体的抗剪强度。在剪摩情况下，水平灰缝中砂浆产生较大的剪切变形，此时垂直压应力产生的摩擦力可阻止或减小剪切面的水平滑移。因而随垂直压应力（σ_y）的增大，砌体抗剪强度（f_v）提高，如图 11-18 中线 A 所示。随着σ_y的增加，σ_y/f 在 0.6 左右，砌体斜截面上将因抗主拉应力的强度不足而产生剪压破坏，此时垂直压应力的增大对砌体抗剪强度的影响不大，如图 11-18 中曲线 B 和 C 的交叉区段，砌体抗剪强度的变化趋于平缓。当σ_y更大时，砌体产生斜压破坏，随σ_y的增大砌体抗剪强度迅速降低直至为零，其变化如图 11.19 中曲线 C 所示。

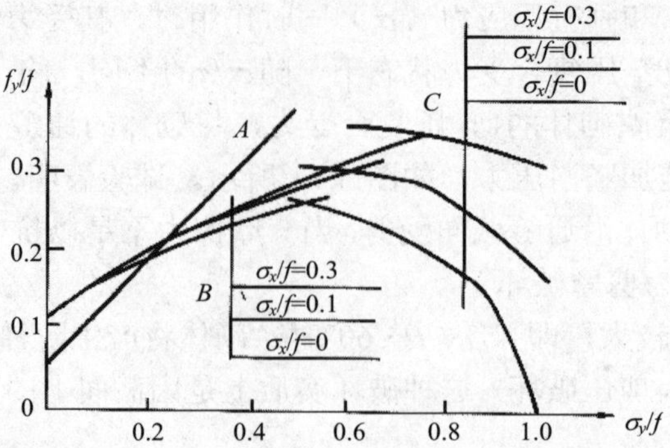

图 11.19　垂直压应力对砌体抗剪强度的影响

3）砌体工程施工质量。砌筑质量对砌体抗剪强度的影响主要与砂浆的饱满度和块体在砌筑时的含水率有关，其中竖向灰砂浆饱满度的影响不可忽视。如多孔砖砌体沿齿缝截面受剪的试验表明，当砌体水平灰缝砂浆饱满度大于 92%而竖向灰缝未灌砂浆,或当水平灰缝砂浆饱满度大于 62%，而竖向灰缝内砂浆饱满，或当水平灰缝砂浆饱满度大于 80%而竖向灰缝砂浆饱满度大于 40%，砌体抗剪强度可达规范规定值,砌体抗剪强度可达规范规定值。但当水平灰缝砂浆饱满度为 70%～80%而竖向灰缝内未灌砂浆，砌体抗剪强度较规定值降低 20%～30%。对于块体砌筑时的含水率，有的试验研究认为，随其含水率的增加砌体抗剪强度相应提高，与它对砌体抗压强度的影响规律一致。但较多的试验结果与此不同，如砖的含水率对砌体抗剪强度的影响，存在一个较佳含水率，当砖的含水率约为 l0%时砌体的抗剪强度最高。

9. 砌体受拉、受弯性能

砌体结构常用于受压构件，在工程中有时也能用于受拉、受弯和受剪的情况。

（1）砌体的轴心受拉性能

在实际工程中，例如圆形砖水池池壁环向会受拉。砌体在轴心拉力作用下，可能有三种破坏形式：沿齿缝截面破坏，如图 11.20（a）所示；沿块材和竖向灰缝破坏，如图 11.20（b）所示；沿水平灰缝截面破坏，如图 11.20（c）所示。当沿齿缝截面破坏时，承载能力取决于砂浆与块材之间的粘接力；当沿块材和竖向灰缝截面破坏时，砌体抗拉承载能力取决于块材本身的抗拉强度，当沿块材抗拉强度低于水平灰缝中砂浆与块材之间的切向粘接力时，才会发生这种破坏形式；当轴向拉力与砌体的水平灰缝垂直时，砌体发生沿水平通缝截面破坏，这时对抗拉承载力起决定作用的因素是法向粘接力。由于法向粘接力不可靠，所以工程中不允许采用垂直于通缝受拉的轴心受拉构件。

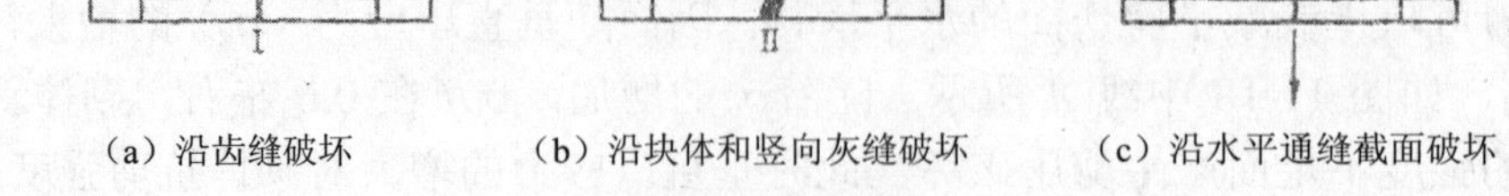

（a）沿齿缝破坏　　（b）沿块体和竖向灰缝破坏　　（c）沿水平通缝截面破坏

图 11.20　砌体轴心受拉破坏特征

（2）砌体的受弯性能

在实际工程中，像挡土墙、地下室墙体等承受弯矩或大偏心受压构件，不仅有弯矩同时又有轴力共同作用，导致砌体截面弯曲受拉。砌体结构在弯曲受拉时也可分为三种破坏形式，即沿齿缝截面破坏、沿通缝截面破坏、沿块体与竖向灰缝截面破坏，如图 11.21 所示。

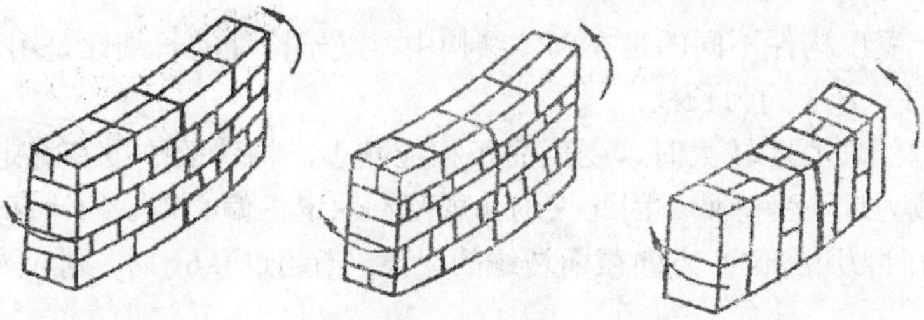

（a）沿齿缝破坏　（b）沿块体和竖向灰缝破坏　（c）沿通缝截面破坏

图 11.21　砌体弯曲受拉破坏

10．砌体结构的构造要求

砖墙通常用作内外承重墙、隔墙或围护墙。承重墙厚度是根据承载力和稳定性要求来确定的。对于外墙尚需考虑保温和隔热要求。

墙体的厚度应该满足模数制的要求。砖墙采用砖块砌筑，其厚度应符合砖的模数要求。砖墙的厚度尺寸见表 11.1。

表 11.1　砖墙厚度尺寸表

墙名称	1/4 砖墙	1/2 砖墙	3/4 砖墙	一砖墙	一砖半墙	两砖墙
标志尺寸	60	120	180	240	370	490
构造尺寸	50	115	178	240	365	490

第 3 节　无筋砌体结构承载力计算

砌体结构的计算原理：

《砌体结构设计规范》（以下简称《砌体规范》）采用了以概率理论为基础的极限状态设计方法。砌体结构极限状态设计表达式与砼结构类似，即将砌体结构功能函数极限状态方程转化为以基本变量标准值和分项系数形式表达的极限状态设计表达式。砌体结构除应按承载能力极限状态设计外，还应满足正常使用极限状态的要求。不过，在一般情况下，砌体结构正常使用极限状态的要求可以由相应的构造措施予以保证。

设计表达式：

砌体结构按承载能力极限状态设计的表达式为

$$\gamma_0 S \leqslant R \tag{11.1}$$

式中：γ_0——结构重要性系数，对安全等级为一级、二级、三级的砌体结构构件，可分别取 1.1、1.0、0.9；

S——内力设计值，分别表示为轴向力设计值 N、弯矩设计值 M 和剪力设计值 V 等；

R——结构构件抗力（材料设计强度、构件截面面积等）。

砌体结构除应按承载能力极限状态设计外，还应满足正常使用极限状态的要求，在一般情况下，正常使用极限状态可由相应的构造措施予以保证，不需验算。

砌体结构承载力计算。

1. 受压承载力计算公式

与钢筋混凝土受压构件不同的是在砌体结构中，受压构件的长细比是用高厚比来β来表示的，$\beta \leqslant 3$ 的为短柱，$\beta > 3$ 的为长柱。

偏心受压构件的偏心距较大时，受压面积相应减小，构件的刚度和稳定性也随之减弱，最终导致构件承载力进一步降低。因此《砌体规范》规定，偏心距 e 的计算值不应超过 $0.6y$，y 为截面重心到轴向力所在偏心方向截面边缘的距离，当超过 $0.6y$ 时，则应采取减小轴向力偏心距的措施。

无论短柱、长柱，轴心受压还是偏心受压，无筋砌体受压构件的受压承载力的计算公式统一按下式计算

$$N \leqslant N_u = \varphi \gamma_a f A \tag{11.2}$$

式中：N_u——无筋砌体受压构件受压承载力设计值；

A——砌体抗压强度设计值；

φ——高厚比β和轴向力偏心距 e 对受压构件承载力的影响系数。

在计算φ或查φ表时，构件的高厚比β按下式确定

对矩形截面

$$\beta = \gamma_\beta \frac{H_0}{h} \tag{11.3}$$

对 T 形截面

$$\beta = \gamma_\beta \frac{H_0}{h_T} \tag{11.4}$$

式中：γ_β——不同砌体材料构件的高厚比修正系数，按表 11.2 采用；

H_0——受压构件的计算高度；

h——矩形截面轴向力偏心方向的边长，当轴心受压时为截面较小边长；

h_T——T 形截面的折算厚度，可近似按 $3.5i$ 计算，i 为截面回转半径。

注：对灌孔混凝土砌块砌体，作取 γ_β 取 1.0。

表 11.2 高厚比修正系数

砌体材料的类别	γ_β
烧结普通砖、烧结多孔砖	1.0
混凝土普通砖、混凝土多孔砖、混凝土及轻集 料混凝土砌块	1.1
蒸压灰砂普通砖、蒸压粉煤灰普通砖、细料石	1.2
粗料石、毛石	1.5

注：对灌孔混凝土砌块砌体，γ_β 取 1.0。

与钢筋混凝土结构构件的承载力计算不同，砌体结构构件的承载力计算基本上都是承载力的复核问题。

对矩形截面构件，当轴向力偏心方向的截面边长大于另一方向的边长时，除按偏心受压计算外，还应对较小边长方向，按轴心受压进行验算。

2．受压构件承载力影响系数φ

（1）短柱

试验表明，对于高厚比$\beta\leqslant3$ 的矩形、T 形、十字形和环形截面的偏心受压短柱，其受压构件承载力影响系数φ和偏心距 e 与截面回转半径i 的比值e/i大致接近反二次抛物线的关系。因此，对矩形截面

$$\varphi=\frac{1}{1+12(e/h)^2} \tag{11.5}$$

式中：e——轴向力偏心距，$e=M/N$，M、N 分别为计算截面的弯矩设计值和轴向压力设计值，轴心受压时，$e=0$，$\varphi=1$；

i——矩形截面回转半径，$i=\dfrac{h}{\sqrt{12}}$，故适用于矩形截面φ的表达式见式 （11.5）；

h——矩形截面轴向力偏心方向的边长。

对矩形截面受压构件，当轴向力偏心方向的截面边长大于另一方向的边长时，除按偏心受压计算外，还应对较小边长方向按轴心受压进行验算，取两者中的小值作为承载力。

对 T 形截面构件

$$\varphi=\frac{1}{1+12(e/h_T)^2} \tag{11.6}$$

式中：h_T——T 形截面折算厚度，可近似取 $h_T=3.5i$；

i——T 形截面回转半径，$i=\sqrt{I/A}$，I为偏心方向的截面惯性矩，A 为截面面积。

φ也可不按公式计算，而直接由附表 9.9 中按$\beta\leqslant3$ 的项来查取。

（2）长柱

对于$\beta>3$ 的长柱，φ不仅与偏心距有关，还与高厚比β有关，这时β对φ的影响体现在考虑纵向弯曲引起的附加偏心距e_i中。

对矩形截面

$$\varphi=\frac{1}{1+12\left(\frac{e+e_i}{h}\right)^2} \tag{11.7}$$

研究表明，e_i主要与轴心受压构件的稳定系数φ_0有关，可以用下式表示：

$$e_i=\frac{h}{\sqrt{12}}\sqrt{\frac{1}{\varphi_0}-1} \tag{11.8}$$

将上式代入式（11.7），得φ的计算式

对矩形截面

$$\varphi=\frac{1}{1+12\left[\frac{e}{h}+\sqrt{\frac{1}{12}\left(\frac{1}{\varphi_0}-1\right)}\right]^2}=\frac{1}{1+12\left[\frac{e}{h}+\beta\sqrt{\frac{\alpha}{12}}\right]^2} \tag{11.9}$$

对 T 形截面

$$\varphi=\frac{1}{1+12\left[\frac{e}{h_T}+\sqrt{\frac{1}{12}(\frac{1}{\varphi_0}-1)}\right]^2}=\frac{1}{1+12\left[\frac{e}{h}+\beta\sqrt{\frac{\alpha}{12}}\right]^2} \tag{11.10}$$

式中：e_i——偏心受压构件考虑纵向弯曲引起的附加偏心距；

φ_0——轴心受压构件的稳定系数；

$$\varphi_0=\frac{1}{1+\alpha\beta^2} \tag{11.11}$$

α——与砂浆强度等级有关的系数。

当砂浆强度等级大于或等于 M5 时，α =0.0015；

当砂浆强度等级等于 M2. 5 时，α =0. 002；

当砂浆强度等级等于 0 时，α =0.009。

长柱的φ值除按公式计算外，也可按附表 6.9 中 β>3 的项来查取。

【例 11-1】 一承受轴心压力的砖柱，截面尺寸 370mm×490mm，采用砖 MU7.5、砂浆 M4 砌筑，荷载设计值在柱顶产生的轴心力为 70kN，柱的计算高度为 3.5m。试核算该柱的承载力。

解：砖柱自重

$$1.2\times18\times0.37\times0.49\times3.5=13.7\text{kN}$$

柱底截面上的轴向力

$$N=70+13.7=83.7\text{kN}$$

砖柱高厚比

$$\beta=\frac{H_0}{b}=\frac{3.5}{0.37}=9.46$$

查表

$$A=0.37\times0.49=0.181\text{m}^2<0.3\text{m}^2$$
$$\gamma_a=0.7+A=0.7+0.181=0.881$$
$$f=0.881\times0.79=0.696\text{MPa}$$
$$N_u=\varphi Af=0.71\times0.181\times0.696\times10^3=89.4\text{kN}>83.7\text{kN}$$

所以，该柱安全。

【例 11-2】 某单向偏心受压柱（沿长边偏心），柱的计算高度 H_0=5m（两个方向相等），截面尺寸 $b\times h$=370mm×620mm，承受轴向压力设计值 N=108kN，弯矩设计值 M=15kN·m，采用 MU10 烧结普通砖、M5 混合砂浆。试核算该柱的承载力 。

解：计算偏心方向的承载力

$e=M/N=15\times10^6/108\times10^3=139\text{mm}<0.6y=0.6\times310=186\text{mm}$

$\beta=\gamma_\beta H_0/h=1.0\times5000/620=8>3$，$e/h=139/620=0.024$，则

$$\varphi_0=\frac{1}{1+\alpha\beta^2}=\frac{1}{1+0.0015\times8^2}=0.912$$

$$\varphi=\frac{1}{1+12\left\{\frac{e}{h}+\sqrt{\frac{1}{12}\left(\frac{1}{\varphi_0}-1\right)}\right\}^2}=\frac{1}{1+12\left[0.024+\sqrt{\frac{1}{12}(\frac{1}{0.912}-1)}\right]^2}=0.459$$

$A = 0.37 \times 0.62 = 0.23\text{m}^2 < 0.3\text{m}^2$

$\gamma_a = 0.7 + A = 0.93$

$N_u = \varphi A f = 0.458 \times 0.93 \times 1.5 \times 0.23 \times 10^6 = 147\text{kN} > 108\text{kN}$

所以偏心方向的承载力满足要求。

【例 11-3】 一承受轴心压力砖柱的截面尺寸为 370mm×490mm，采用 MU10 烧结普通砖、M2.5 混合砂浆砌筑，荷载设计值（其中仅有一个活荷载）在柱顶产生的轴向力 140kN，柱的计算高度取其实际高度 3.5m。试验算该柱承载力。

解：砖柱自重

$$1.35\times18\times0.37\times0.49\times3.5=13.7\text{kN}$$

柱底截面的轴心压力

$$N = 13.7+140=153.7\text{kN}$$

高厚比

$$\beta=\frac{H_0}{b}=\frac{3.5}{0.37}=9.46$$

查表φ= 0.846

因柱截面面积 A=0.37×0.49=0.181<0.3m^2，

应考虑强度调整系数γa=0.7+A=0.7+0.181=0.881

$$N_u=\varphi\gamma_a f_A=0.846\times0.881\times1.29\times181000= 174\text{kN}$$

$$>153.7\text{kN}$$

满足要求。

局部受压的计算：

局部受压是砌体结构中常见的受力形式，其特点是外力仅作用于砌体的部分截面上。例如砖柱支承在基础上，钢筋混凝土梁支承在砖墙上等。当砌体局部受压面积上的压应力呈均布时，称为砌体局部均匀受压；当砌体局部受压面积上的压应力呈非均布时，称为砌体局部非均匀受压。

3．砌体局部均匀受压

局部均匀受压按其相对位置不同可分为：中心局部均匀受压、中部或边缘局部受压、角部局部受压和端部局部受压。

由试验可知，砌体在局部受压情况下的强度大于砌体本身的抗压强度，一般可用局部受压强度提高系数γ来表示。

（1）砌体截面中局部均匀受压时的承载力计算公式

$$N_l \leqslant \gamma f A_l \tag{11.12}$$

式中：N_l——局部受压面积上的轴向力设计值；

γ——砌体局部抗压强度提高系数；

f——砌体的抗压强度设计值，可不考虑强度调整系数γ_a的影响；

A_l——局部受压面积。

（2）砌体局部抗压强度提高系数γ

$$\gamma = 1 + 0.35\sqrt{\frac{A_0}{A_l} - 1} \tag{11.13}$$

式中：A_0——影响砌体局部抗压强度的计算面积，可按图 11.22 确定。

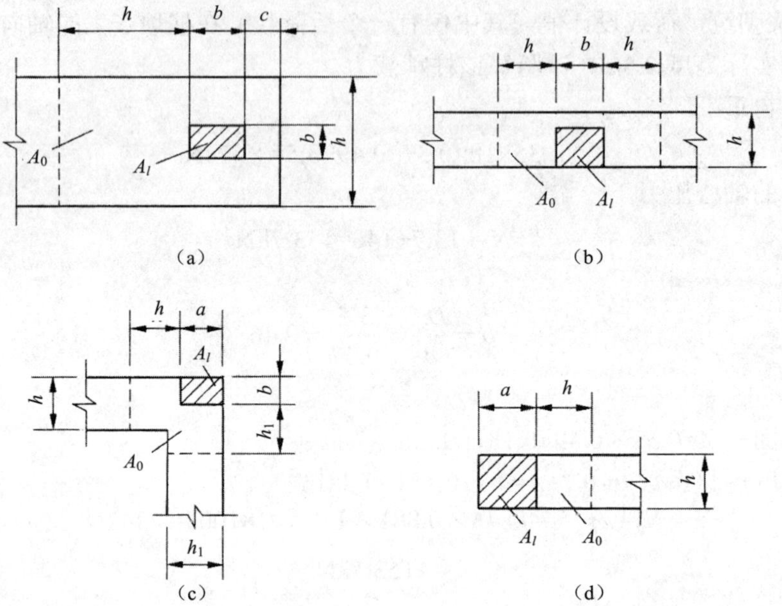

图 11.22 影响局部抗压强度的面积 A_0

（3）A_0的确定

在图 11.22 中，局部抗压强度的计算面积 A_0，代入式（11.11）后，可得砌体局部抗压强度提高系数γ，尚应符合下列规定：

1）图 11-19（a）：$A_0 = (a + c + h)h$　　$\lambda \leqslant 2.5$

2）图 11-19（b）：$A_0 = (b + 2h)h$　　$\lambda \leqslant 2.0$

3）图 11-19（c）：$A_0 = (a + h)h + (b + h_1 - h)$　　$\lambda \leqslant 1.5$

4）图 11-19（d）：$A_0 = (a + h)h$　　$\lambda \leqslant 1.25$

5）对于空心砖砌体，局部抗压强度提高系数 $\lambda \leqslant 1.5$，对于未灌孔的混凝土砌块砌体 $\lambda = 1.0$。

式中：a、b——矩形局部受压面积 A_l 的边长；

h、h_l——墙厚或柱的较小边长、墙后；

e——矩形局部受压面积的外边缘至构件边缘的较小距离，当大于 h 时，取 h。

【例 11-4】　某房屋的基础采用 MU10 烧结普通砖和 M7.5 水泥砂浆砌筑，其上支承截面尺寸为 250mm×250mm 的钢筋混凝土柱，柱作用于基础顶面中心处的轴向压力设计值 N_l=180kN，试验算柱下砌体的局部受压承载力是否满足要求。

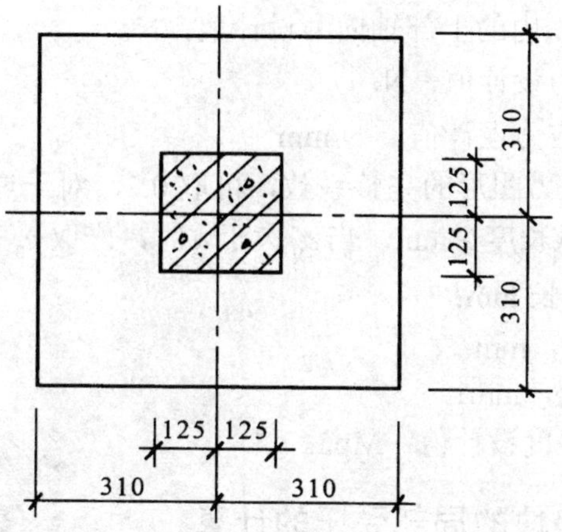

查附录表 6-1 得砌体抗压强度设计值 f=1.69MPa。

砌体的局部受压面积 $A_l = 0.25\times0.25 = 0.625\text{m}^2$

影响砌体局部抗压强度计算面积

$$A_l = 0.62\times0.625 = 0.3844\text{m}^2$$

砌体局部抗压强度提高系数

$$\gamma = 1 + 0.35\sqrt{\frac{A_0}{A_l} - 1} = 1 + 0.35\sqrt{\frac{0.3844}{0.625} - 1} = 1.79 < 2.5$$

砌体局部受压承载力为

$$\gamma f A_l = 1.79\times1.69\times0.0625\times10^6\times10^{-3} = 189.1\text{kN}$$

可见，满足要求。

4. 梁端支承处砌体的局部受压

梁端支承处的砌体局部受压是非均匀受压。因为梁在荷载作用下，梁端将产生转角 θ，使支座内边缘处砌体的压缩变形及相应的压应力最大，越向梁端方向，压缩变形和压应力逐渐减小，形成梁端支承面上的压应力力不均匀分布。因为梁的弯曲，使梁的末端有脱离砌体的趋势。梁端支承长度由实际长度 a 变为有效支承长度 a_0，梁的高度越大，a_0 越接近于 a。

梁端支承处砌体局部受压计算中，除考虑由梁传来的荷外还应考虑局部受压面积上由上部荷载设计值产生的轴向力，但由于支座下砌体发生压缩变形，使梁端顶部与上部砌体脱离开，形成内拱作用，计算时，要对上部传下的荷载作适当折剪。

梁端支承处砌体的局部受压承载力计算公式

$$\psi N_0 + N_l \leqslant \eta\gamma f A_l \tag{11.14}$$

$$\psi = 1.5 - 0.5\frac{A_0}{A_l} \tag{11.15}$$

$$N_0 = \sigma_0 A_l \tag{11.16}$$

$$A_l = a_0 b \tag{11.17}$$

$$a_0 = 10\sqrt{\frac{h_c}{f}} \tag{11.18}$$

式中：ψ——上部荷载折减系数，当 $A_0 / A_l \leqslant 3$ 时，应取 $\psi = 0$；

N_0——局部受压面积内的上部轴向力设计值，N；

N_l——梁端支承压力设计值，N；

σ_0——上部平均压应力设计值，N/mm^2；

η——梁端底面压应力图形的完整系数，可取 0.7，对于过梁和墙梁，可取 1.0；

a_0——梁端有效支承长度，mm，当 a_0 大于 a 时，应取 $a_0 = a$；

a——梁端实际支承长 mm；

b——梁的截面宽度，mm；

h_c——梁的截面高度，mm；

f——砌体的抗压强度设计值，Mpa。

5．梁端下设刚性垫块的局部受压的计算

当梁端局部抗压强度不满足要求或墙上搁置较大的梁、桁架时，常在其下设置刚性垫块。梁或屋架端部下设置垫块可使局部受压面积增大，是解决局部受压承载力不足的一项有效措施。

（1）刚性垫块下的砌体局部受压承载力计算公式

$$N_0 + N_l \leqslant \varphi\gamma_1 f A_b \tag{11.19}$$

$$N_0 = \sigma_0 A_b \tag{11.20}$$

$$A_b = a_b b_b \tag{11.21}$$

式中：N_0——垫块面积 A_b 内上部轴向力设计值，N；

φ——垫块上 N_0 及 N_l 合力的影响系数，N_l 作用点的位置可取 $0.4a_0$ 处，应采用附 表 9-9 中当 $\beta \leqslant 3$ 时的 φ 值；

λ_1——垫块外砌体面积的有利影响系数，$\lambda_1 = 0.8\gamma$，但应满足 $\lambda_1 \geqslant 1.0$，γ 为砌体局部抗压强度提高系数，按公式 $\gamma = 1 + 0.35\sqrt{\dfrac{A_0}{A_l} - 1}$ 以 A_b 代替 A_l 计算得出；

σ_0——上部平均压应力设计值，N/mm^2；

A_b——垫块面积，mm^2；

a_b——垫块伸入墙内的长度，mm；

b_b——垫块的宽度，mm。

（2）刚性垫块的构造规定

1）刚性垫块的高度不宜小于 180 mm，自梁边算起的垫块 挑出长度不宜大于垫块高度 t_b；

2）在带壁柱墙的壁柱内设刚性垫块时（如图 11-22 所示），其计算面积应取壁柱范围内的面积，而不应计算翼缘部分，同时，壁柱上垫块伸入翼墙内的长度不应小于 120 mm；

3）当现浇垫块与梁端整体浇筑时，垫块可在梁高范围内设置，其计算可与 设置刚性预制垫块相同。

（3）梁端设有刚性垫块时，梁端有效支承长度 a_0 的计算公式

$$a_0 = \delta_1\sqrt{\frac{h}{f}} \tag{11.22}$$

式中：δ_1——刚性垫块的影响系数，按表 11.3 采用。

现浇钢筋混凝土梁也可以采用与梁端现浇成整体的垫块，由于垫块与梁端现浇成体，受力时垫块将与梁端一起变形，此时，梁垫实际上就是放大了的梁端，因此梁端支承处砌体的局部受压承 载力仍按式（11-12）计算，但式中的 $A_l = a_0 b_0$。

表 11.3 系数 δ_1 值

δ_0 / f	0	0.2	0.4	0.6	0.8
δ_1	5.4	5.7	6.0	6.9	7.8

注：表中其间的数值可采用插入法求得。

梁端下设垫梁的砌体局部受压的计算：

当梁端支承处的砖墙上设有连续的钢筋混凝土梁（如圈梁）时，可利用钢筋混凝土梁作为垫梁，把大梁传来的集中荷载分布到一定宽度的砖墙上，如图 11.23 所示。

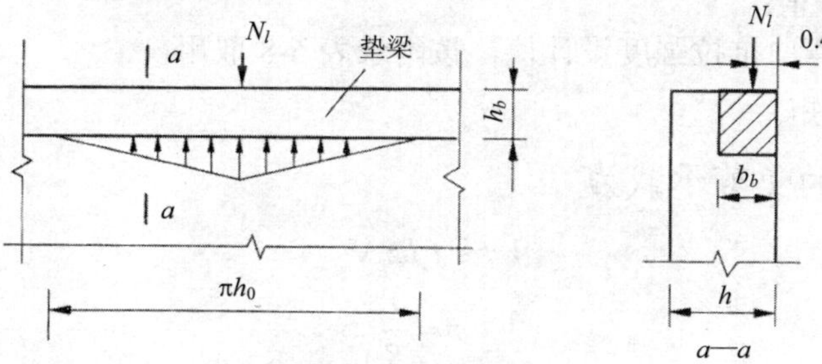

图 11.23 垫梁局部受压

当垫梁长度大于 πh_0 时，垫梁下砌体局部受压承载力计算公式为

$$N_0 + N_l \leqslant 2.4\delta_2 f b_b h_0 \tag{11.23}$$

$$N_0 = \pi b_b h_0 \delta_0 / 2 \tag{11.24}$$

$$h_0 = 2\sqrt[3]{\frac{E_b I_b}{Eh}} \tag{11.25}$$

式中：N_0——垫梁上部轴向力设计值，N；

b_b——垫梁在墙厚方向的宽度，mm；

δ_2——当荷载沿墙厚方向均匀分布时 $\delta_2 = 1.0$，不均匀时 $\delta_2 = 0.8$；

h_0——垫梁折算高度，mm；

E_b、I_b——垫梁的混凝土弹性模量和截面惯性矩；

E——砌体的弹性模量；

h——墙厚，mm。

垫梁上梁端的有效支承长度 a_0，可按式（11.20）计算。

砌体轴心受拉、受弯、受剪承载力计算

6. 轴心受拉构件

砌体轴心受拉承载力是很低的，因此工程上采用砌体轴心受拉的构件很少。 在容积不大的圆形水池或筒仓中，可将池壁或筒壁设计成轴心受拉构件。由于液体或松散物料对墙壁的压力，在壁内产生环向拉力，使砌体轴心受拉。

砌体轴心受拉构件的承载力，按下式计算：

$$N_t < f_t A \tag{11.26}$$

式中：N_t——轴心拉力设计值；

f_t——砌体轴心抗拉强度设计值。

7．受弯构件

砌体挡土墙，在水平荷载作用下，属受弯构件。由于受弯构件的截面内还产生剪力，因此对受弯构件除计算受弯承载力外，还应计算受剪承载力计算。

（1）受弯承载力

$$M \leqslant f_{tm} W \tag{11.27}$$

式中：M——弯矩设计值；

f_{tm}——砌体的弯曲抗拉强度设计值，按附录表 6-8 取用；

W——截面抵抗矩。

（2）受弯构件的受剪承载力

$$V \leqslant f_v bz \mathrm{V} \tag{11.28}$$

$$z = \frac{I}{S}$$

式中：V——剪力设计值；

f_v——砌体的抗剪强度设计值，按附表 6-8 取用；

b——截面宽度；

z——内力臂，对于矩形截面 $z=2h/3$；

I——截面惯性矩；

S——截面面积矩；

h——截面高度。

8．受剪构件

如前所述，在竖向荷载和水平荷载作用下，可能产生沿通缝截面或沿阶斥爆 截面的受剪破坏。

沿通缝或阶梯形截面破坏的受剪构件的承载力均可按下式计算：

$$V \leqslant (f_V + \partial \mu \sigma_0) A \tag{11.29}$$

当 $\gamma_G = 1.2$ 时

$$\mu = 0.26 - 0.082 \frac{\sigma_0}{f} \tag{11.30}$$

当 $\gamma_G = 1.35$ 时

$$\mu = 0.23 - 0.065 \frac{\sigma_0}{f} \tag{11.31}$$

式中：V——截面剪力设计值；

A——水平截面面积，当有孔洞时，取净截面面积；

f_V——砌体的抗剪强度设计值，对灌孔的混凝土砌块砌体取 f_{VG}；

α——修正系数：

当 $\gamma_G = 1.2$ 时，砖（含多孔砖）砌体取 0.60，混凝土砌块砌体取 0.64；

当 $\gamma_G = 1.35$ 时，砖（含多孔砖）砌体取 0.64,混凝土砌块取 0.66；

μ——剪压复合受力影响系数，a 与 μ 的乘积可查表 11.4；

σ_0——永久荷载设计值产生的水平截面平均压应力，其值不应大于 $0.8f$；

设计计算时，应控制轴压比 σ_0/f 不大于 0.8 以防止墙体产生斜压破坏。还应注意上述 f_V 取值不能用于确定砲体的抗震抗剪强度设计值。

表 11.4　当 $\gamma_G = 1.2$ 及 $\gamma_G = 1.35$ 时 $\alpha\mu$ 值

γ_G	σ_0/f	0.1	0.2	0.3	0.4	0.5	0.6	0.7	0.8
1.2	砖砌体	0.15	0.15	0.14	0.14	0.13	0.13	0.12	0.12
	砖块砌体	0.16	0.16	0.15	0.15	0.14	0.13	0.13	0.12
1.35	砖砌体	0.14	0.14	0.13	0.13	0.13	0.12	0.12	0.11
	砖块砌体	0.15	0.14	0.14	0.13	0.13	0.13	0.12	0.12

【例 11-5】　一承受轴心压力的砖柱，截面尺寸 370mm×490mm，采用砖 MU7.5、砂浆 M4 砌筑，荷载设计值在柱顶产生的轴心力为 70kN，柱的计算高度为 3.5m。试核算该柱的承载力。

解：砖柱自重：

$$1.2\times18\times0.37\times0.49\times3.5 = 13.7\text{kN}$$

柱底截面上的轴向力

$$N = 70 + 13.7 = 83.7\text{kN}$$

砖柱高厚比

$$\beta = \frac{H_0}{b} = \frac{3.5}{0.37} = 9.46$$

查附表 6.9

$\varphi = 0.71$

$A = 0.37\times0.49 = 0.181m^2 < 0.3\text{m}^2$

$\gamma_a = 0.7 + A = 0.7 + 0.181 = 0.881$

$f = 0.881\times0.79 = 0.696\text{MPa}$

$N_u = \varphi Af = 0.71\times0.181\times0.696\times10^3 = 89.4\text{kN} > 83.7\text{kN}$

所以，该柱安全。

【例 11-6】　某单向偏心受压柱（沿长边偏心），柱的计算高度 H_0=5m（两个方向相等），截面尺寸 $b\times h$=370mm×620mm，承受轴向压力设计值 N=108kN，弯矩设计值 M=15kN·m，采用 MU10 烧结普通砖、M5 混合砂浆。试核算该柱的承载力 。

1）计算偏心方向的承载力：

$e = M/N = 15\times10^6/108\times10^3 = 139\text{mm} < 0.6y = 0.6\times310 = 186\text{mm}$

$\beta = \gamma_\beta H_0/h = 1.0\times5000/620 = 8 > 3$，$e/h = 139/620 = 0.024$，则

$\varphi_0 = \dfrac{1}{1+\alpha\beta^2} = \dfrac{1}{1+0.0015\times 8^2} = 0.912$

$\varphi = \dfrac{1}{1+12\left\{\dfrac{e}{h}+\sqrt{\dfrac{1}{12}\left(\dfrac{1}{\varphi_0}-1\right)}\right\}^2} = \dfrac{1}{1+12\left[0.024+\sqrt{\dfrac{1}{12}(\dfrac{1}{0.912}-1)}\right]^2} = 0.459$

$A = 0.37\times 0.62 = 0.23\text{m}^2 < 0.3\text{m}^2$

$\gamma_a = 0.7 + A = 0.93$

$N_u = \varphi Af = 0.458\times 0.93\times 1.5\times 0.23\times 10^6 = 147\text{kN} > 108\text{kN}$

所以偏心方向的承载力满足要求。

2）验算垂直弯矩方向的承载力

$\beta = \gamma_\beta H_0 / b = 1.0\times 5000/370 = 13.5 > 3$

$\varphi_0 = \dfrac{1}{1+\alpha\beta^2} = \dfrac{1}{1+0.0015\times 13.5^2} = 0.785$

对轴心受压构件 $\varphi = \varphi_0$

$N_u = \varphi fA = 0.785\times 0.93\times 1.5\times 0.23\times 10^6 = 252\text{kN} > N = 108\text{kN}$

故垂直偏心方向的承载力也满足要求。

【例 11-7】 一承受轴心压力砖柱的截面尺寸为 370mm×490mm，采用 MU10 烧结普通砖、M2.5 混合砂浆砌筑，荷载设计值（其中仅有一个活荷载）在柱顶产生的轴向力 140kN，柱的计算高度取其实际高度 3.5m。试验算该柱承载力。

解：砖柱自重

$$1.35\times 18\times 0.37\times 0.49\times 3.5 = 13.7\text{kN}$$

柱底截面的轴心压力

$$N = 13.7 + 140 = 153.7\text{kN}$$

高厚比

$$\beta = \frac{H_0}{b} = \frac{3.5}{0.37} = 9.46$$

查表，$\varphi = 0.846$

因柱截面面积 $A=0.37\times 0.49=0.181<0.3\ \text{m}^2$，

应考虑强度调整系数 $\gamma_a=0.7+A=0.7+0.181=0.881$

$N_u=\varphi\gamma_a fA=0.846\times 0.881\times 1.29\times 181\,000= 174\text{kN}>153.7\text{kN}$

满足要求。

本 章 小 结

1．砌体结构具有以下优点：较易就地取材，具有很好的耐火性和耐久性，与混凝土结构相比可节约水泥和钢材，保温隔热性能好，采用大型墙板，可以减轻自重。砌体结构的缺点：结构的自重大、劳动量大，砌体的抗拉、抗弯和抗剪强度较低，抗震性能差，黏土砖占用耕地。

2．砌体结构应用范围主要用做承受压力的构件。砂浆的种类：水泥砂浆、混合砂浆、非水泥砂浆。

3．块体的种类：块体是砌体的主要组成部分，砌体结构用的块材一般分为天然石材和人工砖石两类砌体分类：①是否配筋：无筋砌体和配筋砌体两大类。②根据块体的不同：砖砌体、石砌体和砌块砌体。砌体的受压性能标准试件：240mm×370mm×720mm。

4．砌体受压破坏过程分为三个阶段：

①从加载到个别砖出现裂缝。其特点为不加载，裂缝不发展。

②形成贯通的裂缝，特点是不加载裂缝继续发展，最终可能发生破坏。

③破坏，被竖向裂缝分割成的小柱失稳破坏。

5．影响砌体抗压强度的主要因素：①块材和砂浆的强度等级。②砂浆的弹性模量和流动性（和易性）。砂浆的弹性模量越低，砌体的抗压强度越低，原因是砌体内的块体受到的拉力大。砂浆的和易性好，砌体的强度高。③块材高度和块材外形。④砌筑质量。

6．墙体受弯构件计算时包括受弯计算和受剪计算。墙体受弯计算墙体受弯破坏时有如下两种情况并分别选用不同的弯曲抗拉强度设计值 f_{tm}：

①当墙体承受的荷载为水平（一直线）均布荷载时，其破坏形式为沿齿缝的弯曲抗拉破坏；

②当墙体承受的荷载为一竖直（直线分布）的均布荷载时，其破坏形式为沿底部（截面）通缝的弯曲抗拉破坏。

7．墙体受剪计算墙体承受弯矩时也必然要承受剪切力，其抗剪计算用的抗剪强度设计值只有一种。

8．墙体受剪计算时要注意强度值的选用。墙体受剪切破坏时，也有两种破坏形式：沿墙体水平轴线方向的阶梯型剪切破坏形式和竖向分布均布荷载时沿底部（截面）通缝的剪切破坏。以上两种剪切破坏形式只有一种抗剪强度指标。

9．墙体沿水平轴线方向的受拉破坏。只有一种沿齿缝的强度破坏（竖向齿缝），抗拉强度设计值为 f_t。

思 考 题

11-1 砌体结构材料中的块材和砂浆各有哪些种类？砌体结构设计中对块体和砂浆有何要求？

11-2 砖砌体中砖和砂浆的强度等级是如何确定的？

11-3 为什么普通烧结砖砌体的抗压强度低于普通烧结砖的抗压强度？

11-4 砌体在弯曲受拉时有哪几种破坏形态？

11-5 砌体的强度设计值在哪些情况下应进行调整？

11-6 影响砌体抗压强度的主要因素有哪些？

11-7 配筋砖砌体常用哪些形式？各自适用范围如何？

11-8 简述砌体结构承载能力极限状态设计表达式的意义。

11-9 砌体结构受压承载力计算在确定影响系数时，应先对构件的高厚比进行修正，如何修正？

11-10 试说明砌体局部抗压强度提高的原因。

11-11 在局部受压计算中，梁端有效支承长度与哪些因素有关？

11-12 什么是砌体的高厚比？

11-13 轴心受拉构件应怎样计算？

11-14 砌体在何种情况下受拉、受弯、受剪？

习 题

1．砖柱截面尺寸 490mm×490mm,采用强度等级 MU10 黏土砖、M5 的混合砂浆，柱的计算高 $H_0=4.2\text{m}$，柱顶承受轴向压力标准值 $N_k=250\text{kN}$（其中永久荷载 120kN,不包括柱自重），试验算柱的承载力。

2．某带壁柱窗间墙如图习题 2 所示。计算高度 $H_0=6\text{m}$，采用 MU10 砖及 M5 混全砂浆砌筑。柱底截面作用有压力设计值 N=68.4kN，$M=14\text{kN}\cdot\text{m}$，偏心压力偏向截面肋部一侧。试对柱底进行验算。

3．某钢筋混凝土柱，截面尺寸为 200mm×240mm，支承于砖墙上，墙厚 240mm，采用 MU10 黏土砖、M5 混合砂浆砌筑，柱传至墙的轴向压力设计值况 N=85kN，试进行局部受压验算。

4．某钢筋混凝土梁支承在窗间墙上，如图习题 4 所示。梁的截面尺寸为 200mm× 550mm，梁端荷载设计值产生的支承压力为 40kN，上部荷载设计值产生的轴向力为 150kN 墙截面尺寸为 1200mm×240mm，采用 MU10 的黏土砖及 M5 的混合砂浆砌筑。试验算梁端支承处砌体的局部受压承载力。

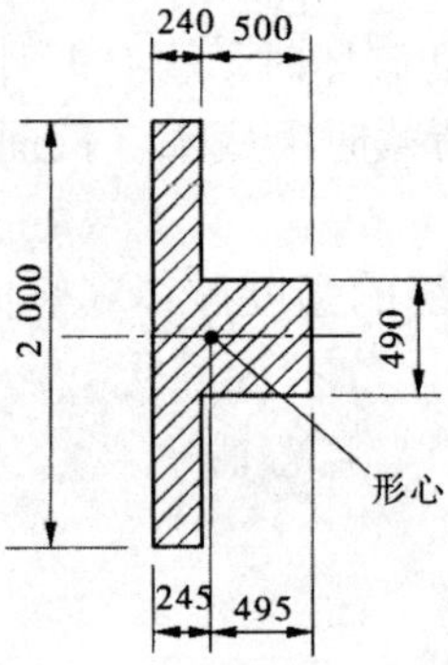

习题 2　图（单位：mm）

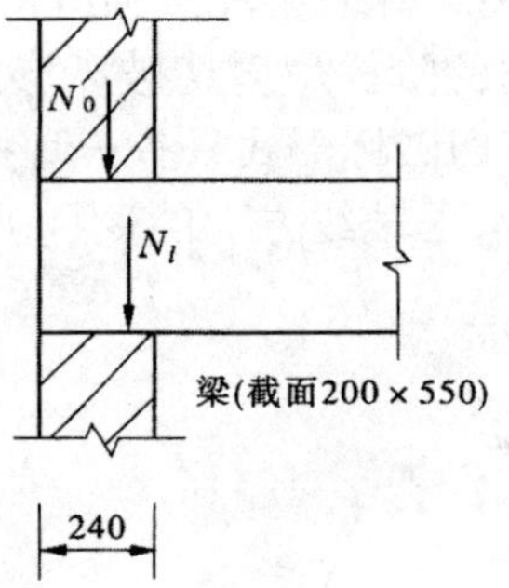

习题 4　图（单位：mm）

5．钢筋混凝土大梁截面尺寸 $b\times h$=200mm×550mm，$l_0=6\text{m}$，支承在 370mm×1200mm 窗间墙上，如图习题 5 所示。$N_u=240\text{kN}$，$N_l=100\text{kN}$，墙体采用 MU10 黏土砖、M2.5 混合砂浆。试计算该梁端下砌体局部受压承载力能否满足要求。若不满足要求，应采取什么措施？

6．某圆形水池，采用 MU15 的黏土砖及 M10 的水泥砂浆砌筑，池壁的环向拉力为 73kN/m，试选择池壁厚度并进行验算。

7．某支承渡槽的石墩，截面尺寸 b=1500mm，h=2000mm（弯矩作用方向），采用 MU40 的粗料石及 M7.5 的混合砂浆砌筑，石墩承受轴向压力设计值 N=8320kN，弯矩设计值 M=2770kN·m，石墩高 8m。验算该石墩是否安全（Af_0=8m）。

8．砖砌圆拱，采用 MU10 的黏土砖及 M10 的水泥砂浆砌筑，如图习题 8 所示。沿 纵向取 1m 的筒拱来计算，拱支座处由荷载标准值产生的水平力为 50kN·m（其中可变荷载产生的推力 16kN），垂直压力为 40kN·m（其中永久荷载产生的压力为 25kN）。试验算拱支座处的抗剪承栽力。

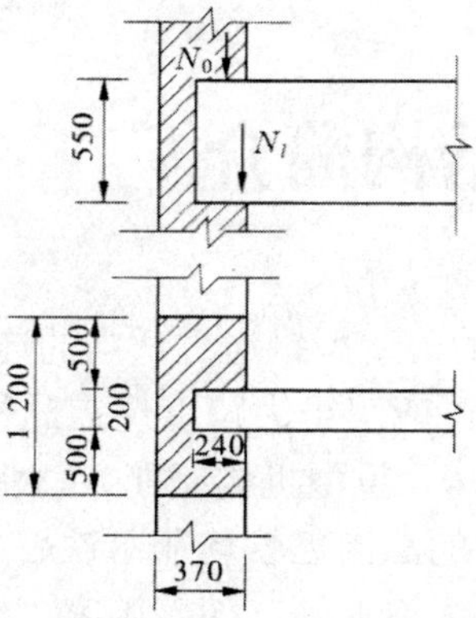

习题5　图（单位：mm）

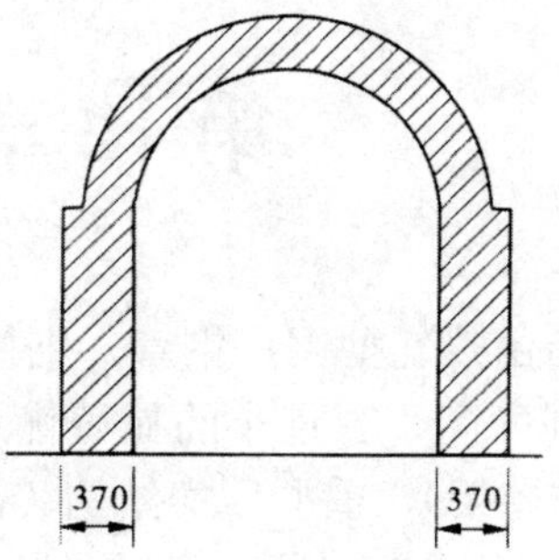

习题8　图（单位：mm）

第12章　钢结构简介

钢结构是指由热轧型钢、钢管、钢板或冷加工的薄壁型钢通过适当的连接而组成的结构。由于钢材具有强度高、容重小的显著优点，因此广泛应用于大跨度屋盖结构（钢网架、体育馆、飞机场、钢屋架）、重型厂房结构（钢铁联合厂房，重型机构制业）、大跨度桥梁结构（跨度为 500m 的上海卢浦大桥）、高耸结构（高 300m 的法国巴黎埃菲尔铁塔、高压输电塔架、桅杆结构）、超高层房屋结构（高 312m 的深圳地王大厦）等。随着国家“十三五”规划的进行，经济的进一步发展及钢材价格的进一步下降，钢结构的应用必将越来越广泛。

第1节　钢结构材料

要深入了解钢结构的性能，首先要从钢结构的材料开始，了解钢材在各种应力状态、不同生产过程和不同使用条件下的工作性能，从而能够选择合适的钢材，不仅使结构安全可靠和满足使用要求，而且最大可能地节约钢材和降低造价。

1. 钢材的破坏形式及结构钢需满足的要求

钢材的断裂破坏通常是在受拉状态下发生的，可分为塑性破坏和脆性破坏两种方式。钢材在产生很大的变形以后发生的断裂破坏称为塑性破坏，也称为延性破坏。破坏发生时应力达到抗拉强度 f_u，构件有明显的颈缩现象。由于塑性破坏发生前有明显的变形，并且有较长的变形持续时间，因而易及时发现和补救。在钢结构中未经发现和补救而真正发生的塑性破坏是很少见的。钢材在变形很小的情况下，突然发生断裂破坏称为脆性破坏。脆性破坏发生时的应力常小于钢材的屈服强度 f_y，断口平直，呈有光泽的晶粒状。由于破坏前变形很小且突然发生，事先不易发现，难以采取补救措施，因而危险性很大。

钢材的种类繁多，碳素钢有上百种，合金钢有 300 余种，性能差别很大，符合钢结构要求的钢材只是其中的小部分。用以建筑钢结构的钢材称为结构钢，它必须满足下列要求：

1）抗拉强度 f_u 和屈服强度 f_y 较高。钢结构设计把 f_y 作为强度承载力极限状态的标志。f_y 高可减轻结构自重，节约钢材和降低造价。f_u 是钢材抗拉断能力的极限，f_u 高可增加结构的安装保障。

2）塑性和韧性好。塑性和韧性好的钢材在静载和动载作用下有足够的应变能力，既可减轻结构脆性破坏的倾向，又能通过较大的塑性变形调整局部应力，使应力得到重分布，提高构件的延性，从而提高结构的抗震能力和抵抗重复荷载作用的能力。

3）良好的加工性能。材料应适合冷、热加工，具有良好的可焊性，不致因加工而对结构的强度、塑性和韧性等造成较大的不利影响。

4）耐久性好。

5）价格便宜。

此外，根据结构的具体工作条件，有时还要求钢材具有适应低温、高温等环境的能力。

根据上述要求，结合多年的实践经验，《钢结构设计规范》主要推荐碳素结构钢中的 Q235 钢、低合金结构钢中的 Q345 钢（16 锰钢）、Q390 钢（15 锰钒钢）和 Q420 钢（15 锰钒氮钢），可作为结构用钢。随着研究的深入，必将有一些满足要求的其他种类材可供使用。若选用钢结构设计规范还未推荐的钢材时，需有可靠的依据，以确保钢结构的质量。

2．材料的分类

用于工程结构的钢材，除了钢板外，还有各种型钢（图 12.1），如：角钢、工字钢、H 型钢、槽钢、钢管等等。

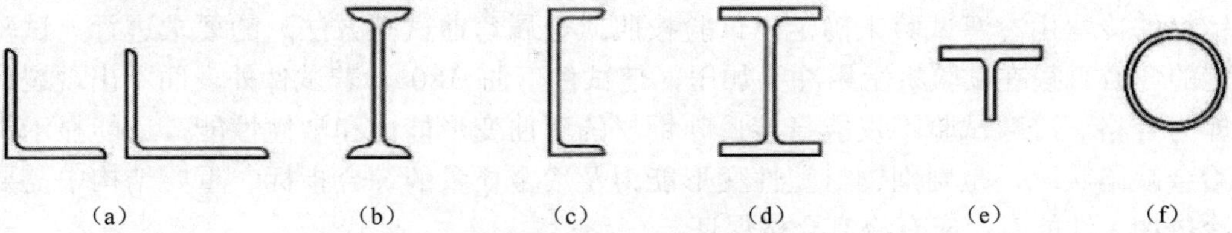

图 12.1　各种型钢示意图

1）按冶炼方法分为平炉钢和电炉钢、氧化转炉钢或空气转炉钢。承重结构钢一般采用平炉或氧气转炉 Q235 钢。

2）按炼钢脱氧程度分为沸腾钢（F）、半镇静钢（b）、镇静钢（Z）、特殊镇静钢（TZ）。

3）按钢的牌号和化学成分分类。钢的牌号按钢的屈服点数值命名，钢的质量等级分为 A、B、C、D 四级，这四个等级与钢的化学成分、力学性能及冲击试验性能有关。

普通碳素钢的牌号由代表屈服点的字母、屈服点数值、质量等级符号、脱氧方法等四个部分按顺序组成。

例如，Q235-B・F 符号含义如下：

Q——钢材屈服强度

235——屈服点（不小于）235N/mm^2；

A、B、C、D——质量等级，从次到优顺序排列；

F、b、Z、TZ——沸腾钢、半镇静钢、镇静钢、特殊镇静钢，在牌号表述中“Z”与“TZ”符号可忽略。

在碳素结构钢中，钢号越大，含碳量越高，强度也随之增高，但塑性和韧性降低。在承重结构钢中经常采用掺合合金元素的低合金钢。其强度高于碳素结构钢，强度的增高不是靠增加含碳量，而是靠加入合金元素的程度，所以，其韧性并不降低。在低合金钢中 Q345 钢（16Mn）的综合性能较好，在我国已经有几十年的工程实践经验。

3．钢材的机械性能

（1）屈服强度（ f_y ）

屈服点是衡量结构的承载能力以确定基本强度设计值的重要指标。

（2）抗拉强度（ f_u ）

抗拉强度是衡量钢材经过其本身所能产生的足够变形后的抵抗能力。

（3）伸长率（δ）

伸长率是衡量钢材塑性性能的指标。钢材的塑性实际上是当结构经受其本身所产生的足够变形时抵抗断裂的能力。

（4）冷弯性能

冷弯是衡量材料性能的综合指标，也是塑性指标之一。通过冷弯试验不仅可以检验钢材颗粒组织、结晶情况和非金属夹杂物的分布等缺陷。在一定程度上也是鉴定焊接性能的一个指标。

钢材的冷弯由冷弯试验来确定，试验按照《金属弯曲试验方法》的要求进行。试验时按照规定的弯心直径在试验机上用冲头加压，使试件弯曲 180°，若试件外表面不出现裂纹和分层，即为合格。冷弯试验不仅能直接反映钢材的弯曲变形能力和塑性性能，还能显示钢材内部的冶金缺陷状况，是判别钢材塑性变形能力及冶金质量的综合指标。重要结构中需要有良好的冷热加工性能时，应有冷弯合格保证。

（5）冲击韧性

冲击韧性是衡量抵抗脆性破坏的一个指标。因此，直接承受动力荷载以及重要的受拉或受压焊接结构，为了防止钢材的脆性破坏，应具有常温冲击韧性的保证，在某些低温情况下尚应具有负温冲击韧性的保证。

钢材的冲击韧性是指钢材在冲击荷载作用下断裂时吸收机械能的一种能力，是衡量钢抵抗可能因低温、应力集中、冲击荷载作用等而致脆性断裂能力的一项机械性能。在实际结构中，脆性断裂总是发生在有缺口高峰应力的地方。因此，最有代表性的是钢材的缺口冲击韧性，简称冲击韧性。钢材的冲击韧性试验采用有 V 形缺口的标准试件，在冲击试验机上进行。

在一般情况下，钢结构常用的结构钢既有较高的强度，又有很好的塑性和韧性，是理想的承重结构材料。但是，有很多因素会影响钢材的力学性能，可显著降低塑性和韧性，促使发生脆性破坏。主要影响因素有化学成分、生产过程、温度、冷加工硬化与时效硬化、复杂应力状态、应力集中等，如表 12.1 所示。

表 12.1　钢材强度设计值　　单位：N/mm²

<table>
<tr><th colspan="2">钢材</th><th>抗拉、抗压和抗弯</th><th>抗剪</th><th>端面承压（刨平顶紧）</th></tr>
<tr><th>牌号</th><th>厚度或直径（mm）</th><th>f</th><th>f_v</th><th>f_{ce}</th></tr>
<tr><td rowspan="4">Q235 钢</td><td>≤16</td><td>215（205）</td><td>125（120）</td><td rowspan="4">325
（310）</td></tr>
<tr><td>>16～40</td><td>205</td><td>120</td></tr>
<tr><td>>40～60</td><td>200</td><td>115</td></tr>
<tr><td>>60～100</td><td>190</td><td>110</td></tr>
<tr><td rowspan="4">Q345 钢</td><td>≤16</td><td>310（300）</td><td>180（175）</td><td rowspan="4">400
（400）</td></tr>
<tr><td>>16～35</td><td>295</td><td>170</td></tr>
<tr><td>>35～50</td><td>265</td><td>155</td></tr>
<tr><td>>50～100</td><td>250</td><td>145</td></tr>
</table>

注：括号里数值适用于薄壁型钢。

4．材料的选用

为保证承重结构的承载能力和防止在一定条件下出现脆性破坏，应根据结构的重要性、荷载特征、结构形式、连接方法、钢材厚度和工作温度等因素综合考虑，选用合适的钢材牌号与材性。当结构构件的截面是按强度控制并有条件时，宜采用 Q345 钢。Q345 钢和 Q235 钢相较，屈服强度提高 45%左右，故采用 Q345 钢可比 Q235 钢节约 15%～25%。

1）承重钢结构的钢材宜采用 Q235 钢和 Q345 钢。

2）下列情况的承重结构和构件不宜采用 Q235 沸腾钢。

①焊接结构：

直接承受动力荷载或振动荷载且需要验算疲劳的结构；

室外空气温度低于–20℃时的直接承受动荷载或振动荷载但不可不验算疲劳的结构，承受静力荷载的受弯及受拉的重要承重结构；

当室外空气温度等于或低于–30℃的所有承重结构。

②非焊接结构：

室外空气温度等于或低于–20℃的直接承受动力荷载且需要验算疲劳的结构。

第 2 节　钢结构的连接方法

钢结构是用钢材（型材、板材）制成构件或零部件，再用一定的连接方法连接而成的结构。连接质量的优劣，直接影响结构的安全。正确选择连接方法和合理设计连接形式，是钢结构设计中的重要一环。合理的连接设计应符合安全可靠、构造简单、传力明确、方便施工以及节约钢材等原则。

钢结构的连接方法有焊接连接、螺栓连接和铆钉连接三种，见图 12.2 所示。

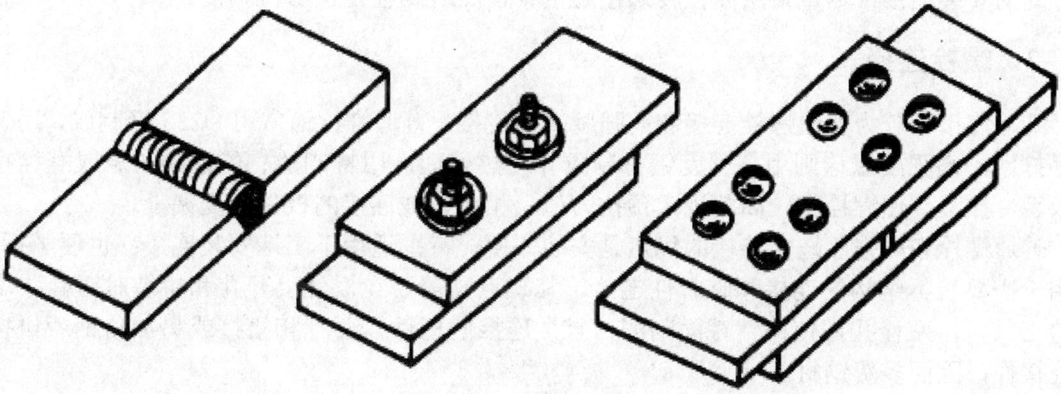

(a)　(b)　(c)

图 12.2　钢结构的三种连接方法

焊接连接对钢材的任何方位、角度和形状都可直接连接，这种连接不削弱构件截面，节约钢材，施工方便，连接的密封性好，刚度大，构造简单，可以来用自动化作业使生产效率提高，是目前钢结构连接中应用最普遍的连接方法。但焊接连接会使焊缝附近热影响区的材质变脆，同时在焊件中会产生焊接残余应力和残余变形，对结构的承载力、刚度和使用性能有一定的影响。此外，由于焊接结构的刚度大，使之对局部裂纹扩展很敏感，特别是在低温下易发生脆断。同时，这种连接的塑性和韧性较差，施焊过程容易产生缺陷，使疲劳强度降低。这使焊接连接方法的应用受到一定的限制。

螺栓连接是通过螺栓把被连接件连接成为一体，这种连接施工工艺简单，安装方便，特别适用于工地安装连接，同时装拆方便，适用于需要装拆结构的连接和临时性连接。但是，由于这种连接需开孔，对构件截面有一定的削弱，有时在构造上还需增设辅助连接件，使用料增加，构造较繁；此外螺栓连接有制孔、拼装过程，安装时对孔、对精度的要求较高。

铆钉连接传力可靠，塑性、韧性较好，但是构造复杂、用钢量大、施工麻烦，打铆时噪音大、劳动条件差，目前已较少采用。

1．焊接连接

焊接连接是现代钢结构最主要的连接方法。在钢结构中主要采用电弧焊；较少特殊情况下可采用电渣焊和电阻焊等。

焊接连接的优点是对钢材从任何方位、角度和形状相交都能方便适用，一般不需要附加连接板、连接角钢等零件，也不需要在钢材上开孔，不使截面受削弱；因而构造简单，节省钢材，制造方便，并易于采用自动化操作，生产效率高；此外，焊缝连接的刚度较大，密封性较好。

焊缝连接的缺点是焊缝附近钢材因焊接的高温作用而形成热影响区，其金相组织和机械性能发生变化，某些部位材质变脆；焊接过程中钢材受到不均匀的高温和冷却，使结构产生焊接残余应力和残余变形，影响结构的承载力、刚度和使用性能；焊缝连接的刚度大和材料连续是优点，但也使局部裂纹一经发生便容易扩展到整体，因此，与高强度螺栓和铆钉连接相比，焊缝连接的塑性和韧性较差，脆性较大，疲劳强度较低；此外，焊缝可能出现气孔、夹渣等缺陷，也是影响焊缝连接质量的不利因素。现场焊接的拼装定位和操作较麻烦，因而构件间的安装连接常尽量采用高强度螺栓连接或设安装螺栓定位后再焊接。

2．螺栓连接

螺栓连接可分为普通螺栓连接和高强度螺接连接。普通螺栓通常用 Q235 钢制成，用普通扳手拧紧；高强度螺栓则用高强度钢材制成并经热处理，用特制的、能控制扭矩或螺栓拉力的扳手，拧紧到使螺栓有较高的规定预拉力值，相应把被连接的板件高度夹紧。

普通螺栓和高强度螺栓连接的优点是安装方便、特别适用于工地安装连接；也便于拆卸，适用于需要装拆结构的连接和临时性连接。其缺点是需要在板件上开孔和拼装时对孔，增加制造工作量；螺栓孔还使构件截面削弱，且被连接的板件需要互相搭接或另加角钢或拼接板等连接件，因而多费钢材。

1）普通螺栓连接

普通螺栓连接一般采用 C 级螺栓，习惯称为粗制螺栓；较少情况下可采用质量要求较高的 A、B 级螺栓，习惯称为精制螺栓。

其中 C 级螺栓用未经加工的圆钢制成，杆身表面粗糙，尺寸不很准确；螺栓孔是在单个零件上一次冲成或不用钻模钻成（称为Ⅱ类孔），孔径比螺栓直径大 1～2mm。C 级螺栓连接的优点是结构的装配和螺栓装拆方便，操作不需复杂的设备，并比较适用于承受拉力；而其受剪性能则较差。因此，它常用于承受拉力的安装螺栓连接（同时有较大剪力时常另加承托承受)、次要结构和可拆卸结构的受剪连接以及安装时的临时连接。受剪性能较差是由于孔径大于杆径较多，当连接所受剪力超过被连接板件间的摩擦力（普通螺栓用普通扳手拧紧，拧紧力和摩擦力较小）时，板件间将发生较大的相对滑移变形，直至螺栓杆与板件孔壁一侧接触；也由于螺栓孔中距不准，致使个别螺栓先与孔壁接触以及接触面质量较差，使各个螺栓受力较不均匀。

A、B 级螺栓杆身经车床加工制成，表面光滑，尺寸准确；按尺寸规格和加工要求又分为 A、B 两级（直径 $d \leqslant 24$mm 并长度 $l \leqslant 150$mm 或 $10d$ 时用 A 级；$d > 24$mm 并 $l > 150$mm 或 $10d$ 时用 B 级。A 级的精度要求更高）。螺栓孔在装配好的构件上钻成或扩钻成（相应先在单个零件上钻或冲成较小孔径），或在单个零件或构件上分别用钻模钻成（统称为 I 类孔）。孔壁光滑，对孔准确，孔径与螺栓杆径相等，但分别允许正和负公差，安装时需将螺栓轻击入孔。

A、B 级螺栓连接由于加工精度高、尺寸准确和杆壁接触紧密，可用于承受较大的剪力、拉力的安装连接，受力和抗疲劳性能较好，连接变形较小；但其制造和安装都较费工，价格昂贵，故在钢结构中较少采用，主要用在直接承受较大动力荷载的重要结构的受剪安装螺栓。目前的情况是通常为摩擦型高强度螺栓连接所取代。

2）高强度螺栓连接

高强度螺栓连接是近三四十年来迅速发展和应用的螺栓连接新型式。螺栓杆内很大的拧紧预拉力把被连接的板件夹得很紧，足以产生很大的摩擦力，因而连接的整体性和刚度较好。

高强度螺栓连接中，当螺栓受拉时，螺栓的预拉力增加不多，外拉力主要靠板件间夹紧力的减小来承受，但板件间始终保持夹紧状态。当受剪力时，按照设计和受力要求的不同，可分为摩擦型和承压型两种。

其中摩擦性高强度螺栓在受剪设计时以外剪力达到板件接触面间由螺栓拧紧力（使板件压紧）所提供的可能最大摩擦力为极限状态，亦即应保证连接在整个使用期间外剪力不超过最大摩擦力，这样，板件间不会发生相对滑移变形，被连接板件按弹性整体受力。

承压型高强度螺栓连接，受剪设计时只保证在正常使用荷载下，外剪力—般不会超过最大摩擦力，受力性能和摩擦型相同；但如荷载超过标准值（即正常使用情况下的荷载值），则剪力就可能超过最大摩擦力，被连接板件间将发生相对滑移变形，直到螺栓杆与孔壁一侧接触，此后连接就靠螺栓杆身剪切和孔壁承压以及板件接触面间摩擦力共同传力，最后以杆身剪切或孔壁承压破坏，即达到连接的最大承载力，作为连接受剪的极限状态。

高强度螺栓连接比普通螺栓连接具有施工条件好、安装方便、可以拆卸等优点；其制孔要求大致与 C 级螺栓连接相当，一般采用 II 类钻孔，孔径比螺栓直径大 1.5～2mm（摩擦型）或 1～1.5mm（承压型）。摩擦型高强度螺栓连接由于始终保持板件接触面间摩擦力不被克服和不发生相对沿移，因而其整体性和刚度好，变形小，受力可靠，耐疲劳。现已在桥梁和工业与民用建筑钢结构中推广使用，主要用于直接承受动力荷载结构的安装连接以及构件的现场拼接和高空安装连接的一些部位。承压型高强度螺栓连接由于受剪时利用了摩擦力克服后继续增长的连接承载力，因而其设计承载力高于摩擦型，可节省螺栓用量；但与摩擦型高强度螺接连接相比，其整体性和刚度差、变形大、动力性能差，其实际强度储备小；只用于承受静力或间接动力荷载结构中允许发生一定滑移变形的连接，我国目前应用还不够广泛。

高强度螺栓连接的缺点是在材料、扳手、制造和安装方面有一些特殊技术要求，价格也相应较贵。我国目前规定承压型高强度螺栓在材料、制造和安装等方面的全部技术要求都与摩擦型相同；只在螺栓受剪时的设计承载力的计算上有区别。

3．铆钉连接

铆钉连接在受力和设计上与普通螺栓连接相仿。钢结构中一般采用热铆，即把预先制好的一端带有铆钉头的铆钉加热到1000～1100℃淡黄色（铆钉枪铆合）或650～670℃褐红色（压铆机铆合），插入铆钉孔，然后用压缩空气铆钉枪连续锤击或压铆机挤压铆成另一端的钉头。铆钉孔可用Ⅰ类孔或Ⅱ类孔；当铆钉受剪时用Ⅰ类孔时抗剪和孔壁承压强度约比用Ⅱ类孔高20%。

铆钉通常以具有良好塑性和顶锻性能的普通碳素铆螺钢ML2或ML3制成，以孔径作为铆钉公称直径，预制铆钉杆径比孔径小1～1.5mm。铆钉杆烧红铆合时在压力下膨胀，紧紧填满全孔；冷却时杆身缩短，使两端铆钉头压紧被连接钢板，铆钉杆受一定初拉力。因此，铆钉连接的塑性、韧性和整体性好，连接变形小，传力可靠，承受动力荷裁时的疲劳性能好，质量也便于检查，特别适用于重型和直接承受动力荷载的结构。

但是，铆钉连接的构造复杂，用钢量大、施工麻烦，打铆时噪音大，劳动条件差。因此几十年来已逐步减少应用，目前几乎已被车间的焊缝连接和工地的焊缝或高强度螺柱连接全部代替。

铆钉连接的受力性能、构造排列要求和设计方法原则上与普通螺栓连接完全相同，可完全套用，故不再另作叙述。不同点只是对铆钉连接的抗拉、抗剪和孔壁承压强度规定有不同的设计值（见表12.2），以及计算时取杆径等于孔径（不做区分），并且不存在螺纹削弱问题。

表12.2　螺栓连接的强度设计值　（单位：MPa）

螺栓钢材的等级和构件的钢材牌号		普通螺栓						锚栓	承压型连接高强螺栓	
		C级螺栓			A级、B级螺栓					
		抗拉 f_t^b	抗剪 f_v^b	承压 f_c^b	抗拉 f_t^b	抗剪 f_v^b	承压 f_c^b	抗拉 f_t^b	抗剪 f_v^b	承压 f_c^b
普通螺栓	4.6级、4.8级	170	140	—	—	—	—	—	—	—
	8,8级	—	—	—	400	320	—	—	—	—
锚栓	Q235级	—	—	—	—	—	—	140	—	—
	Q345级	—	—	—	—	—	—	180	—	—
承压型连接高强螺栓	8.8级	—	—	—	—	—	—	—	250	—
	10.9级	—	—	—	—	—	—	—	310	—
构件	Q235级	—	—	305	—	—	405	—	—	470
	Q345级	—	—	385	—	—	510	—	—	590
	Q390级	—	—	400	—	—	530	—	—	615
	Q420级	—	—	425	—	—	560	—	—	655

注：1．A级螺栓用于$d\leqslant 24$mm和$l\leqslant 150$mm或$l\leqslant 10d$（按较小值）的螺栓；B级螺栓用于$d\leqslant 24$mm和$l>150$mm或$l>10d$（按较小值）的螺栓，d为公称直径，l为螺杆公称长度；

2．A级、B级螺栓孔的精度和孔壁表面粗糙度，C级螺栓孔的允许偏差和孔壁表面粗糙度，均应符合现行《钢结构工程施工质量验收规范》（GB50205—2001）的要求。

第3节　钢结构基本构件计算

钢结构设计仍采用以概率理论为基础的极限状态设计方法。其极限状态分为承载能力极限状态和正常使用极限状态。承载能力设计表达式和正常使用极限状态验算方法都与混凝土结构的思路一致，在此不再重复。本节主要论述受弯构件、轴心受力构件和拉弯、压弯构件的计算。

1．受弯构件

钢梁是钢结构受弯构件的最基本形式。其截面形式有热轧工字钢梁、采用焊接的工字形或箱形组合梁。

受弯构件的计算内容包括强度、整体稳定性、局部稳定性和挠度，必要时还要进行疲劳计算。强度中又包括正应力、剪应力及局部压应力。

1）对单向受弯构件，正应力计算公式为

$$\frac{M_X}{\gamma_X W_{nX}} \leqslant f \tag{12.1}$$

2）剪应力计算公式为

$$\tau = \frac{VS}{It_W} \leqslant f_V \tag{12.2}$$

局部压应力计算式为

$$\sigma_C = \frac{\phi F}{t_W l_Z} \leqslant f \tag{12.3}$$

式中：M_X——绕 x 轴的弯矩；

W_{nX}——对 x 轴的净截面模量；

γ_X——截面塑性发展系数；

f——钢材的抗弯、抗压、抗拉强度设计值；

V——计算截面沿腹板平面作用的剪力；

S——计算剪应力点以上毛截面对中性轴的静矩；

f_V——钢材的抗剪强度设计值；

I——毛截面惯性矩；

t_W——腹板厚度；

ϕ——集中荷载增大系数；

F——集中荷载、对动力荷载应考虑动力系数；

l_Z——集中荷载在腹板计算高度 h_0 上边缘的假定分布长度。

3）受弯构件整体稳定性

当梁不符合某些构造要求时，要进行整体稳定性计算，公式为

$$\frac{M_X}{\varphi_b W_X} \leqslant f \tag{12.4}$$

式中：M_X——绕强轴作用的最大弯矩；

W_X——按受压边缘纤维确定的对强轴毛截面模量；

φ_b——绕强轴弯曲所确定的整体稳定系数。

4）受弯构件的局部稳定

受弯构件的局部稳定主要是通过限制受压翼缘的宽厚比和配置加劲肋的方法予以避免。

5）受弯构件的挠度计算

受弯构件的挠度应满足下式的要求

$$\upsilon \leqslant [\upsilon] \tag{12.5}$$

式中：υ——由全部荷载或可变荷载标准值计算所得的构件挠度，可由荷载和支撑条件由静力计算确定；

$[\upsilon]$——构件的容许挠度值，查阅相关规范可得到。

2．轴心受力构件

轴心受力构件包括轴心受拉和轴心受压构件。其计算内容包括强度、整体稳定性和局部稳定三方面，后两者只适用于轴心受压构件。

1）强度

①轴心受拉构件强度计算式为

$$\sigma = \frac{N}{A_n} \leqslant f \tag{12.6}$$

式中：N——轴心拉力；

A_n——构件净截面面积。

②实腹式轴心受压构件强度计算

实腹式轴心受压构件强度计算公式同式（12.6）。

2）整体稳定性

实腹式轴心受压构件整体稳定验算公式为

$$\frac{N}{\varphi A} \leqslant f \tag{12.7}$$

式中：A——构件毛截面面积；

φ——轴心受压构件的稳定系数，由规范可直接查得。

3）局部稳定性

对于工字形和H形截面，验算翼缘公式为

$$\frac{b}{t} \leqslant (10 + 0.1\lambda)\sqrt{\frac{235}{f_y}}$$

式中：b、t——分别为翼缘板外伸宽度和厚度；

λ——构件长细比。

验算腹板公式为

$$\frac{h_0}{t} \leqslant (25 + 0.5\lambda)\sqrt{\frac{235}{f_y}}$$

3．偏心受力构件（拉弯、压弯）

偏心受力构件分为偏心受拉构件和偏心受压构件，两者都必须做强度计算，但偏压构件还需进行弯矩作用平面内、外的整体稳定验算。

1）强度计算

对偏拉和偏压构件、其强度计算公式为

$$\sigma = \frac{N}{A_n} \pm \frac{M_X}{\gamma_X W_{nx}} \pm \frac{M_y}{\gamma_y W_{ny}} \leqslant f \tag{12.8}$$

2）整体稳定性

计算公式较为复杂，其思路是考虑了两个方向弯矩的相互影响，在此不做详细的讨论。

本章小结

1．钢结构的断裂破坏分为塑性破坏和脆性破坏两种形式，用以建筑钢结构的钢材称为结构钢，结构钢必须满足一定的要求。

2．用于工程结构的钢材的有钢板和各种型钢，可按不同情况分类；钢材的机械性能主要包含屈服强度、抗拉强度、伸长率、冷弯、冲击韧性等。

3．钢结构的连接方法有焊接连接、螺栓连接、铆钉连接三种，每种连接方法有其适用范围及优缺点。

4．钢结构设计仍采用以概率理论为基础的极限状态设计方法，与混凝土结构的思路一致。

思考题

12-1　钢结构如何选用材料？

12-2　钢构件的连接有哪几种方式？其适用条件及特点是什么？

12-3　钢结构轴心受压柱的计算思路是什么？

附　录

附录表 1-1　混凝土强度标准值　（单位：N/mm^2）

强度种类	符号	混凝土强度等级													
		C15	C20	C25	C30	C35	C40	C45	C50	C55	C60	C65	C70	C75	C80
轴心受压	f_{ck}	10.0	13.4	16.7	20.1	23.4	26.8	29.6	32.4	35.3	38.5	41.5	44.5	47.4	50.2
轴心受拉	f_{tk}	1.27	1.54	1.78	2.01	2.20	2.39	2.51	2.64	2.74	2.85	2.93	2.99	3.05	3.11

附录表 1-2　混凝土强度设计值　（单位：N/mm^2）

强度种类	符号	混凝土强度等级													
		C15	C20	C25	C30	C35	C40	C45	C50	C55	C60	C65	C70	C75	C80
轴心受压	f_c	7.2	9.6	11.9	14.3	16.7	19.1	21.1	23.1	25.3	27.5	29.7	31.8	33.8	35.9
轴心受拉	f_t	0.91	1.10	1.27	1.43	1.57	1.71	1.80	1.89	1.96	2.04	2.09	2.14	2.18	2.22

注：计算现浇钢筋混凝土轴心受压和偏心受压构件时，如截面的长边或直径小于300mm，则表中的混凝土强度设计值应乘以系数0.8；当构件质量（如混凝土成型、截面和轴线尺寸等）确有保证时，可不受此限制。

附录表 1-3　混凝土弹性模量　（单位：$\times 10^4 N/mm^2$）

混凝土强度等级	C15	C20	C25	C30	C35	C40	C45	C50	C55	C60	C65	C70	C75	C80
E_c	2.20	2.55	2.80	3.00	3.15	3.25	3.35	3.45	3.55	3.60	3.65	3.70	3.75	3.80

附录表 1-4　普通钢筋强度标准值　（单位：N/mm^2）

钢筋牌号	符号	公称直径 d（mm）	屈服强度标准值 f_{yk}	极限强度标准值 f_{stk}
HPB300	ϕ	6～22	300	420
HRB335 HRBF335	Φ $Φ^F$	6～50	335	455
HRB400 HRBF400 RRB400	Φ $Φ^F$ $Φ^R$	6～50	400	540
HRB500 HRBF500	Φ $Φ^F$	6～50	500	630

附录表 1-5　普通钢筋强度设计值　（单位：N/mm^2）

钢筋牌号	抗拉强度设计值 f_y	抗压强度设计值 f_y'
HPB300	270	270
HRB335、HRBF335	300	300
HRB400、HRBF400、RRB400	360	360
HRB500、HRBF500	435	410

附录表 1-6 预应力钢筋强度标准值 （单位：N/mm^2）

钢筋种类		符号	公称直径 d（mm）	屈服强度标准值 f_{pyk}	极限强度标准值 f_{ptk}
中强度预应力钢丝	光面 螺旋肋	ϕ^{PM} ϕ^{HM}	5、7、9	620	800
				780	970
				980	1270
预应力螺纹钢筋	螺纹	ϕ^{T}	18、25、32、40、50	785	980
				930	1080
				1080	1230
消除应力钢丝	光面 螺纹肋	ϕ^{P} ϕ^{H}	5	—	1570
				—	1860
			7	—	1570
			9	—	1470
				—	1570
钢绞线	1×3 （三股）	ϕ^{S}	8.6、10.8、12.9	—	1570
				—	1860
				—	1960
	1×7 （七股）		9.5、12.7、15.2、17.8	—	1720
				—	1860
				—	1960
			21.6	—	1860

附录表 1-7 预应力钢筋强度设计值 （单位：N/mm^2）

符号	极限强度标准值 f_{ptk}	抗拉强度设计值 f_{py}	抗压强度设计值 f'_{py}
中强度预应力钢丝	800	510	410
	970	650	
	1270	810	
消除应力钢丝	1470	1040	410
	1570	1110	
	1860	1320	
钢绞线	1570	1110	390
	1720	1220	
	1860	1320	
	1960	1390	
预应力螺纹钢筋	980	650	410
	1080	770	
	1230	900	

附录表 1-8 钢筋弹性模量

钢筋牌号或种类	E_s（MPa）
HPB300 钢筋	2.10×10^5
HRB335、HRB400、HRB500、HRBF335、HRBF400、RRB400、HRBF500 钢筋、预应力螺纹钢筋	2.00×10^5
消除应力钢丝、中强度预应力钢丝	2.05×10^5
钢绞线	1.95×10^5

注：必要时可采用实测的弹性模量。

附录表 2-1 钢筋的公称直径、公称截面面积及理论重量

公称直径（mm）	不同根数钢筋的公称截面面积（mm^2）									单根钢筋理论重量（$kg\cdot m^{-1}$）
	1	2	3	4	5	6	7	8	9	
6	28.3	57	85	113	142	170	198	226	255	0.222
6.5	33.2	66	100	133	166	199	232	265	299	0.260
8	50.3	101	151	201	252	302	352	402	453	0.395
10	78.5	157	236	314	393	471	550	628	707	0.617
12	113.1	226	339	452	565	678	791	904	1017	0.888
14	153.9	308	461	615	769	923	1077	1231	1385	1.21
16	201.1	402	603	804	1005	1206	1407	1608	1809	1.58
18	254.5	509	763	1017	1272	1527	1781	2036	2290	2.00（2.11）
20	314.2	628	942	1256	1570	1884	2199	2513	2827	2.47
22	380.1	760	1140	1520	1900	2281	2661	3041	3421	2.98
25	490.9	982	1473	1964	2454	2945	3436	3927	4418	3.85（4.10）
28	615.8	1232	1847	2463	3079	3695	4310	4926	5542	4.83
32	804.2	1609	2413	3217	4021	4826	5630	6434	7238	6.31（6.65）
36	1017.9	2036	3054	4072	5089	6107	7125	8143	9161	7.99
40	1256.6	2513	3770	5027	6283	7540	8796	10053	11310	9.87（10.34）
50	1963.5	3928	5892	7856	9820	11784	13748	15712	17676	15.42（16.28）

注：括号内为预应力螺纹钢筋数量。

附录表 2-2 钢筋混凝土板每米宽的钢筋截面面积 （单位：mm^2）

钢筋间距（mm）	钢筋直径（mm）											
	3	4	5	6	6/8	8	8/10	10	10/12	12	12/14	14
70	101	180	280	404	561	719	920	1121	1369	1616	1907	2199
75	94.2	168	262	377	524	671	899	1047	1277	1508	1780	2052
80	88.4	157	245	354	491	629	805	981	1198	1414	1669	1924
85	83.2	142	231	333	462	592	758	924	1127	1331	1571	1811
90	78.2	140	218	314	437	559	716	872	1064	1257	1438	1710
95	74.5	132	207	298	414	529	678	826	1008	1190	1405	1620
100	70.6	126	196	283	393	503	644	785	958	1131	1335	1539
110	64.2	114	178	257	357	457	585	714	871	1028	1214	1399
120	58.9	105	163	236	327	419	537	654	798	942	1113	1283
125	56.5	101	157	226	314	402	515	628	766	905	1068	1231

（续表）

钢筋间距（mm）	钢筋直径（mm）											
	3	4	5	6	6/8	8	8/10	10	10/12	12	12/14	14
130	54.4	96.6	151	217	302	387	495	604	737	870	1027	1184
140	50.5	89.8	140	202	281	359	460	561	684	808	954	1099
150	47.1	83.8	131	188	262	335	429	523	639	754	890	1026
160	44.1	78.5	123	177	246	314	403	491	599	707	834	962
170	41.5	73.9	115	166	231	296	379	462	564	665	785	905
180	39.2	69.8	109	157	218	279	358	436	532	628	742	855
190	37.2	66.1	103	149	207	265	339	413	504	595	703	810
200	35.3	62.8	98.2	141	196	251	322	393	479	565	668	770
220	32.1	57.1	89.2	129	176	228	293	357	436	514	607	700
240	29.4	52.4	81.8	118	164	210	268	327	399	471	556	641
250	28.3	50.3	78.5	113	157	201	258	314	383	452	534	616

附录表 3-1　混凝土保护层厚度的最小厚度　（单位：mm）

环境类别	板、墙、壳	梁、柱、杆
一	15	20
二 a	20	25
二 b	25	35
三 a	30	40
三 b	40	50

注：1．混凝土强度等级不大于 C25 时，表中保护层厚度数值应增加 5mm。

2．钢筋混凝土基础宜设置混凝土垫层，基础中钢筋的混凝土保护层厚度应从垫层顶面算起，且不应小于 40mm。

附录表 3-2　纵向受力钢筋的最小配筋率百分率 ρ_{min}（%）

受力类型			最小配筋百分率
受压构件	全部纵向钢筋	强度等级 500MPa	0.50
		强度等级 400 MPa	0.55
		强度等级 300 MPa、335 MPa	0.60
	一侧纵向钢筋		0.20
受弯构件、偏心受拉、轴心受拉构件一侧的受拉钢筋			0.20 和 $45f_t/f_y$ 中的较大值

注：1．受压构件全部纵向钢筋最小配筋百分率，当采用 C60 及以上强度等级的混凝土时，应按表中规定增大 0.10；

2．板类受弯构件（不包括悬臂板）的受拉钢筋，当采用强度等级 400MPa、500MPa 的钢筋时，其最小配筋百分率应允许采用 0.15 和 $45f_t/f_y$ 中的较大值；

3．偏心受拉构件中的受压钢筋，应按受压构件一侧纵向钢筋考虑；

4．受压构件的全部纵向钢筋和一侧纵向钢筋的配筋率以及轴心受拉构件和小偏心受拉构件一侧受拉钢筋的配筋率应按构件的全截面面积计算；

5．受弯构件、大偏心受拉构件一侧受拉钢筋的配筋率应按全截面面积扣除受压翼缘面积 $(b_f'-b)\ h_f'$ 后的截面面积计算；

6．当钢筋沿构件截面周边布置时，“一侧纵向钢筋”系指沿受力方向两个对边中的一边布置的纵向钢筋。

附录表 3-3　结构构件的裂缝控制等级及最大裂缝宽度的限值　　（单位：mm）

环境类别	钢筋混凝土结构		预应力混凝土结构	
	裂缝控制等级	ω_{lim}	裂缝控制等级	ω_{lim}
一	三级	0.30（0.40）	三级	0.20
二 a		0.20		0.10
二 b			二级	—
三 a、三 b			一级	—

注：1．对处于年平均相对湿度小于 60%地区一类环境下的受弯构件，其最大裂缝宽度限值可采用括号内的数值。

2．在一类环境下，对钢筋混凝土屋架、托架及需作疲劳验算的吊车梁、其最大裂缝宽度限值应取为 0.20mm；对钢筋混凝土屋面梁和托梁，其最大裂缝宽度限值应取为 0.30mm。

3．在一类环境下，对预应力混凝土屋架、托架及双向板体系，应按二级裂缝控制等级进行验算；对预应力混凝土屋面梁、托梁、单向板，按表中二 a 类环境的要求进行验算，在一类和二 a 类环境下，对需作疲劳验算的预应力混凝土吊车梁，应按裂缝控制等级不低于二级的构件进行验算。

4．表中规定的预应力混凝土构件的裂缝控制等级和最大裂缝宽度限值仅适用于正截面的验算；预应力混凝土构件的斜截面裂缝控制验算应符合预应力构件的有关规定。

5．对于烟囱、筒仓和处于液休压力下的结构构件，其裂缝控制要求应符合专门标准的有关规定。

6．对于处于四、五类环境下的结构构件，其裂缝控制要求应符合专门标准的有关规定。

附录表 3-4　截面抵抗矩塑性影响系数基本值 γ_m

项次	1	2	3		4		5
截面形状	矩形截面	翼缘位于受压区的 T 形截面	对称 I 形截面或箱型截面		翼缘位于受拉区的倒 T 形截面		圆形和环形截面
			$b_f/b\leqslant2$、h_f/h 为任意值	$b_f/b>2$、$h_f/h<0.2$	$b_f/b\leqslant2$、h_f/h 为任意值	$b_f/b>2$、$h_f/h<0.2$	
γ_m	1.55	1.50	1.45	1.35	1.50	1.40	$1.6-0.24r_1/r$

注：1．对 $b_f'>b_f$ 的 I 形截面，可按项次 2 与项次 3 之间的数值采用；对 $b_f'<b_f$ 的 I 形截面，可按项次 3 与项次 4 之间的数值采用；

2．对于箱型截面，b 系指各肋宽度的总和；

3．r_1 为环形截面的内环半径，对圆形截面取 r_1 为零。

附录表 3-5　受弯构件的挠度限值

构件类型		挠度限值
吊车梁	手动吊车	$l_o/500$
	电动吊车	$l_o/600$
屋盖、楼盖及楼梯构件	$l_o<7$m	$l_o/200$（$l_o/250$）
	7m$\leqslant l_o\leqslant$9m	$l_o/250$（$l_o/300$）
	$l_o>9$m	$l_o/300$（$l_o/400$）

注：1．表中 l_o 为构件的计算跨度；

2．表中括号内数值适用于使用上对挠度有较高要求的构件；

3．计算悬臂构件的挠度限值时，其计算跨度按实际悬臂长度的 2 倍取用。

附录表 4　均布荷载和集中荷载作用下等跨连续梁的内力系数表

均布荷载

$$M = K_1 gl^2 + K_2 ql^2 \qquad V = K_3 gl + K_4 ql$$

集中荷载

$$M = K_1 Gl + K_2 Ql \qquad V = K_3 G + K_4 Q$$

式中：g、q——单位长度上的均布恒荷载、活荷载；

G、Q——集中恒荷载、活荷载；

K_1、K_2、K_3、K_4——内力系数，由表中相应栏内查得。

（1）两跨梁

序号	荷载简图	跨内最大弯距		支座弯距	横向剪力			
		M_1	M_2	M_B	V_A	$V_{B左}$	$V_{B右}$	V_C
1	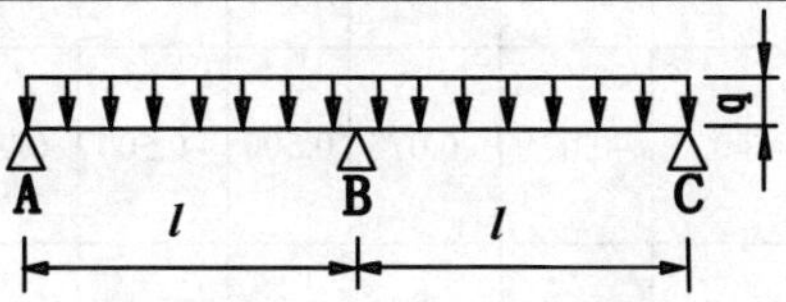	0.070	0.070	−0.125	0.375	−0.625	0.625	−0.375
2	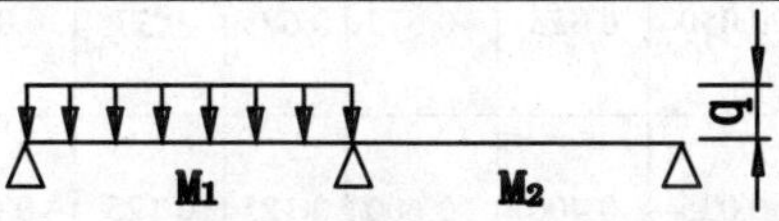	0.096	−0.025	−0.063	0.437	−0.563	0.063	0.063
3	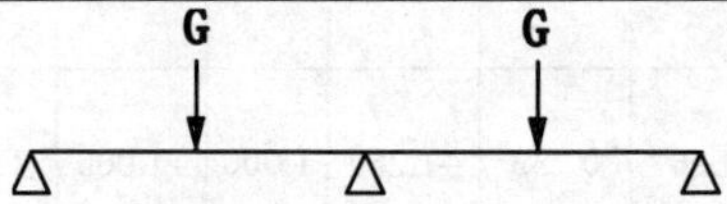	0.156	0.156	−0.188	0.312	−0.688	0.688	−0.312
4	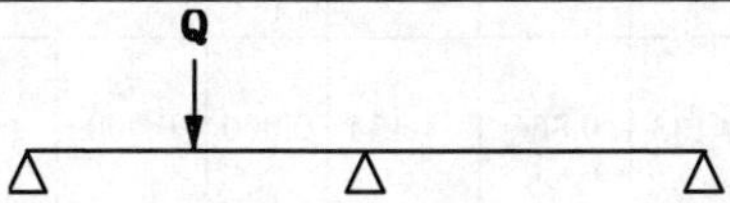	0.203	−0.047	−0.094	0.406	−0.594	0.094	0.094
5	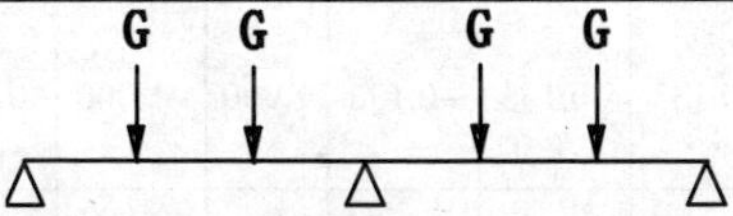	0.222	0.222	−0.333	0.667	−1.334	1.334	−0.667
6	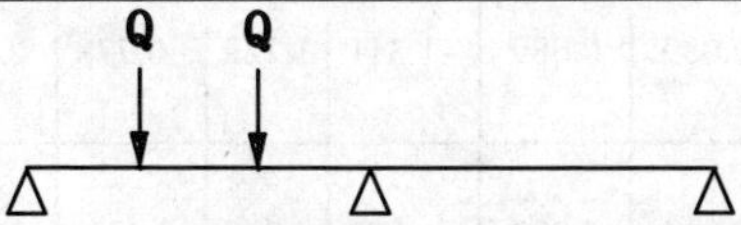	0.278	−0.056	−0.167	0.833	−1.167	0.167	0.167

（2）三跨梁

序号	荷载简图	跨内最大弯距		支座弯距		横向剪力					
		M_1	M_2	M_B	M_C	V_A	$V_{B左}$	$V_{B右}$	$V_{C左}$	$V_{C右}$	V_D
1	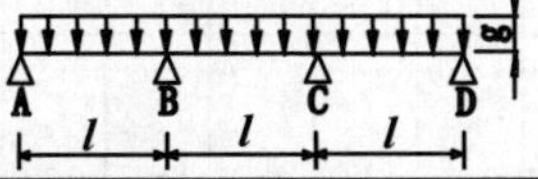	0.080	0.025	−0.100	−0.100	0.400	−0.600	0.500	−0.500	−0.600	−0.400
2	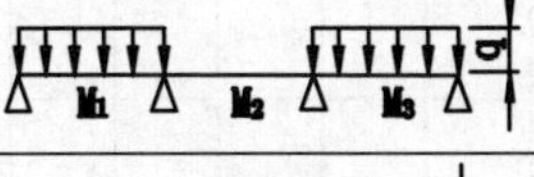	0.101	−0.050	−0.050	−0.050	0.450	−0.550	0.000	0.000	0.550	−0.450
3	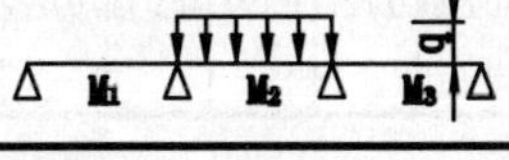	−0.025	0.075	−0.050	−0.050	−0.050	−0.050	0.050	0.050	0.050	0.050

（续表）

序号	荷载简图	跨内最大弯距		支座弯距		横向剪力					
		M_1	M_2	M_B	M_C	V_A	$V_{B左}$	$V_{B右}$	$V_{C左}$	$V_{C右}$	V_D
4	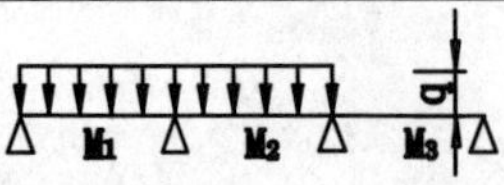	0.073	0.054	−0.117	−0.033	0.383	−0.617	0.583	−0.417	0.033	0.033
5	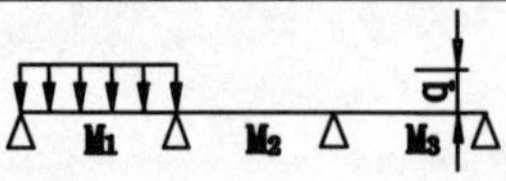	0.094	—	−0.067	0.017	0.433	−0.567	0.083	0.083	−0.017	−0.017
6	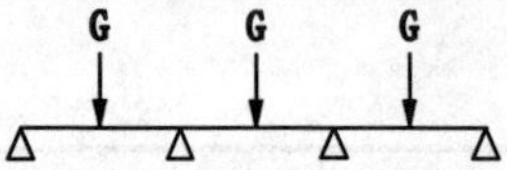	0.175	0.100	−0.150	−0.150	0.350	−0.650	0.500	−0.500	0.650	−0.350
7	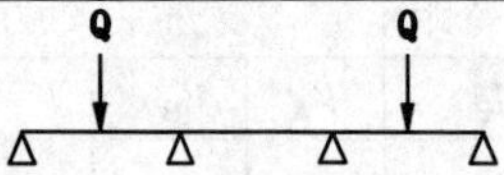	0.213	−0.075	−0.075	−0.075	0.425	−0.575	0.000	0.000	0.575	−0.425
8	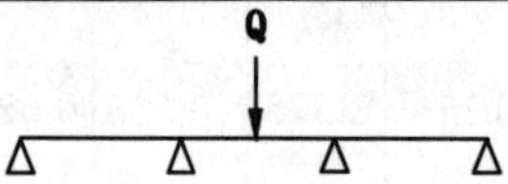	−0.038	0.175	−0.075	−0.075	−0.075	−0.075	0.500	−0.500	0.075	0.075
9	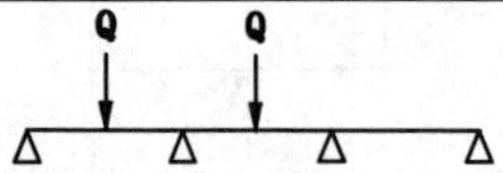	0.162	0.137	−0.175	0.050	0.325	−0.675	0.625	−0.375	0.050	0.050
10	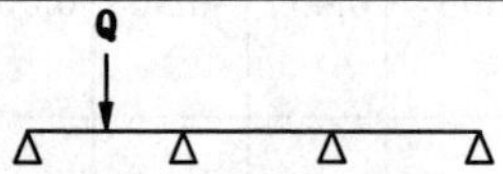	0.200	—	−0.100	0.025	0.400	−0.600	0.125	0.125	−0.025	−0.025
11	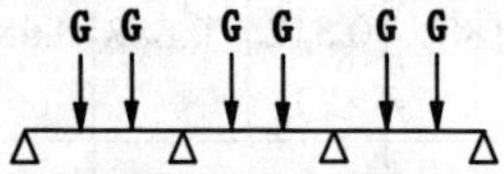	0.244	0.067	−0.267	−0.267	0.733	−1.267	1.000	−1.000	1.267	−0.733
12	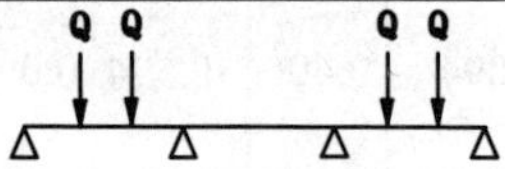	0.289	−0.133	−0.133	−0.133	0.866	−1.134	0.000	0.000	1.134	−0.866
13	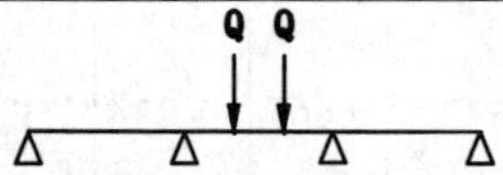	−0.044	0.200	−0.133	−0.133	−0.133	−0.133	1.000	−1.000	0.133	0.133
14	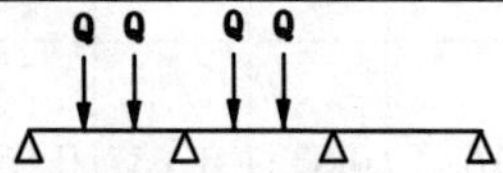	0.229	0.170	−0.311	0.089	0.689	−1.311	1.222	−0.778	0.089	0.089
15	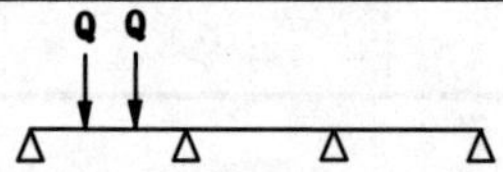	0.274	—	−0.178	0.044	0.822	−1.178	0.222	0.222	−0.044	−0.044

（3）四跨梁

序号	荷载简图	跨内最大弯距				支座弯距			横向剪力							
		M_1	M_2	M_3	M_4	M_B	M_C	M_D	V_A	$V_{B左}$	$V_{B右}$	$V_{C左}$	$V_{C右}$	$V_{D左}$	$V_{D右}$	V_E
1	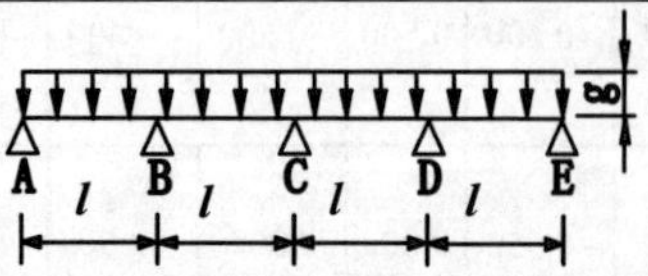	—	0.142	0.142	—	−0.054	−0.161	−0.054	−0.054	−0.054	0.393	−0.607	0.607	−0.393	0.054	0.054
2	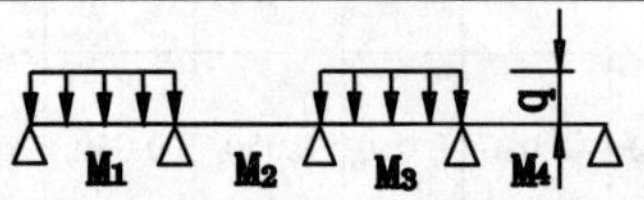	0.202	—	—	—	−0.100	0.027	−0.007	0.400	−0.600	0.127	0.127	−0.033	−0.033	0.007	0.007

（续表）

序号	荷载简图	跨内最大弯距				支座弯距			横向剪力							
		M_1	M_2	M_3	M_4	M_B	M_C	M_D	V_A	$V_{B左}$	$V_{B右}$	$V_{c左}$	$V_{c右}$	$V_{D左}$	$V_{D右}$	V_E
3	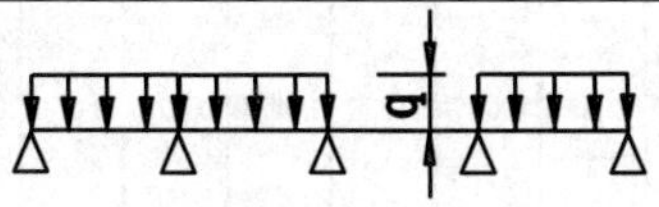	—	0.173	—	—	-0.074	-0.080	0.020	-0.074	-0.074	0.493	-0.507	0.100	0.100	-0.020	-0.020
4	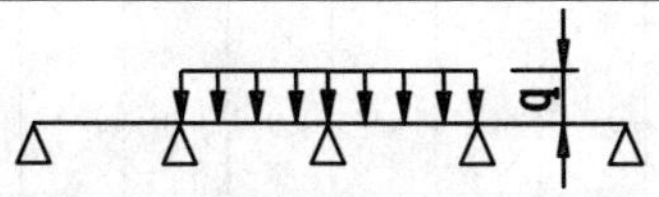	0.238	0.111	0.111	0.238	-0.286	-0.191	-0.286	0.714	-1.286	1.095	-0.905	0.905	-0.095	1.286	-0.714
5	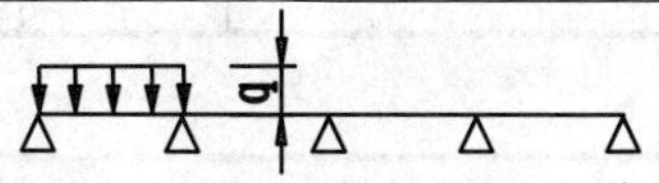	0.286	-0.111	0.222	-0.048	-0.143	-0.095	-0.143	0.875	-1.143	0.048	0.048	0.952	1.048	0.143	0.143
6	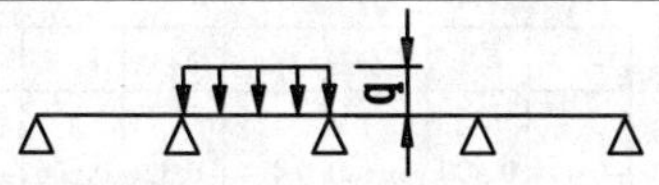	0.226	0.194	—	0.282	-0.321	-0.048	-0.155	0.679	-1.321	1.274	-0.726	-0.107	-0.107	1.155	-0.845
7	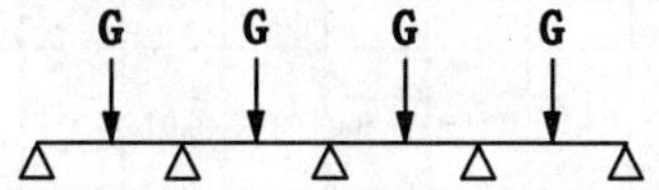	—	0.175	0.175	—	-0.095	-0.286	-0.095	-0.095	-0.095	0.810	-1.190	0.190	-0.810	0.095	0.095
8	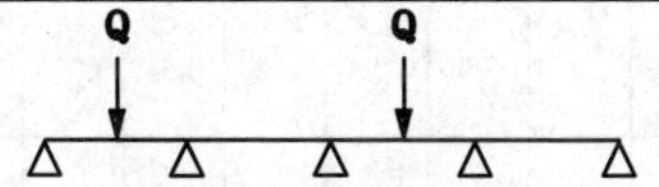	0.274	—	—	—	-0.178	0.048	-0.012	0.822	-1.178	0.226	0.226	-0.060	-0.060	0.012	0.012
9	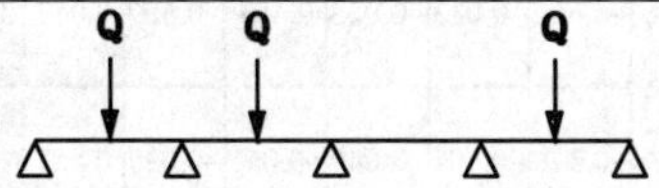	—	0.198	—	—	-0.131	-0.143	-0.036	-0.131	-0.131	0.988	-1.012	0.178	0.178	-0.036	-0.036
10	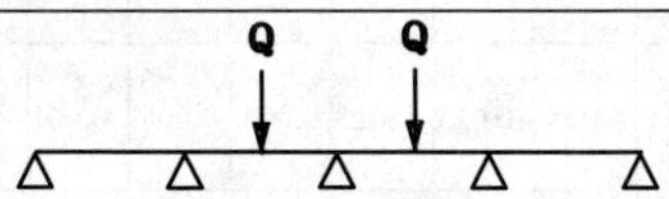	0.077	-0.036	0.036	0.077	-0.107	-0.071	-0.107	0.393	-0.607	0.536	-0.464	0.464	-0.536	0.607	-0.393
11	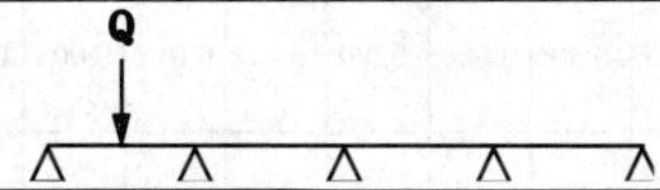	0.100	0.045	0.081	-0.023	-0.054	-0.036	-0.054	0.446	-0.554	0.018	0.018	0.482	-0.518	0.054	0.054
12	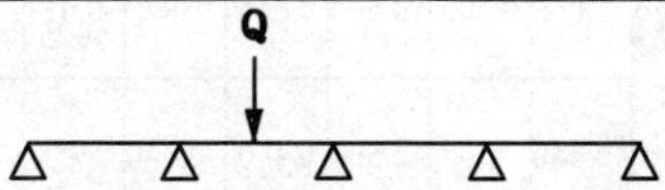	0.072	0.061	—	0.098	-0.121	-0.018	-0.058	0.380	-0.020	0.603	-0.397	-0.040	-0.040	0.558	-0.442
13	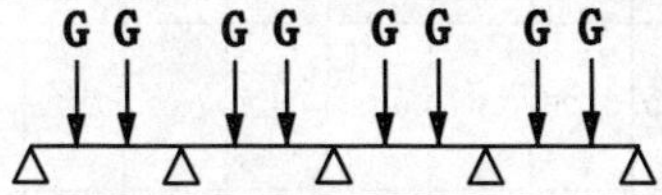	—	0.056	0.056	—	-0.036	-0.107	-0.036	-0.036	-0.036	0.429	-0.571	0.571	-0.429	0.036	0.036
14	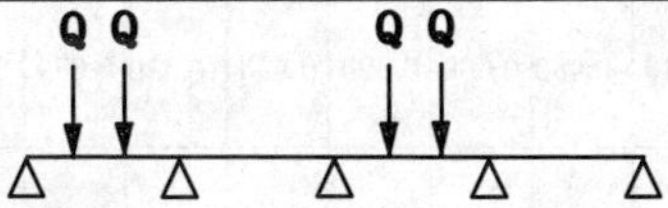	0.094	—	—	—	-0.067	0.018	-0.004	0.433	-0.567	0.085	0.085	-0.022	-0.022	0.004	0.004
15	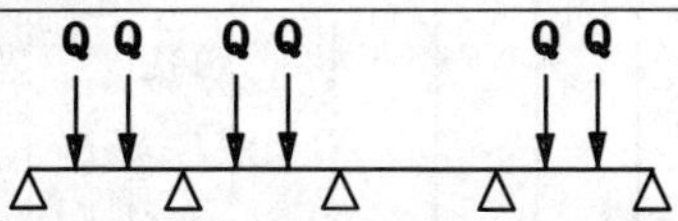	—	0.071	—	—	-0.049	-0.054	0.013	-0.049	-0.049	0.496	-0.504	0.067	0.067	-0.013	-0.013
16	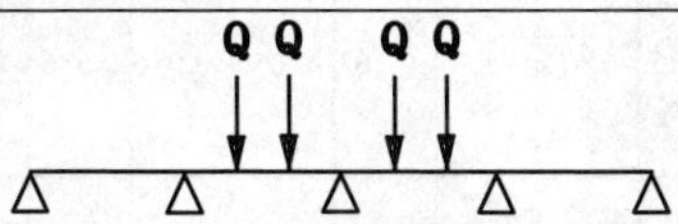	0.169	0.116	0.116	-0.169	-0.161	-0.107	-0.161	0.339	-0.661	0.553	-0.446	0.446	-0.554	0.661	-0.339

（续表）

序号	荷载简图	跨内最大弯距				支座弯距			横向剪力							
		M_1	M_2	M_3	M_4	M_B	M_C	M_D	V_A	$V_{B左}$	$V_{B右}$	$V_{c左}$	$V_{c右}$	$V_{D左}$	$V_{D右}$	V_E
17	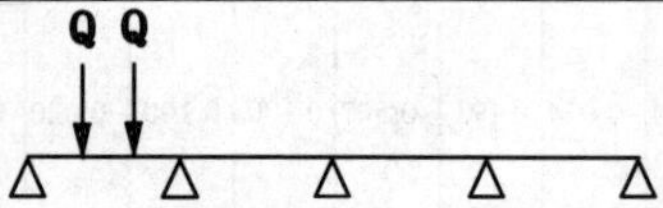	0.210	0.067	0.183	−0.040	−0.080	−0.054	−0.080	0.420	−0.580	0.027	0.027	0.473	0.527	0.080	0.080
18	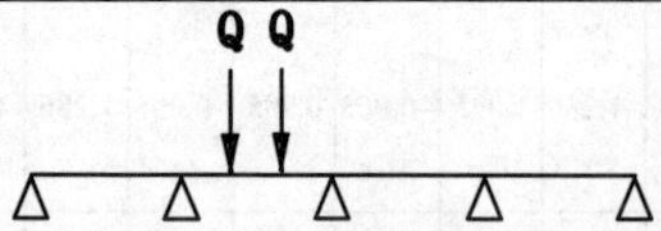	0.159	0.146	—	0.206	−0.181	−0.027	−0.087	0.319	−0.681	0.654	−0.346	−0.060	−0.060	0.587	−0.413

（4）五跨梁

序号	荷载简图	跨内最大弯矩			支座弯距				横向剪力									
		M_1	M_2	M_3	M_B	M_C	M_D	M_E	V_A	$V_{B左}$	$V_{B右}$	$V_{c左}$	$V_{c右}$	$V_{D左}$	$V_{D右}$	$V_{E左}$	$V_{E右}$	V_F
1	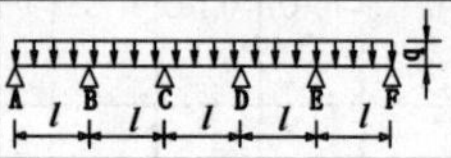	0.0781	0.0331	0.0462	−0.105	−0.079	−0.079	−0.105	0.394	−0.606	0.526	−0.474	0.500	−0.500	0.474	−0.526	0.606	−0.394
2	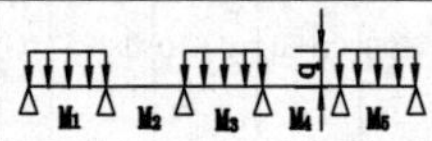	0.1000	−0.0461	0.0855	−0.053	−0.040	−0.040	−0.053	0.447	−0.553	0.013	0.013	0.500	−0.500	−0.013	−0.013	0.553	−0.447
3	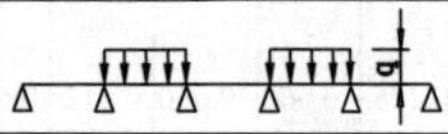	−0.0263	0.0787	−0.0395	−0.053	−0.040	−0.040	−0.053	−0.053	−0.053	0.513	−0.487	0.000	0.000	0.487	−0.513	0.053	0.053
4	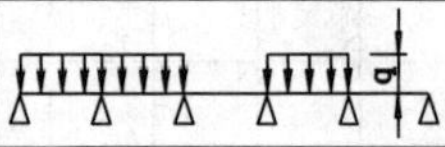	0.073	0.059	—	−0.119	−0.022	−0.044	−0.051	0.380	−0.620	0.598	−0.402	−0.023	−0.023	0.493	−0.507	0.052	0.052
5	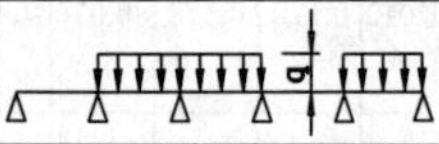	—	0.055	0.064	−0.035	−0.111	−0.020	−0.057	−0.035	−0.035	0.424	−0.576	−0.591	−0.049	−0.037	−0.037	0.557	−0.443
6	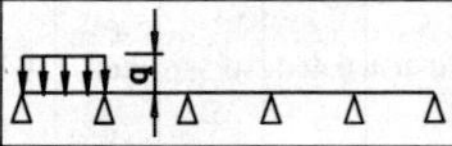	0.094	—	—	−0.067	0.018	−0.005	0.001	0.433	−0.567	0.085	0.085	−0.023	−0.023	0.006	0.006	−0.001	−0.001
7	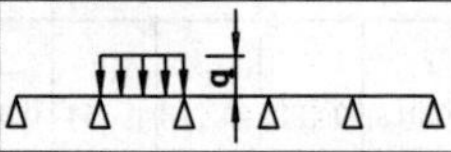	—	0.074	—	−0.049	−0.054	−0.014	−0.004	−0.049	−0.049	0.495	−0.505	0.068	−0.068	−0.018	0.018	0.004	0.004
8	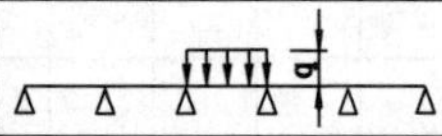	—	—	0.072	0.013	−0.053	−0.053	0.013	0.013	0.013	−0.066	−0.066	0.500	−0.500	0.066	0.066	−0.013	−0.013
9	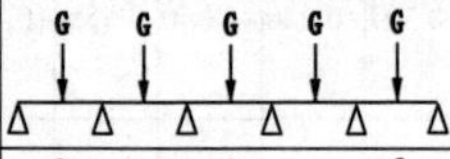	0.171	0.112	0.132	−0.158	−0.118	−0.118	−0.158	0.342	−0.658	0.540	−0.460	0.500	−0.500	0.460	−0.540	0.658	−0.342
10	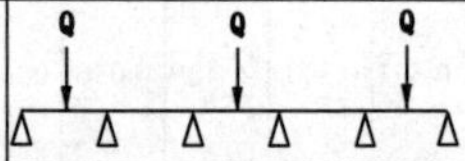	0.211	−0.069	0.191	−0.079	−0.059	−0.059	−0.079	0.421	−0.579	0.020	0.020	0.500	−0.500	−0.020	−0.020	0.579	−0.421
11	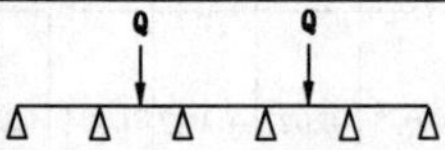	0.039	0.181	−0.059	−0.079	−0.059	−0.059	−0.079	−0.079	−0.079	0.520	−0.480	0.000	0.000	0.480	−0.520	0.079	0.079
12	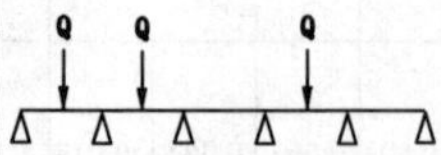	0.160	0.144	—	−0.179	−0.032	−0.066	−0.077	0.321	−0.679	0.647	−0.353	−0.034	−0.034	0.489	−0.511	0.077	0.077
13	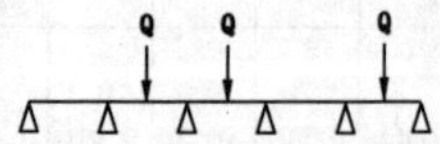	—	0.140	0.151	−0.052	−0.167	−0.031	−0.086	−0.052	−0.052	0.385	−0.615	0.637	−0.363	−0.056	−0.056	0.586	−0.414
14	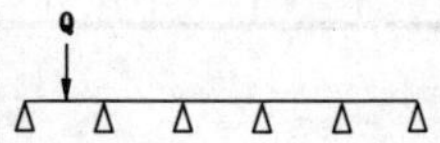	0.200	—	—	−0.100	0.027	−0.007	0.002	0.400	−0.600	0.127	0.127	−0.034	−0.034	0.009	0.009	−0.002	−0.002

（续表）

序号	荷载简图	跨内最大弯矩			支座弯距				横向剪力										
		M_1	M_2	M_3	M_B	M_C	M_D	M_E	V_A	$V_{B左}$	$V_{B右}$	$V_{c左}$	$V_{c右}$	$V_{D左}$	$V_{D右}$	$V_{E左}$	$V_{E右}$	V_F
15	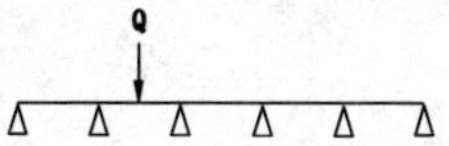	—	0.173	—	−0.073	−0.081	0.022	−0.005	−0.073	−0.073	0.493	−0.507	0.102	0.102	−0.027	−0.027	0.005	0.005
16	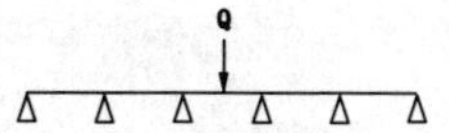	—	—	0.171	0.020	0.079	−0.079	0.020	0.020	0.020	−0.099	−0.099	0.500	−0.500	0.099	0.099	−0.020	−0.020
17	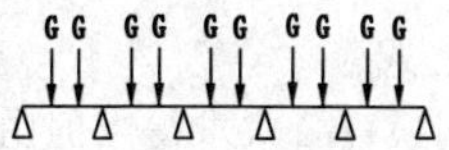	0.240	0.100	0.122	−0.281	−0.211	−0.211	−0.281	0.719	−1.281	1.070	−0.930	1.000	−1.000	0.930	−1.070	1.281	−0.719
18	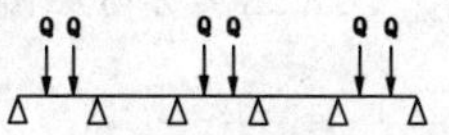	0.287	−0.117	0.228	−0.140	−0.105	−0.105	−0.140	0.860	−1.140	0.035	0.035	1.000	−1.000	−0.035	−0.035	1.140	−0.860
19	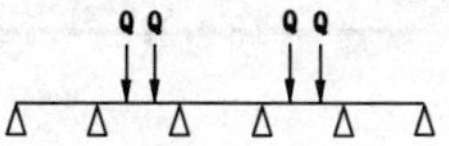	−0.047	−0.216	−0.105	−0.140	−0.105	−0.105	−0.140	−0.140	−0.140	1.035	−0.965	0.000	0.000	0.965	−1.035	0.140	0.140
20	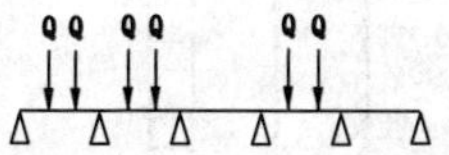	0.227	0.189	—	−0.319	−0.057	−0.118	−0.137	0.681	−1.319	1.262	−0.738	−0.061	−0.061	0.981	−1.019	0.137	0.137
21	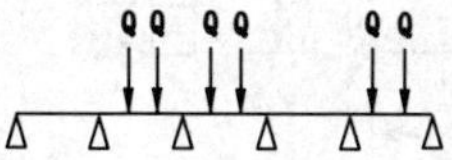	—	0.172	0.198	−0.093	−0.297	−0.054	−0.153	−0.093	−0.093	0.796	−1.204	1.243	−0.757	−0.099	−0.099	1.153	−0.847
22	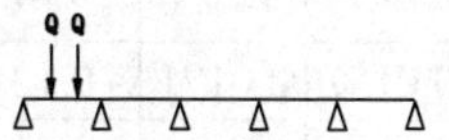	0.274	—	—	−0.179	0.048	−0.013	0.003	0.821	−1.179	0.227	0.227	−0.061	−0.061	0.016	0.016	−0.003	−0.003
23	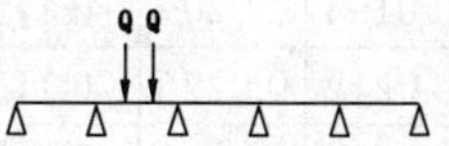	—	0.198	—	0.131	−0.144	−0.038	−0.010	−0.131	−0.131	0.987	−1.013	0.182	0.182	−0.048	−0.048	0.010	0.010
24	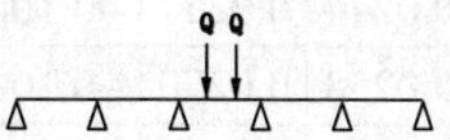	—	—	0.193	0.035	−0.140	−0.140	0.035	0.035	0.035	0.175	−0.175	1.000	−1.000	0.175	0.175	−0.035	−0.035

附录表 5　按弹性理论计算矩形双向板在均布荷载作用下的弯矩系数表

一、符号说明

M_x、$M_{x,max}$——平行于 l_x 方向板中心点弯矩和板跨内的最大弯矩；

M_y、$M_{y,max}$——平行于 l_y 方向板中心点弯矩和板跨内的最大弯矩；

M'_x——固定边中点沿 l_x 方向的弯矩；

M'_y——固定边中点沿 l_y 方向的弯矩；

M_{0x}——平行于 l_x 方向自由边的中点弯矩；

M^0_{0x}——平行于 l_x 方向自由边上固定端的支座弯矩。

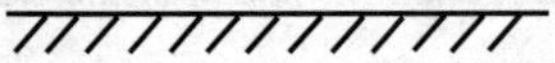

代表固定边

代表简支边

代表自由边

二、计算公式

$$弯矩 = 表中系数 \times ql_x^2$$

式中：q——作用在双向板上的均布荷载；

l_x——板跨，见表中插图所示。

表中弯矩系数均为单位板宽的弯矩系数。表中系数为泊松比 ν=1/6 时求得的，适用于钢筋混凝土板。表中系数是根据 1975 年版《建筑结构静力计算手册》中 ν=0 的弯矩系数表，通过换算公式

$M_x^{(\nu)} = M_x^{(0)} + \nu M_y^{(0)}$ 及 $M_x^{(\nu)} = M_x^{(0)} + \nu M_y^{(0)}$ 得出的。表中 $M_{x,max}$ 及 $M_{y,max}$ 也按上列换算公式求得，但由于板内两个方向的跨内最大弯矩一般并不在同一点，因此，由上式求得的 $M_{x,max}$ 及 $M_{y,max}$ 仅为比实际弯矩偏大的近似值。

（1）

边界条件	①四边简支		②三边简支、一边固定									
	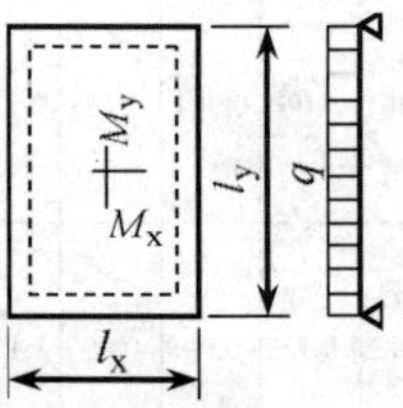		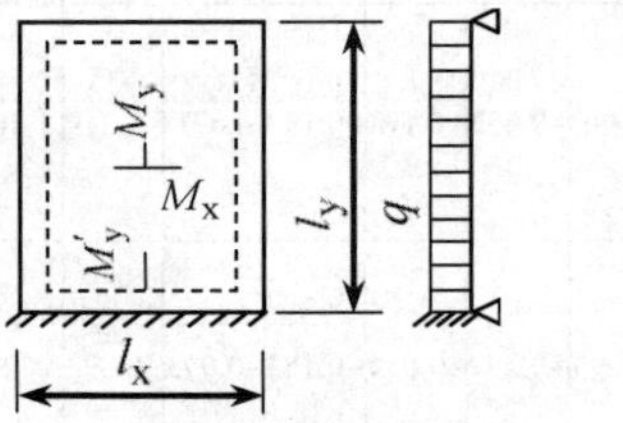						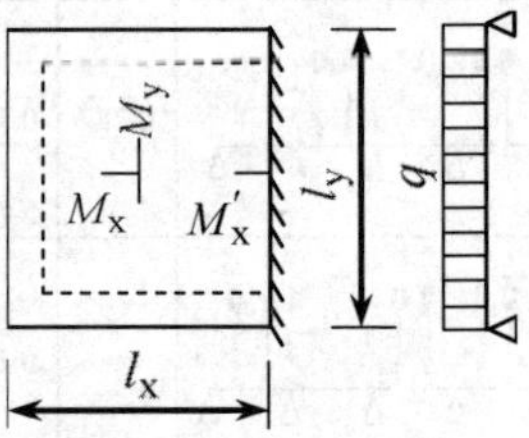			
l_x/l_y	M_x	M_y	M_x	$M_{x,max}$	M_y	$M_{y,max}$	M'_y	M_x	$M_{x,max}$	M_y	$M_{y,max}$	M'_x
0.50	0.0994	0.0335	0.0914	0.0930	0.0352	0.0397	–0.1215	0.0593	0.0657	0.0157	0.0171	–0.1212
0.55	0.0927	0.0359	0.0832	0.0846	0.0371	0.0405	–0.1193	0.0577	0.0633	0.0175	0.0190	–0.1187
0.60	0.0860	0.0379	0.0752	0.0765	0.0386	0.0409	–0.1166	0.0556	0.0608	0.0194	0.0209	–0.1158
0.65	0.0795	0.0396	0.0676	0.0688	0.0396	0.0412	–0.1133	0.0534	0.0581	0.0212	0.0226	–0.1124
0.70	0.0732	0.0410	0.0604	0.0616	0.0400	0.0417	–0.1096	0.0510	0.0555	0.0229	0.0242	–0.1087
0.75	0.0673	0.0420	0.0538	0.0519	0.0400	0.0417	0.1056	0.0485	0.0525	0.0244	0.0257	–0.1048
0.80	0.0617	0.0428	0.0478	0.0490	0.0397	0.0415	0.1014	0.0459	0.0495	0.0258	0.0270	–0.1007
0.85	0.0564	0.0432	0.0425	0.0436	0.0391	0.0410	–0.0970	0.0434	0.0466	0.0271	0.0283	–0.0965
0.90	0.0516	0.0434	0.0377	0.0388	0.0382	0.0402	–0.0926	0.0409	0.0438	0.0281	0.0293	–0.0922
0.95	0.0471	0.0432	0.0334	0.0345	0.0371	0.0393	–0.0882	0.0384	0.0409	0.0290	0.0301	–0.0880
1.00	0.0429	0.0429	0.0296	0.0306	0.0360	0.0388	–0.0839	0.0360	0.0388	0.0296	0.0306	–0.0839

（2）

边界条件	③两对边简支、两对边固定						④两邻边简支、两邻边固定					
	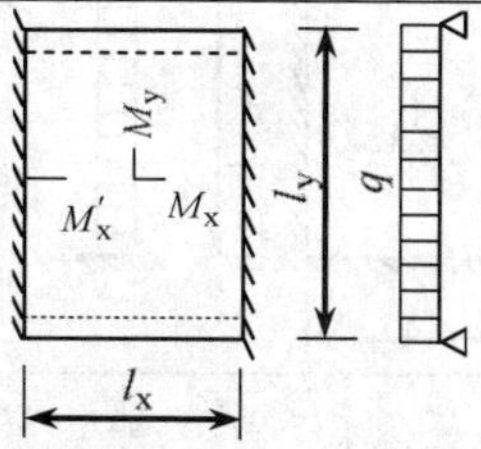			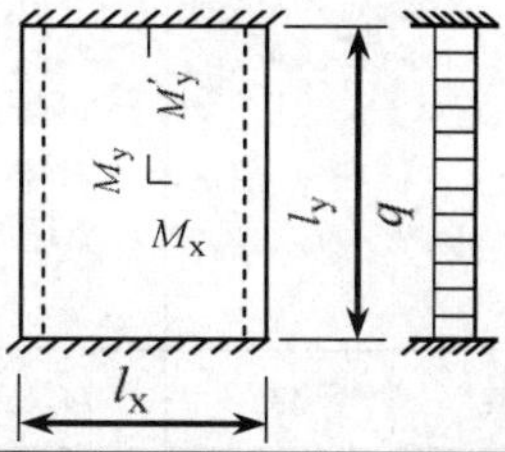			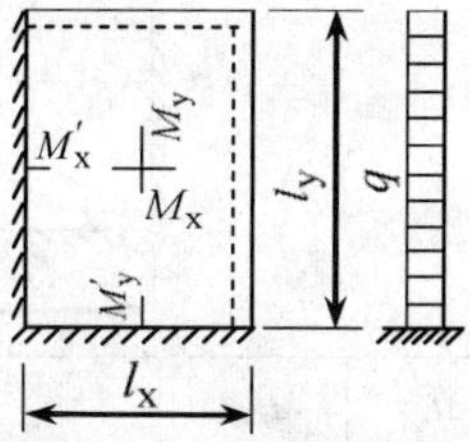					
l_x/l_y	M_x	M_y	M'_y	M_x	M_y	M'_x	M_x	$M_{x,max}$	M_y	$M_{y,max}$	M'_x	M'_y
0.50	0.0837	0.0367	–0.1191	0.0419	0.0086	–0.0843	0.0572	0.0584	0.0172	0.0229	–0.1179	–0.0786
0.55	0.0743	0.0383	0.1156	0.0415	0.0096	–0.0840	0.0546	0.0556	0.0192	0.0241	–0.1140	–0.0785
0.60	0.0653	0.0393	–0.1114	0.0409	0.0109	–0.0834	0.0518	0.0526	0.0212	0.0252	–0.1095	–0.0782
0.65	0.0569	0.0394	–0.1066	0.0402	0.0122	–0.0826	0.0486	0.0496	0.0228	0.0261	–0.1045	–0.0777
0.70	0.0494	0.0392	–0.1031	0.0391	0.0135	–0.0814	0.0455	0.0465	0.0243	0.0267	–0.0992	–0.0770
0.75	0.0428	0.0383	0.0959	0.0381	0.0149	–0.0799	0.0422	0.0430	0.0254	0.0272	–0.0938	–0.0760
0.80	0.0369	0.0372	–0.0904	0.0868	0.0162	–0.0782	0.0390	0.0397	0.0263	0.0278	–0.0883	–0.0748
0.85	0.0318	0.0358	–0.0850	0.0355	0.0174	–0.0763	0.0358	0.0366	0.0269	0.0284	–0.0829	–0.0733
0.90	0.0275	0.0343	–0.0767	0.0341	0.0186	–0.0743	0.0328	0.0337	0.0273	0.0288	–0.0776	–0.0716
0.95	0.0238	0.0328	–0.0746	0.0326	0.0196	–0.0721	0.0299	0.0308	0.0273	0.0289	–0.0726	–0.0698
1.00	0.0206	0.0311	–0.0698	0.0311	0.0206	–0.0698	0.0273	0.0281	0.0273	0.0289	–0.0677	–0.0677

（3）

边界条件	⑤一边简支、三边固定					
	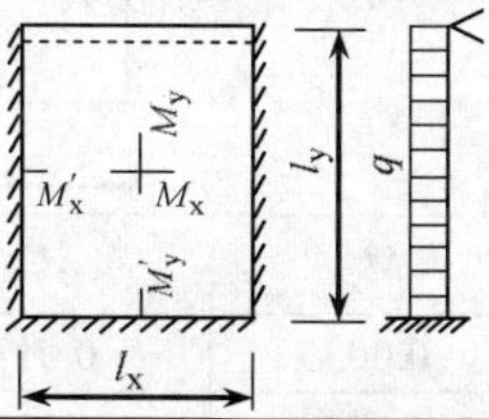					
l_x/l_y	M_x	$M_{x,max}$	M_y	$M_{y,max}$	M'_x	M'_y
0.50	0.0413	0.0424	0.0096	0.0157	–0.0836	–0.0569
0.55	0.0405	0.0415	0.0108	0.0160	–0.0827	–0.0570
0.60	0.0394	0.0404	0.0123	0.0169	–0.0814	–0.0571
0.65	0.0381	0.0390	0.0137	0.0178	–0.0796	–0.0572
0.70	0.0366	0.0375	0.0151	0.0186	–0.0774	–0.0572
0.75	0.0349	0.0358	0.0164	0.0193	–0.0750	–0.0572
0.80	0.0331	0.0339	0.0176	0.0199	–0.0722	–0.0570
0.85	0.0312	0.0319	0.0186	0.0204	–0.0693	–0.0567
0.90	0.0295	0.0300	0.0201	0.0209	–0.0663	–0.0563
0.95	0.0274	0.0281	0.0204	0.0214	–0.0631	–0.0558
1.00	0.0255	0.0261	0.0206	0.0219	–0.0600	–0.0500

（4）

边界条件	⑤一边简支、三边固定						⑥四边固定			
	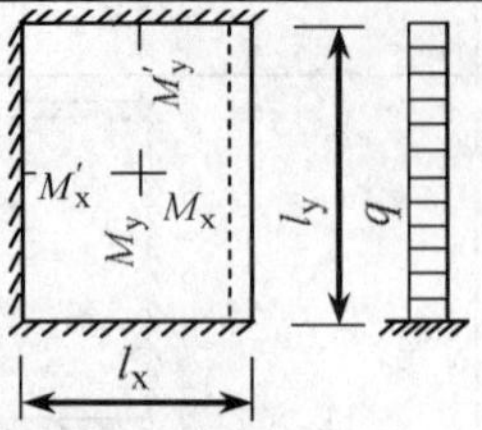						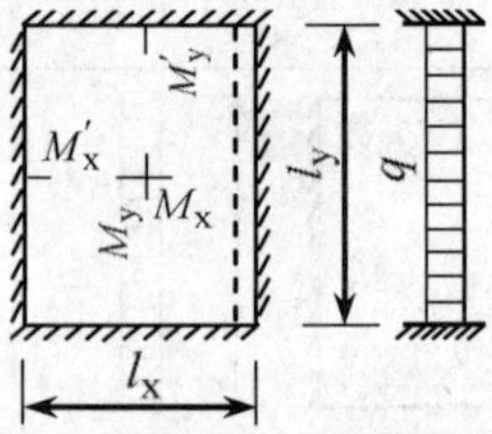			
l_x/l_y	M_x	$M_{x,max}$	M_y	$M_{y,max}$	M'_y	M'_x	M_x	M_y	M'_x	M'_y
0.50	0.0551	0.0605	0.0188	0.0201	−0.0784	−0.1146	0.0406	0.0105	−0.0829	−0.0570
0.55	0.0517	0.0563	0.0210	0.0223	−0.0780	−0.1093	0.0394	0.0120	−0.0814	−0.0571
0.60	0.0480	0.0520	0.0229	0.0242	−0.0773	−0.1033	0.0380	0.0137	−0.0793	−0.0571
0.65	0.0441	0.0476	0.0244	0.0256	−0.0762	−0.0970	0.0361	0.0152	−0.0766	−0.0571
0.70	0.0402	0.0433	0.0256	0.0267	−0.0748	−0.0903	0.0340	0.0167	−0.0735	−0.0569
0.75	0.0364	0.0390	0.0263	0.0273	−0.0729	−0.0837	0.0318	0.0179	−0.0701	−0.0565
0.80	0.0327	0.0348	0.0267	0.0267	−0.0707	−0.0772	0.0295	0.0189	−0.0664	−0.0559
0.85	0.0293	0.0312	0.0268	0.0277	−0.0683	−0.0711	0.0272	0.0197	−0.0626	−0.0551
0.90	0.0261	0.0277	0.0265	0.0273	−0.0656	−0.0653	0.0249	0.0202	−0.0588	−0.0541
0.95	0.0232	0.0246	0.0261	0.0269	−0.0629	−0.0599	0.0227	0.0205	−0.0550	−0.0528
1.00	0.0206	0.0219	0.0255	0.0261	−0.0600	−0.0550	0.0205	0.0205	−0.0513	−0.0513

（5）

边界条件	⑦三边固定、一边自由					
	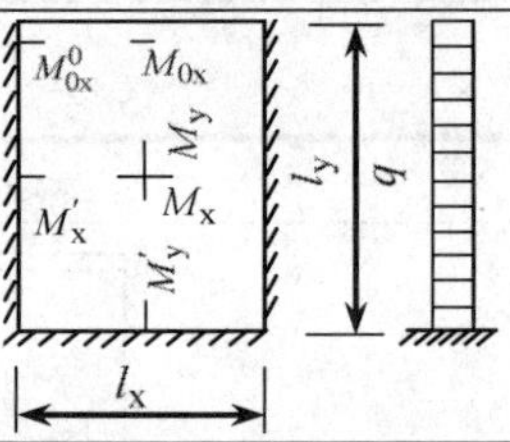					
l_x/l_y	M_x	M_y	M'_x	M'_y	M_{0x}	M^0_{0x}
0.30	0.0018	−0.0039	−0.0135	−0.0344	0.0068	−0.0345
0.35	0.0039	−0.0026	−0.0179	−0.0406	0.0112	−0.0432
0.40	0.0063	0.0008	−0.0227	−0.0454	0.0160	−0.0506
0.45	0.0090	0.0014	−0.0275	−0.0489	0.0207	−0.0564
0.50	0.0166	0.0034	−0.0322	−0.0513	0.0250	−0.0607
0.55	0.0142	0.0054	−0.0368	−0.0530	0.0288	−0.0635
0.60	0.0166	0.0072	−0.0412	0.0541	0.0320	−0.0652
0.65	0.0188	0.0087	−0.0453	−0.0548	0.0347	−0.0661
0.70	0.0209	0.0100	−0.0490	0.0553	0.0368	−0.0663
0.75	0.0228	0.0111	−0.0526	0.0557	0.0385	−0.0661
0.80	0.0246	0.0119	−0.0558	−0.0560	0.0399	−0.0656
0.85	0.0262	0.0125	−0.0558	−0.0562	0.0409	−0.0651
0.90	0.0277	0.0129	−0.0615	−0.0563	0.0417	−0.0644

（续表）

边界条件	④三边固定、一边自由					
0.95	0.0291	0.0132	−0.0639	−0.0564	0.0422	−0.0638
1.00	0.0304	0.0133	−0.0662	−0.0565	0.0427	−0.0632
1.10	0.0327	0.0133	−0.0701	−0.0566	0.0431	−0.0623
1.20	0.0345	0.0130	−0.0732	−0.0567	0.0433	−0.0617
1.30	0.0368	0.0125	−0.0758	−0.0568	0.0434	−0.0614
1.40	0.0380	0.0119	−0.0778	−0.0568	0.0433	−0.0614
1.50	0.0390	0.0113	0.0794	0.0569	0.0433	0.0616
1.75	0.0405	0.0099	−0.0819	−0.0569	0.0431	−0.0625
2.00	0.0413	0.0087	−0.0832	−0.0569	0.0431	−0.0637

附录表 6-1　烧结普通砖和烧结多孔砖砌体的抗压强度设计值　（单位：MPa）

砖强度等级	砂浆强度等级					砂浆强度
	M15	M10	M7.5	M5	M2.5	0
MU30	3.94	3.27	2.93	2.59	2.26	1.15
MU25	3.60	2.98	2.68	2.37	2.06	1.05
MU20	3.22	2.67	2.39	2.12	1.84	0.94
MU15	2.79	2.31	2.07	1.83	1.60	0.82
MU10	—	1.89	1.69	1.50	1.30	0.67

注：当烧结多孔砖的孔洞率大于 30%，表中数值应乘以 0.9。

附录表 6-2　蒸压灰砂普通砖和蒸压粉煤灰普通砖砌体的抗压强度设计值　（单位：MPa）

砖强度等级	砂浆强度等级				砂浆强度
	M15	M10	M7.5	M5	0
MU25	3.60	2.98	2.68	2.37	1.05
MU20	3.22	2.67	2.39	2.12	0.94
MU15	2.79	2.31	2.07	1.83	0.82

注：当采用专用砂浆砌筑时，其抗压强度设计值按表中数值采用。

附录表 6-3　单排孔混凝土砌块和轻集料混凝土砌块对孔砌筑砌体的抗压强度设计值　（单位：MPa）

砌块强度等级	砂浆强度等级					砂浆强度
	Mb20	Mb15	Mb10	Mb7.5	Mb5	0
MU20	6.30	5.68	4.95	4.44	3.94	2.33
MU15	—	4.61	4.02	3.61	3.20	1.89
MU10	—	—	2.79	2.50	2.22	1.31
MU7.5	—	—	—	1.93	1.71	1.01
MU5	—	—	—	—	1.19	0.70

注：1．对独立柱或厚度为双排组砌的砌块砌体，应按表中数值乘以 0.7；

2．对 T 形截面砌体，应按表中数值乘以 0.85。

附录表 6-4　双排孔或多排孔轻集料混凝土砌块砌体的抗压强度设计值　（单位：MPa）

砌块强度等级	砂浆强度等级			砂浆强度
	Mb10	Mb7.5	Mb5	0
MU10	3.08	2.76	2.45	1.44
MU7.5	—	2.13	1.88	1.12
MU5	—	—	1.31	0.78
MU3.5	—	—	0.95	0.56

注：1．表中的砌块为火山渣、浮石和陶粒轻集料混凝土砌块；

2．对厚度方向为双排组砌的轻集料混凝土砌块砌体的抗压强度设计值，应按表中数值乘以 0.8。

附录表 6-5 毛料石砌体的抗压强度设计值　（单位：MPa）

毛料石强度等级	砂浆强度等级			砂浆强度
	M7.5	M5	M2.5	0
MU100	5.42	4.80	4.18	2.13
MU80	4.85	4.29	3.73	1.91
MU60	4.20	3.71	3.23	1.65
MU50	3.83	3.39	2.95	1.51
MU40	3.43	3.04	2.64	1.35
MU30	2.97	2.63	2.29	1.17
MU20	2.42	2.15	1.87	0.95

注：1．表中数值为块体高度为 180mm～350mm 的毛料石砌体的抗压强度设计值；

2．对下列各类石砌体，应按表中数值分别乘以调整系数：细料石砌体 1.4，粗料石砌体 1.2，干砌勾缝石砌体 0.8。

附录表 6-6　毛石砌体的抗压强度设计值　（单位：MPa）

毛石强度等级	砂浆强度等级			砂浆强度
	M7.5	M5	M2.5	0
MU100	1.27	1.12	0.98	0.34
MU80	1.13	1.00	0.87	0.30
MU60	0.98	0.87	0.76	0.26
MU50	0.90	0.80	0.69	0.23
MU40	0.80	0.71	0.62	0.21
MU30	0.69	0.61	0.53	0.18
MU20	0.56	0.51	0.44	0.15

附录表 6-7　砌体的弹性模量　（单位：MPa）

砌体种类	砂浆强度等级			
	≥M10	M7.5	M5	M2.5
烧结普通砖、烧结多孔砖砌体	$1600f$	$1600f$	$1600f$	$1390f$
混凝土普通砖、混凝土多孔砖砌体	$1600f$	$1600f$	$1600f$	—
蒸压灰砂普通砖、蒸压粉煤灰普通砖砌体	$1060f$	$1060f$	$1060f$	—
非灌孔混凝土砌块砌体	$1700f$	$1600f$	$1500f$	—

（续表）

砌体种类	砂浆强度等级			
	≥M10	M7.5	M5	M2.5
粗料石、毛料石、毛石砌体	—	5650	4000	2250
细料石砌体	—	17 000	12 000	6750

注：1．轻集料混凝土砌块砌体的弹性模量，可按表中混凝土砌块砌体的弹性模量采用；

2．f 为砌体抗压强度设计值，不考虑调整系数 γ_a。

3．表中砂浆为普通砂浆，采用专用砂浆砌筑的砌体的弹性模量也按此表取值。

附表 6-8　砌体沿灰缝截面破坏时的轴心抗拉强度设计值、弯曲抗拉强度设计值和抗剪强度设计值

（单位：MPa）

强度类别	破坏特征与砌体种类		砂浆强度等级			
			≥M10	M7.5	M5	M2.5
轴心抗拉	 沿齿缝	烧结普通砖	0.19	0.16	0.13	0.09
		混凝土普通砖、混凝土多孔砖	0.19	0.16	0.13	—
		蒸压灰砂砖、蒸压粉煤灰砖	0.12	0.10	0.08	—
		混凝土砌块、轻集料混凝土砌块	0.09	0.08	0.07	—
		毛石	—	0.07	0.06	0.04
弯曲抗拉	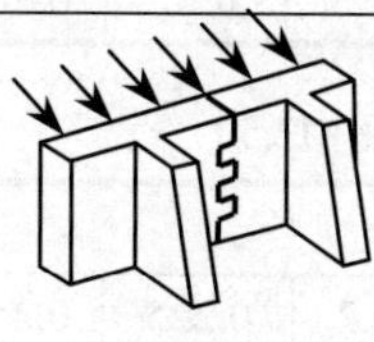 沿齿缝	烧结普通砖、烧结多孔砖	0.33	0.29	0.23	0.17
		混凝土普通砖、混凝土多孔砖	0.33	0.29	0.23	—
		蒸压灰砂砖、蒸压粉煤灰砖	0.24	0.20	0.16	—
		混凝土砌块、轻集料混凝土砌块	0.11	0.09	0.08	—
		毛石	—	0.11	0.09	0.07
	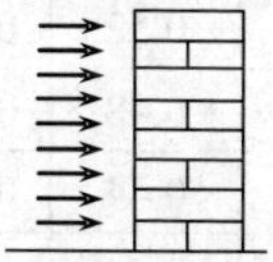 沿通缝	烧结普通砖、烧结多孔砖	0.17	0.14	0.11	0.08
		混凝土普通砖、混凝土多孔砖	0.17	0.14	0.11	—
		蒸压灰砂砖、蒸压粉煤灰砖	0.12	0.10	0.08	—
		混凝土砌块、轻集料混凝土砌块	0.08	0.06	0.05	—
抗剪		烧结普通砖、烧结多孔砖	0.17	0.14	0.11	0.08
		混凝土普通砖、混凝土多孔砖	0.17	0.14	0.11	—
		蒸压灰砂砖、蒸压粉煤灰砖	0.12	0.10	0.08	—
		混凝土砌块、轻集料混凝土砌块	0.09	0.08	0.06	—
		毛石	—	0.19	0.16	0.11

注：1．对于用形状规则的块体砌筑的砌体，当搭接长度与块体高度的比值小于 1 时，其轴心抗拉强度设计值和弯曲抗拉强度设计值应按表中数值乘以搭接长度与块体高度比值后采用；

2．表中数值是依据普通砂浆砌筑的砌体确定，采用经研究性试验且通过技术鉴定的专用砂浆砌筑的蒸压灰砂普通砖、蒸压粉煤灰普通砖砌体，其抗剪强度设计值按相应普通砂浆强度等级砌筑的烧结普通砌体采用。

附录表 6-9（a）　影响系数 φ（砂浆强度等级≥M5）

β	e/h 或 e/h_T												
	0	0.025	0.05	0.075	0.1	0.125	0.15	0.175	0.2	0.225	0.25	0.275	0.3
≤3	1	0.99	0.97	0.94	0.89	0.84	0.79	0.73	0.68	0.62	0.57	0.52	0.48
4	0.98	0.95	0.90	0.85	0.80	0.74	0.69	0.64	0.58	0.53	0.49	0.45	0.41
6	0.95	0.91	0.86	0.81	0.75	0.69	0.64	0.59	0.54	0.49	0.45	0.42	0.38
8	0.91	0.86	0.81	0.76	0.70	0.64	0.59	0.54	0.50	0.46	0.42	0.39	0.36
10	0.87	0.82	0.76	0.71	0.65	0.60	0.55	0.50	0.46	0.42	0.39	0.36	0.33
12	0.82	0.77	0.71	0.66	0.60	0.55	0.51	0.47	0.43	0.39	0.36	0.33	0.31
14	0.77	0.72	0.66	0.61	0.56	0.51	0.47	0.43	0.40	0.36	0.34	0.31	0.29
16	0.72	0.67	0.61	0.56	0.52	0.47	0.44	0.40	0.37	0.34	0.31	0.29	0.27
18	0.67	0.62	0.57	0.52	0.48	0.44	0.40	0.37	0.34	0.31	0.29	0.27	0.25
20	0.62	0.57	0.53	0.48	0.44	0.40	0.37	0.34	0.32	0.29	0.27	0.25	0.23
22	0.58	0.53	0.49	0.45	0.41	0.38	0.35	0.32	0.30	0.27	0.25	0.24	0.22
24	0.54	0.49	0.45	0.41	0.38	0.35	0.32	0.30	0.28	0.26	0.24	0.22	0.21
26	0.50	0.46	0.42	0.38	0.35	0.33	0.30	0.28	0.26	0.24	0.22	0.21	0.19
28	0.46	0.42	0.39	0.36	0.33	0.30	0.28	0.26	0.24	0.22	0.21	0.19	0.18
30	0.42	0.39	0.36	0.33	0.31	0.28	0.26	0.24	0.22	0.21	0.20	0.18	0.17

附录表 6-9（b）　影响系数 φ（砂浆强度等级 M2.5）

β	e/h 或 e/h_T												
	0	0.025	0.05	0.075	0.1	0.125	0.15	0.175	0.2	0.225	0.25	0.275	0.3
≤3	1	0.99	0.97	0.94	0.89	0.84	0.79	0.73	0.68	0.62	0.57	0.52	0.48
4	0.97	0.94	0.89	0.84	0.78	0.73	0.67	0.62	0.57	0.52	0.48	0.44	0.40
6	0.93	0.89	0.84	0.78	0.73	0.67	0.62	0.57	0.52	0.48	0.44	0.40	0.37
8	0.89	0.84	0.78	0.72	0.67	0.62	0.57	0.52	0.48	0.44	0.40	0.37	0.34
10	0.83	0.78	0.72	0.67	0.61	0.56	0.52	0.47	0.43	0.40	0.37	0.34	0.31
12	0.78	0.72	0.67	0.61	0.56	0.52	0.47	0.43	0.40	0.37	0.34	0.31	0.29
14	0.72	0.66	0.61	0.56	0.51	0.47	0.43	0.40	0.36	0.34	0.31	0.29	0.27
16	0.66	0.61	0.56	0.51	0.47	0.43	0.40	0.36	0.34	0.31	0.29	0.26	0.25
18	0.61	0.56	0.51	0.47	0.43	0.40	0.36	0.33	0.31	0.29	0.26	0.24	0.23
20	0.56	0.51	0.47	0.43	0.39	0.36	0.33	0.31	0.28	0.26	0.24	0.23	0.21
22	0.51	0.47	0.43	0.39	0.36	0.33	0.31	0.28	0.26	0.24	0.23	0.21	0.20
24	0.46	0.43	0.39	0.36	0.33	0.31	0.28	0.26	0.24	0.23	0.21	0.20	0.18
26	0.42	0.39	0.36	0.33	0.31	0.28	0.26	0.24	0.22	0.21	0.20	0.18	0.17
28	0.39	0.36	0.33	0.30	0.28	0.26	0.24	0.22	0.21	0.20	0.18	0.17	0.16
30	0.36	0.33	0.30	0.28	0.26	0.24	0.22	0.21	0.20	0.18	0.17	0.16	0.15

附录表 6-9（c） 影响系数 φ（砂浆强度 0）

β	e/h 或 e/h_T												
	0	0.025	0.05	0.075	0.1	0.125	0.15	0.175	0.2	0.225	0.25	0.275	0.3
≤3	1	0.99	0.97	0.94	0.89	0.84	0.79	0.73	0.68	0.62	0.57	0.52	0.48
4	0.87	0.82	0.77	0.71	0.66	0.60	0.55	0.51	0.46	0.43	0.39	0.36	0.33
6	0.76	0.70	0.65	0.59	0.64	0.50	0.46	0.42	0.39	0.36	0.33	0.30	0.28
8	0.63	0.58	0.54	0.49	0.45	0.41	0.38	0.35	0.32	0.30	0.28	0.25	0.24
10	0.53	0.48	0.44	0.41	0.37	0.34	0.32	0.29	0.27	0.25	0.23	0.22	0.20
12	0.44	0.40	0.37	0.34	0.31	0.29	0.27	0.25	0.23	0.21	0.20	0.19	0.17
14	0.36	0.33	0.31	0.28	0.26	0.24	0.23	0.21	0.20	0.18	0.17	0.16	0.15
16	0.30	0.28	0.26	0.24	0.22	0.21	0.19	0.18	0.17	0.16	0.15	0.14	0.13
18	0.26	0.24	0.22	0.21	0.9	0.18	0.17	0.16	0.15	0.14	0.13	0.12	0.12
20	0.22	0.20	0.19	0.18	0.17	0.16	0.15	0.14	0.13	0.12	0.12	0.11	0.10
22	0.19	0.18	0.16	0.15	0.14	0.14	0.13	0.12	0.12	0.11	0.10	0.10	0.09
24	0.16	0.15	0.14	0.13	0.13	0.12	0.11	0.11	0.10	0.10	0.09	0.09	0.08
26	0.14	0.13	0.13	0.12	0.11	0.11	0.10	0.10	0.09	0.09	0.08	0.08	0.07
28	0.12	0.12	0.11	0.11	0.10	0.10	0.09	0.09	0.08	0.08	0.08	0.07	0.07
30	0.11	0.10	0.10	0.09	0.09	0.09	0.08	0.08	0.07	0.07	0.07	0.07	0.06

附录表 6-10 高厚比修正系数 γ_β

砌体材料类别	γ_β
烧结普通砖、烧结多孔砖	1.0
混凝土普通砖、混凝土多孔砖、混凝土及轻集料混凝土砌块	1.1
蒸压灰砂普通砖、蒸压粉煤灰普通砖、细料石	1.2
粗料石、毛石	1.5

注：对灌孔混凝土砌块砌体，γ_β 取 1.0。

附录表 7-1 钢材的强度设计值 （单位：MPa）

钢材		抗拉、抗压和抗弯 f	抗剪 f_v	断面承压（刨平顶紧）f_{ce}
牌号	厚度或直径（mm）			
Q235 钢	≤16	215	125	325
	16～40	205	120	
	40～60	200	115	
	60～100	190	110	
Q345 钢	≤16	310	180	400
	16～35	295	170	
	35～50	265	155	
	50～100	250	145	
Q390 钢	≤16	350	205	415
	16～35	335	190	
	35～50	315	180	
	50～100	295	170	

（续表）

钢材		抗拉、抗压和抗弯 f	抗剪 f_v	断面承压（刨平顶紧）f_{ce}
牌号	厚度或直径（mm）			
Q420 钢	≤16	380	220	440
	16～35	360	210	
	35～50	340	195	
	50～100	325	185	

注：表中厚度是指计算点的厚度，对轴心受拉和轴心受压构件是指截面中较厚板件的厚度。

附录表 7-2 《钢结构设计规范》（GB50017—2003）焊缝的强度设计值 （单位：MPa）

焊接方法和焊条型号	构件钢材		对接焊缝				抗拉、抗压和抗剪 f_f^w
	钢号	厚度或直径（mm）	抗压 f_c^w	抗拉和弯曲抗拉 f_t^w 当焊缝质量级别为 一、二级	三级	抗剪 f_v^w	
自动焊、半自动焊和E43 型焊条的手工焊	Q235 钢	≤16	215	215	185	125	160
		16～40	205	205	175	120	160
		40～60	200	200	170	115	160
		60～100	190	190	160	110	160
自动焊、半自动焊和E50 型焊条的手工焊	Q345 钢	≤16	310	310	265	180	200
		16～35	295	295	250	170	200
		35～50	265	265	225	155	200
		50～100	250	250	210	145	200
自动焊、半自动焊和E55 型焊条的手工焊	Q390 钢	≤16	350	350	300	205	220
		16～35	335	335	285	190	220
		35～50	315	315	270	180	220
		50～100	295	295	250	170	220
自动焊、半自动焊和E55 型焊条的手工焊的手工焊	Q420 钢	≤16	380	380	320	220	220
		16～35	360	360	305	210	220
		35～50	340	340	290	195	220
		50～100	325	325	275	185	220

注：1. 自动焊和半自动焊所采用的焊丝和焊剂，应保证其熔敷金属抗拉强度不低于相应手工焊焊条的数值；

2. 焊缝质量等级应符合现行《钢结构工程施工质量验收规范》（GB50205—2001）的规定；

3. 对接焊缝抗弯受压区强度设计取 f_c^w，受拉区取 f_t^w；

4. 表中厚度是指计算点的钢材厚度。

附录表 7-3 《钢结构设计规范》（GB50017—2003）螺栓连接的强度设计值 （单位：MPa）

螺栓钢材的等级和构件的钢材牌号		普通螺栓						锚栓	承压型连接高强螺栓	
		C 级螺栓			A 级、B 级螺栓					
		抗拉 f_t^b	抗剪 f_v^b	承压 f_c^b	抗拉 f_t^b	抗剪 f_v^b	承压 f_c^b	抗拉 f_t^b	抗剪 f_v^b	承压 f_c^b
普通螺栓	4.6 级、4.8 级	170	140	—	—	—	—	—	—	—
	8.8 级	—	—	—	400	320	—	—	—	—

（续表）

螺栓钢材的等级和构件的钢材牌号		普通螺栓						锚栓	承压型连接高强螺栓	
		C 级螺栓			A 级、B 级螺栓					
		抗拉 f_t^b	抗剪 f_v^b	承压 f_c^b	抗拉 f_t^b	抗剪 f_v^b	承压 f_c^b	抗拉 f_t^b	抗剪 f_v^b	承压 f_c^b
锚栓	Q235 级	—	—	—	—	—	—	140	—	—
	Q345 级	—	—	—	—	—	—	180	—	—
承压型连接高强螺栓	8.8 级	—	—	—	—	—	—	—	250	—
	10.9 级	—	—	—	—	—	—	—	310	—
构件	Q235 级	—	—	305	—	—	405	—	—	470
	Q345 级	—	—	385	—	—	510	—	—	590
	Q390 级	—	—	400	—	—	530	—	—	615
	Q420 级	—	—	425	—	—	560	—	—	655

注：1．A 级螺栓用于 d≤24mm 和 l≤150mm 或 l≤10d（按较小值）的螺栓；B 级螺栓用于 d≤24mm 和 l＞150mm 或 l＞10d（按较小值）的螺栓，d 为公称直径，l 为螺杆公称长度；

2．A 级、B 级螺栓孔的精度和孔壁表面粗糙度，C 级螺栓孔的允许偏差和孔壁表面粗糙度，均应符合现行《钢结构工程施工质量验收规范》（GB50205—2001）的要求。

附录表 7-4　结构构件或连接设计强度的折减系数　（单位：MPa）

项次	情况	折减系数
1	单面连接的单角钢：	
	（1）按轴心受力计算强度和连接	0.85
	（2）按轴心受压计算稳定性	0.85
	等边角钢	0.6+0.001 5λ，但不大于 1.0
	短边相连的不等边角钢	0.5+0.002 5λ，但不大于 1.0
	长边相连的不等边角钢	0.70
2	跨度≥60m 桁架的受压弦杆和端部受压腹杆	0.95
3	无垫板的单面施焊对接焊缝	0.85
4	施工条件较差的高空安装焊缝和铆钉连接	0.95
5	沉头和半沉头铆钉连接	0.80

注：1．λ为长细比，对中间无联系的单角钢压杆，应按最小回转半径计算，当λ＜20 时，取λ=20；

2．当几种情况同时存在时，其折减系数应连乘。

附录表 7-5　钢材的尺寸分组

组别	钢材尺寸		
	Q215，Q235		Q345（16Mn，16Mnq）
	钢材厚度（直径）	型钢和异型钢的厚度	钢材厚度（直径）
第 1 组	≤16	≤15	≤16
第 2 组	16～40	15～20	16～25
第 3 组	40～60	＞20	25～36

（续表）

组别	钢材尺寸		
	Q215，Q235		Q345（16Mn，16Mnq）
	钢材厚度（直径）	型钢和异型钢的厚度	钢材厚度（直径）
第4组	60～100	—	36～50
第5组	100～150	—	50～100方、圆钢
第6组	＞150	—	—

注：1. 型钢包括角钢、I形钢和槽钢；

2. I形钢和槽钢的厚度是指腹板厚度。

附录表7-6　钢材的容许应力　　（单位：MPa）

应力种类	符号	碳素结构钢												低合金结构钢				
		Q215						Q235						Q345（16Mn，16Mnq）				
		第1组	第2组	第3组	第4组	第5组	第6组	第1组	第2组	第3组	第4组	第5组	第6组	第1组	第2组	第3组	第4组	第5组
抗拉、抗压和抗弯	$[\sigma]$	145	135	125	120	115	110	160	150	145	135	130	125	230	220	205	190	180
抗剪	$[\tau]$	90	80	70	65	60	55	95	90	85	80	75	70	135	130	120	110	105
局部承压	$[\sigma_{cb}]$	220	200	190	180	170	160	240	230	220	210	200	190	350	330	310	290	270
局部紧接承压	$[\sigma_{cj}]$	110	100	95	90	85	80	120	115	110	105	100	95	175	165	155	145	135

注：1. 局部承压应力不乘调整系数；

2. 局部承压是指构件腹板的小部分表面受局部荷载的挤压或断面承压（磨平顶紧）等情况；

3. 局部紧接承压是指可动性小的铰在接触面的投影平面上的压应力。

附录表7-7　机械零件的容许应力　　（单位：MPa）

应力种类	符号	碳素结构钢		低合金钢	优质碳素结构钢		铸造碳钢			合金铸钢		合金结构钢	
		Q235	Q275	16Mn	35	45	ZG230—450	ZG270—500	ZG310—570	ZG50Mn2	ZG35CrMo	35Mn2	40Cr
抗拉、抗压和抗弯	$[\sigma]$	100	120	140	130	145	115	120	140	190	170（235）	130（280）	（320）
抗剪	$[\tau]$	65	75	90	85	95	85	90	105	150	130（180）	85（190）	（215）
局部承压	$[\sigma_{cb}]$	150	180	210	195	220	170	180	200	280	250（345）	194（430）	（485）
局部紧接承压	$[\sigma_{cj}]$	80	95	110	105	120	90	95	110	155	135（190）	105（230）	（265）
孔壁抗拉	$[\sigma_k]$	120	145	180	150	170	130	140	155	220	190（265）	150（330）	（375）

注：1. 括号内为调质处理后的数值；

2. 孔壁抗拉容许应力是指固定结合的情况；若为活动结合，则应按表值降低20%；

3. 表列“合金结构钢”的容许应力，适用截面尺寸为25mm时，如由于厚度影响、屈服点有减小时，各类容许应力可按屈服点减小比例予以减小。

附录表8　普通螺栓的标准直径及螺纹处的有效截面面积表

螺栓外径 d（mm）	16	18	20	22	24	27	30	33	36	42	48
螺栓内径 d_e（mm）	14.12	15.65	17.65	19.65	21.19	24.19	26.72	29.72	32.25	37.78	43.31
螺纹处有效截面面积 A_e（mm^2）	156.7	192.5	244.8	303.4	352.5	459.4	560.6	693.6	816.7	1 121.0	1 473.0

参 考 文 献

[1] 中华人民共和国国家标准．混凝土结构设计规范（GB50010—2010）．北京：中国建筑工业出版社，2011

[2] 中华人民共和国国家标准．工程结构可靠性设计统一标准（GB50153—2008）．北京：中国建筑工业出版社，2009

[3] 中华人民共和国国家标准．建筑结构可靠性设计统一标准（GB500068—2001）．北京：中国建筑工业出版社，2001

[4] 中华人民共和国国家标准．建筑结构荷载规范（GB50009—2012）．北京：中国建筑工业出版社，2012

[5] 中华人民共和国国家标准．砌体结构工程施工质量验收规范（GB50203—2011）．北京：中国建筑工业出版社，2011

[6] 中华人民共和国国家标准．建筑地基基础设计规范（GB50007—2010）．北京：中国建筑工业出版社，2012

[7] 中华人民共和国国家标准．砌体结构设计规范（GB50003—2011）．北京：中国建筑工业出版社，2012

[8] 中华人民共和国国家标准．混凝土结构工程施工质量验收规范（GB50204—2015）．北京：中国建筑工业出版社，2015

[9] 中华人民共和国行业标准．高层建筑混凝土结构技术规程（JGJ3—2010）．北京：中国建筑工业出版社，2010

[10] 沈浦生．混凝土结构设计原理．北京：高等教育出版社，2002

[11] 东南大学，天津大学，同济大学．混凝土结构（第 2 版）．北京：中国建筑工业出版社，2002

[12] 陶学康．后张预应力混凝土设计手册．北京：中国建筑工业出版社，1996

[13] 沈浦生，罗国强．混凝土结构疑难释义（第 3 版）．北京：中国建筑工业出版社，2003

[14] 熊丹安．混凝土结构基本原理．武汉：武汉理工大学出版社，2005

[15] 薛伟辰．现代预应力结构设计．北京：中国建筑工业出版社，2003

[16] 尹维新．混凝土结构与砌体结构．北京：中国电力出版社，2008

[17] 彭明，王建伟．建筑结构．郑州：黄河水利出版社，2010

参考文献

[1] [illegible] GB50011—2010 [illegible]

[2] [illegible]

[3] [illegible]

[4] [illegible]

[5] [illegible]

[6] [illegible]

[7] [illegible]

[8] [illegible]

[9] [illegible]

[10] [illegible]

[11] [illegible]

[12] [illegible]

[13] [illegible]

[14] [illegible]

[15] [illegible]

[16] [illegible]

[17] [illegible]